高等职业教育“十四五”规划教材

高等职业教育产教融合新形态教材

饮料生产技术

姚瑞祺　田晓玲　主编

中国农业大学出版社
·北京·

内 容 简 介

《饮料生产技术》分为 9 个项目，包括碳酸饮料（汽水）与风味饮料生产技术、包装饮用水生产技术、果蔬汁类及其饮料生产技术、蛋白饮料生产技术、特殊用途饮料生产技术、茶（类）与咖啡（类）饮料生产技术、植物饮料生产技术、固体饮料生产技术和高新技术在饮料加工中的应用。教材理论结合实践，着重让学生正确掌握饮料生产技术的基本方法和基本技能，加深对饮料生产技术原理的理解和增加职业技能，培养学生严谨的科学态度和良好的实践作风。本教材将相关教学资源（课件、视频、动画等）以信息技术的形式融入教材中，实现教学内容职业化，缩短岗位适应时间，达到事半功倍的效果。本书适合高等职业院校食品智能加工技术、食品检验检测技术、绿色食品生产与检验、农产品加工与质量检测等专业使用，还可作为食品加工企业科技人员的参考用书或作为岗前培训的教材。

图书在版编目(CIP)数据

饮料生产技术/姚瑞祺，田晓玲主编. -- 北京：中国农业大学出版社，2022.2
ISBN 978-7-5655-2726-5

Ⅰ.①饮… Ⅱ.①姚… ②田… Ⅲ.①饮料-食品加工-高等职业教育-教材 Ⅳ.①TS27

中国版本图书馆 CIP 数据核字(2022)第 027772 号

书　名　饮料生产技术
作　者　姚瑞祺　田晓玲　主编

策划编辑　张　玉　　**责任编辑**　田树君
封面设计　郑　川
出版发行　中国农业大学出版社
社　址　北京市海淀区圆明园西路 2 号　　**邮政编码**　100193
电　话　发行部 010-62733489，1190　　读者服务部 010-62732336
编辑部 010-62732617，2618　　出　版　部 010-62733440
网　址　http://www.caupress.cn　　**E-mail** cbsszs@cau.edu.cn
经　销　新华书店
印　刷　涿州市星河印刷有限公司
版　次　2022 年 2 月第 1 版　2022 年 2 月第 1 次印刷
规　格　185 mm×260 mm　16 开本　18.25 印张　455 千字
定　价　54.00 元

图书如有质量问题本社发行部负责调换

“高等职业教育产教融合新形态教材”
食品类专业系列教材
编审委员会

王周锁　毛建卫

李学太　柳咏芬　曹端荣　杨和平　陈　玲

杨孝列　李景明　董夫才　熊发涯　周　军

翟玮玮　田培育　赵　涛　曹子祎　张　蕊

“高等职业教育产教融合新形态教材”
食品类专业系列教材
专　家　组

杨昌鹏　张继忠

蔡智军　姜旭德　邓毛程　祝战斌　罗红霞

丁原春　余奇飞　张　江　曹　正　黄国平

祝良荣　牛红云　王国军　李宏业　刘光成

张崇军　冯洪港　陈肖安　刘　军

编 审 人 员

主　　编　姚瑞祺（杨凌职业技术学院）
　　　　　　田晓玲（辽宁农业职业技术学院）

副 主 编　姜莉莉（黄冈职业技术学院）
　　　　　　刘　虹（黑龙江农业工程职业学院）
　　　　　　陈　婷（江西生物科技职业学院）
　　　　　　柴虹宇（辽宁农业职业技术学院）

参编人员　司俊娜（河南职业技术学院）
　　　　　　刘颖沙（杨凌职业技术学院）
　　　　　　赵建荣（杨凌环球园艺有限公司）

出版说明

为贯彻落实《国家职业教育改革实施方案》(国发〔2019〕4号,又称“职教二十条”)以及《高等职业学校专业教学标准》等相关文件精神,有效推进产教融合、校企合作,建设一批校企“双元”合作开发的高质量教材,经向行业专家咨询及与有关高等职业院校沟通,借鉴与物化高等职业教育食品类专业教育教学改革成果,中国农业大学出版社开展了“高等职业教育产教融合新形态教材”食品类专业系列教材建设工作。

“高等职业产教融合新形态教材”食品类专业系列教材建设是食品类专业高技能人才培养的基础性工作,也是促进社会与经济发展的客观需求。近20年来,随着加入世贸组织,我国食品工业得到了持续与快速的发展,食品工业进入产业升级、调整改革的关键时期,食品产业从数量扩张向质量提升转变。原有的高等职业教育食品类专业教材从内容到表现形式,要满足现代食品工业人才培养的需要,就必须改革创新,在实践中不断探索高等职业教育食品类专业新形态教材建设的新路子,才能为高等职业教育食品类专业高技能人才培养奠定坚实的基础、发挥应有的作用。

“高等职业教育产教融合新形态教材”食品类专业系列教材具有如下特点:

1.精心组织编审队伍。在征集和分析相关高等职业院校的申报材料的基础上,充分考虑不同院校的专业优势及教学创新改革进程及成果等,慎重确定每一教材参加编审的骨干人员,并根据教师提供的编写提纲、编写思路与样章等,由“高等职业教育产教融合新形态教材”食品类专业系列教材编审委员会及专家组遴选组建编写团队。同时,邀请高等职业院校、行业及生产企业的专家参与教材建设,审核编写提纲,后期对书稿进行严格审定。教材编写过程中,作者与审稿人员充分沟通,书稿反复修改,从而确保了教材内容的前瞻性、科学性及对一线岗位的适应性。

2.创新编写体例。本次教材建设重点在食品类专业基础课程和专业核心课程。以“项目引领,任务驱动”作为教材的基本框架,以职业岗位确立典型工作任务,以典型工作任务确定岗位能力需求,以能力需求确定学习项目与任务,突出了实践性、企业案例化与职业化,并与项目紧密关联。内容新颖、趣味性强是本系列教材的一大亮点。对专业基础课程,突破了传统的学科编写体例,参考模块式总体思路设计,创立新的编写体例,使教材既精炼又实用,有利于提高学生的学习效果与效率。

3.突出职业教育特色。教材编写体现了现代职业教育体系教学改革精神,该新形态系列教材将努力体现课程内容与职业标准对接、教学过程与生产过程对接的要求,反映高等职业教育专业课教学与思想政治理论课教学同向同行、职业技能与职业精神培养高度融合的特点,尤其是“项目引领,任务驱动”式教材,每一任务的活动规程,力求按工作任务的环节以表格任务单或实际案例形式进行编写与训练，突出操作环节与质量要求，促进职业技能培养与职业素养的紧密结合，实现教学与职业岗位的“零距离对接”。

4.新形态信息技术在系列教材中广泛应用。努力对食品类专业教材中的知识点与技能点进行信息化处理，使其表现形式更加多元化，提高智能化水平，突出趣味性与直观性，实现手机终端推送学习，采用微课、视频、动画等展示相关知识、专项实验、任务拓展与测试题答案等内容，充分体现了高等职业教育教材多元化创新的全新特色。

“高等职业教育产教融合新形态教材”食品类专业系列教材基本覆盖了食品智能加工、食品生物技术、食品营养与健康与食品检验检测技术等食品类专业的专业基础课程与专业核心课程。系列教材既充分强调了食品科学的实践性，同时又充分考虑了食品产业与基础理论的有机结合，努力做到每种教材间内容相互补充、相互衔接，构成一个完整的课程体系。系列教材主要作为高等职业教育食品类专业的相关课程教材，也可作为现代食品企业相关技术人员及专业技术工人的培训、参考用书。

“高等职业教育产教融合新形态教材”食品类专业系列教材的顺利出版，是全国近60所高职学院及部分食品企业等共同奋斗的结果。编写过程中所做的许多探索，为进一步推进高等职业教育教材建设的改革与创新提供了有益的经验。我们真诚地希望，以此为契机，进一步有效加强与各高等职业院校及食品企业的交流与合作，不断拓展食品类专业新形态系列教材合作开发的思路，创新教材开发的模式与服务方式。让我们共同努力，为深化高等职业教育食品类专业教育教学改革与人才培养质量的提高，发挥积极的推动作用。

中国农业大学出版社

2020年7月

前　言

随着我国居民消费水平的不断提高和消费习惯的变化，消费者对饮料的需求呈现出多样化的趋势，促使我国饮料产品类别、口味日益丰富，各细分领域的发展情况出现较大差异。饮料行业对高技能人才的需求量越来越大，并对人才提出了更高的要求，正是在这一背景下，我们组织编写《饮料生产技术》教材，以满足市场对饮料行业高技能人才的需求和高等职业教育对高技能人才培养的需要。

通过企业、市场、行业调研，本教材对接《粮农食品安全评价职业技能等级证书》及《食品合规管理证书》等"1＋X"职业技能等级证书的要求，在内容上紧贴国际和国内最新技术和标准，可以满足常见饮料生产的技术需求。本教材分为9个项目，包括碳酸饮料（汽水）与风味饮料生产技术、包装饮用水生产技术、果蔬汁类及其饮料生产技术、蛋白饮料生产技术、特殊用途饮料生产技术、茶（类）与咖啡（类）饮料生产技术、植物饮料生产技术、固体饮料生产技术和高新技术在饮料加工中的应用。教材理论结合实践，着重让学生正确掌握饮料生产技术的基本方法和基本技能，加深对饮料生产技术原理的理解和增加职业技能，培养学生严谨的科学态度和良好的实践作风。本教材将相关教学资源（课件、视频、动画等）以二维码的形式融入教材中，实现教学内容职业化，缩短岗位适应时间，达到事半功倍的效果。

本教材由姚瑞祺、田晓玲担任主编。参加编写的人员如下：黑龙江农业工程职业学院刘虹（项目一）、杨凌职业技术学院姚瑞祺（项目二、七、八）、河南职业技术学院司俊娜（项目三相关知识、任务1）、杨凌职业技术学院刘颖沙（项目三任务2）、杨凌环球园艺有限公司赵建荣（项目三任务3）、辽宁农业职业技术学院田晓玲（项目四）、黄冈职业技术学院姜莉莉（项目五）、辽宁农业职业技术学院柴虹宇（项目六）、江西生物科技职业学院陈婷（项目九）。

本教材适于高等职业院校食品智能加工技术、食品检验检测技术、绿色食品生产与检验、农产品加工与质量检测等专业使用，还可作为食品加工企业科技人员的参考用书或作为岗前培训的教材。

在教材的编写过程中，引入了部分行业、企业生产案例，参考了众多国际和国内的标准，参阅了专家、学者的相关论著论文，承蒙杨凌职业技术学院祝战斌教授、黑龙江职业学院食品学院丁原春教授及原中央农业广播电视学校陈肖安同志对教材内容进行了初审与最终审定，在此一并表示感谢。本教材涉及的检验项目多、内容广，加之编者水平和时间有限，书中难免有疏漏与不足之处，恳请同行专家和广大使用者批评指正，以便我们进一步修改与完善。

编　者

2021年5月

目　录

项目一　碳酸饮料(汽水)与风味饮料生产技术 …… 1
任务 1　碳酸饮料(汽水)生产技术 …… 6
任务 2　风味饮料生产技术 …… 23
任务 2.1　果味饮料生产技术 …… 23
任务 2.2　乳味饮料生产技术 …… 24
任务 2.3　茶味饮料生产技术 …… 26
项目小结 …… 29
项目测试 …… 29
项目二　包装饮用水生产技术 …… 31
任务 1　饮用天然矿泉水生产技术 …… 45
任务 2　饮用纯净水生产技术 …… 55
任务 3　其他类包装水生产技术 …… 65
项目小结 …… 69
项目测试 …… 70
项目三　果蔬汁类及其饮料生产技术 …… 71
任务 1　橙汁及橙汁饮料生产技术 …… 81
任务 2　苹果汁饮料生产技术 …… 87
任务 3　浓缩菠萝汁生产技术 …… 94
项目小结 …… 98
项目测试 …… 98
项目四　蛋白饮料生产技术 …… 99
任务 1　发酵型含乳饮料生产技术 …… 101
任务 2　豆奶生产技术 …… 108
项目小结 …… 115
项目测试 …… 115
项目五　特殊用途饮料生产技术 …… 116
任务 1　运动饮料生产技术 …… 122
任务 2　营养素饮料生产技术 …… 131
项目小结 …… 144
项目测试 …… 144
项目六　茶(类)与咖啡(类)饮料生产技术 …… 146
任务 1　绿茶饮料生产技术 …… 154

任务 2 杏仁奶茶饮料生产技术 …… 159
任务 3 咖啡(类)饮料生产技术 …… 164
项目小结 …… 170
项目测试 …… 171
项目七 植物饮料生产技术 …… 172
任务 1 可可乳饮料生产技术 …… 179
任务 2 谷物类饮料生产技术 …… 182
任务 3 草本饮料/本草饮料生产技术 …… 192
任务 4 食用菌饮料生产技术 …… 204
任务 5 螺旋藻饮料生产技术 …… 207
项目小结 …… 210
项目测试 …… 211
项目八 固体饮料生产技术 …… 212
任务 1 果蔬固体饮料生产技术 …… 220
任务 2 蛋白固体饮料生产技术 …… 229
任务 3 速溶茶生产技术 …… 237
任务 4 速溶咖啡生产技术 …… 245
任务 5 其他固体饮料生产技术 …… 251
项目小结 …… 255
项目测试 …… 256
项目九 高新技术在饮料加工中的应用 …… 257
任务 1 膜分离技术在茶汁加工中的应用 …… 261
任务 2 超微粉碎技术在茶粉加工中的应用 …… 265
任务 3 超临界流体萃取技术在姜油提取中的应用 …… 269
任务 4 微胶囊造粒技术在粉末油脂加工中的应用 …… 273
任务 5 真空冷冻干燥技术在香蕉片加工中的应用 …… 276
项目小结 …… 279
项目测试 …… 279
参考文献 …… 280

项目一

碳酸饮料（汽水）与风味饮料生产技术

【教学目标】

1. 知识目标

①了解碳酸饮料、风味饮料的种类与特点；

②熟悉碳酸饮料与风味饮料生产技术；

③了解碳酸饮料等生产中常见的质量问题及其产生原因。

2. 能力目标

①能制作常见碳酸饮料及风味饮料；

②能对碳酸饮料的品质进行评价；

③能分析解决碳酸饮料生产中经常出现的质量问题。

3. 素质目标

①培养具有科学严谨、爱岗敬业、勤学好问、善于思考的精神；

②能恪守职业道德，具有较强的质量安全、责任意识和规范操作意识；

③在学习与实践过程中，培养团队合作、信息获取、策划与沟通展示能力。

【项目描述】

本项目主要介绍碳酸饮料及风味饮料的生产技术，阐述生产所需要的主要原辅料、工艺流程、操作步骤等内容。引入产品质量标准，通过具体工作任务的实施，指导生产人员如何完成碳酸饮料及风味饮料的生产过程。

【思维导图】

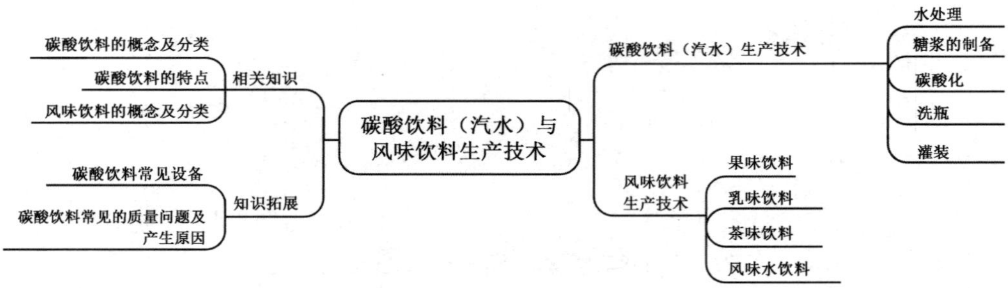

【相关知识】

一、碳酸饮料(汽水)的概念及分类

碳酸饮料俗称汽水，根据 GB/T 10789—2015《饮料通则》和 GB/T 10792—2008《碳酸饮料(汽水)》，碳酸饮料是以食品原辅料和(或)食品添加剂为基础，经加工制成的，在一定条件下充入一定量二氧化碳气体的液体饮料，不包括由发酵法自身产生的二氧化碳气体的饮料，如用酵母菌、乳酸菌发酵生产的格瓦斯汽水等。成品中二氧化碳气体的含量(20 ℃时体积倍数)大于等于 1.5 倍。

教学课件

碳酸饮料可分为果汁型碳酸饮料、果味型碳酸饮料、可乐型碳酸饮料、其他型碳酸饮料等 4 种。

1. 果汁型碳酸饮料

含有 2.5%以上天然果汁的碳酸饮料，如橘汁汽水、柠檬汁汽水等。这类果汁汽水，具有水果特有的色、香、味，不仅可以消暑解渴，还有一定的营养价值，因而属于高档汽水。一般可溶性固形物为 8%～10%，含酸量 0.2%～0.3%，含二氧化碳 2.0～2.5 倍，是近年来碳酸饮料市场大力发展的品种。由于加入果汁的状态不同，还可分为澄清果汁汽水和浑浊果汁汽水。

2. 果味型碳酸饮料

以食用香精为主要赋香剂的碳酸饮料，含 2.5%以下天然果汁或者不含有，如苹果味汽水、葡萄味汽水等。用白砂糖、柠檬酸、色素以及食用香精配制成的各种水果香型汽水，是目前市面上产量、销量都比较大的一类产品，该类产品一般含糖量 8%～10%，含酸量 0.1%～0.2%，含二氧化碳 3.0～4.0 倍。随着香精、香料调配技术的高度发展，果味汽水的风味别具一格。

3. 可乐型碳酸饮料

这类饮料是指含有可乐果、古柯叶浸膏、白柠檬或它们的代用品等辛香、果香兼具的碳酸饮料。可乐型汽水是碳酸饮料市场的主要产品，代表产品为“可口可乐”“百事可乐”等，已有 100 多年历史，经久不衰，是一种嗜好性很强的饮料，香型可分为辛香型和白柠檬香型两大类。在我国，可乐型碳酸饮料是 20 世纪 80 年代的新产品，当时“天府可乐”“红雪可乐”“非常可乐”等是我国碳酸饮料产品中发展较快的品种。

4. 其他型碳酸饮料

除上述3种类型以外的碳酸饮料,如苏打水、盐汽水等。这类汽水包含的范围很广,有的很有针对性,如具有特殊风味的沙士汽水、姜汁汽水,添加电解质的运动型汽水等。

二、碳酸饮料的特点

碳酸饮料的主要生产原料为水、甜味剂、酸味剂、香精香料、色素、二氧化碳等,因此,从营养角度来说,大多数碳酸饮料除使用白砂糖产生一定的热量外,几乎没有营养价值。果汁型碳酸饮料由于其生产配料不同,含有一定量的营养成分。总体来说,碳酸饮料具有如下特点。

1. 清凉、解暑、刺激食欲

碳酸饮料的最大特点是富含二氧化碳,由于人们饮用的碳酸饮料通常是低温的,因此,当碳酸饮料入胃后,较大的温差会使其中溶解的二氧化碳快速逸出、汽化,在这个汽化过程中,二氧化碳会吸收和带走人体的部分热量,使人产生清凉快感,起到消暑作用。尽管二氧化碳并不能为人体所吸收,但碳酸所产生的弱酸性,能给人体消化系统以轻微的刺激,可促进口腔唾液和肠胃消化液的分泌,使人开胃通气,增强食欲。

2. 满足嗜好性

碳酸饮料在开瓶后,由于瓶中压力较高,饮料中的二氧化碳很快逸出,形成大量气泡的同时将饮料的香气带出,给饮用者视觉和嗅觉的双重刺激,并且饮料中丰富的气泡能够形成独特的杀口感,刺激口腔和味蕾,产生神经兴奋性,形成心理快感,满足饮用者的嗜好性追求。

3. 风味独特

碳酸饮料的配方经过精心的设计,对着色剂的选用、香精香料的选择,以及影响口味最显著的甜酸比等,均进行了精心考量,使得碳酸饮料在色、香、味上独树一帜,以其独到的风味受到人们的青睐。

4. 生产成本低

碳酸饮料属于配制型饮料,其工艺过程较发酵饮料、蛋白饮料、固体饮料等产品要简单很多,所需设备少,投资较低,建厂容易,加之原料价格均不高,因此,生产碳酸饮料的总成本较低,并且产销量很大,经济效益较高。

三、碳酸化

(一)二氧化碳在碳酸饮料中的作用

二氧化碳在碳酸饮料成分中所占的比重是很小的,但它的作用却很大,没有它就无法成为碳酸饮料,饮料中二氧化碳的主要作用如下:

(1)清凉作用。当碳酸饮料入胃后,较大的温差会使其中溶解的二氧化碳快速逸出、汽化,在这个汽化过程中,二氧化碳会吸收和带走人体的部分热量,使人产生清凉快感,起到消暑作用。

(2)抑制微生物的生长,延长汽水的货架期。碳酸饮料中二氧化碳产生的高压能显著抑制微生物的生长,国际上认为3.5～4倍含气量是汽水的安全区。

(3)突出香味。二氧化碳在汽水中逸出时,能带出香味,增强风味。

(4)产生杀口感。二氧化碳配合汽水中的其他成分,产生一种特别的风味,不同的品种需要不同的杀口感,有的要强烈,有的要柔和,所以各个品种都具有特有的含气量。一般其他型、可乐型碳酸饮料的含气量要高于果味型碳酸饮料，果汁型碳酸饮料含气量相对偏低。

(二)影响碳酸化作用的因素

在碳酸饮料生产中，二氧化碳气体与水混合的压力，通常控制在 10 MPa 以下。在该压力下，气体的溶解度仍服从亨利定律和道尔顿定律，由此可知影响 CO_2 溶解度的因素有以下几方面。

1. CO_2 气体的分压力

温度不变时，CO_2 分压增高，CO_2 在水中的溶解度就会上升，在 0.5 MPa 以下的压力时，成线性正比关系。例如 0.1 MPa 下，1 体积的水中可溶解 1 体积 CO_2，而 0.2 MPa 时，则可溶解 2 体积 CO_2。由此可见，实际生产中，在不影响其他操作设备的前提下，充气压力适当提高可增加 CO_2 的溶解量。

2. 液体的温度

压力较低时，在压力不变的情况下，水温降低，CO_2 在水中的溶解度会上升，反之，温度升高，溶解度下降。因此，碳酸化时应使吸收气体的水或液体的温度尽可能降低，以提高 CO_2 的溶解度。

3. CO_2 的纯度和液体的溶质

二氧化碳在液体中的溶解度与液体中存在的溶质性质和 CO_2 气体的纯度有关。如在标准状态下，CO_2 在水中的溶解度与其在酒中的溶解度不同，这说明液体本身的性质对 CO_2 溶解度有很大影响。纯水较含糖或含盐的水更容易溶解二氧化碳，而二氧化碳气体中的杂质则阻碍二氧化碳的溶解。当二氧化碳中有空气存在时会严重影响 CO_2 在水中的溶解，例如：20 ℃时，1 体积空气溶解于水中可排走 50 倍体积的 CO_2。

二氧化碳中混进空气的主要原因：①二氧化碳气体不纯；②水中溶解空气多；③糖浆中的溶解氧；④二氧化碳管路有孔隙；⑤抽水管道和送水管道有孔隙；⑥汽水混合机内及管道内混有空气；⑦糖浆管道及配比器管道内混有空气。

水中的空气可以用脱气机处理，配制糖浆时避免过量地搅拌，采取静置的方法也可以去除糖浆中的气泡。混合机顶部的排气阀应定时排放，避免空气积存。严格检查各管道是否漏气，以尽量减少空气的混入。水中钙镁离子的存在，会使二氧化碳在水中的含量减少，原因是二氧化碳与钙、镁离子结合产生沉淀，会消耗部分二氧化碳。在碳酸饮料中加入 0.05%～0.2%的偏碳酸钠、聚磷酸钠等盐类，使饮料中的钙、镁离子生成可溶性复合物，可提高碳酸饮料中 CO_2 的含量。

4. 气体与液体的接触面积与时间

在温度和压力一定的情况下，二氧化碳与水的接触面积越大、接触时间越长，其在水中的溶解量则越大。因此，工业生产中选用的汽水混合机(碳酸化罐)必须做到能使水雾化成水膜，以增大与 CO_2 的接触面积，同时能保证有一定的接触时间。此外应注意控制水的温度、二氧化碳的进口压力、水中杂质的含量、二氧化碳的纯度、各管道是否漏气等因素，以保证二氧化碳在水中能充分溶解，使其成为饱和的碳酸水。

(三)碳酸化系统的组成

碳酸化系统是指完成碳酸化过程所需的设备，一般是由二氧化碳气调压站、水冷却器、混合机组成。

1. 二氧化碳气调压站

它是一个将二氧化碳气的压力调节到混合机所需压力的设备。在生产中最常用的是液化二氧化碳，当打开储罐阀门时二氧化碳立即汽化，其压力可达 7.8 MPa。

最普通的调压站只用一个降压阀，通过可调节的降压阀就可把二氧化碳气体的压力调节到混合机所需要的压力。当二氧化碳不需要净化处理时，必须经调压站才能送往混合机。

要注意降压会吸收大量的热，致使降压阀结霜或冻结，故需采取一定的措施以防止阀芯冻结，可在降压阀前安装气体加热器，必要时以电热空气或热水加热蛇形气体管道，使钢瓶出来的气体温度升高。也有简单的方法，即在钢瓶上方加水喷淋融化霜冻。

2. 水冷却器

水冷却器主要将水温降到碳酸化所需要的温度，以提高碳酸化效果。水冷却器古老的方法是在蛇形管外加冰冷却，目前多采用板式热交换器，一般放在混合机前或脱气机前，也可以放在混合机后作为二次冷却用。

3. 汽水混合机

汽水混合机是混合水与二氧化碳的设备。二氧化碳溶于水中需要一定的作用时间，两者之间有大的接触面积既可缩短这个作用时间，又可保证水对二氧化碳的吸收。

汽水混合机通常都具有较大的水气接触面积，并能维持汽水混合时的压力，其形式是多种多样的，若按其碳酸化的饱和程度可分为可调饱和度型和定饱和度型两类。

四、风味饮料的概念及分类

根据 GB/T 10789—2015《饮料通则》标准，风味饮料是以糖(包括食糖和淀粉糖)和(或)甜味剂、酸度调节剂、食用香精(料)等的一种或者多种作为调整风味的主要手段，经加工或发酵制成的液体饮料，如果味饮料、乳味饮料、茶味饮料、咖啡味饮料、风味水饮料、其他风味饮料等。

(1)果味饮料。以食糖和(或)甜味剂、酸味剂、果汁、食用香精、色素等的全部或部分原料调制而成的果汁含量达不到水果饮料基本技术要求的饮料，有澄清和浑浊两种状态。

(2)乳味饮料。以食糖和(或)甜味剂、酸味剂、乳或乳制品、果汁、食用香精、色素等的全部或部分为原料，经调制而成的乳蛋白含量达不到配制型含乳饮料基本技术要求的，或经发酵而成的乳蛋白含量达不到乳酸菌饮料基本技术要求的饮料。

(3)茶味饮料。以茶或茶香精为主要赋香成分，茶多酚含量达不到茶饮料基本技术要求的饮料。

(4)咖啡味饮料。以咖啡或咖啡香精为主要赋香成分，咖啡因含量达不到咖啡饮料基本技术要求的饮料，不含低咖啡因咖啡饮料。

(5)风味水饮料。不经调色处理、不添加糖(包括食糖和淀粉糖)的风味饮料，如苏打水饮料、薄荷水饮料、玫瑰水饮料等。

(6)其他风味饮料。指除上述 5 类之外的风味饮料。

五、风味物质

在饮料中常需添加少量的风味物质以增加口味。饮料中应用的各种风味物质包括天然风味物质和人工风味物质。

天然风味物质：利用天然植物成分（有时也可加入动物成分），经萃取或蒸馏制得的浓缩物。常见的植物有柠檬、香兰豆和烤咖啡豆等。这些浓缩物往往为混合物，很少能分离出确定结构的化学物质。

人工风味物质：有的是人工合成的，有的是化学方法从芳香性的原料中分离出来的。与天然风味物质风味一致，可以直接或间接提供使用。

六、风味饮料技术要求

具体要求见表 1-1。

表 1-1 风味饮料技术要求

产品类别	项目	指标或要求
果味饮料	果汁含量	未达到 GB/T 31121—2014《果蔬汁类及其饮料》的技术要求
乳味饮料	乳蛋白含量	未达到 GB/T 21732《含乳饮料》的技术要求
茶味饮料	茶多酚含量	未达到 GB/T 21733《茶饮料》的技术要求
咖啡味饮料	咖啡因含量	未达到 GB/T 30767—2014《咖啡类饮料》的技术要求

任务 1 碳酸饮料（汽水）生产技术

【任务设计】

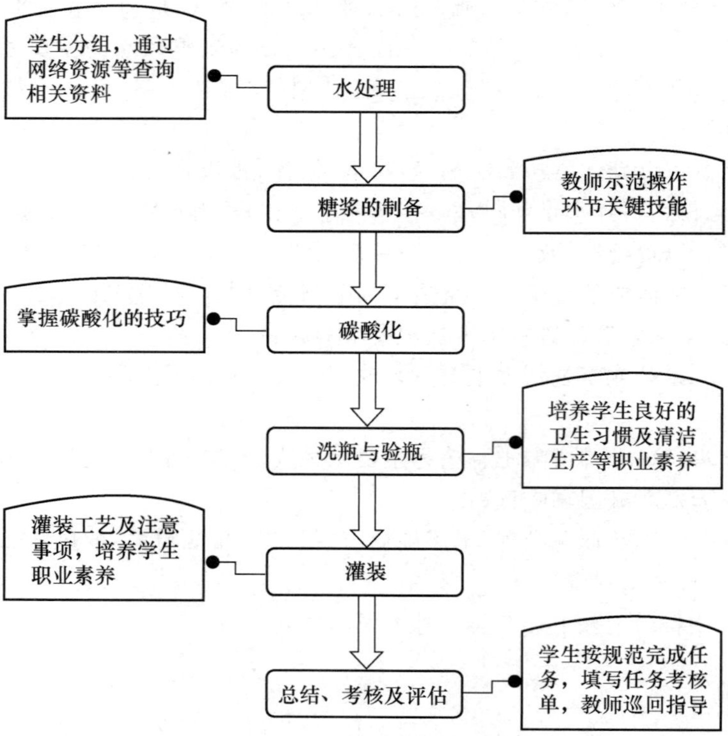

【任务实施】

碳酸饮料的生产是从天然含气型矿泉水中得到的启示,人们发现矿泉水中含有一种神秘的气体,饮用后产生凉爽止渴的感觉,后来分析出这种气体是二氧化碳。200多年来,随着碳酸化设备、灌装设备以及食用香精香料不断推陈出新,碳酸饮料生产技术得到空前的发展,碳酸饮料也一度成为饮料市场中的宠儿。然而随着人们崇尚天然、注重营养的要求逐年提升,碳酸饮料在饮料中所占的比重有所下降,但由于其具有独特的消费嗜好性,受众固定,因此仍是我国饮料工业的主要生产品种。

本任务主要依据GB/T 10792—2008《碳酸饮料(汽水)》实施。

一、主要材料

(一)甜味剂

碳酸饮料常用的甜味剂有蔗糖、葡萄糖、果糖、麦芽糖以及非糖甜味剂等。生产中使用最多的是白砂糖,包括甘蔗糖和甜菜糖,使用的糖在色度、纯度、灰分和二氧化硫含量等方面均有较高的要求。

实际生产中往往不仅使用一种甜味剂,而是使用两种或两种以上的甜味剂,这样风味更好。甜味剂应配成50%的溶液再加入。使用多种混合甜味剂时应注意一些问题,例如用其他甜味剂代替白砂糖时,饮料的固形物含量会下降,水量增多,饮料的相对密度、黏度、外观都会发生改变,口感也会稀薄,必须加入增稠剂。国内有的厂家使用耐酸性羧甲基纤维素钠(CMC-Na),国外常用黄原胶,若将几种增稠剂复配使用,可得到更好的增稠效果。

若配制原糖浆的白砂糖质量较差,则会使饮料产生絮凝物、沉淀物,甚至产生异味,还会在装瓶时产生大量泡沫,影响产品质量和生产速度。因此,应选用优质白砂糖。若白砂糖质量较差则必须用活性炭进行净化处理。处理方法为将活性炭加入热的糖浆中,活性炭用量根据糖及活性炭质量而定,一般为糖质量的0.5%~1%,添加时用搅拌器不断搅拌。在80 ℃温度下保持15 min然后过滤。为了避免活性炭堵塞过滤机的通道,过滤时可添加硅藻土作助滤剂,用量为加糖量的0.1%。

(二)酸度调节剂

一般先配成50%溶液,可用柠檬酸、乳酸、苹果酸、酒石酸、醋酸和磷酸等。不同类型的饮料选用不同的酸度调节剂,一般碳酸饮料普遍使用柠檬酸,但有些香味则需要在与特殊的酸味剂组合时效果才会更好。例如柠檬酸与苹果酸产生的酸味并不相同,可乐型饮料多用磷酸,磷酸盐可以提高二氧化碳溶解性和改善饮用时的口感。葡萄风味饮料则宜使用酒石酸与柠檬酸的混合酸。

(三)色素

色素对于饮料也很重要。虽然无色或浅色饮料受到欢迎,但多数饮料,包括果汁、果味和可乐型饮料都有各自一定的色调,在实际生产中往往要用色素来增色。碳酸饮料用得较多的是合成色素,例如柠檬黄、日落黄、焦糖色素等。近年来,合成色素的使用受到限制,天然色素得到青睐。色素的选用除耐光性外,还应考虑饮料中有机酸、香料和防腐剂等对色素稳定性的影响。具体应注意以下几个方面:

①一般饮料的色泽必须保持与饮料所具有的名称相对应，果味、果汁汽水应接近新鲜水果或果汁的色泽，例如橙汁汽水，必须是橙红或橙黄色。可乐则应具有焦糖或类似于焦糖的色泽；

②色素用量应符合《食品添加剂使用标准》(GB 2760—2014)的规定；

③生产中为了便于调配和过滤，一般先把色素配成5%的水溶液，配制用水应煮沸冷却后使用，或用蒸馏水，否则可能会因水的硬度太大而造成色素沉淀；

④溶解色素的容器应采用不锈钢或食用级塑料容器，不能使用铜、锡、铝等容器和搅拌棒，以避免色素与这些金属发生化学反应；

⑤色素一般耐光性较差，保存时应避光；

⑥使用色素时，尽量做到随配随用，并要过滤。

(四)香精、香料

香气是饮料风味的最重要组成之一。碳酸饮料的香味通常是由果实、果汁或香精表现的，果实或果汁赋予饮料的香味有时微不足道，因此饮料生产中常使用合成香料和香精来增加产品香气，微量的香精香料就会赋予饮料极佳的香味，过量使用反而会导致饮料出现不透明或香味过重。不同类型的饮料应具有不同的香味，使得饮料的风味与产品类型相一致。

值得注意的是，有些来自果实原料的香精容易影响饮料的稳定性，如柑橘类果实的天然精油极易氧化，是产生油圈和形成沉淀的主要原因，在此情况下，需要配合使用抗氧化剂、乳化剂和稳定剂，以增强产品的稳定性。

(五)防腐剂

碳酸饮料因含有二氧化碳，具有压力并有一定的酸度，故不利于微生物的生长繁殖，因此防腐剂用量可相应减少。使用防腐剂时，一般先将其溶解成20%～30%的水溶液，然后在搅拌下缓慢加入糖液中，避免由于局部浓度过高与酸反应而析出，产生沉淀，失去防腐作用。

二、工艺流程

生产碳酸饮料的方法有一次灌装法和二次灌装法。

(一)一次灌装法

一次灌装法是将调味糖浆与水预先按照一定比例泵入汽水混合机内，进行定量混合后再冷却，然后将该混合物碳酸化后再装入容器，又称为预调式灌装法或成品灌装法。其工艺流程见图1-1和图1-2。对于大型的连续化生产线多采取定量混合方式：把处理水和调味糖浆以一定比例作连续的混合，压入碳酸气后灌装，常在混合机内配冷却器或冷却碳酸化器。

一次灌装法的优点：

①调味糖浆和水的比例准确，灌装容量容易控制；

②当灌装容量发生变化时，不需要改变比例，产品质量一致；

③灌装时糖浆和水的温度一致，气泡少，二氧化碳的含量容易控制和稳定；

④产品质量稳定，含气量足，生产速度快。

一次灌装法的缺点：

①不适合生产带果肉碳酸饮料，果肉纤维容易导致灌装机堵塞；

②设备较复杂，混合机与糖浆接触，洗涤和消毒不方便；

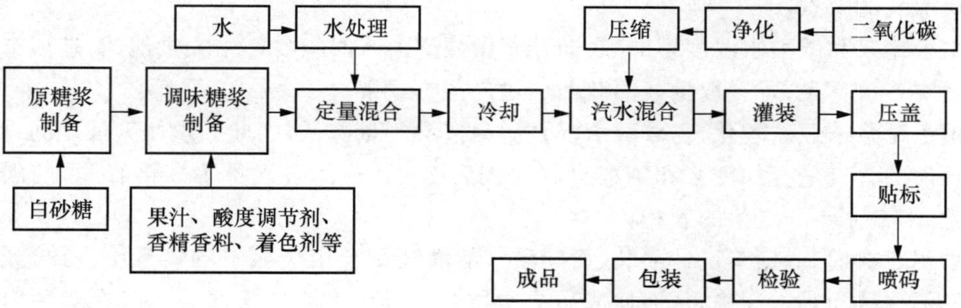

图 1-1　一次灌装法工艺流程图

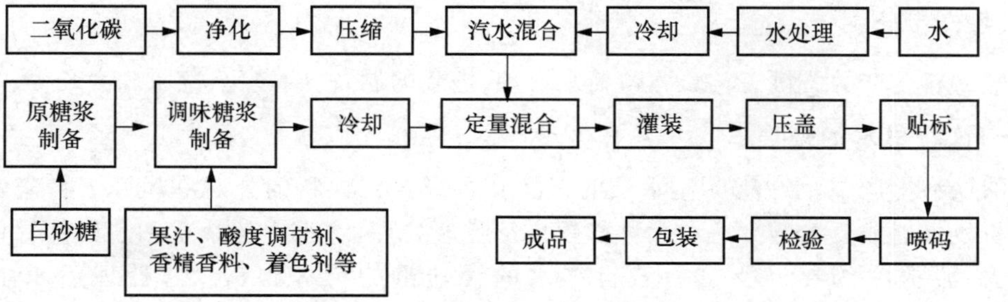

图 1-2　加碳酸水的一次灌装法工艺流程图

③需要大容积的二级配料罐,配合后如不能立即冷却、碳酸化,料液会由于糖度较低易受微生物污染。

(二)二次灌装法

二次灌装法是先将调味糖浆定量注入容器中,然后加入碳酸水至规定量,密封后再混合均匀,又称为现调式灌装法或后混合法。其工艺流程见图 1-3。

二次灌装的优点:

①设备简单,投资少,适合中小型饮料厂;

②适用于生产带果肉成分的碳酸饮料;

③易于保证产品卫生,糖浆和碳酸水各成独立的系统,管道单独装置,清洗很方便。

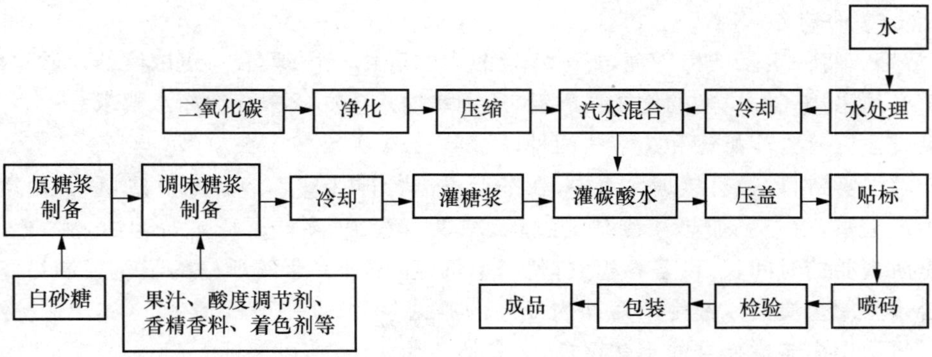

图 1-3　二次灌装法工艺流程图

二次灌装的缺点：

①由于糖浆和碳酸水温度不同，在向糖浆中灌碳酸水时容易产生大量泡沫，造成二氧化碳的损失及灌装量不足，可采取糖浆灌装前通过冷却方式解决；

②由于糖浆未经碳酸化，与碳酸水混合后会使含气量降低，因此必须使碳酸水的含气量高于成品预期的含气量。如糖浆和碳酸水的比例为 1 ∶ 4，成品含气量为 3 倍容积，则碳酸水的含气量为 3×5/4＝3.75 倍的容积；

③采用二次灌装，糖浆定量灌装，而碳酸水的灌装量会由于瓶子的容量不一致，或灌装后液面高低不一致而难以准确，从而使成品的质量有差异。大型二次灌装设备在灌装密封设备后设置翻转混匀机，使糖浆和碳酸水均匀混合。

三、操作步骤

碳酸饮料生产的关键工艺步骤包括水处理、糖浆的制备、碳酸化、洗瓶和灌装等。

(一)饮料用水的处理

碳酸饮料生产中，水占 90%，水质的好坏直接影响到饮料的外观和风味。自来水首先通过电渗析机处理或反渗透方法对水进行软化及脱盐处理，将水中的杂质和溶解的固体物质大部分除去，脱盐率约在 90%。一般自来水的含盐量约为 350 mg/L，处理后水中含盐约 50 mg/L。处理后的水用泵加压进入活性炭过滤器，以去掉水中的不良味道，再经砂滤棒过滤后进一步除去水中的悬浮物和杂质，砂滤棒过滤也有除菌的作用。最后流经紫外线或臭氧杀菌器，冷却后即可。

(二)糖浆的制备

生产碳酸饮料的糖浆分为原糖浆和调味糖浆。

原糖浆是具有一定浓度的白砂糖溶液。调味糖浆又称调和糖浆、果味糖浆等，是指将原糖浆、其他甜味剂、酸度调节剂、香精、色素和防腐剂等物料加入配料桶并混合均匀后所得的浆料。调味糖浆为碳酸饮料提供了一定稠度，同时构成了碳酸饮料的主体风味，调味糖浆配制的好坏，直接影响产品的一致性和质量，糖浆配制成分的不同，也就生产出不同风味的饮料。因此，从碳酸饮料质量、风味的形成和卫生角度来考虑，糖浆的制备是碳酸饮料生产中极为重要的工序。

1. 原糖浆的制备

(1)溶糖。将一定量的白砂糖，加入定量的水中溶解，制成具有一定浓度的白砂糖液，称为原糖浆。必须采用一级以上的优质白砂糖，所用水的水质必须符合纯净水要求。

溶糖方法可分为冷溶法和热溶法两种。

①冷溶法：将白砂糖直接加入水中，在室温下进行搅拌使其溶解的方法，称为冷溶法。采用此法生产糖浆，可省去加热和冷却的过程，减少了费用，降低了成本，而且口感、色泽较好。但缺点是所需要的时间长，设备容积大，利用率低，还须具有非常严格的卫生控制措施。这种方法适合于采用优质白砂糖生产短期内投产的原糖浆，浓度一般配成 45～65°Bx。冷溶法所用设备一般采用内装搅拌器的不锈钢桶，设备便于彻底清洗，以保证无菌。

②热溶法：将定量的水和白砂糖一起加热，并不断搅拌使糖溶化的方法。此法适用于生产纯度要求高、具有一定储藏期的原糖浆。所用的设备一般采用不锈钢化糖锅，并配有搅拌器和

加热装置。其生产过程是将糖和水的用量正确配比,通过蒸汽加热并不断搅拌。在加热时,液面有泡沫或杂物浮出,须用筛子除去,否则会影响饮料质量,甚至会产生瓶口的环形物。待白砂糖完全溶化后,液温升至 60 ℃时停止搅拌,继续升温至沸腾,维持沸腾 5 min 左右,便于杀菌,然后再经过板式换热器冷却至 40～50 ℃。注意沸腾时间不宜过长,以防发生焦糖化反应,使糖液的颜色加重并产生熟糖味。该法生产效率高,糖浆质量较好,工厂多采用此法,糖浆浓度一般为 65°Bx。

热溶法生产的糖浆可先冷却后再过滤,以得到非常透明的糖液,过滤后的糖液可放在具有冷却装置的储槽中保存。

(2)糖浆浓度的测定。我国饮料行业所用的糖浆浓度单位有 3 种,即相对密度、百利度(Brix,°Bx)和波美度(BAUME,°Bé)。

糖度计、波美计和比重计都可用于糖液浓度的测定。其中采用糖度计或折光计的测定方法相对比较常用,这种方法测定结果用百利度(°Bx)表示,百利度是指糖液中含有糖的质量分数,如百利度 60°Bx,表示 100 kg 糖液中含糖 60 kg。百利度随糖液的温度而变化,在分析化验时要以标准温度 20 ℃为准进行校正,以便于比较。

3 种测定方法读出的数值有如下关系:

百利度＝波美度×1.8

15 ℃相对密度＝144.3/(144.3－波美度)

(3)糖液配制计算。根据糖浆浓度和体积,可求出糖和水的量,从而配制出所需要浓度的原糖浆。

【例 1】预生产 55°Bx 原糖浆溶液,现有 1 kg 白砂糖,需加水多少千克?

白砂糖:原糖浆＝55:100

白砂糖:水＝55:(100－55)＝55:45＝1 kg:x

需加水 0.82 kg。

【例 2】预生产 20 L 55°Bx 原糖浆溶液,白砂糖和水各需要多少千克?(ρ＝1.26 kg/L)

原糖浆的质量(m)＝ρV＝1.26 kg/L×20 L＝25.20 kg

白砂糖的质量＝25.20 kg×55%＝13.86 kg

水的质量＝25.20 kg×(1－55%)＝11.34 kg

例 1 视频讲解　　　　例 2 视频讲解

(4)糖浆过滤。制得的原糖浆必须进行严格的过滤,以除去糖液中的微细杂质,常采用不锈钢板框压滤机或硅藻土过滤机过滤糖浆。

为保证过滤质量和过滤速度,用板框压滤机过滤糖液时,需加入纸浆作助滤剂。助滤剂在糖溶化后加入,每平方米过滤面积约用 1 kg 纸浆原料,然后用泵加压循环通过滤板,形成均匀的滤层,经滤层滤过后,去除了杂质的糖液变得澄清透明。一般操作压力为 0.6 MPa 左右,如果压力超过 1.2 MPa 且流量降低时,则应停止过滤,进行洗涤操作并及时更换助滤剂和滤布,该操作必须在规定卫生条件下进行。更换的助滤剂和滤布经清洗、干燥后可重复使用。

硅藻土过滤机性能稳定，适应性强，过滤效率高，效率高，可获得很高的滤速和理想的澄清度。硅藻土过滤机正常操作中十分重要的一环就是形成均匀的硅藻土预涂层，从而保证糖液过滤后澄清透明。为了使形成的滤饼更为疏松，保持正常的过滤速度，也可向糖液中加入少量硅藻土作助滤剂（一般每 100 L 糖液中加入硅藻土量为 0.05～1.0 kg）。

2. 调味糖浆的制备

调味糖浆是指已经调配有各种添加剂，可用于直接生产饮料的糖浆。

糖浆的调配过程为将过滤后的原糖浆投入配料容器中（容器应为不锈钢材料，内装有搅拌器，并有体积刻度），当原糖浆加到一定体积刻度时，在不断搅拌下，依次加入各种所需原辅料，最后用水定容，并混合均匀。

（1）物料处理。为了使配方中的物料混合均匀，减少局部浓度过高而造成的反应，物料一般不直接加入，而是预先制成一定浓度的水溶液，并经过过滤，再进行混合配料。

（2）投料顺序。调味糖浆配制时的加料顺序是十分重要的，加料次序不当，将有可能失去原料应起的作用。甜味剂和防腐剂应在加酸度调节剂之前加入，否则两者在酸性糖浆中会析出，很难再溶解。若料温过高加入香精，则香精将很快挥发而失去香味。顺序变更，有时还能产生化学反应，或使制品造成乳状溶液，或使饮品变质。加入乳化剂和香精时，要缓慢地搅拌，避免小油滴浮于液面或产生沉淀。乳化剂可以帮助香精溶解，应在香精加入之前添加，这样可减少搅拌的时间。

配料之间容易发生化学反应的应分开调入，如酸和防腐剂；黏度大、易起泡的原料较迟调入，如乳化剂、稳定剂；挥发性的原料最后调入，如香精、香料。

各种添加剂要分别溶解，分别添加，边加边搅拌。但是，不能过分搅拌，以免混入过多的空气而影响碳酸化过程。配料完毕后，测定糖浆的浓度，测定方法与测定原糖浆的浓度相同。同时抽出少量糖浆加碳酸水，观察其色泽、品味，检查是否与标准样相符合。

按照上述原则，投料的一般顺序如下：原糖浆→防腐剂→甜味剂→酸度调节剂→果汁→乳化剂→稳定剂→色素→香精→加水定容。

（三）碳酸化

无论是一次灌装法（预调法）还是二次灌装法（现调法），水与二氧化碳在混合机或储存罐中都在一定温度和压力条件下形成饱和或不饱和的溶液。效率高的混合机由于接触面积大和时间长，足够形成饱和溶液，而效率低的混合机只能形成不完全饱和溶液。不饱和溶液的气体压力超过实际含气量所需的压力，这个超额压力称为过压力。

混合机和灌装机的连接一般采用直接连接法，由于饱和溶液从混合机流向灌装机时压力降低，温度可能升高，这时饱和溶液立即变成过饱和溶液，饮料中的二氧化碳会迅速逸出，产生较多泡沫而使灌装量不足。因此灌装机常需保持一个过压力（额外压力），即保持一个高于在灌装机内饱和溶液所需的压力。这样在灌装完毕泄压时，虽然大量的压力气体迅速由瓶中排出，但首先排出的是过压力。

为了保证有效的和一致的碳酸化水平，在实际生产中需要注意一些关键问题，以下 5 点注意事项应熟练掌握。

1. 保持合理的碳酸化水平

对碳酸饮料来说，碳酸化程度过高，会在放气或放气以后的时间里产生不正常的气体逸出,从质量控制和CO_2消耗方面来说这是极不合理的。另外某些产品还会由于过度碳酸化而失去香味的魅力。

2. 保持灌装机一定的过压程度

为了得到所需的过压力,目前生产中通常使混合机的压力高于灌装机压力 19.6 kPa,灌装机的压力又比最终产品含气量的压力高 98 kPa。为了解决混合机和灌装机之间的压力差,可将混合机安装在高位来实现。

3. 将空气混入控制在最低限度

切实采取有效措施,防止空气进入液体饮料中;定期向混合机灌注液体(水或消毒剂),然后用CO_2排出,以排出混合机内积存的空气;过夜时,碳酸化罐应经常保持一定的压力,以防空气进入。

4. 保证水或产品中无杂质

当有杂质存在时,会促使CO_2过度逸出,应尽可能保证水或产品中无杂质。最常见的杂质是空气、CO_2中的油或其他杂质、瓶中的碱或小片碎标签、水中的杂质以及糖浆中未被溶解的杂质等。

5. 保证恒定的灌装压力

混合机和灌装机的压力产生波动时会影响产品最终的碳酸化程度,同时过压下降时会引起喷涌,导致碳酸化控制失灵。灌装机贮液槽液面升高时会淹没反压阀,而液面降低时则灌装不了成品。

(四)洗瓶

1. 洗瓶要求

由于碳酸饮料灌装后不再杀菌,因此容器的干净与否直接影响产品的质量和卫生指标。灌装容器目前主要有易拉罐、PET 瓶等一次性容器和可多次使用的玻璃容器。

一次性容器由于出厂后包装严密,无污染,因而不需要洗涤消毒或只需用无菌水洗涤喷淋即可用于灌装。需要清洗的主要是多次性使用的玻璃瓶。回收的玻璃瓶几经周折,往往比较脏,再加上有一定量的残留汽水,所以瓶中各种微生物很多。洗瓶的目的就是把空瓶洗净和消毒,为灌装碳酸饮料提供符合卫生要求的容器。

玻璃瓶经过洗涤后必须满足以下要求:空瓶内外清洁无味,瓶口完整无损;空瓶不残留余碱及其他洗涤剂;瓶内经微生物检验,不得发现大肠菌群,细菌菌落总数不得超过 2 个/mL。

2. 洗瓶操作

目前饮料厂洗瓶的方法可分为手工洗瓶、半机械洗瓶和全自动洗瓶三种。洗瓶的基本工艺是浸泡、冲洗或刷洗、冲瓶、沥瓶和验瓶。

(1)浸泡。将空瓶浸于热的洗涤剂溶液中,利用洗涤剂的化学作用使瓶子上的污染物溶解或软化,并使微生物死亡。瓶子清洗前,必须先经人工挑选,剔除破瓶、杂瓶;剔除装盛过矿物油、石油、油漆、水泥、农药等异物的瓶子;剔除不同外形尺寸的瓶子。对于挑出的特别脏的瓶子、带锈圈瓶和有油迹的瓶子要经过特别刷洗才能进入洗瓶机。

洗涤剂一般选择氢氧化钠,由于氢氧化钠成本低,去油、去污力强,而且氢氧根有杀菌作用。为达到清洗和杀菌的要求,碱液浓度与温度、浸泡时间应根据瓶子的洁净程度、瓶子的耐温情况、洗瓶设备运转速度来调节。

一般浸泡条件为:碱液浓度 2.0%~3.5%,碱液温度 55~65 ℃,浸泡时间一般为 10~

20 min，最少 5 min。温度需每 0.5 h 检查 1 次，碱液每班需检测 2 次，以确保其浓度在需要范围之内。氢氧化钠溶液会侵蚀皮肤，且操作中易迸溅，工作时应注意防护。

此外，生产中常采用混合洗涤剂，以提高清洗效果。如以氢氧化钠为主，加入碳酸钠，改进易冲洗性；加入磷酸钠，可抑制水垢的生成，避免硬水在瓶壁上产生雾垢；加入葡萄糖酸钠，以便除去瓶口的铁锈等。

(2)洗瓶或刷瓶。利用高压力液体喷射冲击瓶壁或利用毛刷对瓶壁的机械摩擦作用清除瓶子内外的污染物和积垢，就可刷洗掉瓶子内外的污物。

即有两种方法洗净瓶子，一种是用高压温水或洗涤液对瓶子内外进行喷淋洗涤，将污物带走，目前大厂多使用此法；另一种是用毛刷刷洗，中小企业采用此法较多。

(3)冲瓶。用无菌水冲洗空瓶内部，应保持水流通畅，压力要保持 1 MPa，冲洗时间不少于 5～10 s。

(4)沥水。将瓶子倒置，使瓶中水沥出、干燥。

(5)验瓶。已清洗过的瓶子在灌装前应经过检验，检出那些不清洁和破损、裂纹及瓶形不符合要求的瓶子，以保证饮料不被污染并避免灌装时的爆瓶现象。验瓶主要有人工肉眼检查和光电验瓶机自动检查两种方法。

采用人工检验瓶时，对检验瓶的人员要 1 年进行 2 次视力检查，包括色盲项目的检查。肉眼检验是很容易疲劳的工作，时间长了就会出现漏验。因此，要规定检验人员的连续工作时间，当验瓶速度为 100 瓶/min 以下时，每人连续验瓶时间不超过 40 min；当验瓶速度超过 100 瓶/min 时，连续验瓶时间不超过 30 min，超过规定时间应及时换人。肉眼检验的速度不得超过 200 瓶/min。

对于现代化的连续生产线，采用电子验瓶机进行检查，效率高者可以达到 800 瓶/min 的高速度。但是该机只能验出瓶内的残渣，通常检查瓶底且检查不到瓶内壁与瓶口上的铁锈等。

3. CIP 清洗系统

也可以采用 CIP 清洗系统。CIP 适用于乳品、饮料、啤酒、制药生产线的设备及管路的清洗消毒，以保证严格的卫生要求。CIP 一般有清洗液储罐、输送泵、管路及管件阀门、清洗头、回收泵、程序控制装置等组成一个清洗循环系统。CIP 具有工作效率高、清洗效果可靠、损耗小等特点，操作过程均在密闭的管路内进行，卫生要求高，操作方便，可以降低工人的劳动强度。

(五)灌装

1. 灌装要求

灌装系统是指灌糖浆、灌碳酸水和封盖的组合。小型设备无论是手工式或机械化的，都是由这 3 个独立的机构构成。3 个工序可以用手工传递，也可以用传送带连接。

灌装系统是装瓶线的心脏，它是保证产品质量的关键工序。通过灌装系统要完成碳酸饮料的主要质量要求，包括如下几个方面：

①糖浆和水的正确比例。在二次灌装法中要求保证灌装糖浆量的准确和控制灌装高度。

②达到预期的二氧化碳含气量。成品的含气量不仅由混合机所决定，灌装系统也是一个主要的决定因素。

③保持合理的灌装高度和一致的水平。饮料的灌装高度，除去二次灌装法中会影响糖浆和水的比例以外，还要考虑到其他因素。如太满则在温度升高时会由于饮料膨胀导致压力增

加，容易漏气和破裂，太低则不适应市场要求。

④瓶子顶端空隙处应保持最低的空气含量。空气量多，会使饮料的香味物质易于发生氧化反应。

⑤保证产品的稳定。饮料中如存有空气、固体杂质或含气量过高，含气量过饱和，都会在灌装过程中造成喷涌，使灌装困难。

⑥密封严密有效。不论是皇冠盖或是螺旋盖都要密封严密，不应使容器有任何损坏，铝罐的卷边应符合规定要求。

2. 灌装方式

碳酸饮料的灌装方式主要有二次灌装和一次灌装，有时也使用组合式灌装法。组合式灌装法有多种组合形式：

①可以按照一次灌装法组合各机，当灌装带果肉汽水时，在调和机上装一个旁通，使糖浆按比例进入另一管线(不与水混合)，与碳酸化后的水于混合机末端连接，再进行灌装。

②可以按照一次灌装法组合各机，但在调和机以后(即水与糖浆调好后)加一个旁通，采用注射式混合器进行碳酸化(冷却可在脱气罐中加一个易清洗的冷却器)，然后进行灌装。

③只使用调和机的比例泵部分，不进行调和。水的部分以注射式混合机做预碳酸化，然后与糖浆共同进入易清洗的碳酸化罐，做最后的碳酸化，再进行灌装。

④碳酸气和水先在混合机中碳酸化，然后与糖浆分别进入调和机中，按比例调好(或再进入缓冲罐)进行灌装。

四、产品质量标准

根据 GB/T 10792—2008《碳酸饮料(汽水)》的规定，碳酸饮料产品的主要技术要求如下。

(一)感官要求

应具有反映该类产品特点的感官、滋味，不得有异味、异臭和外来杂物。

(二)理化指标

应符合表 1-2 的规定。

表 1-2　碳酸饮料的理化指标

项目	果汁型	果味型、可乐型及其他型
二氧化碳气容量(20 ℃)/倍	≥1.5	≥1.5
果汁含量(质量分数)/%	≥2.5	—

此外，还要求：铅(Pb)≤0.3 mg/L，总砷(以 As 计)≤0.2 mg/L，铜(Cu)≤5 mg/L。

(三)微生物指标

菌落总数：每毫升小于 100 个；

大肠杆菌总数：每 100 mL 小于 6 个；

霉菌、酵母：每 100 mL 均要求小于 10 个；

致病菌：不得检出。

五、操作实施

①学生分成 3～5 人一组，各小组在老师指导下，通过网络教学资源等多渠道查询碳酸饮

料(汽水)生产技术的资料。

②各组根据汇总的相关资料,师生共同讨论、分析,用集体智慧完成碳酸饮料(汽水)生产技术方案,制作汇报提纲并选一名代表进行学习汇报交流,并对该方案进行修订。

③学生按照修订后的碳酸饮料(汽水)生产技术方案,按规范要求,独立完成碳酸饮料(汽水)生产任务,最终填写任务考核单,教师在操作实施过程中巡回指导。

任务考核单——碳酸饮料(汽水)的生产

班级： 姓名： 学号：

<table>
<tr><th>项目</th><th>实施内容</th><th>分值</th><th>考核记录(以“√”表示)</th><th>备注</th><th>得分</th></tr>
<tr><td rowspan="5">准备工作
(15 分)</td><td>清洁卫生</td><td>5</td><td>能发现并解决卫生问题</td><td></td><td rowspan="5"></td></tr>
<tr><td rowspan="3">准备并检查工器具</td><td rowspan="3">6</td><td>准备本次操作实施所需所有仪器和容器</td><td></td></tr>
<tr><td>仪器和容器的清洗和控干</td><td></td></tr>
<tr><td>检查设备运行是否正常</td><td></td></tr>
<tr><td>原水的选择</td><td>4</td><td>按照产品类型选择原水</td><td></td></tr>
<tr><td rowspan="16">操作实施
(60 分)</td><td rowspan="3">饮料用水的处理</td><td>5</td><td>根据原水情况选择精滤设备型号并能使用精滤设备</td><td></td><td rowspan="16"></td></tr>
<tr><td>5</td><td>对活性炭设备及活性炭粒径进行正确选型并能使用活性炭过滤设备</td><td></td></tr>
<tr><td>5</td><td>根据水质分析选择反渗透设备并能使用反渗透设备</td><td></td></tr>
<tr><td rowspan="5">糖浆制备</td><td rowspan="3">5</td><td>溶糖</td><td></td></tr>
<tr><td>糖浆浓度测定</td><td></td></tr>
<tr><td>糖浆过滤</td><td></td></tr>
<tr><td rowspan="2">10</td><td>物料处理</td><td></td></tr>
<tr><td>投料顺序</td><td></td></tr>
<tr><td rowspan="2">碳酸化</td><td>5</td><td>灌装压力</td><td></td></tr>
<tr><td>5</td><td>灌装温度</td><td></td></tr>
<tr><td rowspan="3">洗瓶</td><td>5</td><td>洗瓶</td><td></td></tr>
<tr><td rowspan="2">5</td><td>沥水</td><td></td></tr>
<tr><td>验瓶</td><td></td></tr>
<tr><td rowspan="2">灌装</td><td>5</td><td>糖浆和水的比例</td><td></td></tr>
<tr><td>5</td><td>二氧化碳气含量</td><td></td></tr>
<tr style="display:none"></tr>
<tr><td rowspan="3">产品评定
(15 分)</td><td>感官要求</td><td>5</td><td>应具有反映该类产品特点的感官、滋味,不得有异味、异臭和外来杂物</td><td></td><td rowspan="3"></td></tr>
<tr><td>理化要求</td><td>5</td><td>符合相应的理化指标</td><td></td></tr>
<tr><td>微生物要求</td><td>5</td><td>符合相应的微生物指标</td><td></td></tr>
<tr><td rowspan="2">文明操作与团队意识
(10 分)</td><td>文明操作</td><td>5</td><td>清理用物,整理实训室</td><td></td><td rowspan="2"></td></tr>
<tr><td>团队意识</td><td>5</td><td>有团队意识,能相互良好合作</td><td></td></tr>
</table>

④学生对完成工作任务的表现进行自评和互评,各小组进行总结、考核及评估,教师做出最后评价,填写教学反馈表。

【知识拓展】

一、碳酸饮料常见设备

(一)水处理设备

水是碳酸饮料生产中用量最大的原料，而且水质的优劣对饮料的品质影响极大。因此，必须对水进行处理以满足工艺要求。通常按其作用把水处理设备分为 3 类：水的过滤设备、水的软化设备和水的消毒杀菌设备。

可口可乐生产

1. 水过滤设备

砂石过滤设备、活性炭过滤器、砂滤棒过滤器、微孔过滤器。

2. 水软化设备

水软化有 3 种形式：离子交换、电渗析、反渗透。

离子交换器：离子交换器是水处理中常用的一种装置，它可以通过选择一定的流程，使水软化或除盐。其主要是利用离子交换剂把原水中不需要的离子暂时固定，使水中这些离子的含量降低到所要求的程度。

电渗析器：电渗析在工业上作为一种分离、浓缩、提纯和回收工艺的新技术，广泛应用于化工、制药、食品等行业。在食品工业上的应用主要集中在汽水用水、啤酒用水的纯化处理上，在饮料厂用来对水进行软化。

反渗透设备：反渗透是应用规模最大、技术相对最成熟的膜技术，其应用在整个膜分离领域中约占一半，是膜技术发展的一个最大突破。反渗透是通过反渗透膜把溶液中的溶剂分离出来。反渗透的应用从海水淡化、硬水软化等发展到维生素、抗生素、激素等的浓缩，细菌、病毒的分离以及果汁、牛乳、咖啡的浓缩等许多方面，应用极广。

3. 水消毒杀菌设备

臭氧杀菌器：所谓臭氧杀菌器是利用臭氧的强氧化性而达到杀菌的目的。臭氧是强烈的氧化剂，其杀菌作用比氯高 15～30 倍，在一定浓度下作用 5～10 min，臭氧对各类微生物都可以达到杀灭的程度。国外已将其广泛用于水的消毒处理以达到除臭、除色等目的，国内在矿泉水、纯净水生产中普遍应用于灭菌处理。

紫外线杀菌器：当微生物受紫外光照射后，微生物的蛋白质和核酸吸收紫外光谱能量，导致蛋白质变性，引起微生物死亡。紫外线对清洁透明的水具有一定的穿透能力，所以能使水消毒。紫外线杀菌不改变水的物理化学性质，杀菌速度快、效率高、无异味，因此得到广泛应用。

(二)碳酸化设备

汽水混合机是碳酸化系统中最关键的设备，下列是常用的几种混合机，可以单独使用，也可以组合起来使用。

1. 薄膜式混合机

该混合机碳酸化罐内有多层圆盘，水流经圆盘曲面时，可形成薄膜，增加与气体的接触面积，并延长了水在混合机内的停留时间。另一种是把板式热交换器置于碳酸化罐中，水流经热交换器的表面形成薄膜。操作时先将 CO_2 气充入容器中，维持稳定的压力，然后进水，完成水的碳酸化过程。薄膜式混合机结构如图 1-4 所示。

2. 喷雾式混合机

这种混合机在碳酸化罐的顶部有旋转喷头或离心式雾化器，水或饮料经过雾化，与 CO_2 混合，大大增加了接触面积，提高了 CO_2 在水中的溶解度，同时缩短了液体和 CO_2 的作用时间，提高了碳酸化效率。这种混合机可附加可变饱和度的控制器，罐的底部为储存罐，其液面可由晶体管液位继电器控制，位置低于雾化器。喷头可做清洗器，实现 CIP 清洗。喷雾式混合机结构如图 1-5 所示。

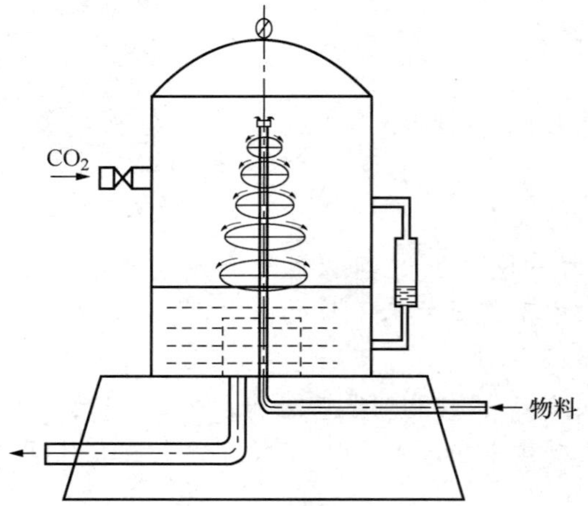

图 1-4 薄膜式混合机

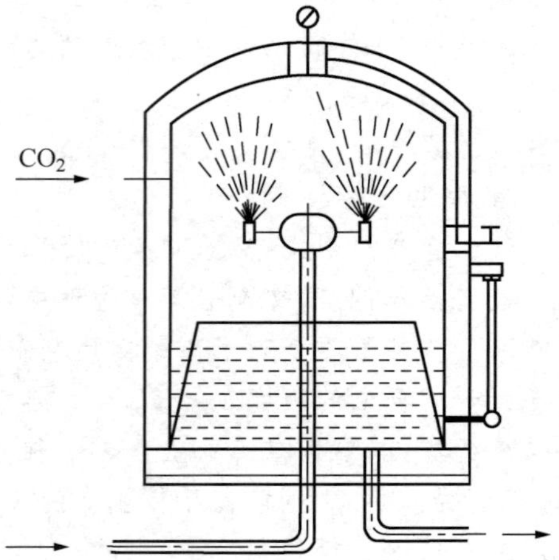

图 1-5 喷雾式混合机

上述两种类型的混合机都是通过碳酸化罐进行碳酸化的，当生产开机之前，碳酸罐内充满空气，操作人员必须在开机前或中途停机再开机时，先通入 CO_2 将罐内空气排出，而且生产中还需经常打开罐排气阀门，否则将影响 CO_2 在水中的溶解度，并会给灌装带来麻烦。

3. 填料塔式混合器

即带填料的可变饱和度的碳酸化罐，一般为立式圆筒体，内装有塔板，塔板上填充有玻璃珠或瓷杯，水喷洒在填料上，可增加水和气的接触面积。安装上可变饱和度装置，就能调节 CO_2 的溶解度。由于清洗较困难，一般只用作水的碳酸化，不作为成品的碳酸化。填料塔式混合器结构如图 1-6 所示。

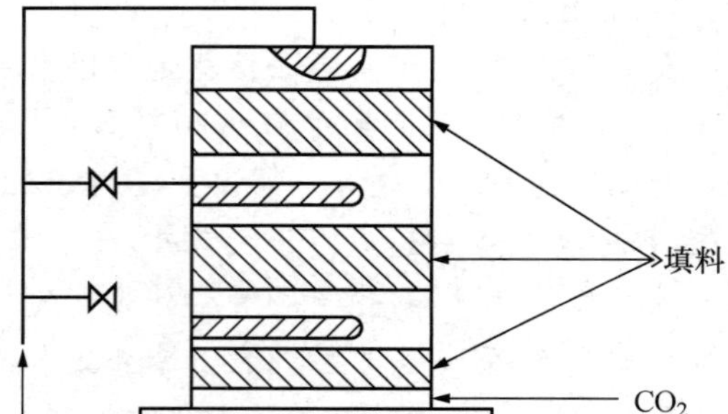

图 1-6 填料塔式混合器

4. 喷射式混合机

这种混合机又称文丘里管式混合机，其构造是一圆管，中部有锥形狭窄通路(锥形喷嘴)。锥形喷嘴连接入口，当加压的水流经此处时流速加快，CO_2 通过管道进入，由于压差促使水爆裂成细滴，扩大了与管内 CO_2 的接触面积，提高了碳酸化效果。该设备在水温不太低的时候也可取得一定效果，通常用在预碳酸化、追加碳酸化过程，后面一般连接碳酸化罐或板式换热器，以保证气体全部溶解。喷射式混合机结构如图 1-7 所示。

由于碳酸饮料生产中空气的存在会影响 CO_2 的溶解，所以必须注意：水中的溶解氧应该用脱气机去除或者用 CO_2 置换(预碳酸化)去除；混合机内的空气用水排气法去除；各个管道

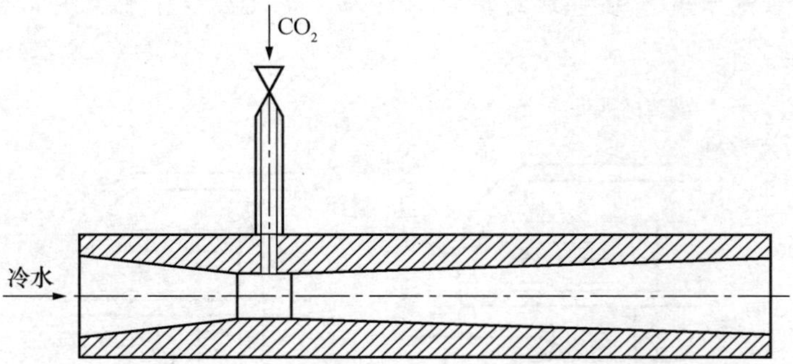

图 1-7　喷射式混合机

不能有漏隙。

(三)灌装设备

灌装机是灌装系统中的核心设备,按灌装方法的不同有启闭式灌装机、等压式灌装机、负压式灌装机和加压式灌装机等多种,目前碳酸饮料厂多采用等压式灌装机。

1. 启闭式灌装机

启闭式灌装也称压差式灌装,老式的机器多采用此种方法,与灌装虹吸瓶的方法相同(图 1-8)。通往瓶子的阀门只有两个通路:一通料罐,一通大气。当通往料罐的通路打不开时,汽水便流入瓶中,达到瓶中与料罐等压。因为瓶中空气不能换出,所以流入的水不满,这时阀门换向,将通往料罐的通路封闭,通往大气的通路打开,空气即溢出(时间很短),压力降低。阀门再换向,汽水再流入瓶中。这样反复四五次,至装满为止。这种方式的优点是机器结构简单,适用于小型机。装虹吸瓶时,瓶子倒立(因为虹吸管口接近瓶底)。但是其缺点是瓶中液面很难控制。

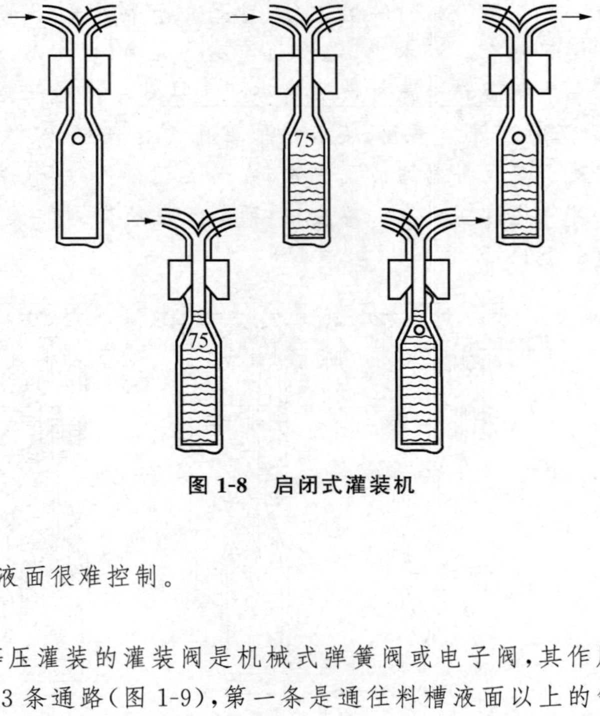

图 1-8　启闭式灌装机

2. 等压式灌装机

现在大多数机器采用等压式灌装。等压灌装的灌装阀是机械式弹簧阀或电子阀,其作用一是灌装,二是定量。灌装阀通往容器有 3 条通路(图 1-9),第一条是通往料槽液面以上的气管,第二条是通往料液下面的料管,第三条是通往大气的排气管。

第一步,当瓶子上升顶住阀门造成密闭的时候,第一次打开气管,料槽上部的压力(无菌压缩空气保压)气体即向下流,使瓶中与料槽上部的压力相等。

第二步,由于瓶中由一个大气压变为更高的压力,这个反压力即打开料管的弹簧阀,使料管与瓶子接通,汽水由于位差便流入瓶中,瓶中的空气通过气管被换入料槽顶部。瓶中的液面升至气管口即停止(通常的结构是汽水在气管中再上升至料槽液面)。

第三步,即由凸轮作用,封闭气管和料管,打开排气管,使瓶可以与大气相通,气体排出,泄去瓶中压力，气管中汽水流入瓶中达到预期的液面。排气后瓶子脱离密闭状态，送往压盖机封盖。

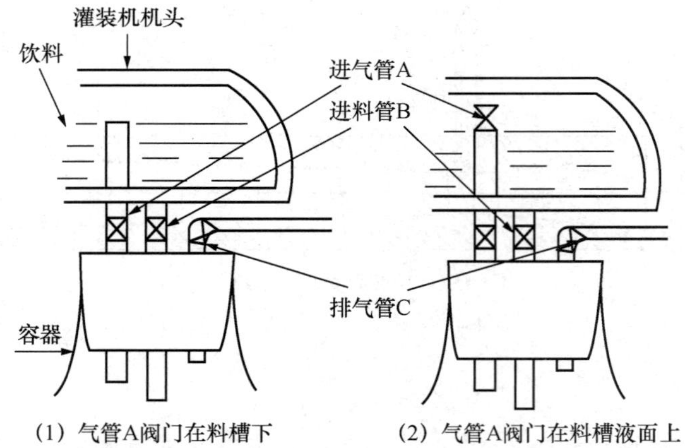

图 1-9　等压式灌装机

气管阀门有两种位置：一种是位于料槽的下部，另一种是位于料槽顶端。前一种优点是气管中残余汽水少，灌液面控制得准确，但常易发生气管再打开时有小量液体冲下，进入下一个瓶激起泡沫。改进的办法是在第一个瓶子灌装、排气、脱离阀门后，在第二个空瓶进入前，瞬时开放气管，使料槽顶部压力把气管中残余汽水在两个瓶子灌装之间冲下。后一种是大多数机器的应用方法，在向大气排气时，气管中液体可在此时流入第一瓶中，控制液面时应将这些料液计算在内，而第二瓶所得到的反压力几乎是不带水的。等压式灌装过程如图 1-10 所示。

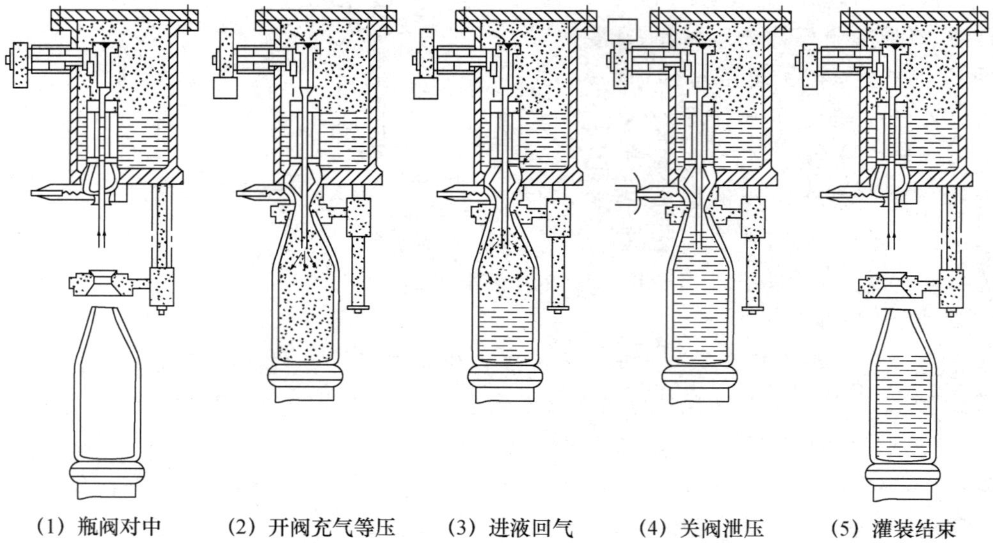

图 1-10　等压式灌装过程

为了适应饮料工业大生产，以获取最佳经济效益的需要，饮料设备越来越趋向于大型化。如碳酸饮料灌装设备的灌装速度最高可达 2 000 罐/min，德国 KHS 公司、KRONES 公司，其灌装设备的灌装阀头数分别达到144头、178头。一体多用,适应多种液体、多种瓶型的灌装和封口,可进行茶饮料、咖啡饮料、豆乳饮料和果汁饮料等多种饮料的热灌装,也可进行玻璃瓶和PET瓶的灌装。

二、碳酸饮料常见的质量问题及处理方法

碳酸饮料常见的质量问题主要表现在杂质、无气、浑浊、沉淀、变味、变色等。产生以上现象的原因是多方面的,现将其产生的原因及处理方法分述如下。

(一)杂质

杂质主要指肉眼可见、有一定形状的非化学反应产物,对制品质量影响很大。杂质可分为:不明显杂质、明显杂质和使人厌恶的杂质。不明显杂质包括数量极少、体积极小的灰尘、小白点、小黑点等;明显杂质包括数量较多的小体积杂质;使人厌恶的杂质是指刷毛、大片商标纸、蚊虫、苍蝇及其他昆虫等。造成这些杂质的原因主要有瓶子或瓶盖未洗干净;水、糖及其他辅料含有杂质,而糖浆过滤时未除掉;机件碎屑或管道沉淀物;操作人员责任感不强等。

较严重的杂质问题主要是瓶子清洁不彻底,因此必须加强洗瓶工序的管理,保证洗瓶时间、温度和洗瓶效果。水中杂质主要是过滤效果不好,或贮水罐没有定期清洗或罐盖不严混入杂质造成的,因此必须针对不同情况进行改进。原料中杂质主要是过滤问题,也有贮罐不洁或灌装机等不净或管道沉淀物造成的。为了避免机件碎屑混入,应严格控制混合机、灌装机易损件的磨损,同时所有水管、料管及气管都应定期进行清洗,排除沉淀物,保持清洁状态。

(二)浑浊沉淀

碳酸饮料有时会出现白色絮状物,使饮料浑浊不透明,同时在瓶底生成白色或其他沉淀物。碳酸饮料浑浊沉淀的原因是多方面的,主要是由物理作用、化学反应和微生物活动引起的。

1. 物理性变化引起的浑浊沉淀

一般表现为生产出的饮料存储一周内即出现浑浊、不透明或瓶底有一层云雾水,或有微小颗粒沉积瓶底。其原因是水过滤不彻底,未使其中的矿物杂质清除干净;瓶子未洗涤干净,附着于瓶壁的杂质被水浸泡后形成沉淀;水质不适也会出现浑浊或不透明。

2. 化学性变化引起的浑浊沉淀

化学沉淀一般由饮料生产过程中原辅材料之间相互作用或与空气(水源)中的氧气发生反应而产生。如残存在蔗糖中的蛋白质和淀粉在酸性条件下,相互凝聚成松散的结合态,形成絮凝的“晶核”,随后沉淀下来;水质硬度过高,水中钙、镁离子与柠檬酸反应,生成不溶性沉淀;配料工序处理不当,如使用的苯甲酸钠和香精量过大、乳化香精过期、色素用量过大,使用劣质添加剂等都会使产品发生浑浊不透明的现象。

3. 微生物引起的浑浊沉淀

微生物与糖作用可使糖变质产生浑浊,与柠檬酸作用会形成丝状或白色云状沉淀。

造成碳酸饮料浑浊沉淀的原因很复杂,必须区别对待。对于化学反应和物理原因引起的浑浊沉淀,采取的控制措施有:生产用水硬度必须合适,注意不用硬度过高的水;注意选择合格

优质白砂糖;选用优质香精和食用色素,严格控制使用量;严格执行配料操作程序;严格洗瓶、验瓶及水处理操作。对于微生物造成的浑浊沉淀可采取以下措施防止:保证足够的CO_2含量;减少各环节的污染,从水处理、配料、容器洗涤到灌装、压盖等工序都要进行严格的卫生管理;加强原辅材料的管理;对所有容器、设备、管道、阀门定期进行消毒杀菌;加强过滤介质的消毒灭菌工作;防止空气混入等。

(三)变色与变味

产品生产后,放一段时间产生很难闻的气味,不能入口,或变得无味。商品的变味一般是由于微生物引起的。在果汁类碳酸饮料中,肠膜明串珠菌和乳酸杆菌可使其产生不良气味。在温度较适宜微生物繁殖的条件下,由于贮糖浆罐、管道及设备清洗不净,使成品产生酸败味。如果二氧化碳不纯,里面掺杂过多的其他气体,如硫化氢、二氧化硫等,这样也会给产品带来异味。另外,如果用发酵法生产的二氧化碳处理得比较粗糙,也会给产品带来酒精味或其他怪味。

夏天产品生产出来后在阳光下暴晒,会使香精产生化学变化,出现异味。有些饮料里的香精香料所含的萜烯物质较多,放一段时间后,由于阳光、温度、瓶内空气残留量等原因,致使香精香料成分氧化而引起风味的改变。回收饮料瓶中,有个别盛装过其他具有强烈异味的物质,在清洗中未清洗干净,或污染了一些干净瓶子,也会造成产品变味。

在一些地区,由于水质污染严重,在自来水中加的漂白粉杀菌剂较多,有些厂的除异味的活性炭罐体积不够或使用过久等原因,致使余氯量超标,进入成品后,氯气味重,给产品的风味带来较大的影响。

(四)含气量不足或爆瓶

碳酸饮料中充入CO_2,可减少氧的侵入,抑制需氧微生物的生长和繁殖。因此,饮料中CO_2含量不足,在保质期内容易变质,同时还会影响饮料的风味。CO_2含量不足的原因主要有:CO_2气不纯;碳酸化时液体温度过高;混合机压力不够;生产过程中有空气混入或脱气不彻底;灌装时排气不完全;封盖不及时或不严密,或瓶与盖不配套。

提高饮料碳酸化水平的方法和措施有:降低水温;排净水中和CO_2容器中的空气;提高CO_2的纯度;选用优良的混合设备(设有冷却装置及排空气装置);保持CO_2供气过程中的压力稳定平衡;进入混合机中的水与CO_2的比例适当;根据封盖前汽水温度和含气量要求,调整混合机的混合压力,保证含气量;经常检查管路、阀门,随坏随修,保证密封好用,严格执行操作规程。

爆瓶是由于CO_2含量太高,压力太大,在储藏温度高时气体体积膨胀超过瓶子的耐压程度,或是由于瓶子质量太差而造成的。因此应控制成品中合适的CO_2含量,并保证瓶子的质量。

任务 2　风味饮料生产技术

【任务设计】

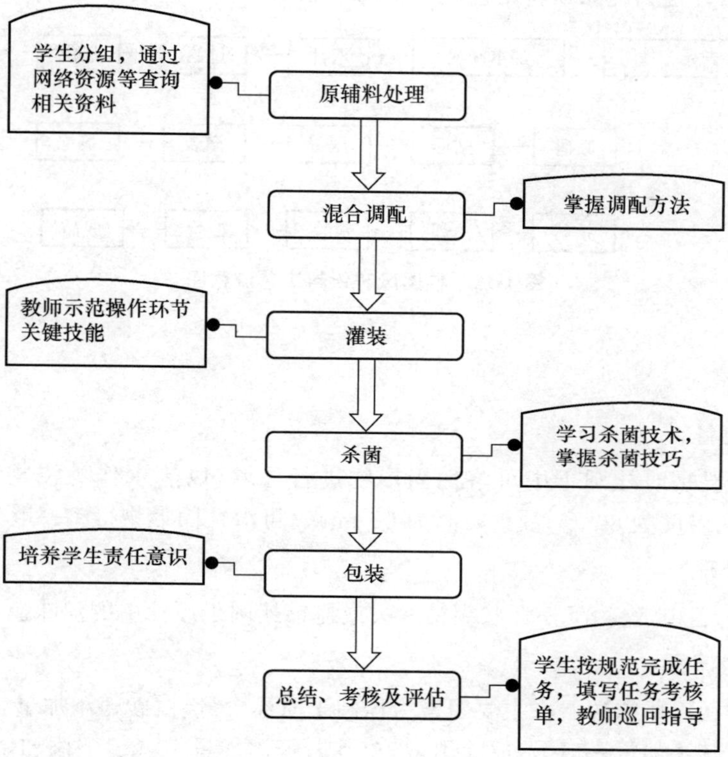

【任务实施】

风味饮料的主要风味来源于糖(包括食糖和淀粉糖)和(或)甜味剂、酸度调节剂、食用香精(料)等,其中应用的各种风味物质包括天然风味物质、与天然风味相同的物质及人工合成风味物质。天然风味物质很少直接使用,而是经过加工、萃取和蒸馏后形成天然风味浓缩物进行应用。与天然风味相同的物质有的是人工合成的,有的是化学方法从芳香性的原料中分离出来的,其特点是与天然风味物质化学性质一致,可以直接或间接提供使用。

由于添加风味物质的类型不同,生产出的风味饮料类型亦不同,下面就常见的几类风味饮料的生产工艺分任务进行说明。

任务 2.1　果味饮料生产技术

一、主要材料

桂圆、白砂糖、明胶、乙基麦芽酚、β-环状糊精、柠檬酸、食用香精、色素。

二、工艺流程

桂圆又称龙眼，原产于中国南部地区，分布于福建、台湾、海南、广东、广西、云南、贵州、四川等省份，主产于福建、台湾、广西。经济用途以果品为主，因其假种皮富含维生素和磷质，有益脾、健脑的作用。桂圆风味饮料工艺流程见图 1-11。

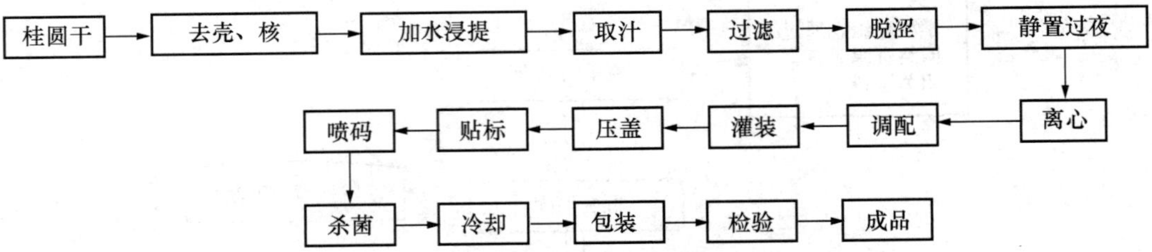

图 1-11　桂圆风味饮料工艺流程图

三、操作步骤

(一)原汁制备

原汁制备主要是对桂圆干中可溶性固形物进行提取，以热水作为浸提溶剂，料水比为 1∶(6～8)，浸提温度为 80 ℃，浸提时间为 60 min。可溶性固形物得率一般为 60%～80%。

(二)除涩处理

可选用明胶、乙基麦芽酚、β-环状糊精除去或掩饰桂圆干原汁中的涩味。

(三)饮料的调配

影响桂圆干饮料风味的 3 个主要因素为桂圆干原汁含量、白砂糖添加量、柠檬酸添加量。饮料调配时其添加量一般为：原汁用量 100 kg，糖添加量 10 kg，酸添加量 0.13 kg。

(四)灌装、杀菌、冷却

将灌装好的饮料放入杀菌锅内，100 ℃杀菌 15 min，迅速冷却至 30～40 ℃。

四、产品质量标准

产品应符合 GB/T 10789—2015《饮料通则》的要求。

任务 2.2　乳味饮料生产技术

一、主要材料

白砂糖、乳化剂、稳定剂、酸味剂、香精。

二、工艺流程

工艺流程见图 1-12。

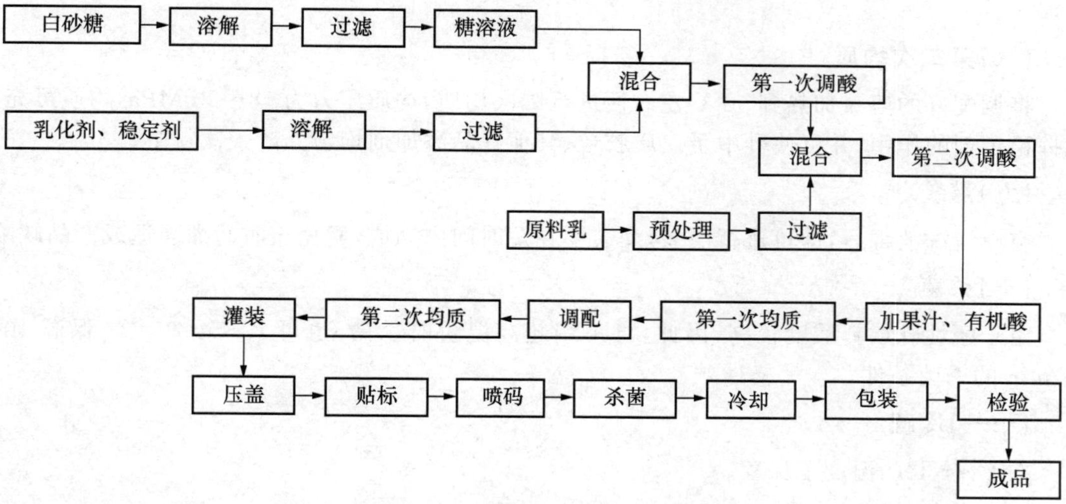

图 1-12　酸性风味乳饮料工艺流程图

三、操作步骤

(一)糖溶液的配制

热溶法制备 25%白砂糖溶液。

(二)配料液的制备

在 50～60 ℃条件下,将稳定剂、乳化剂等溶解、过滤,再与所制得糖溶液充分混合,制成配料缓冲液。

(三)第一次调酸

对缓冲液添加柠檬酸、乳酸等进行第一次酸化处理,使酸化后的 pH 低于酪蛋白的最大凝聚 pH 范围,然后将其加入原料乳中快速搅拌。

(四)原料乳预处理

乳制品可选用鲜乳、炼乳、全乳或脱脂乳粉等,单独或合用均可。一般选用脱脂鲜乳或脱脂乳粉,以防止制成的产品出现脂肪圈。

(五)第二次调酸

牛奶中加入配好后的配料缓冲液后,可通过第二次调酸工艺,即补加有机酸或果汁的方法,为了增加口感和风味,将饮料的 pH 调节到 3.2～4.0。

(六)第一次均质

将乳溶液中脂肪球在强力的机械作用下破碎成小的脂肪球,目的是防止脂肪上浮分离,使稳定剂均匀分散于乳溶液中,并改善牛奶的消化吸收程度,酸性乳饮料的原料配合后,对混合原料用 14～20 MPa 的压力进行均质。经过均质,除组织状态好外,能增加其黏度。

(七)调配

加入已溶解的食品添加剂,如草莓香精或乳化纯奶香精,食用色素等配料,添加时,边搅拌边加入。

(八)第二次均质

将调配好的溶液加热到 50 ℃左右便进行二次均质，均质压力为 18～20 MPa，均质可充分发挥稳定剂的作用，并可使乳中蛋白质胶粒、其他食品添加剂均匀分散于饮料中。

(九)灌装

空瓶清洗消毒后，即可进行灌装，灌装要在短时间内完成，避免长时间灌装造成产品缺陷。

(十)杀菌

由于酸性乳饮料酸度较高，因此，可采用超高温瞬时杀菌，也可采 85～95 ℃，保温 10～15 min 的杀菌条件。

(十一)冷藏

在 2～4 ℃的温度下保存。

四、产品质量标准

产品应符合 GB/T 10789—2015《饮料通则》的要求。

任务 2.3　茶味饮料生产技术

一、主要材料

乌龙茶、白砂糖、维生素 C。

二、工艺流程

工艺流程见图 1-13。

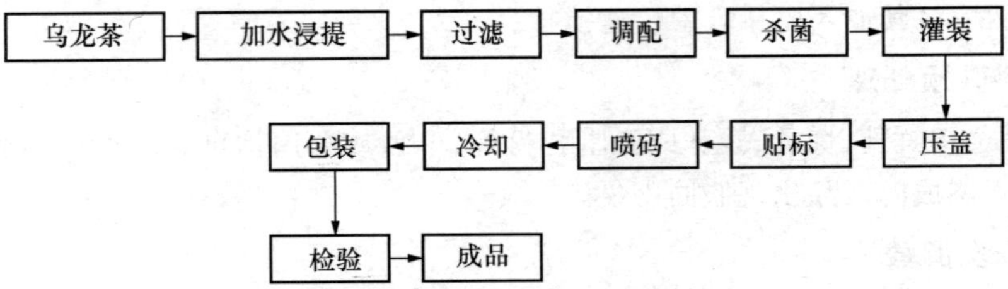

图 1-13　乌龙茶风味饮料工艺流程图

三、操作步骤

(一)原料的处理

直接用成品乌龙茶叶浸提，不进行粉碎。

(二)茶汁提取

去离子水调整 pH 至 5.0，加热至 85～90 ℃，恒温条件下以茶水比例 1∶(65～80)的热水循环对乌龙茶提取,提取时间 20 min。

(三)过滤

用 200 目筛过滤提取液,将提取的茶汁快速冷却到 15 ℃,用离心机在 7 000 r/min 下将茶汁中 95%以上的茶乳酪除去。

(四)调配

加入少量白砂糖和维生素 C 等配料,进行混合调配,使其 pH 达到 6.0。

(五)超高温瞬时灭菌

灭菌温度 135 ℃,5 s 瞬时灭菌。

(六)灌装

将茶液冷却至 75 ℃,趁热灌装,再冷却到 38 ℃以下,贴标、装箱、入库、储存。

四、产品质量标准

产品应符合 GB/T 10789—2015《饮料通则》的要求。

五、操作实施

①学生分成 3~5 人一组,各小组在老师指导下,通过网络教学资源等多渠道查询风味饮料生产技术的资料。

②各组根据汇总的相关资料,师生共同讨论、分析,用集体智慧完成风味饮料生产技术方案,制作汇报提纲并选一名代表进行学习汇报交流,并对该方案进行修订。

③学生按照修订后的风味饮料生产技术方案,按规范要求,独立完成风味饮料生产任务,最终填写任务考核单,教师在操作实施过程中巡回指导。

任务考核单——风味饮料的生产

班级: 姓名: 学号:

项目	实施内容	分值	考核记录(以"√"表示)	备注	得分
准备工作(15 分)	清洁卫生	5	能发现并解决卫生问题		
	准备并检查工器具	6	准备本次操作实施所需所有仪器和容器		
			仪器和容器的清洗和控干		
			检查设备运行是否正常		
	原水的选择	4	按照产品类型选择原水		
操作实施(60 分)	饮料用水的处理	5	根据原水情况选择精滤设备型号并能使用精滤设备		
		5	对活性炭设备及活性炭粒径进行正确的选型并能使用活性炭过滤设备		
		5	根据水质分析选择反渗透设备并能使用反渗透设备		
	原辅料处理	10	物料处理		
			投料顺序		
	混合调配	5	调配配方		
		5	调配顺序		

续表

项目	实施内容	分值	考核记录(以"√"表示)	备注	得分
操作实施（60分）	洗瓶	5	洗瓶		
		5	沥水		
			验瓶		
	灌装	5	糖浆和水的比例		
		5	二氧化碳气含量		
	杀菌	5	杀菌公式的应用		
产品评定（15分）	感官要求	5	应具有反映该类产品特点的感官、滋味,不得有异味、异臭和外来杂物		
	理化要求	5	符合相应的理化指标		
	微生物要求	5	符合相应的微生物指标		
文明操作与团队意识（10分）	文明操作	5	清理用物,整理实训室		
	团队意识	5	有团队意识,能相互良好合作		

④学生对完成工作任务的表现进行自评和互评,各小组进行总结、考核及评估,教师做出最后评价,填写教学反馈表。

【知识拓展】

一、红石榴果味饮料生产技术

红石榴是石榴的一个品种,因成熟后果皮为粉红色而得名。红石榴性味甘、酸涩、温,果实中含有丰富的维生素C、石榴多酚和花青素等物质,有很好的排毒、抗氧化功效,在药用、美容、食疗方面都很有效果。

(一)工艺流程

工艺流程见图1-14。

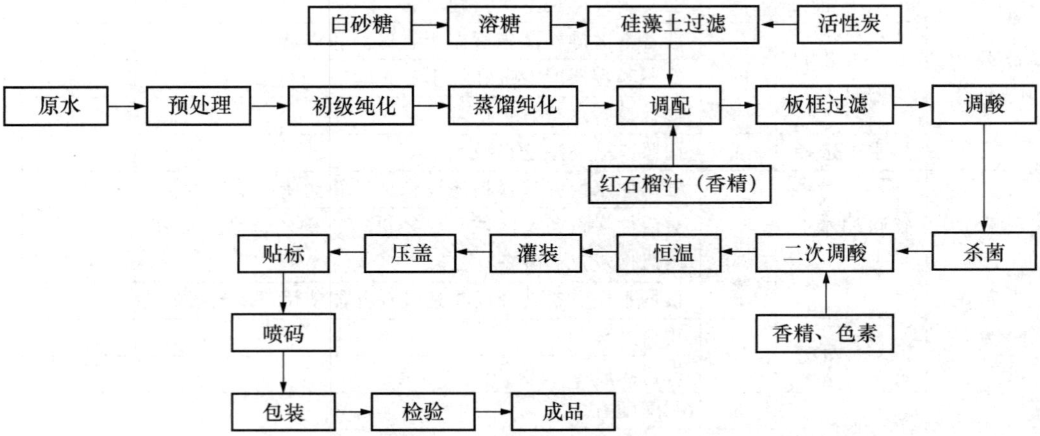

图1-14　红石榴果味饮料工艺流程图

(二)操作步骤

(1)原水的预处理。原水可取自来水或地下水,预处理工序包括砂滤、机械过滤、活性炭吸附等,主要去除水中的杂质颗粒、胶体颗粒、有机物、余氯及异味等。

(2)初级纯化。采用离子交换原理将水中大部分溶解性盐去除,使水质纯度大幅度提高,达到蒸馏处理所需的水质要求。

(3)蒸馏纯化。为确保水的纯度要求,应至少采取2次以上的蒸馏处理,即2次蒸馏或3次蒸馏。经过处理,可有效地去除水中残留的微粒杂质和溶解性无机盐。同时对水中的微生物、细菌也起到极好的杀灭去除作用。

(4)溶糖。热溶法化糖,可加入白砂糖用量1%的化糖用粉末状活性炭,充分搅拌,并通过硅藻土过滤机过滤,完成后糖浆浓度为55～60°Bx。

(5)调配。通过板式热交换器升温,依次加入糖浆、果汁等,充分搅拌使之完全溶解。

(6)板框过滤。过滤介质选用棉质纤维板,孔径在0.22～5.00 μm微孔过滤,可分离料液中的微粒杂质、细菌等悬浮物,料液为透明、无味、无肉眼可视异物时移入缓冲罐。

(7)超高温瞬时灭菌。瞬时杀菌应以121 ℃、4 s为宜。加入适量的β-环状糊精可以有效防止高温杀菌引起料液颜色变化及香气劣变的产生。

(8)二次调配、灌装产品。在泵入储存罐后,可把食用香料等食品添加剂投放此罐中并充分搅拌使之完全溶解。采用高温灌装,要求液料的灌装温度不低于85 ℃。

【项目小结】

本项目围绕碳酸饮料、风味饮料的生产技术展开,介绍了碳酸饮料、风味饮料的概念、分类及其特点。碳酸饮料因其具有独特的消费嗜好性,一直是饮料市场中的“宠儿”,本项目着重介绍了碳酸饮料的生产工艺,包括一次灌装法、二次灌装法的工艺对比、糖浆的制备、碳酸化系统、灌装系统、容器的清洗以及常见的生产设备,并分析了碳酸饮料生产中常见的质量问题及解决措施。

随着香精、香料工业的蓬勃发展,能够应用在饮料生产中的风味物质日趋增多,因此风味饮料的品类也越来越多,由于大多数风味饮料的生产工艺相对简单,因此本项目以几个具有代表性的风味饮料产品为例,介绍了风味饮料的生产工艺流程及操作要点。

【项目测试】

一、问答题

1. 简述碳酸饮料的分类及特点。
2. 简述风味饮料的分类及特点。
3. 试说明果味饮料、果味型碳酸饮料以及水果饮料的区别。
4. 绘制一次灌装法、二次灌装法的工艺流程图,并对比其优缺点。
5. 对比热溶法和冷溶法制备原糖浆的优缺点。
6. 原糖浆的浓度有哪几种表示方法?哪种在我国比较常用?
7. 简述调味糖浆的配制方法,并说明投料顺序应遵循的原则及一般投料顺序。

8. 碳酸化系统由哪几个部分构成？

9. 简要说明压差式和等压式灌装的基本原理。

10. 碳酸饮料中的二氧化碳有何作用？影响二氧化碳的溶解度的因素哪些？碳酸饮料的碳酸化如何完成？

11. 碳酸饮料的灌装系统包括哪几个部分？

12. 碳酸饮料灌装线由哪些设备组成？各起什么作用？

13. 简述碳酸饮料生产中常见的质量问题及产生的原因。

二、配糖计算题

1. 预生产 20 L 60°Bx 原糖浆溶液，现有白砂糖 5 kg，还需要购买多少千克？（$\rho=1.289$ kg/L）

2. 假设你们团队计划生产 1 款柠檬苹果复合风味的果汁型碳酸饮料，其中成品果汁含量为 3 g/100 mL（浓缩苹果汁含糖 28%，含酸 2.4%，固形物含量 30%），现计划小试生产该产品 5 000 罐（330 mL/罐），生产损耗为 0.5%。

成品配方：糖 11 g/100 mL、酸 3.0 g/L（柠檬酸、苹果酸）、柠檬香精 0.75 g/L、苹果香精 0.25 g/L、山梨酸钾 0.1 g/L，现有剩余 55°Bx 的原糖浆 100 L。

问：(1)本次小试生产需要生产碳酸饮料多少升？

(2)需柠檬香精、苹果香精、山梨酸钾各多少千克？

(3)需浓缩苹果汁多少千克？

(4)还需 55°Bx 的原糖浆多少升？（$\rho=1.26$ kg/L）

(5)需柠檬酸、苹果酸各多少千克？

例题视频解析

三、工艺设计题

1. 设计柠檬百香果（果汁型）碳酸饮料的生产工艺（主要说明采用的工艺流程及操作要点）。

2. 设计蜜桃乌龙茶味饮料的生产工艺（主要说明采用的工艺流程及操作要点）。

项目二

包装饮用水生产技术

【教学目标】

1. 知识目标

①了解包装饮用水的种类，了解饮用天然矿泉水的营养价值；

②熟悉饮用天然矿泉水及纯净水的生产技术；

③了解天然矿泉水、天然泉水、天然水的区别和联系。

2. 能力目标

①能制作饮用纯净水；

②能对饮用天然矿泉水的水质进行评价；

③能分析解决瓶装饮用水生产中常出现的质量问题。

3. 素质目标

①熟悉企业现代管理；培养学生依法规范自己行为的意识和习惯；

②培养具有质量安全和规范操作意识及专心、细致、好学、敬业的精神；

③培养具有团队合作、竞争意识及创新思维、信息获取、策划与沟通展示能力。

【项目描述】

本项目主要介绍饮用天然矿泉水、饮用纯净水及其他类饮用水的生产技术，阐述生产所需要的主要材料、工艺流程、操作步骤等内容。引入产品质量标准，通过具体工作任务的实施，指导生产人员如何完成包装饮用水的生产过程。

【思维导图】

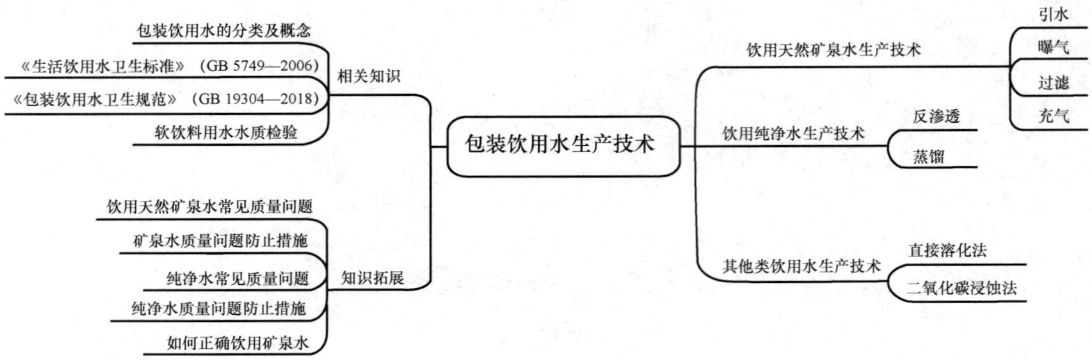

【相关知识】

一、包装饮用水的分类及概念

包装饮用水是直接来源于地表、地下或公共供水系统的水为水源，经加工制成的密封于容器中可直接饮用的水。根据我国《饮料通则》(GB/T 10789—2015)的标准，包装饮用水分为饮用天然矿泉水、饮用纯净水和其他类饮用水(饮用天然泉水、饮用天然水、其他饮用水)。

饮用天然矿泉水：从地下深处自然涌出的或经钻井采集的，含有一定量的矿物质、微量元素或其他成分，在一定区域未受污染并采取预防措施避免污染的水；在通常情况下，其化学成分、流量、温度等动态指标在天然波动范围内相对稳定。

饮用纯净水：以直接来源于地表、地下或公共供水系统的水为水源，经适当的水净化加工方法，制得的制品。

饮用天然泉水：以地下自然涌出的泉水或经钻井采集的地下泉水，且未经过公共供水系统的自然来源的水为水源，制成的制品。

饮用天然水：以水井、山泉、水库、湖泊或高山冰川等，且未经过公共供水系统的自然来源的水为水源，制成的制品。

其他饮用水：饮用天然泉水、饮用天然水之外的饮用水，如以直接来源于地表、地下或公共供水系统的水为水源，经适当的加工方法，为调整口感加入一定量矿物质，但不得增加糖或其他食品配料制成的制品。

二、包装饮用水卫生规范

本规范的内容主要依据 GB 19304—2018《食品安全国家标准　包装饮用水生产卫生规范》。

(一)范围

本标准规定了包装饮用水的生产用源水水质监测、水源卫生防护、源水采集，以及生产过程中加工、包装、储存和运输等环节的场所、设施、设备、人员的基本要求和管理准则。

(二)术语和定义

生产包装饮用水的原料水，可以是来源于非公共供水系统(地表水或地下水)的水源水，也可以是来源于公共供水系统的水。

(三)生产用源水的水质监测

①以来自公共供水系统和非公共供水系统的水为生产用源水的(饮用天然矿泉水除外)，源水水质监测项目均按照 GB 19298—2014《食品安全国家标准　包装饮用水》的原料要求进行监测。

②饮用天然矿泉水的源水水质应按 GB 8537—2018《食品安全国家标准　饮用天然矿泉水》的原料要求进行监测。

③以非公共供水系统的水为生产用源水的，监测频率为每年丰水期和枯水期各至少一次；遇到特殊情况如地震、洪水时，应增加监测次数。

④以非公共供水系统的水为生产用源水的，取样点应为源水出水口，以公共供水系统的水为生产用源水的，取样点应设在公共供水接入口。

⑤以来自公共供水系统的水为生产用源水的包装饮用水，可以公共供水方的水质监测报告作为监测依据，应确保水质符合 GB 5749—2006《生活饮用水卫生标准》要求，遇到特殊情况如地震、洪水时，应加强监测。

⑥当监测结果达不到相关标准要求时，应立即采取相应的纠正措施。

(四)水源的卫生防护

1. 以地下水为生产用源水的水源卫生防护

以地下水为生产用源水，仅允许通过脱气、曝气、倾析、过滤、臭氧化作用或紫外线消毒杀菌过程等有限的处理方法，不改变水的基本物理化学特征的产品，其水源地应设立卫生防护区，防护区划分为Ⅰ级、Ⅱ级、Ⅲ级，并在防护区界设置固定标志和卫生防护区图。

(1)Ⅰ级防护区(采集区)。范围包括地下水取水点、引水及取水建筑物所在区域。Ⅰ级保护区边界距取水点最少为 15 m。取水点有封闭式建筑物，并有专人管理，该范围内限制未授权人员进入；禁止设置与引水无关的建筑；消除一切可能导致地下水污染的因素及妨碍地下水采集正常运行的活动。

(2)Ⅱ级防护区(内防护区)。范围包括水源地周围区域，即地下水向取水点流动的径流地区。在泉(井)外围半径 30 m 范围内，不得设置居住区、厕所、水坑，不得堆放垃圾、废渣或铺设污水管道。该范围内，禁止设置可导致地下水水质、水量、水温改变的引水工程；禁止进行可能引起含水层污染的人类生活及经济工程活动。

(3)Ⅲ级防护区(外防护区)。范围包括地下水资源补给和形成的整个地区，其防护半径应不小于 100 m，在此区域内只允许进行对水源地卫生情况没有危害的经济工程活动。

2. 以地表水为生产用源水的水源卫生防护

在易污染的范围内应采取防护措施，不得对水源造成任何物理、化学和微生物污染。

(五)生产用源水采集卫生要求

①采集来自公共供水系统的水作为生产用源水，应采取措施避免对公共供水系统造成逆向污染，水处理系统不得用水泵直接与公共供水系统管网相连接。

②采集来自非公共供水系统的水(地表水或地下水)作为生产用源水，应符合以下要求。

a. 采集点：应采用有效的卫生防护措施，防止源水以外的水进入采集设备。应设立采样，采样点的设计和操作应避免对源水造成污染。

b. 采集区域：采集区域周围应设立防护隔离区，限制牲畜和未授权人员进入。出水口或取水口应建立适当防护设施，地下水的出水口（如井口、泉眼）应通过建筑进行防护。

c. 采集设备：设备的安装和维护应采用有效的卫生防护措施，避免对源水造成污染。在采集水点附近建造新的采集点（如水井）、水泵修理移位或采取了其他采集维护行为后应及时消毒。采集设备的采水能力应与允许的开采量相匹配。

d. 采集输送：应采用封闭管道进行输送，防止污染，不应用容器运到异地灌装。

（六）选址及厂区环境

除应符合 GB 14881—2013《食品安全国家标准　食品生产通用卫生规范》第 3 章的规定外，以来自地表水或地下水为生产用源水，厂区应选择在能通过管道输送源水的水源地附近。

（七）厂房和车间

除应符合 GB 14881—2013《食品安全国家标准　食品生产通用卫生规范》第 4 章的规定外，还应符合以下要求。

①厂房和车间应设立水处理区、灌装防护区、检测实验室、包装区、原辅材料及包装材料仓库、成品仓库。

②采用可周转的容器生产包装饮用水，应单独设立周转容器的检查和预处理区。

③生产过程中如需使用食品添加剂的（气体除外），应设置配（投）料区。

④厂房和车间应分为一般作业区、准清洁作业区和清洁作业区。一般作业区通常包括水处理区、包装区、仓库，周转容器的检查区等；准清洁作业区通常包括配（投）料区、预包装清洗消毒区等；灌装防护区应设在清洁作业区。采用自带洁净室及洁净环境自动恢复功能的吹瓶、灌装、封盖（封口）一体，且其内部形成清洁作业环境的设备可不设在清洁作业区。

⑤一般作业区、准清洁作业区与清洁作业区，各区之间应采取有效的隔离，防止交叉污染。

（八）设施与设备

除应符合 GB 14881—2013《食品安全国家标准　食品生产通用卫生规范》第 5 章的规定外，还应符合以下要求。

1. 设施

（1）供水设施

①不同用途的水如生产用源水、清洗消毒用水、辅助生产用水等，应避免交叉污染，各管路系统应明确标识以便区分，鼓励企业设置清洗水回收设施。

②辅助生产用水包括锅炉房、机修、制冷、空压机及真空泵站、污水站、检验实验室和贮运等的用水。

（2）清洁消毒设施。应根据工艺需要配备相应的容器清洁消毒设施。与产品接触的设备及管道的清洗消毒应配备清洗消毒设施。鼓励使用原位清洗系统（clean in place，CIP），应定期对清洗消毒的效果进行评估。

（3）个人卫生设施

①配（投）料区应设置二次换鞋（穿戴鞋套）设施或工作鞋靴消毒设施，洗手、干手、消毒设施。

②清洁作业区人口处应设置二次更衣室，设置风淋设施、换鞋（穿戴鞋套）设施或工作鞋靴消毒设施，洗手、干手、消毒设施。

③当吹瓶、灌装、封盖(封口)一体设备不设在清洁作业区时,其灌装防护区入口处可不设置二次更衣室、风淋设施、鞋靴消毒设施和洗手、干手、消毒设施。

④风淋设施应定期进行清洁和维护。

(4)空气净化设施

①食品加工用水储水罐应安装空气呼吸器。

②灌装防护区应加装空气过滤装置,对空气进行过滤净化处理,并对过滤装置定期清洁。

③灌装防护区静态空气洁净度(悬浮粒子、沉降菌)应达到 10 000 级且灌装局部应达到 100 级;或灌装防护区静态整体空气洁净度达到 1 000 级。

④生产过程中直接与产品或包装接触的压缩空气应经过除油、除水、除尘过滤处理。

(5)储存设施。应具有与所生产产品的数量、储存要求、周转容器周转期及产品检验周期相适应的仓储设施。

2. 设备

①采集设备、输水管道及水储存设备应定期进行清洗、消毒。水储存设备应密闭,易于排水和清洗,避免形成死水层。

②水处理设备应包括精滤设备、杀菌/除菌设备(如臭氧发生器及混合设备、紫外线杀菌设备、除菌过滤设备等)。生产饮用纯净水的水处理设备还应包括反渗透设备或蒸馏设备或其他去离子设备。

③如使用过滤除菌设备,滤膜孔径应至少达到 0.45 μm 的规格。

④如需添加食品添加剂,应采用自动化控制设备进行添加。

⑤灌装、封盖(封口)设备应采用全自动化控制设备,不应手工灌装、手工封盖(封口)。

⑥如使用周转容器生产包装饮用水,应配备周转容器的外洗设备、自动内洗消毒设备、灯检设备、自动灌装封盖(封口)设备、盖清洁或消毒设备、喷码设备等;如生产桶装饮用水,还应配备拔盖设备、桶口热塑膜包裹密封设备。

⑦周转使用的空桶的内部清洗消毒设备应为连续自动化设备,至少包括预清洗、洗涤剂清洗、消毒剂清洗、水冲洗、成品水冲洗等不少于 10 个清洗消毒工位(含沥干工艺),并设置合理的冲洗时间、压力、洗涤剂和消毒剂的浓度等,确保空桶清洗消毒效果。

(九)卫生管理

应符合 GB 14881—2013《食品安全国家标准　食品生产通用卫生规范》第 6 章的规定。如使用臭氧杀菌工艺,工作场所空气中臭氧浓度应符合相关规定。

(十)食品相关产品

除应符合 GB 14881—2013 第 7 章的规定外,还应符合以下要求。

①非连线生产(外购)的包装容器(瓶、桶、袋)、瓶盖、桶盖在运输和储存过程中应使用清洁卫生、防水的材料包装。运输车厢和储存库应保持清洁,不得与有毒有害物混合运输储存,应有防尘、防污染措施。

②包装容器、材料应符合相关标准或规定,并且在特定储存和使用条件下不影响食品的安全和产品特性。食品接触的包装容器、材料用添加剂应符合 GB 9685—2016《食品安全国家标准　食品接触材料及制品用添加剂使用标准》及相关法规要求。

③周转桶应采用符合要求的材料制成,如聚碳酸酯(PC)等。

④周转回厂的空桶应严格检查水桶的密封性和安全性。如影响产品质量和安全则不应再使用。周转桶不应露天存放。

(十一)生产过程的食品安全控制

除应符合 GB 14881—2013《食品安全国家标准 食品生产通用卫生规范》第 8 章的规定外,还应符合以下要求。

1. 水处理工艺控制

水处理工艺的设置应符合源水类型、水质特性及对产品水质的要求。

(1)化学污染控制

①为减少或去除某些化学物质,可对源水进行相应的处理,包括物理(机械)过滤和化学处理,如采用膜过滤器、砂滤或压缩纤维过滤器、活性炭过滤去离子化(反渗透等)和曝气等工艺来完成。

②如采用除铁、锰曝气工艺,应采取有效措施防止造成污染。

(2)微生物污染控制

①为控制微生物污染,可对源水进行相应的处理,包括化学处理(如臭氧消毒等)和物理处理(如紫外线杀菌、过滤除菌等)。

②采用臭氧消毒工艺的,应在保证杀菌效果的前提下严格控制臭氧浓度,避免或减少溴酸盐产生。

③采用紫外线消毒工艺的,应定期监控紫外线强度。当紫外线强度降低到规定要求以下时,应及时更换,保持紫外灯管表面的清洁。

④采用过滤除菌工艺的,应定期更换滤膜或滤料、定期反冲洗和清洗,检查滤膜性能等。

2. 生产过程中装置的维护

应对水处理装置运行的有效性进行监控和维护,建立维护计划、设立监控指标并保存实施记录。

3. 生产过程中微生物的监控

应对灌装防护区、清洗消毒后的包装容器等关键生产环节进行微生物监控。

(十二)产品检验

除符合 GB 14881—2013《食品安全国家标准 食品生产通用卫生规范》第 9 章的规定外,还应符合以下要求。

1. 生产线检验

①灌装封盖(封口)后应对产品的外观、灌装量、容器状况、封盖(封口)严密性和肉眼可见物等进行检验。

②生产企业应配备与生产能力相符的空瓶、空桶、成品的检验人员。

③建议企业采用在线检验设备,如空瓶或成品瓶的检验设备等。

2. 实验室检验要求

应具备相应指标检验能力,包括菌落总数、大肠菌群、浑浊度、色度、臭氧浓度(仅适用于采用臭氧工艺)、电导率(仅适用于饮用纯净水);以非公共供水系统为水源的还应具备铜绿假单胞菌的检验能力,铜绿假单胞菌可委托有资质的第三方检验。

(十三)储存和运输

应符合 GB 14881—2013《食品安全国家标准 食品生产通用卫生规范》第 10 章的规定。

(十四)产品召回管理

应符合 GB 14881—2013《食品安全国家标准 食品生产通用卫生规范》第 11 章的规定。

(十五)培训

应符合 GB 14881—2013《食品安全国家标准 食品生产通用卫生规范》第 12 章的规定。

(十六)管理制度和人员

应符合 GB 14881—2013《食品安全国家标准 食品生产通用卫生规范》第 13 章的规定。

(十七)记录和文件管理

应符合 GB 14881—2013《食品安全国家标准 食品生产通用卫生规范》第 14 章的规定。

三、生活饮用水卫生标准

根据 GB 5749—2006《生活饮用水卫生标准》的规定,生活饮用水水质应符合下列基本要求,保证用户饮用安全。

①生活饮用水中不得含有病原微生物。

②生活饮用水中化学物质不得危害人体健康。

③生活饮用水中放射性物质不得危害人体健康。

④生活饮用水的感官性状良好。

⑤生活饮用水应经消毒处理。

⑥生活饮用水水质应符合表 2-1 至表 2-5 的卫生要求。

表 2-1 生活饮用水微生物指标及限值

指标	限值	指标	限值
总大肠菌群/(MPN/100 mL 或 CFU/100 mL)	不得检出	大肠埃希氏菌/(MPN/100 mL 或 CFU/100 mL)	不得检出
耐热大肠菌群/(MPN/100 mL 或 CFU/100 mL)	不得检出	菌落总数/(CFU/mL)	100

注:MPN 表示最可能数;CFU 表示菌落形成单位。当水样检出总大肠菌群时,应进一步检验大肠埃希氏菌或耐热大肠菌群;水样未检出总大肠菌群,不必检验大肠埃希氏菌或耐热大肠菌群。

表 2-2 生活饮用水毒理指标及限值

指标	限值	指标	限值
砷/(mg/L)	0.01	硝酸盐(以 N 计)/(mg/L)	10(地下水源限制时为 20)
镉/(mg/L)	0.005	三氯甲烷/(mg/L)	0.06
铬(六价)/(mg/L)	0.05	四氯化碳/(mg/L)	0.002
铅/(mg/L)	0.01	溴酸盐(使用臭氧时)/(mg/L)	0.01
汞/(mg/L)	0.001	甲醛(使用臭氧时)/(mg/L)	0.9
硒/(mg/L)	0.01	亚氯酸盐(使用二氧化氯消毒时)/(mg/L)	0.7
氰化物/(mg/L)	0.05	氯酸盐(使用复合二氧化氯消毒时)/(mg/L)	0.7
氟化物/(mg/L)	1.0		

表 2-3 生活饮用水感官性状和一般化学指标

指标	限值	指标	限值
色度(铂钴色度单位)	15	锌/(mg/L)	1
浑浊度(散射浑浊度单位)/NTU	1(水源与净水技术条件限制时为 3)	氯化物/(mg/L)	250
臭和味	无异臭、异味	硫酸盐/(mg/L)	250
肉眼可见物	无	溶解性总固体/(mg/L)	1 000
pH	不小于 6.5 且不大于 8.5	总硬度(以 $CaCO_3$ 计)/(mg/L)	450
铝/(mg/L)	0.2	耗氧量(COD_{Mn} 法,以 O_2 计)/(mg/L)	3(水源限制,原水耗氧量>6 mg/L 时为 5)
铁/(mg/L)	0.3	挥发酚类(以苯酚计)/(mg/L)	0.002
锰/(mg/L)	0.1	阴离子合成洗涤剂/(mg/L)	0.3
铜/(mg/L)	1		

表 2-4 生活饮用水放射性指标

指标	指导值	指标	指导值
总 α 放射性/(Bq/L)	0.5	总 β 放射性/(Bq/L)	1

注:放射性指标超过指导值,应进行核素分析和评价,判定能否饮用。

表 2-5 生活饮用水中消毒剂常规指标及要求

消毒剂名称	与水接触时间/min	出厂水中限值/(mg/L)	出厂水中余量/(mg/L)	管网末梢水中余量/(mg/L)
氯气及游离氯制剂(游离氯)	≥30	4	≥0.3	≥0.05
一氯胺(总氯)	≥120	3	≥0.5	≥0.05
臭氧(O_3)	≥12	0.3	—	0.02 如加氯,总氯≥0.05
二氧化氯(ClO_2)	≥30	0.8	≥0.1	≥0.02

四、软饮料用水水质检验

(一)水样采集

水样的采集方法,对于分析结果和评价十分重要。所采水样应具有代表性,能真实地反映出所采水体的水质变化。

采集水样的容器,以硬质玻璃瓶和聚乙烯瓶为适宜,一般情况两者都可应用,当水样含有多种油类时,以使用玻璃瓶为宜。容器在采样前,应仔细用铬酸洗液或其他洗涤剂洗净,再用蒸馏水多次冲洗,采样时用水样荡洗 2~3 次,再将水样收集于瓶中。

供微生物检验用的水样,采集前所用容器必须按照规定的办法进行杀菌,并需保证水样在运送、保存过程中不受污染。水样采集后应尽快化验，如放置过久，则水中某些成分会发生变化而影响检验结果。

（二）水质检验

对于软饮料用水，一般检验项目有：臭和味、色度、浊度、余氯、总碱度、总硬度等，条件不具备的企业，色度和浊度也可采用感官检验。

1. 臭和味

（1）原水的臭和味。取 100 mL 水样，置于 250 mL 锥形瓶中，振荡后从瓶口嗅水的气味，做记录，并按 6 级记录其强度。与此同时，取少量水放入口中（不要咽下），尝尝水的味道，记录下来，并按 6 级记录其强度，见表 2-6。

表 2-6　臭和味的强度和等级

等级	强度	说明
0	无	无任何臭和味
1	微弱	一般饮用者甚难察觉，但嗅味敏感者可以感觉
2	弱	一般饮用者刚能察觉
3	明显	已能明显察觉
4	强	已有很显著臭味
5	很强	有强烈的恶臭和异味

（2）原水煮沸后的臭和味。将上述锥形瓶内水样加热至开始沸腾，立即取下锥形瓶，稍凉后评定臭和味，按上法用适当词句描述其性质，并按 6 级记录其强度。

2. 色度

洁净的水在水浅时无色透明，水深时为浅蓝色，天然水中若含有杂质，则使水呈现不同颜色，由于植物性有机物溶于水中，而呈现淡色，甚至棕黄色。低铁化合物使水呈淡蓝绿色。高铁使水呈黄色。水色测定采用铂钴标准比色法。

（1）原理。用氯铂酸钾和氯化钴溶液配成标准色列，与水样进行比较。相当于 1 mg 铂在 1 L 水中所具有的颜色，称为 1 度。

（2）试剂。铂钴标准溶液：称取 1.245 6 g 氯铂酸钾（K_2PtCl_6）及 1.000 g 氯化钴（$CoCl \cdot 6H_2O$），溶于 100 mL 蒸馏水中，加入 100 mL 浓盐酸，然后用蒸馏水稀释至 1 000 mL，此标准溶液的色度为 500 度。

（3）方法。取清洁透明的水样 100 mL，置于比色管中。如水样色度过大，可改取少量水样，用蒸馏水稀释后比色。如水样浑浊可将水样放置澄清，或用离心机沉淀，再进行比色。另取比色管 11 支，分别加入铂钴标准溶液：0、1.0、2.0、3.0、4.0、5.0、6.0、7.0、8.0、9.0 及 10.0 mL，加蒸馏水至刻度，混合均匀，配制成 0、5、10、15、20、25、30、35、40、45 及 50 的标准色列，可长期使用。

将水样与铂钴标准色列进行比较。

（4）计算

$$\text{色度(度)} = \frac{\text{相当于铂钴标准溶液用量(mL)} \times 500}{\text{水样体积(mL)}}$$

3. 浊度（目视比色法）

软饮料用水浊度标准要求低于 1.6 度。

浊度是表示水中悬浮物对光线透过时所发生的障碍程度。在实际工作中，是以 1 L 水中含有 1 mg 白陶土所产生的浑浊度作为 1 个浑浊单位，用度表示。

(1)原理。将水样与用白陶土配制的浑度标准液进行比浊，求得水样的浑浊度。

(2)仪器。成套的 250 mL 带塞无色玻璃瓶和 100 mL 比色管。

(3)试剂。浑浊度标准原液：将纯白陶土放在 105 ℃烘箱中烘 2～3 h，冷却后，通过 200 目筛，称 3 g，置研钵中，加入少量蒸馏水，充分研磨成糊状，移入 1 L 量筒中，加水至刻度，充分搅拌后，静置 24 h，用虹吸法弃去表面 5 cm 水层，收集约 500 mL 中间层水液于瓶中，取此悬浊液 50 mL，置于已恒重的蒸发皿中，在水浴上蒸干，放入 105 ℃烘箱内烘 2 h，在干燥器内冷却 20 min，称重，同上方法，再烘 30 min，称重，直至烘到恒重，求出每毫升悬浊液中含有白陶土的重量(mg)。

吸取含 250 mg 白陶土的悬浊液，置于 1 L 容量瓶中，加水至刻度，振摇均匀，即得浑浊度为 250 度的标准液。

吸取浑浊度为 250 度的标准液 100 mL，置 250 mL 容量瓶中加蒸馏水稀释至刻度，振摇混匀，即得浑浊度为 100 度的标准液。

(4)方法。取 100 mL 比色管 11 支，分别加入浑浊度 100 度的标准液 0、1.0、2.0、3.0、4.0、5.0、6.0、7.0、8.0、9.0 及 10.0 mL，各加水至 100 mL，混合，即得浑浊度为 0、1、2、3、4、5、6、7、8、9、10 度的标准液。

取 100 mL 水样，置于同样规格的比色管中，与浑浊度标准液同时摇匀，并进行比较，比较时由上向下垂直观察。

(5)计算。浑浊度结果可于测定时直接读数，不同浑浊度范围的读数精度要求见表 2-7。

表 2-7 浑浊度读数精度要求

浑浊度 1～10 度	记录至 1 度	浑浊度 1～10 度	记录至 1 度
10～100	5	400～700	50
100～400	10	700 以上	100

4. 余氯(邻联甲苯胺比色法)

余氯是指水经加氯消毒，接触一定时间后，余留在水中的氯。

(1)原理。余氯与邻联甲苯胺生成黄色化合物，根据颜色深度而定量，本法测定的是游离性余氯及总余氯。游离性余氯包括 HOCl 及 OCl^- 等，总余氯包括 HOCl、NH_2Cl、$NHCl_2$ 等，本法最低检出浓度为 0.01 mL/L 余氯。

(2)试剂

①永久性氯比色溶液的配制

磷酸盐缓冲储备溶液：将分析纯无水磷酸氢二钠(Na_2HPO_4)和分析纯无水磷酸二氢钾(KH_2PO_4)置于 105 ℃烘箱内烘 2 h，冷却后，分别称取 22.89 g 和 46.14 g。将此两种试剂共溶于蒸馏水中，并稀释至 1 000 mL，静置 4 天后，过滤。

磷酸盐缓冲使用溶液：吸取 200 mL 磷酸盐缓冲储备溶液，加蒸馏水稀释至 1 000 mL，此溶液 pH 为 6.45。

重铬酸钾-铬酸钾溶液：称取干燥的 0.155 0 g 分析纯重铬酸钾及 0.465 0 g 分析纯铬酸钾溶于磷酸盐缓冲使用溶液中，并稀释至 1 000 mL，此溶液所产生的颜色相当于 1 mg/L 余氯与邻联甲苯胺所产生的颜色。

0.01～1.0 mg/L 永久性余氯标准比色管的配制方法：按表 2-8 所列数量，吸取重铬酸钾-铬酸钾溶液，分别注入 50 mL 带塞比色管中，用磷酸盐缓冲使用溶液稀释至 50 mL 刻度，避免日光照射，可保存 6 个月。

表 2-8　永久性余氯标准比色溶液的配制

余氯/(mg/L)	重铬酸钾-铬酸钾溶液/mL	余氯/(mg/L)	重铬酸钾-铬酸钾溶液/mL
0.01	0.5	0.50	25.0
0.03	1.5	0.60	30.0
0.05	2.5	0.70	35.0
0.10	5.0	0.80	40.0
0.20	10.0	0.90	45.0
0.30	15.0	1.00	50.0
0.40	20.0		

②邻联甲苯胺溶液配制：取 1.35 g 化学纯二盐酸邻联甲苯胺溶于 500 mL 蒸馏水中，在不停搅拌下将此溶液加至 150 mL 浓盐酸与 350 mL 蒸馏水的混合溶液中，盛于棕色瓶中，在室温下保存，可使用 6 个月，当温度低于 0 ℃时，邻联甲苯胺将析出，不易再溶解。

(3)方法。取 50 mL 比色管，先加入 2.5 mL 邻联甲苯胺溶液，再加入水样 50 mL，混合均匀。水样的温度最好为 15～20 ℃。水样与邻联甲苯胺溶液接触好，如立即进行比色，所得结果为游离性余氯，如放置 10 min 产生最高色度，再进行比色，则所得结果为水样的总余氯。

5. 总碱度

水中碱度的存在，主要是由于水中含有碳酸盐、重碳酸盐及氢氧化物，在水样中加入适当的指示剂，用酸的标准溶液来滴定，当达到一定程度的 pH 时，某种指示剂就发生变色作用，因而可测出水中碱度。

6. 总硬度(乙二胺四乙酸二钠容量法)

水的硬度是由于水中含有可溶性钙和镁的重碳酸盐以及钙、镁的其他盐类，如碳酸盐、硫酸盐、硝酸盐和盐酸盐等。暂时硬度和永久硬度的总和，为水的总硬度。

乙二胺四乙酸二钠($EDTA\text{-}Na_2$)在 pH 10 的条件下与水中钙、镁生成无色可溶性络合物。指示剂铬黑 T 与钙镁离子生成紫红色络合物，用 $EDTA\text{-}Na_2$ 和钙镁络合成无色络合物，而使铬黑 T 游离，溶液即由红色变成蓝色。

五、原水净化处理

饮用纯净水的生产过程通常由预处理、脱盐和后处理 3 部分组成。预处理包括物理方法、化学方法和电化学等方法。物理方法有澄清、砂滤、脱气、膜过滤、活性炭过滤等，化学方法有混凝、加药杀菌、消毒、氧化还原、络合、离子交换等，电化学方法有电凝聚等。脱盐工序包括电渗析、反渗透、离子交换和蒸馏等。后处理工序包括紫外杀菌、臭氧杀菌、终端过滤(超滤、微滤)和包装等。

尽管纯净水可以通过多种处理来进行生产，但具体的生产工艺应该根据原水来确定。不同处理方法的效果见表 2-9。从表 2-9 可以看出，在这几种水净化处理方法中，反渗透法、电渗析法、蒸馏法、离子交换法清除原水中的杂质效果较好。若原水为深井水、地下水，一般含盐量高、硬度大,应加强软化和脱盐。若原水中含有大量的有机物和胶体,应加强预处理中的活性炭吸附;若铁含量高,应用锰砂过滤或加用氧化曝气处理。

表 2-9　不同水净化处理方法效果比较

项目	沉淀式滤水法	活性炭滤水法	煮沸法	蒸馏法	电渗析法	反渗透法	离子交换法	紫外线杀菌法	臭氧杀菌法
铁	●	●	●	○	△	△	△	●	●
锰	●	●	●	○	△	△	△	●	●
钠	●	●	●	○	△	△	△	●	●
硫	●	●	●	○	△	△	△	●	●
钾	●	●	●	○	△	△	△	●	●
磷	●	●	●	○	△	△	△	●	●
镁	●	●	●	○	△	△	△	●	●
钙	●	●	●	○	△	△	△	●	●
氯	●	●	●	▲	○	○	△	●	●
碱	●	●	●	○	△	△	△	●	●
三氯甲烷	●	○	▲	▲	○	○	●	●	●
细菌	●	▲	▲	○	○	○	●	●	●
病毒	●	●	●	○	○	○	●	●	●
农药	●	○	●	▲	○	○	●	●	●
除草剂	●	●	●	○	○	○	○	●	●
放射粒子	●	●	●	▲	○	○	△	●	●
异臭味	●	●	●	●	○	○	●	●	●
沉淀物	○	▲	●	○	○	○	●	●	●
有机物	●	○	●	▲	○	○	●	●	●
氯化物	●	●	●	○	○	○	○	●	●

注:○全部去除;△90%～99%;▲部分去除;●不能去除。

(一)蒸馏法

蒸馏法是将原水加热,使其变成水蒸气,然后将水蒸气冷却凝结而得到蒸馏水。蒸馏法是一种传统的纯净水制作方法,也是最常见的饮用纯净水生产方法,国内一些较早的饮用纯净水生产商多采用此法。蒸馏法的类型有多种,但用于饮用纯净水生产的主要是多级蒸馏法。其工艺流程如下:

原水⟶预处理⟶初级纯化⟶蒸馏纯化⟶精滤⟶成品水

1. 原水

原水可取自城市生活用水(自来水)或地下水。

2. 预处理工序

预处理工序包括砂滤、机械过滤、活性炭吸附等,应视原水的水质特点而定。砂滤由多层滤料组成,常见的有无烟煤、石英砂等,作用是除去水中悬浮物等较大的杂质颗粒,如果原水中含铁量高,还应增设锰砂过滤层。机械过滤器可进一步去除水中较小的杂质颗粒。假如原水水质好,浑浊度小于 5 度时可省去砂滤,直接用机械过滤即可。活性炭吸附器的作用是吸附除去水中的胶体颗粒、有机物、余氯及异味等,进一步提高水质,满足下道工序所需的水质要求。

3. 初级纯化

初级纯化,一般由复床式离子交换装置构成,利用离子交换原理将水中大部分溶解性盐去除，使水质纯度大幅度提高，达到蒸馏处理所需的水质要求。

4. 蒸馏纯化

蒸馏纯化是工艺的核心部分，为保证产品水的纯度要求，应至少采取二次以上的蒸馏处理，即二次蒸馏或三次蒸馏。经过处理，可有效地去除水中残留的微粒杂质和溶解性无机物，同时对水中的微生物也起到极好的杀灭作用。

5. 精滤

精滤处理常用孔径 0.2 μm 或 0.1 μm 的膜材料滤芯，滤除水中的菌尸等残留物，制成纯净产品水。

蒸馏法生产工艺需具备蒸汽来源，因此要求建立锅炉蒸汽系统，生产环节较多，能耗也较大。它的优点是比其他工艺更有效地除去水中微生物及细菌，不足之处是对水中的溶解性有机物去除能力不理想，因此在工艺上加强吸附和精滤处理是非常关键的。

(二)反渗透法

反渗透处理工艺是近年来发展起来的一种纯净水处理技术，最早应用于宇航、航海领域。20 世纪 80 年代末，欧美等国家率先普及民用饮水中，我国近年来也得到了较快发展，现国内大部分饮用纯净水生产厂均采用了这种新型工艺。其生产工艺流程为：

原水→预处理→反渗透处理→杀菌→精滤→成品水

1. 原水

反渗透处理装置对进水水质有相当要求，因此应把好预处理关。原水经多介质过滤、活性炭过滤等预处理后最好进行保安过滤，随时控制水质指标在许可范围之内，以避免反渗透膜的损害。如水中余氯不应大于 0.1 mg/kg，可以加入 $NaHSO_3$ 来调节控制；水中钙离子与硫酸根离子的浓度积偏高则应添加六偏磷酸钠；浑浊度污染指数高则应加强微滤；此外水的温度、pH 等也应控制在工艺要求的范围内。

2. 反渗透

反渗透处理装置的核心部件是反渗透元件中装有用选择性材料制成的膜，即反渗透膜。膜上密布极为细小的孔，其孔径约有十几个纳米。工作时，将待加工水加压，使水分子在压力下透膜而过，而起到分离提纯水质的作用。使这种“浓水”(待加工水)逆向渗透成为纯水的处理方式，称为反渗透工艺。

反渗透膜按其材料不同有聚酰胺膜、醋酸纤维膜、聚砜膜、复合膜等。其结构又有中空式、卷式等类型，目前应用较多的是复合膜等。其优点是脱盐率高(可达 98%以上)，应用性好。

3. 杀菌

反渗透处理后的水还需经灭菌处理，灭菌方法有紫外线杀菌、臭氧杀菌两种，紫外线杀菌是利用 250～260 nm 波长的紫外线能强烈破坏微生物 DNA 的机理，通过大功率紫外线发射汞灯照射来达到灭菌效果；臭氧杀菌器则是通过生产臭氧，利用臭氧的强氧化性达到杀灭细菌的目的。国内目前纯水生产中以紫外线杀菌的方式较多。

4. 精滤

最后用 0.22 μm 的微滤装置除去水中残存的菌体等杂质，即制成纯净水。

从生产工艺发展动向看，反渗透生产法由于产品水质量好，生产成本低，正越来越显示出其优势，为更多的企业所采用，在新建的企业中尤为突出。

反渗透生产工艺运行成本较低，技术也已成熟，应注意的是，最好选用脱盐率较高的反渗透复合膜，以确保产品水纯度，但目前国产复合膜尚待完善，对进口产品仍依赖过大，在生产操作、日常维护上需求较高，产品水质随原水水质的波动变化较大。因此，在设计时应充分掌握原水水质的四季变化状况，确定合理有效的处理方案。

(三)反渗透-离子交换法

反渗透-离子交换法是反渗透生产工艺的强化型，是电子工业中生产超纯水的典型工艺。目前，一些生产企业为达到更纯净的产品品质，遂将此工艺应用于饮用水领域；同工业制水比较，其后道工序略有不同，其流程为：

原水→预处理→反渗透→离子交换混床→碳纤维吸附过滤→精滤→杀菌→精滤→成品水

1. 离子交换处理

反渗透工序处理后，水中仍残留极少量的无机盐类杂质，离子交换处理的目的就是将这部分残留杂质去掉，因此得到更为纯净的水。通过采用混床式处理结构，即将阴、阳树脂按比例配制好置入同一交换柱内，处理时即可将水中残留的金属离子和碳酸根离子同时去除，效果很好。

离子交换树脂有时会发生破损而释出粉末和有机胺类物质，这些物质对人体有一定的不利影响，因此必须除去。碳纤维是一种比活性炭吸附容量高几十倍的高效吸附材料，其吸附速度快，净化效果好，用此材料制成的碳纤维过滤器能够有效地除去水中的树脂粉末和异味杂质。

2. 过滤和杀菌

杀菌前的精滤器可选择 0.45 μm 孔径的微过滤器，滤除水中可能存在的碳纤维粉末，最后，再经杀菌处理便得到高纯净的成品水。

反渗透-离子交换生产工艺设备结构较大，运行成本较高，但对反渗透工序的要求可相对降低些，可以选用一些国产的反渗透元件，虽然脱盐率较低些，但后面的离子交换工序起着最后的把关作用，仍可达到满意的效果，水质纯度比反渗透生产工艺可高一个数量级。要注意的是，由于阴、阳离子交换树脂的失效和再生均不一致，因此生产进行时应注意出水的酸碱度，及时更换调整阴、阳离子交换树脂的配比，使交换容量始终基本保持相同，将水的 pH 稳定在合格范围内。

(四)电渗析法

电渗析法是 20 世纪 60 年代广泛应用的水纯化技术，自反渗透出现后逐渐失去主导地位，目前国内仍有少数企业使用该生产工艺。其生产工艺流程为：

原水→预处理→电渗析→超滤→杀菌→精滤→成品水

电渗析也是一种膜分离技术，是利用阴、阳离子膜的选择性，使水在直流电场作用下移动，从而使一部分水淡化，一部分水浓缩，排去浓水，引出需要的淡水，就得到了所需的纯化水，由于被迁移分离的物质只能是电介质，且水越纯电流越低，因此电渗析工艺的脱盐率较低，也不能除去水中的非电导物质。

由于电渗析法工艺的纯化效果相对较低，因此必须配设超滤处理工序，提高净化效果。常用的超滤膜孔径为 0.001～0.012 μm，能有效地除去水中的细微杂质和较大分子质量的有机物，起到较好的补充净化作用。其后再经紫外线杀菌处理工序。最后用 0.22 μm 过滤，制得成品水。

电渗析生产工艺占地面积小，不需要像离子交换法那样消耗大量的酸碱而生产出废液，对环境和劳动保护非常有益，缺点是脱盐率较低，对水中的非电质杂质去除效果也较差。因此产品的水质纯度相对较低。

任务1 饮用天然矿泉水生产技术

【任务设计】

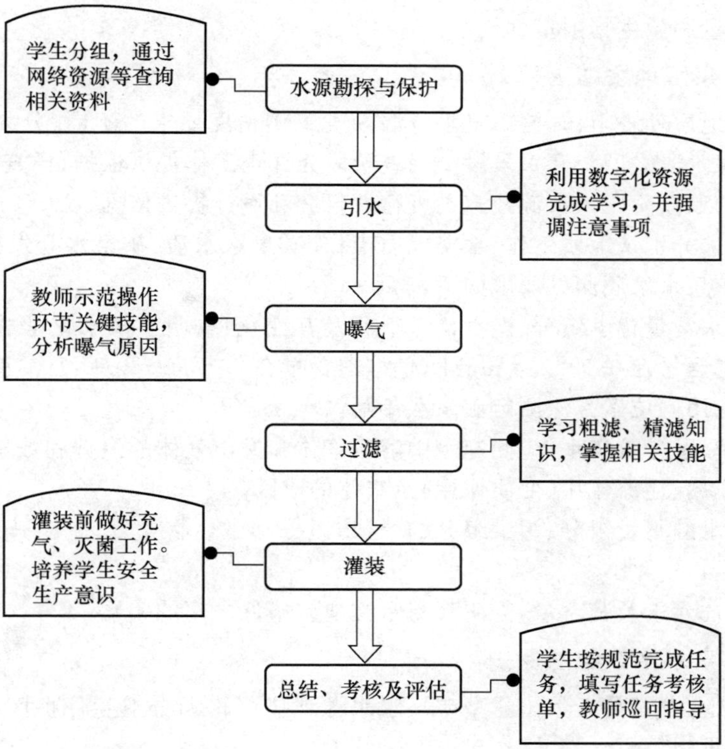

【任务实施】

天然矿泉水埋藏在深部基岩裂缝或构造带内，不受外界污染影响，同时含有多种有益与人体健康的元素和化学组分。常量元素（离子）有：K^+、Na^+、Ca^{2+}、Mg^{2+}、Cl^-、$SO_4{}^{2-}$、$HCO_3{}^-$等，微量元素包括锶、偏硅酸、锌、硒、碘、锂、氟、铁等。我国天然矿泉水资源极为丰富，分布广泛，水质优良，已知产地4 100多处，矿泉水允许开采资源量约18亿m^3/年。

本任务依据GB 8537—2018《食用安全国家标准 饮用天然矿泉水》进行生产。

一、主要材料

（一）水源

天然矿泉水类型主要有碳酸矿泉水、硅酸矿泉水、锶矿泉水、锌矿泉水、锂矿泉水、溴矿泉水、碘矿泉水、硒矿泉水等。我国天然饮用矿泉水分布很广，尤以东北长白山、东南、华南各省分布较多，川西、滇西以及藏南地区也较为密集，华北、西北地区相对较少，各类矿泉水中以含碳酸、硅酸、锶矿泉水为数最多，约占全部矿泉水的90%，含锌、含锂矿泉水相对较少，而含碘、含硒矿泉水为数更少。

饮用天然矿泉水的水源要求：

①水源水从地下深处自然涌出或经钻井采集。

②水源的卫生防护和水源水水质监测按照GB 19304—2018《食品安全国家标准　包装饮用水生产卫生规范》执行（见本项目相关知识），水质监测项目应符合产品理化指标（锰、耗氧量除外）、污染物限量和微生物限量的规定。

（二）天然矿泉水地质勘查

天然矿泉水地质勘查工作，按矿泉水资源勘查工作精度要求的不同，分为普查、详查和勘探三个阶段，勘探阶段之后为开采阶段。普查阶段为详查工作提供依据；详查阶段为勘探及建设立项提供依据；勘探阶段为水源地建设可行性研究和设计提供依据。

勘探研究要求分别从地质工作、水文地质工作、矿泉水水质、矿泉水开发技术条件进行研究。其中，天然矿泉水水质测试要求如下：

①研究矿泉水常量化学组分、微量化学组分及其变化；查明矿泉水化学成分与流量、温度变化的关系；对锶含量在0.2～0.4 mg/L，偏硅酸含量在25～30 mg/L，且温度低于20 ℃的饮用矿泉水，还须应用同位素方法测定矿泉水年龄。

②对碳酸泉和医疗矿泉水，应测定水中溶解气体和逸出气体的组分和数量，研究水源地的原生环境（氧化作用、还原作用、变质作用）及气体的成因。

③测定矿泉水的限量组分、污染组分、有机物组分和微生物含量，查明其与水文地质条件之间的关系。

④测定放射性元素及其含量，查明其与水文地质条件之间的关系。

（三）天然矿泉水水源地的保护

矿泉水水源地，尤其是天然出露型矿泉水水源地应严格划分卫生保护区。卫生保护区一般划分为Ⅰ、Ⅱ、Ⅲ级。

二、工艺流程

（一）产品分类

根据产品中二氧化碳含量分为：

1. 含气天然矿泉水

在不改变饮用天然矿泉水水源水基本特性和主要成分含量的前提下，在加工工艺上，允许通过曝气、倾析、过滤等方法去除不稳定组分，允许回收和填充同源二氧化碳，包装后，在正常温度和压力下有可见同源二氧化碳自然释放起泡的天然矿泉水。

2. 充气天然矿泉水

在不改变饮用天然矿泉水水源水基本特性和主要成分含量的前提下，在加工工艺上，允许通过曝气、倾析、过滤等方法去除不稳定组分，充入食品添加剂二氧化碳而起泡的天然矿泉水。

3. 无气天然矿泉水

在不改变饮用天然矿泉水水源水基本特性和主要成分含量的前提下，在加工工艺上，允许通过曝气、倾析、过滤等方法去除不稳定组分，包装后，其游离二氧化碳含量不超过为保持溶解在水中的碳酸氢盐所必需的二氧化碳含量的天然矿泉水。

4. 脱气天然矿泉水

在不改变饮用天然矿泉水水源水基本特性和主要成分含量的前提下，在加工工艺上，允许通过曝气、倾析、过滤等方法去除不稳定组分，除去水中的二氧化碳，包装后，在正常的温度和压力下无可见的二氧化碳自然释放的天然矿泉水。

(二)生产工艺流程

根据 GB 8537—2018《食用安全国家标准　饮用天然矿泉水》的标准，饮用天然矿泉水在加工时应注意：在水源点附近进行包装，不应用容器将水源水运至异地灌装。

1. 不含碳酸气的天然矿泉水生产工艺流程

这类天然矿泉水是最稳定的矿泉水，装瓶时不会发生氧化，化学成分也不会发生改变，生产工艺较为简单。如果生产的矿泉水产品中需要含二氧化碳，其工艺流程如下：

CO_2→净化→压缩→（充气）

矿泉水→引水→沉淀→粗滤→精滤→充气→灌装→封盖→贴标→喷码→包装→成品

如果不需要含二氧化碳，工艺更简单，没有充气工序。

2. 含碳酸气的天然矿泉水工艺流程

对二氧化碳含量高，硫化铁、铁、锰含量低的原水生产含二氧化碳的矿泉水，则不需曝气工序，需要进行气水分离和气水混合工序，工艺流程如下：

（气水分离）→CO_2→净化→压缩→（充气）

矿泉水→引水→气水分离→水—粗滤→精滤→灭菌→充气→灌装→封盖

（封盖）→贴标→喷码→包装→成品

对原水中二氧化碳、硫化氢、铁、锰含量较高的矿泉水需要进行曝气，去除气体和铁、锰离子，曝气后其生产工艺和不含碳酸气的天然矿泉水的生产工艺相同，可以再充气生产含二氧化碳的矿泉水或生产不含二氧化碳的矿泉水。

而对于生产含铁碳酸气矿泉水，一般含有 5～70 mg/L 铁，铁以二价铁形式存在。为了防止瓶装后瓶中出现沉淀，这类矿泉水应在不使铁氧化和脱气的条件下装瓶。为此，在矿泉水中加入有稳定作用的酸溶液(抗坏血酸和柠檬酸)，抗坏血酸为 80 mg/L，柠檬酸为 100 mg/L。含铁矿泉水来自不很深的循环水，这些水在很大程度上已被细菌污染。水在输送、储存、加工和装瓶时，又可能受到二次污染。有机酸可能充当水中无毒微生物的营养源，特别是那些硫化细菌的营养源，因此，含铁矿泉水应充分杀菌。成品中二氧化碳含量不应低于 0.4%。

三、操作步骤

饮用天然矿泉水的基本工艺包括引水、曝气、过滤、杀菌、充气、灌装等。

(一)引水

引水工作的主要目的就是在自然条件允许情况下，得到最大可能的流量，防止水与气体的任何损失；防止地表水和潜水的渗入，完全排除有害物质污染和生物污染的可能性，防止水由露出口到利用处物理化学性质发生变化；水露出口设备对水的涌出和使用方便。天然矿泉水引水分为地下和地上两部分。

1. 地下引水

从地下引取矿泉水到地上出口的部分，需对矿泉水进行加固，避免地表水的混入。目前多采用打井引水法。

引水

2. 地上引水

把矿泉水从最适当深度引到最适当的地表，并进行后续加工工序的部分。在引水过程中应防止水温变化和水中气体的散失，防止周围地表水的渗入，防止空气中 O_2 的氧化作用及有害物质的污染。

不同类型的矿泉水采取不同的工艺，如碳酸型矿泉水因含大量的气体成分而气体的含量随压力的改变而改变，因此要注意防止气体损失，应先了解地质条件后再决定引水方法。

引水时要注意：过度开采对矿泉水的流量和组成产生不可逆的影响；水泵和输水管要用与泉水不起反应的材料制成，因矿泉水对金属腐蚀性极强（如含二价铁的矿泉水与镀锌管接触时可使锌溶解）；抽取矿泉水所用的泵以不用离心泵为好，离心泵的大力搅拌会促使 CO_2 大量逸出，一般选用齿轮泵。

（二）曝气

1. 曝气的原因

深层矿泉水中往往含有较高的 CO_2、H_2S 等多种气体及铁、锰等多种金属盐类，在地层中因受压和不接触空气的原因，气体和盐类以饱和状态溶于水中，开采出来后压力下降，水与空气接触，CO_2 大量逸出，已溶解的盐类沉淀出来，水的 pH 发生变化，装瓶后必然会造成成品矿泉水存在异味和产生氧化物沉淀，影响产品感官质量。

为了排除不愉快的气味，避免装瓶后产生氧化物沉淀，降低成品矿泉水中金属离子浓度，对瓶装矿泉水采取曝气工艺，使矿泉水和经过净化的空气充分接触，可脱去各种气体，CO_2 则可在灌装前重新补充。

曝气

2. 曝气的过程及结果

曝气是使矿泉水原水与经过净化了的空气充分接触，通常包括脱气和氧化两个同时进行的过程。曝气的结果为：

①使原水中的二氧化碳、硫化氢等气体脱除；

②使原水由酸性转变为碱性，超过溶度积的金属离子沉淀被除去；

③发生氧化作用，使水中低价的铁、锰等金属离子氧化后沉淀除去。

曝气工序主要是针对原水中二氧化碳、硫化氢、铁、锰含量较高的原水进行的，可用于生产不含二氧化碳的矿泉水，或者曝气后可以重新通入二氧化碳气体生产含气矿泉水；而对含气很少，铁、锰离子含量又少的原水就不需曝气。

3. 曝气的方法

曝气是在自然通风或强制通风敞开构筑物中，使矿泉水喷洒或滴流。

喷洒法适用于去除 70%以下的二氧化碳，或去除由于水中其他气体引起的臭味。一般是使水通过装在一条或多条支管上的喷嘴向外喷洒。

滴流法一般是使水呈薄层状从一级下落到另一级。

曝气后，可能有 $Fe(OH)_3$、MnO_2 的沉淀析出，可以用过滤法除去沉淀。

(三)粗滤

矿泉水过滤的目的是除去水中的不溶性杂质及微生物，以使水质清澈透明，清洁卫生。粗滤一般是经过多介质过滤，能截留水中较大的悬浮颗粒物质，起到初步过滤的作用，用于粗滤的滤料有石英砂、天然锰砂及活性氧化铝等，每种滤料去除离子的功能各不相同，如石英砂具有良好的除铁效果，天然锰砂可除去水中的铁、锰离子，活性氧化铝可除去水中的氟。有时为了提高过滤效果，还可以在矿泉水的粗滤过程中加入一些助滤剂如硅藻土或活性炭，或进行一道活性炭过滤。

(四)精滤

精滤可以采用砂滤棒过滤，但现在企业多采用微滤和超滤，大大提高了矿泉水的质量和产品的稳定性，但微滤不能滤掉病毒，许多企业在生产矿泉水时，为了保证产品的质量，将经过灭菌后的矿泉水再经过一道 0.2 μm 微滤去除残留在矿泉水中菌体。

(五)灭菌

目前，常用的矿泉水消毒方法是紫外线消毒和臭氧杀菌，紫外线杀菌是利用 250～260 nm 波长的紫外线能强烈破坏微生物 DNA 的机理，通过大功率紫外线发射汞灯照射来达到灭菌效果；臭氧杀菌器则是通过生产臭氧，利用臭氧的强氧化性达到杀灭细菌的目的。用紫外线进行水质消毒时，具有接触时间短，杀菌能力强，处理后水无味、无色等优点。对于瓶子和瓶盖可采用消毒剂(双氧水、次氯酸钠、高锰酸钾)、臭氧、紫外线等消毒方法。

(六)充气

充气是指矿泉水经过引水、曝气、过滤后再充入二氧化碳气体；充气所用的二氧化碳气体可以是原水中所分离出的二氧化碳气体，也可以是市售的饮料用钢瓶装二氧化碳。充气工序主要是针对含碳酸气天然矿泉水或成品中含二氧化碳的生产，不含气矿泉水的生产不需要这道工序。因此，矿泉水是否充气主要取决于产品的类型。

碳酸泉中往往拥有质量高、数量多的二氧化碳气体，矿泉水生产企业可以回收利用这些气体。由于这种天然碳酸气纯净，可直接采用该产品生产含气矿泉水。如果使用的二氧化碳不够纯净，就必须对其进行净化处理，一般需经过高锰酸钾的氧化、水洗、干燥和活性炭吸附脱臭，以去除二氧化碳中所含的挥发性成分，否则会给矿泉水带来异味和有机杂质，并给微生物的生长提供机会。

充气一般是在汽水混合机中完成的，其具体过程和碳酸饮料是一致的，为了提高矿泉水中二氧化碳的溶解量，充气过程中需要尽量降低温度，增加二氧化碳的气体压力，并使气、水充分混合。

(七)灌装

灌装是将杀菌后的矿泉水装入已灭菌的包装容器的过程。在矿泉水厂，自动洗瓶机(自动完成洗瓶、杀菌和冲洗过程)与灌装工序相配合。灌装方式取决于矿泉水产品的类型，含气与不含气的矿泉水灌装方式略有不同。矿泉水的灌装卫生要求非常严格，瓶子要进行彻底的杀菌，装瓶各个环节都要防止污染。含气矿泉水一般采用等压灌装，不含气矿泉水一般采用负压灌装。

(八)贴标、喷码、包装

产品标签上必须按 GB 7718—2011《食品安全国家标准　预包装食品标签》通则的有关规

定标注，另外，还应符合下列要求：

①标示天然矿泉水水源点名称；

②标示产品达标的界限指标、溶解性总固体含量及主要阳离子（K^+、Na^+、Ca^{2+}、Mg^{2+}）的含量范围；

③当含氟量大于 1.0 mg/L 时，应标注“含氟”字样；

四、产品质量标准

GB 8537—2018《食品安全国家标准　饮用天然矿泉水》规定了产品质量标准，包括感官要求、理化指标（界限指标、限量指标）、污染物限量、微生物限量及食品添加剂。

（一）感官要求

感官要求见表 2-10。

表 2-10　饮用天然矿泉水感官要求

项目		要求	检验方法
色度/度	≤	10（不得呈现其他异色）	GB 8538—2016
浑浊度/NTU	≤	1	
滋味、气味		具有本矿泉水的特征性口味，无异味、无异嗅	
状态		允许有极少量的天然矿物盐沉淀，无正常视力可见外来异物	

（二）理化指标

1. 界限指标

界限指标应有一项（或一项以上）指标符合表 2-11 的规定。

表 2-11　饮用天然矿泉水界限指标

项目		要求	检验方法
锂/（mg/L）	≥	0.20	GB 8538—2016
锶/（mg/L）	≥	0.20（含量在 0.2～0.40 mg/L 时，水源水水温应在 25 ℃以上）	
锌/（mg/L）	≥	0.20	
偏硅酸/（mg/L）	≥	25.0（含量在 25.0～30.0 mg/L 时，水源水水温应在 25 ℃以上）	
硒/（mg/L）	≥	0.01	
游离二氧化碳/（mg/L）	≥	250	
溶解性总固体/（mg/L）	≥	1 000	

2. 限量指标

各项限量指标应符合表 2-12。

表 2-12　饮用天然矿泉水限量指标

项目		指标	检验方法
硒/(mg/L)	＜	0.05	GB 8538—2016
锑/(mg/L)	＜	0.005	
铜/(mg/L)	＜	1.0	
钡/(mg/L)	＜	0.7	
总铬/(mg/L)	＜	0.05	
锰/(mg/L)	＜	0.4	
镍/(mg/L)	＜	0.02	
银/(mg/L)	＜	0.05	
溴酸盐/(mg/L)	＜	0.01	
硼酸盐(以 B 计)/(mg/L)	＜	5	
氟化物/(以 F^- 计)(mg/L)	＜	1.5	
耗氧量(以 O_2 计)/(mg/L)	＜	2.0	
挥发酚(以苯酚计)/(mg/L)	＜	0.002	
氰化物(以 CN^- 计)/(mg/L)	＜	0.010	
矿物油/(mg/L)	＜	0.05	
阴离子合成洗涤剂/(mg/L)	＜	0.3	
^{226}Ra 放射性/(Bq/L)	＜	1.1	
总 β 放射性/(Bq/L)	＜	1.50	

(三)污染物限量

污染物限量应符合 GB 2762—2017《食品安全国家标准　食品中污染物限量》的规定，见表 2-13。

表 2-13　饮用天然矿泉水污染物指标

项目		限量	检验方法
铅/(mg/L)	＜	0.01	GB 5009.12—2017《食品安全国家标准　食品中铅的测定》
镉/(mg/L)	＜	0.003	GB 5009.15—2014《食品安全国家标准　食品中镉的测定》
汞/(mg/L)	＜	0.001	GB 5009.17—2014《食品安全国家标准　食品中总汞及有机汞的测定》
砷/(mg/L)	＜	0.01	GB 5009.11—2014《食品安全国家标准　食品中总砷及无机砷的测定》
锡/(mg/L)	＜	150	GB 5009.16—2014《食品安全国家标准　食品中锡的测定》
亚硝酸盐/(以 NO_2^- 计)/(mg/L)	＜	0.1	GB 8538—2016《食品安全国家标准　饮用天然矿泉水检验方法》
硝酸盐/(以 NO_3^- 计)/(mg/L)	＜	45	GB 8538—2016《食品安全国家标准　饮用天然矿泉水检验方法》

(四)微生物限量

微生物限量应符合表 2-14 的要求。

表 2-14　微生物限量

项目	采样方案[a]及限量			检验方法
	n	c	m	
大肠菌群/(MPN/100 mL)[b]	5	0	0	GB 8538—2016《食品安全国家标准　饮用天然矿泉水检验方法》
粪链球菌/(CFU/250 mL)	5	0	0	
铜绿假单胞菌/(CFU/250 mL)	5	0	0	
产气荚膜梭菌/(CFU/50 mL)	5	0	0	

注：n——同一批次产品应采集的样品件数；c——最大可允许超出 m 值的样品数；m——最高安全限量值。

[a]样品的采样及处理按 GB 4789.1 执行。

[b]采用滤膜法时，则大肠菌群项目的单位为 CFU/100 mL。

(五)食品添加剂

食品添加剂的使用应符合 GB 2760—2014《食品安全国家标准　食品添加剂使用标准》的规定。

五、操作实施

①学生分成 3～5 人一组，各小组在老师指导下，通过网络教学资源等多渠道查询饮用天然矿泉水生产技术的资料。

②各组根据汇总的相关资料，师生共同讨论、分析，用集体智慧完成饮用天然矿泉水生产技术方案，制作汇报提纲并选一名代表进行学习汇报交流，并对该方案进行修订。

③学生按照修订后的饮用天然矿泉水生产技术方案，按规范要求，独立完成饮用天然矿泉水生产任务，最终填写任务考核单，教师在操作实施过程中巡回指导。

任务考核单——饮用天然矿泉水的生产

班级：　　　　姓名：　　　　　　学号：

项目	实施内容	分值	考核记录(以"√"表示)	备注	得分
准备工作(15 分)	清洁卫生	5	能发现并解决卫生问题		
	准备并检查工器具	6	准备本次操作实施所需所有仪器和容器		
			仪器和容器的清洗和控干		
			检查设备运行是否正常		
	原水的选择	4	按照产品类型选择原水		
操作实施(60 分)	曝气	10	曝气工序		
		5	曝气结果		
	过滤	10	方法选择		
			粗滤		
			精滤		
	灭菌	5	方法选择		
		5	灭菌操作		
	充气	5	按产品选择是否充气		
		10	充气工序		
			充气结果		
	灌装	5	灌装方式选择		
		5	灌装工序		

续表

项目	实施内容	分值	考核记录(以"√"表示)	备注	得分
产品评定(15分)	感官要求	5	应具有反映该类产品特点的感官、滋味,不得有异味、异臭和外来杂物		
	理化要求	5	符合相应的理化指标		
	微生物要求	5	符合相应的微生物指标		
文明操作与团队意识(10分)	文明操作	5	清理用物,整理实训室		
	团队意识	5	有团队意识,能相互良好合作		

④学生对完成工作任务的表现进行自评和互评,各小组进行总结、考核及评估,教师做出最后评价,填写教学反馈表。

【知识拓展】

一、饮用天然矿泉水常见质量问题

矿泉水在储藏过程中会出现变色、沉淀和微生物指标过高的质量问题。

(一)变色

1. 现象

有些瓶装矿泉水在高温(25～35 ℃)和有光条件下存放一段时间后,靠近瓶底部水体会微微发绿,有些则发黄或呈现红黄色。

矿泉水变色的原因

2. 分析

(1)变绿的原因。变绿是由藻类和光合菌繁殖引起的。藻类适应性强、分布广,在地下矿泉的自然形成过程中就已经存在;光合菌在有光和适宜的温度下利用矿泉水中的 CO_2 和水就能繁殖。当藻类和光合菌到一定数量后就会相互吸附或与水中悬浮颗粒吸附沉积瓶底,使水体染色。

(2)发黄或呈现红黄色的原因。发黄是由普通碳制水管道铁锈所造成。碳钢管使用一段时间后会产生铁锈($Fe_2O_3 \cdot H_2O$)和部分 Fe^{2+},铁锈残留在成品矿泉水中,使水体底部产生淡黄色,严重者成为黄红色,即 $Fe_2O_3 \cdot H_2O$ 和 $Fe(OH)_3$ 胶体溶液色,更为甚者给水中带来悬浮物。

(二)沉淀

1. 现象

矿泉水储藏过程中出现有色沉淀(包括红、黄、褐、黑褐等色)和白色沉淀。

2. 分析

矿泉水因含有铁、锰离子而产生有色沉淀,呈红色、黄色、褐色、黄褐色等。一般矿泉水水质含量稳定之后,不会出现沉淀,但可能因开采过量或地下裂缝出现变化、周围水质保护不好等情况而造成沉淀。

白色沉淀有3种情况:一是生产中滤芯被氧化,或更换新滤芯时清洗不净,这可以通过加强管理得以控制;二是矿泉水于冰箱中长时间冷藏也会出现少量白色絮状沉淀,这属正常现象；三是矿物盐沉淀，少许矿物质沉淀是允许的，但必须要符合感官要求。

（三）微生物

与其他饮料相比，矿泉水生产既不经热杀菌，也不添加防腐剂，微生物指标难以控制，最容易出现微生物污染。天然矿泉水的微生物污染主要包括细菌、霉菌、放线菌的污染，细菌可将矿泉水中的硝酸盐转化成亚硝酸盐，从而影响人体健康；霉菌和放线菌的菌丝体可形成白色丝状漂浮物、白色絮状物，这一问题困扰着许多矿泉水企业。

二、矿泉水的质量问题防止措施

（一）变色

1. 变绿

只有加强过滤才可以除去藻类，最经济、最实用的方式莫过于根据经验定期清洗砂棒过滤器，使之在工作过程中经常处于最佳状态，生产期间随时观察调整，使其工作压力在额定范围之内。另外，必须要强化杀菌方可彻底解决变色问题。

2. 发黄

把矿泉水管道或盛水容器全部换成不锈钢或高压聚乙烯方可清除此患。

（二）沉淀

1. 有色沉淀

应对水源做好以下预防工作：

①水井周边 50 m 内为三级保护区，30 m 内为二级保护区，15 m 内为一级保护区。

②每年定期 3 次（枯水期、平水期、丰水期）对水源进行水质分析检验并记录，应及时掌握水中矿物度铁、锰含量的变化，及时改善工艺。

③定期做好水井清洗（一般要求每年 1 次）。

④除铁、锰装置要定期反冲洗（一般 4～7 d 反冲 1 次）。

⑤管路清洗不净或锈蚀极易造成铁沉淀，所以对管路应每天开机之前清洗 20～30 min，遇长时间停产后恢复生产时，应冲洗 24 h 以上，必要时用酸洗。

⑥臭氧消毒时，浓度不能太高，否则也会造成沉淀，一般控制在 0.3～0.5 mg/kg。

2. 白色沉淀

充分曝气，过滤除去一部分 $CaCO_3$，但矿泉水中 Ca、Mg 会比原水减少，需特别注意；加入 CO_2 降低水中 pH，使矿泉水中 Ca、Mg 以重碳酸盐形式存在。

（三）微生物

1. 设备消毒

曝气装置、管道、灌装机等设备，长时间停产后的管路应用 250～500 mg/kg 的消毒剂（主要成分 ClO^-）清洗，再用臭氧水冲洗。曝气装置孔径应小于 0.2 μm，防止空气中细菌尘埃的污染。旋盖机的盖斗、下盖槽在每天开机使用之前都必须用酒精喷射消毒。

2. 更换滤芯

滤芯在使用一段时间后必须及时更换，每星期应清洗消毒一次，并用 ClO^- 消毒水或甲醛溶液浸泡。

3. 净化空气

主要指理瓶间和灌装间的空气，灌装间要求在无菌条件下生产，无菌间空气压力应略大于室外气压确保进入的空气为无菌空气。

4. 包装物消毒

主要是瓶和盖，瓶在进入灌装之前必须进行二道消毒工序，臭氧消毒1～3 h和250 mg/kg消毒剂喷射消毒(一般不少于10 s)，瓶盖一般卫生状况较好，可采用臭氧消毒(直通臭氧2 h以上)。

5. 个人卫生

生产人员(包括无菌间操作人员和进入无菌间的维修人员、质检人员)必须身体健康，讲究个人卫生，进入无菌间必须穿戴好工作服、帽、口罩及消毒手套，经风幕后进入，手、鞋、维修工具都要消毒，无菌间内须轻走慢行。无菌间内人员流动会造成微生物污染，应做到人走灯(紫外灯)开，并定期消毒。

6. 容器密封

容器泄漏会造成微生物的二次污染，造成泄漏的原因很多，主要有：瓶子有裂缝、穿孔、缺口；盖内密封圈有缺口、裂口；瓶与盖密封性差；封盖机落盖槽或封盖头出现偏差造成封盖歪斜。

7. 水中臭氧浓度

矿泉水的微生物是通过过滤和杀菌去除的。部分体积较大的微生物经过过滤除去，但大部分微生物及其芽孢、病毒要通过杀菌才能除去。生产上广泛用的是臭氧杀菌，臭氧用于水消毒有一个临界浓度，在临界浓度以上时可把水中微生物全部杀死，但生产中臭氧浓度也不宜过高，否则易造成沉淀。

任务2　饮用纯净水生产技术

【任务设计】

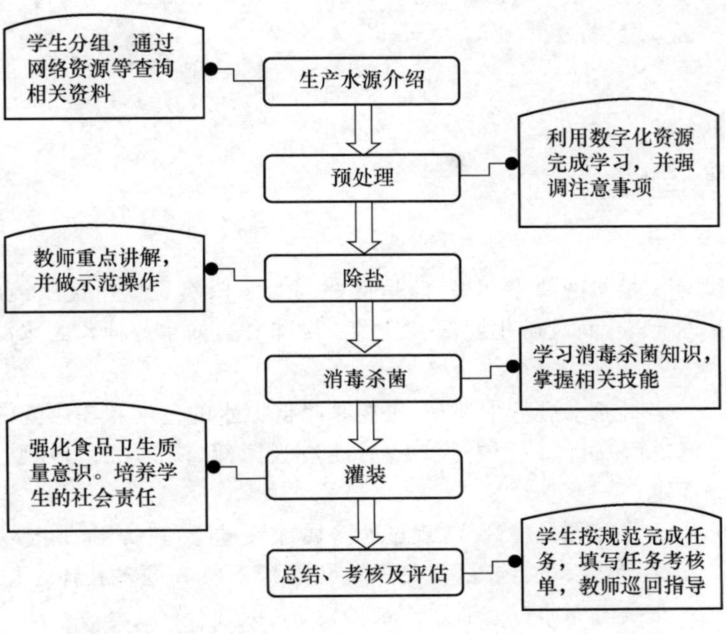

【任务实施】

饮用纯净水是以符合生活饮用水标准的水为生产用源水，采用蒸馏法、电渗析法、离子交换法、反渗透法或其他适当的水净化工艺，加工制成的包装饮用水。生产要将原水中的阴、阳离子和非离子状态的有机微粒、微生物及一切杂质，尽可能全部除去，生产过程通常由预处理、脱盐和后处理组成。

该任务依据 GB 19298—2014《食品安全国家标准　包装饮用水》及 GB 17323—1998《瓶装饮用纯净水》的要求，进行生产。

一、主要材料

良好的水源是生产优质纯净水的前提，应选择矿化度低、硬度低、滋味甘美的水作为水源。

①以来自公共供水系统的水为生产用源水，其水质应符合 GB 5749—2006《生活饮用水卫生标准》的规定。

②以来自非公共供水系统的地表水或地下水为生产用源水，其水质应符合 GB 5749—2006《生活饮用水卫生标准》对生活饮用水水源的卫生要求。源水经处理后，食品加工用水水质应符合 GB 5749—2006《生活饮用水卫生标准》的规定。

③水源卫生防护：在易污染的范围内应采取防护措施，以避免对水源的化学、微生物和物理品质造成任何污染或外部影响。

二、工艺流程

(一)蒸馏法

原水→预处理→除盐(离子交换、电渗析)→蒸馏→杀菌→灌装→贴标→检验→成品

(二)反渗透法

原水→多介质过滤→活性炭过滤→保安过滤→反渗透→杀菌→灌装→贴标→包装→成品

三、操作步骤

(一)蒸馏法操作步骤

1. 原水的选择

纯净水水源没有矿泉水的要求严格，但是良好的水源依然是生产优质纯净水的条件。要选用符合国家饮用水标准，而且矿化度低、硬度低、滋味甘美的水源地作为水源。

2. 水的预处理

水的预处理

将原水进行预处理，主要是降低原水的色度和浑浊度，采用的方法有砂滤、深层过滤(机械过滤)、活性炭吸附等，具体工艺应视原水的水质特点而定。

(1)深层过滤。常规过滤多属深层过滤，它所用的介质如纸、石棉、玻璃纤维、陶瓷、布、毡等，都是一些孔形极不整齐的多孔体，过滤时粒子是靠陷入介质内部曲折的通道而被截留，主要用于一般澄清过滤。

(2)砂滤。当用水量较少,原水中只含少量有机物、细菌及其他杂质时,可采用砂滤棒过滤器,砂滤棒过滤主要是利用多孔陶瓷滤棒(俗称砂滤芯)的作用来实现水处理功能。砂滤棒是采用细微颗粒的硅藻土和骨灰等可燃性物质成型以后在高温下烧结而成,其滤孔直径为 0.002～0.004 mm。水处理时,水在外压下通过砂滤棒的微孔,水中存在的少量细微杂质及微生物被微孔吸附截留在砂滤棒上,达到预处理的效果。工作示意图见图 2-1。

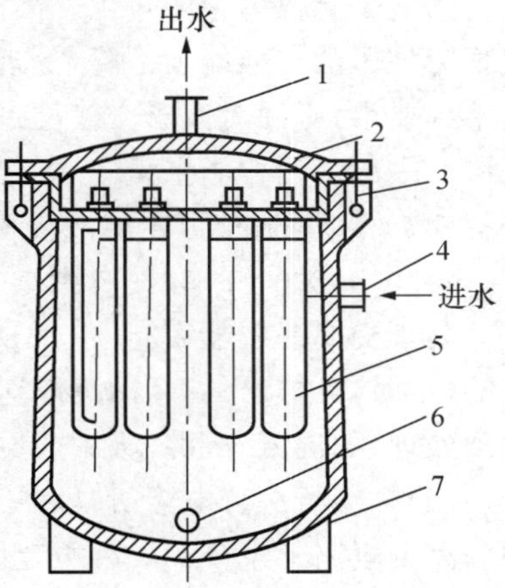

图 2-1　砂滤棒工作示意图

1—净水出口;2—上盖;3—隔板;4—原水进口;5—砂滤棒;6—排污口;7—器身

(3)活性炭过滤。活性炭具有多孔性,可以吸附异味、残氯,去除各种杂质。采用活性炭过滤器,目的是为了去除水中的色素、异味、生化有机物、降低水的余氯值及农药污染和其他对人体有害的物质污染物。活性炭使用一段时间后就需要进行清洗再生。活性炭具有腐蚀性,在用铁质容器装活性炭时要涂上防腐蚀涂料。

3. 除盐

为保证蒸馏时换热器不结垢和高效率换热,需要降低原水中的浊度和硬度,所以必须要有除盐工序。蒸馏法除盐一般可采用离子交换法或电渗析法除盐,也可两者结合起来除盐。

(1)离子交换法。离子交换法是利用离子交换树脂交换离子的能力,按水处理的要求将原水中所不需要的离子通过交换而暂时占有,然后再将它释放到再生液中,使水得到软化的水处理方法。

①离子交换树脂的分类。离子交换树脂中化学功能团的种类决定了树脂的主要性质和类别。能与水中的阳离子进行交换的树脂称为阳离子树脂,能与阴离子进行交换的树脂称为阴离子树脂;阳离子树脂又分为强酸性和弱酸性两类,阴离子树脂又分为强碱性和弱碱性两类(或再分出中强酸性和中强碱性类)。

②离子交换树脂的原理。离子交换树脂是一种由有机分子单体聚合而成的,具有三维网络结构的多孔海绵状不溶性高分子化合物,通常是球形颗粒物。在构成网络的主链上有许多可以活动的化学功能团,这些化学功能团是由带电荷的固定离子和以离子键与固定离子相结合的反粒子组成。树脂吸水膨胀后,化学功能团上的反粒子能够与水中的离子进行交换。

阳离子交换树脂可吸附 Ca^{2+}、Mg^{2+} 等阳离子,阴离子交换树脂可吸附 Cl^-、HCO_3^-、SO_4^{2-}、CO_3^{2-} 等阴离子,从而使原水得以净化。反应式见图 2-2。

$$R—H^+(—SO_3H^+)+Ca^{2+}、Mg^{2+} \longrightarrow R—SO_3Ca(Mg)+H^+$$

$$R—OH^-(\equiv N—OH^-)+HCO_3^-、SO_4^{2-}、CO_3^{2-} \longrightarrow R\equiv N—SO_4^{2-}(HCO_3^-、CO_3^{2-})+OH^-$$

$$H^+ + OH^- \longrightarrow H_2O$$

图 2-2　离子交换树脂反应原理

如果只需要除去水中吸附性较强的离子(如 Ca^{2+}、Mg^{2+} 等),可选用弱酸性或弱碱性树脂进行软化处理较经济。如果需要除去原水中吸附较弱的阳离子(如 K^+、Na^+)或阴离子(如 HCO_3^-、HSO_3^-),用弱酸性或弱碱性离子交换树脂就比较困难,甚至不能进行交换,此时必须选用强酸性或强碱性离子交换树脂。

③离子交换树脂的再生。离子交换柱使用一段时间后，柱子从上到下会产生黑圈的现象，表现为柱子的交换能力下降，处理后的水电导率升高，当黑圈充满整个交换柱的时候，水质已达不到要求，必须对离子交换柱进行再生。再生是对离子交换柱的还原，其原理是水处理的逆反应。一般采用树脂重量 2～3 倍的 5%～7%的 HCl 溶液浸泡阳离子树脂 8～10 h，用 2～3 倍的 5%～8%的 NaOH 溶液浸泡阴离子树脂 8～10 h，然后采用去离子水洗至 pH 分别为 3.0～4.0 和 8.0～9.0，使树脂重新转变为 H^+ 和 OH^- 型。

离子交换法脱盐率高，也比较经济。但当原水中含盐量过高时，须经常再生，要消耗掉大量的酸、碱，且排出的酸、碱废液对环境造成一定的污染。这种情况下，应在离子交换前做相应的预处理，如混凝、沉淀、吸附或电渗析等。

(2)电渗析法。电渗析是利用离子交换膜和直流电场的作用，从水溶液和其他不带电组分中分离带电离子组分的一种电化学分离过程。其基本原理为：在外加直流电场作用下，利用阴离子交换膜（简称阴膜，只允许阴离子透过而阻挡阳离子）和阳离子交换膜（简称阳膜，只允许阳离子透过而阻挡阴离子）的选择透过性，使一部分离子透过离子交换膜迁移到另一部分水中去，从而使一部分水淡化，另一部分水浓缩。电渗析是靠水中离子传递电流，因此被迁移分离的杂质只能是电解质，对弱电解质的去除率很低，对非电解质无去除作用。电渗析也不能去除以硅酸盐和二氧化硅形式存在的硅。此外，电渗析不能制备高纯水，因为水越纯，电阻越大，要继续提高水质不仅电耗剧增，而且极化现象随之严重，故一般需与离子交换法结合使用。电渗析原理见图 2-3。

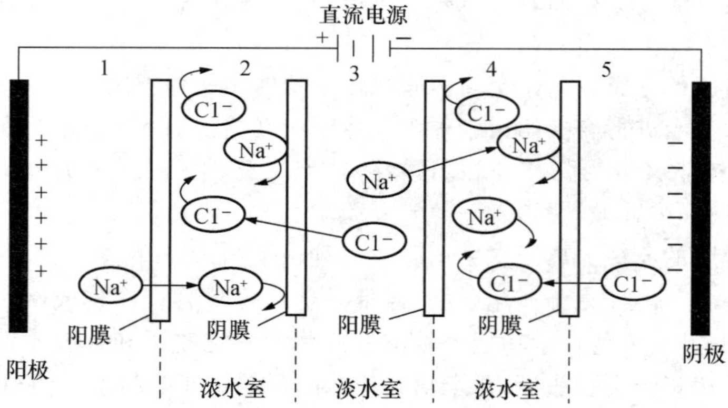

图 2-3 电渗析原理

4. 蒸馏

目前，蒸馏水的制作多采用多效蒸馏法，经过该多效蒸馏水机，出水纯度高。

(1)机器结构。多效蒸馏水机主要由蒸发器、预热器、冷凝器、电气自动控制部分组成。蒸发器采用垂直列管降膜蒸发原理，为确保蒸馏水质量，蒸发器内装有特殊的汽水分离装置。

(2)工作原理。多效蒸馏水各效蒸发器之间工作压力不同，第一效产生的纯蒸汽可以做下一效的加热蒸汽（一效加热蒸汽为锅炉蒸汽）。如此经过多效的换热蒸发，原料水被充分汽化，各效产生的纯蒸汽则在换热过程中被冷却为蒸馏水，从而达到节约加热蒸汽和冷却水的目的。从蒸馏水机出来的蒸馏水质量，由电导探测器在线检测自动控制，若蒸馏水符合规定的质量要求，即从管道导出至蒸馏水储罐。如果不合格，即自动切换从管道导出排掉或另作他用。

5. 杀菌

在水质处理过程中，大部分微生物已被去除，但并不能将水中的细菌物质全部去除。为确保产品在保质期内合格，保证消费者的健康，必须进行杀菌处理。杀菌的目的是杀灭水中的致病菌，并使水中的细菌含量符合规定标准。采用的杀菌方法是紫外线消毒和臭氧消毒。

传统的紫外线杀菌具有接触时间短、管理方便、投资小的优点，但紫外灯的使用寿命短，价格较贵。利用臭氧作为强氧化杀菌剂，具有对细菌及病毒等病原体杀灭效率高、无有害的卤代有机物产生等优点，但臭氧的制取及汽水混合工艺较复杂，一次性投资大，而且运行安全防护要求较高，操作要求严格。臭氧发生器一般采用喷射投加方式，使臭氧与水充分接触 20 min，检测出水口臭氧浓度，应约为 0.4 mg/L。

6. 灌装、贴标

①产品标签上应按 GB 7718—2011《食品安全国家标准 预包装食品标签通则》的有关规定标注：产品名称、净含量、制造者(或经销商)的名称和地址、生产日期、保质期和产品标准号。产品名称与净含量须排在同一视野。

②采用蒸馏法加工的产品方可用“蒸馏水”名称；其他方法加工的产品不得使用“蒸馏水”名称。在使用“新创名称”“奇特名称”“牌号名称”或“商标名称”时，在其产品名称后需用醒目字样表明“饮用纯净水”。

③包装箱上除应标明产品名称、制造者(经销商)的名称和地址外，还须标出单件包装的净含量和总数量。

蒸馏法所制得的纯净水电导率低，但制水过程能耗高、水的口感没有反渗透的好，不能有效降低水中低分子有机物，因此，正逐渐被反渗透方法所取代。

(二)反渗透法操作步骤

1. 预处理

由于反渗透处理装置对进水水质有严格要求，因此水的预处理过程非常重要。一般纯净水的预处理过程包括三道过滤工序，首先通过多介质过滤器截留水中的较大的悬浮物和一些胶体物质等(此过滤器需要定期进行反冲洗)，然后通过活性炭过滤器进行吸附脱臭和进一步截留水中的一些微粒物、重金属离子、小分子有机物等(此过滤器也需定期进行反冲洗)，最后通过保安过滤。保安过滤为反渗透膜进水前的保安配制，常选用 5 μm 精度的微滤膜，进一步去除水中的细小胶体和其他污染物，确保水质达到反渗透膜的进水指标。

除此之外，根据需要必须添加絮凝剂如碱式氯化铝(PAC)或聚丙烯酰胺(PAM)等加速絮凝，添加还原剂亚硫酸氢钠($NaHSO_3$)还原水中多余的氯，添加六偏磷酸钠螯合一些铁、铝、钙、镁等离子，提高预处理效果，减少或消除对反渗透膜的污染影响。另外，水在进入反渗透系统之前，为了保证反渗透过程中使水温恒定在 25 ℃，往往需要将水先通过热交换器。

2. 反渗透

反渗透是 20 世纪 50 年代发展起来的新型膜分离技术，因工作时“浓水”(待加工水)逆向渗透成为纯水的处理方式，故称为反渗透。反渗透技术的成功应用，主要靠反渗透膜。膜上密布极为细小的孔，其孔径约有十几个纳米，只能让溶液中的溶剂单独通过而不让溶质通过。

经预处理后的水进入反渗透脱盐系统进行脱盐，主要去除水体中的无机离子及小分子有机物。反渗透处理可以根据水的情况采用一级或二级反渗透系统。在反渗透之前要检测水的

pH,使其在5.0～7.0,否则需要调整。

(1)反渗透的基本原理。当用半透膜隔开两种不同浓度的溶液时,稀溶液中的溶剂就会透过半透膜进入浓溶液一侧,这种现象称为渗透。由于渗透作用,溶液的两侧在平衡后会形成液面的高度差,由这种高度差所产生的压力称为渗透压。

如果在浓溶液一侧施加大于渗透压的压力时,溶剂就会由浓溶液一侧通过半透膜进入稀溶液中,这种现象称为反渗透。反渗透作用的结果是,使浓溶液变得更浓,稀溶液变得更稀,从而最终达到脱盐目的。

渗透与反渗透的原理图见图2-4。

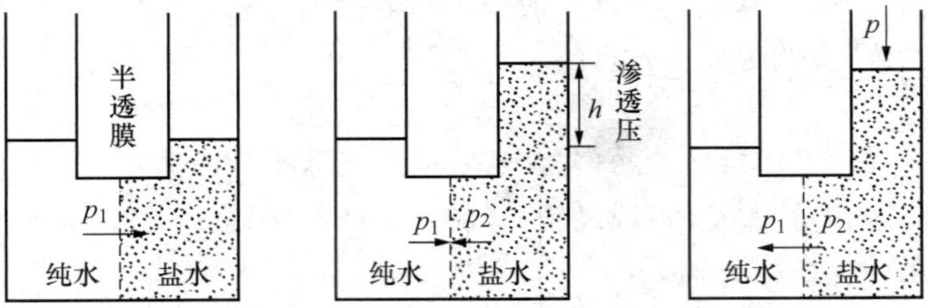

(a) 渗透现象　(b) 渗透平衡　(c) 反渗透

图2-4　渗透与反渗透原理

(2)反渗透膜。反渗透膜按其材料不同有聚酰胺膜、醋酸纤维膜、聚矾膜、复合膜等。其结构又有中空式、卷式等类型,目前应用较多的是复合膜等。其优点是脱盐率高(可达98%以上),应用性好。常见反渗透膜的性能见表2-15。

表2-15　不同种类膜的透水量和脱盐性能

膜种类	测试条件/MPa	透水量/[$m^3/(m^2 \cdot d)$]	脱盐率/%
醋酸丁酸纤维素膜	海水(10.13)	0.48	99.4
醋酸甲基丙烯酸纤维素膜	3.5%NaCl(10.13)	0.33	99.7
醋酸丙酸纤维素膜	3.5%NaCl(10.13)	0.48	99.5
芳香聚酰胺膜	3.5%NaCl(10.13)	0.64	99.5
磺化聚苯醚膜	苦咸水(7.60)	1.15	98.0

(3)膜分离。用天然或人工合成的高分子膜,以外加压力或化学位差为推动力,对双组分或多组分的溶液进行分离、分级、提纯和富集的方法,称为膜分离法。纯净水生产过程中常使用的膜分为4类,即微滤(MF)膜、超滤(UF)膜、反渗透(RO)膜、纳滤(NF)膜。在膜分离发展史上,首先出现的是超滤和微滤,然后出现反渗透和纳滤。四者组成一个可分离从离子到微粒的膜分离过程。MF能有效地去除细菌,UF能去除全部病毒和部分高分子有机物,RO用于脱除盐,近年来开发的NF膜其分离孔径比UF更小,主要用去除低分子有机物和盐类。

微滤的孔径为0.1～10 μm,主要去除微粒和细粒物质,所用的膜一般为对称膜,操作压力为0.01～0.2 MPa。

超滤的孔径为0.001～0.1 μm,截留分子量大于500的大分子和胶体,操作压力为0.1～0.5 MPa,所用的膜一般为非对称膜。

反渗透所分离的组分直径为0.000 1～0.001 μm,主要脱去水中的盐分,对氯化钠去除率为95%以上,操作压力为1～10 MPa。

纳滤膜分离范围介于反渗透膜和超滤膜之间，操作压力一般为 0.5～2.0 MPa，能耗较少，运行费用较低，对氯化钠的去除率为 50%～70%，对有机物的去除率在 90%以上。

反渗透、超滤、微滤 3 种膜的比较见表 2-16。

表 2-16　反渗透、超滤、微滤 3 种膜的比较

项目		RO 膜	UF 膜	MF 膜
膜的孔径/μm		<0.001	0.001～0.1	0.1～10
膜材料		醋酸纤维素膜、聚酰胺复合膜	醋酸纤维素膜、聚砜膜、聚酰胺膜、聚丙烯腈膜	醋酸纤维素膜、复合膜、醋酸-硝酸纤维素混合膜、聚碳酸酯膜、聚酰胺膜
膜组件常用形式		卷式膜、中空纤维素膜	卷式膜、中空纤维素膜	板式、折叠筒式
去除杂质能力	无机盐	√	√	×
	有机物相对分子质量>500	√	去除能力极小	×
	细菌	√	√	√
	病毒、热源	√	√	×
	悬浊物粒径>0.1 μm	√	√	√
	胶体微粒粒径>0.1 μm	√	√	×
工作压力/MPa		1.96～5.88	0.29～0.69	0.05～0.29
处理水流量/[t/(d·m^2)]膜		50～75	90～95	100
pH		醋酸纤维膜 4～6 复合膜 3～11	2～9	4～10
水温		20～30	5～40	5～40
出水电阻率变化		适用于除盐部分，出水口电阻率升高约 10 倍	应用精滤，出水电阻率降低 0.1～1 MΩ·cm (25 ℃)	应用精滤，出水电阻率降低 0.1～0.6 MΩ·cm (25 ℃)
性能		不易堵塞，可用水或药液清洗	不易堵塞，可用水或药液清洗	易堵塞，可用水或药液清洗，但效果较差
寿命/年		3～5	1～3	<1

3. 灭菌

和蒸馏水一样，可以通过紫外线、臭氧来完成，也有一些企业通过加热进行杀菌。其灌装工艺、瓶与盖的消毒、生产设备与消毒车间的净化与矿泉水基本相同。

四、产品质量标准

GB 19298—2014《食品安全国家标准　包装饮用水》规定了产品质量标准，包括感官要求、理化指标、污染物限量、微生物限量、食品添加剂及标识要求。

（一）感官要求

感官要求应符合表 2-17 的规定。

表 2-17 饮用纯净水感官要求

项目	要求	检验方法
色度/度 ≤	5	GB/T 5750《生活饮用水标准检验方法》(GB/T 5750.1—2006~GB/T 5750.13—2006)
浑浊度/NTU ≤	1	
状态	无正常视力可见外来异物	
滋味、气味	无异味、无异嗅	

(二)理化指标

理化应符合表 2-18 的规定。

表 2-18 饮用纯净水理化指标

项目	指标	检验方法
余氯(游离氯)/(mg/L) ≤	0.05	GB/T 5750《生活饮用水标准检验方法》(GB/T 5750.1—2006 ~ GB/T 5750.13—2006)
四氯化碳/(mg/L)	0.002	
三氯甲烷/(mg/L)	0.02	
耗氧量(以 O_2 计)/(mg/L)	2	
溴酸盐/(mg/L)	0.01	
挥发性酚[a](以苯酚计)/(mg/L) ≤	0.002	
氰化物(以 CN^- 计)[b]/(mg/L)	0.05	
阴离子合成洗涤剂[c]/(mg/L) ≤	0.3	
总 α 放射性[c]/(Bq/L) ≤	0.5	
总 β 放射性[c]/(Bq/L) ≤	1	

[a]仅限于蒸馏法加工的饮用纯净水。

[b]仅限于蒸馏法加工的饮用纯净水。

[c]仅限于以地表水或地下水为生产用原水加工的饮用纯净水。

(三)污染物限量

污染物限量应符合 GB 2762—2017《食品安全国家标准 食品中污染物限量》的规定,见表 2-19。

表 2-19 饮用纯净水污染物指标

项目	限量	检验方法
铅/(mg/L)	<0.01	GB 5009.12—2017《食品安全国家标准 食品中铅的测定》
镉/(mg/L)	<0.003	GB 5009.15—2014《食品安全国家标准 食品中镉的测定》
砷/(mg/L)	<0.01	GB 5009.11—2014《食品安全国家标准 食品中总砷及无机砷的测定》
锡/(mg/L)	<150	GB 5009.16—2014《食品安全国家标准 食品中锡的测定》
亚硝酸盐/(以 NO_2^- 计)/(mg/L)	<0.005	GB 8538—2016《食品安全国家标准 饮用天然矿泉水检验方法》

(四)微生物限量

微生物限量应符合表 2-20 的要求。

表 2-20 微生物限量

项目	采样方案[a]及限量			检验方法
	n	c	m	
大肠菌群/(CFU/mL)	5	0	0	GB 4789.3 平板计数法
铜绿假单胞菌/(CFU/250 mL)	5	0	0	GB 8538—2016《食品安全国家标准 饮用天然矿泉水检验方法》

注:n 为同一批次产品应采集的样品件数;c 为最大可允许超出 m 值的样品数;m 为最高安全限量值。

[a]样品的采样及处理按 GB 4789.1 执行。

(五)食品添加剂

食品添加剂的使用应符合 GB 2760—2014《食品安全国家标准 食品添加剂使用标准》的规定。

(六)标识要求

当饮用纯净水中添加食品添加剂时,应在产品名称的邻近位置标示"添加食品添加剂用于调节口味"等类似字样。

饮用纯净水名称应当真实、科学,不得以水以外的一种或若干种成分来命名饮用纯净水。

五、操作实施

①学生分成 3～5 人一组,各小组在老师指导下,通过网络教学资源等多渠道查询饮用纯净水生产技术的资料。

②各组根据汇总的相关资料,师生共同讨论、分析,用集体智慧完成饮用纯净水生产技术方案,制作汇报提纲并选一名代表进行学习汇报交流,并对该方案进行修订。

③学生按照修订后的饮用纯净水生产技术方案,按规范要求,独立完成饮用纯净水生产任务,最终填写任务考核单,教师在操作实施过程中巡回指导。

任务考核单——饮用纯净水的生产

班级: 姓名: 学号:

项目	实施内容	分值	考核记录(以"√"表示)	备注	得分
准备工作(15 分)	清洁卫生	5	能发现并解决卫生问题		
	准备并检查工器具	6	准备本次操作实施所需所有仪器和容器		
			仪器和容器的清洗和控干		
			检查设备运行是否正常		
	原水的选择	4	按照产品类型选择原水		
操作实施(60 分)	水的预处理	5	处理方式的选择		
		10	将原水进行预处理,降低原水的色度和浑浊度		
	除盐	20	方法选择		
			除盐工序		
	杀菌	5	方法选择		
		5	灭菌操作		
	灌装与贴标	5	灌装方式选择		
		5	灌装工序		
		5	贴标工序		

续表

项目	实施内容	分值	考核记录(以"√"表示)	备注	得分
产品评定(15分)	感官要求	5	应具有反映该类产品特点的感官、滋味,不得有异味、异臭和外来杂物		
	理化要求	5	符合相应的理化指标		
	微生物要求	5	符合相应的微生物指标		
文明操作与团队意识(10分)	文明操作	5	清理用物,整理实训室		
	团队意识	5	有团队意识,能相互良好合作		

④学生对完成工作任务的表现进行自评和互评,各小组进行总结、考核及评估,教师做出最后评价,填写教学反馈表。

【知识拓展】

一、纯净水常见质量问题

纯净水生产中的主要问题是细菌总数和电导率超标。

纯净水细菌总数超标说明纯净水受杂菌污染程度较高,原因很多,如水源、管道设备被污染,瓶、盖等包装材料清洗不彻底,杀菌设备失灵,灌装车间空气清洁度不够,消毒时间和消毒方法不正确,杀菌后又有二次污染等。控制微生物污染是改善纯净水卫生质量的首要问题。

电导率与水中的无机离子含量有关,电导率超标表明饮用纯净水中无机离子含量较高,水的纯度不高。电导率超标产生的原因主要有生产企业管理存在漏洞,反渗透膜没有及时更换,水处理设备没有定时冲洗等。

二、纯净水质量问题防止措施

控制细菌总数和电导率超标是纯净水生产企业一项非常重要的工作。生产过程中任何一个环节没有注意到,都会影响产品的质量。

根据水源的特点,设计出合理的生产流程,且为了便于对产品卫生质量的控制,所设计的生产工艺流程应尽量简短,选择合理的预处理和脱盐方法(如反渗透法、蒸馏法等),而后根据流程设计配备适合的水处理和生产设备。

定期对生产全程的管道、容器和过滤器等有关设施的清理和消毒,做好瓶、盖和灌装间的消毒工作。灌装作业时,瓶和盖及灌装间一定要保证无菌,否则产品中一定有微生物存在。

加强自身卫生管理,强化食品卫生质量意识,指定专人负责卫生工作,设立专职卫生检验机构,加强对水源、包装物、灌装间空气和产品检测,制订从水源管理、杀菌、灌装、包装到个人卫生各环节的卫生管理制度,加强食品卫生知识的培训学习,掌握消毒方法和明确微生物容易污染的关键环节。

任务3　其他类包装水生产技术

【任务设计】

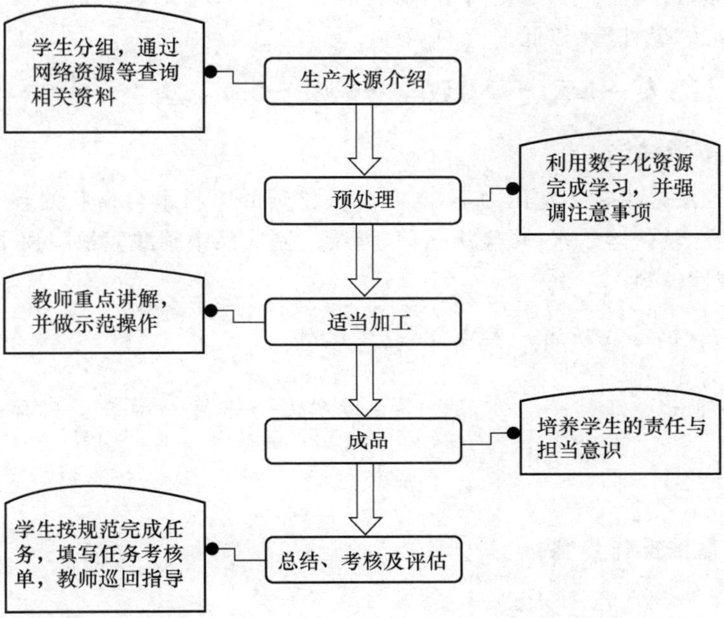

【任务实施】

其他类包装水属于 GB/T 10789—2015《饮料通则》中规定的包装饮用水，包括饮用天然泉水、饮用天然水和其他饮用水。饮用天然泉水、饮用天然水区别依据主要为水源来源。

其他饮用水一般以直接来源于地表、地下或公共供水系统的水为水源，再经过纯化加工，添加矿物质，杀菌处理后灌装而成。其他饮用水生产方法有两种：直接溶化法和二氧化碳浸蚀法。

一、主要材料

饮用天然泉水、饮用天然水区别依据主要为水源来源。以地下自然涌出的泉水或经钻井采集的地下泉水，且未经过公共供水系统的自然来源的水为水源，制成的制品为饮用天然泉水；以水井、山泉、水库、湖泊或高山冰川等，且未经过公共供水系统的自然来源的水为水源，制成的制品为饮用天然水。

饮用天然泉水、饮用天然水仅允许通过脱气、曝气、倾析、过滤、臭氧化作用或紫外线消毒杀菌过程等有限的处理方法，不改变水的基本物理化学特征的自然来源饮用水。

其他饮用水源水最主要为自来水，但也可使用天然泉水或井水。天然泉水、井水需要经过沉淀、粗滤、精滤和氯消毒等工序处理。处理好的天然泉水、井水或自来水经过活性炭脱氯后进入调配罐。产品按照 GB 19298—2014《食品安全国家标准　包装饮用水》确保其饮用安全性。

二、工艺流程

(一)直接溶化法

原水经适当处理后,加入碳酸氢钠、氯化钙、氯化镁等可溶性盐可制得其他饮用水。直接溶化法引入了大量酸性阴离子,如氯离子、硝酸根等,这些离子形成的盐在营养学上属于中性化合物,所以制成品“碱性”比较低。

原水→氯消毒→脱氯→加盐调配→过滤→杀菌→灌装→贴标→喷码→成品

(二)二氧化碳浸蚀法

二氧化碳浸蚀法是指在一定压力下,含有二氧化碳的原料水与粉状的碳酸碱土金属盐作用,使其转化为碳酸氢盐溶于水,再经冷杀菌、灌装。制成品中碳酸氢根阴离子占绝对优势,属于营养学上的“碱性饮料”。

原水→沉降→粗滤→精滤→冷却　　矿化剂

↓　　↓

CO_2→净化→压缩→汽水混合→连续矿化→杀菌→灌装→贴标→喷码→成品

三、操作步骤

(一)直接溶化法操作步骤

1. 调配

根据设定配方(配方一经确定,不得随意更改),将一些可溶性无机盐(食用级原料)如碳酸氢钠、氯化钙、氯化镁等加入调配罐溶解。

2. 过滤

将调配好的矿泉水通过微滤过滤器等进行精滤,滤液存入中间罐中备用。

3. 杀菌灌装

采用加热、臭氧、紫外线等方法进行杀菌,其中冷杀菌比热杀菌经济得多。将杀菌后的水装入消过毒并清洗干净的瓶中,经压盖封口包装后入库。

直接溶化法
生产矿物质水

(二)二氧化碳浸蚀法操作步骤

1. CO_2 预处理与混合

将 CO_2 进行净化压缩后与处理后的冷却水在汽水混合机中充分混合。

2. 连续矿化

本工序为关键工序。将石灰石、白云石、文石等碱土碳酸盐矿石粉末投入连续矿化装置中,通入汽化水,在循环泵的作用下不断循环溶解,为加速矿化剂的溶解,可在罐侧加装一个超声波发生器。当原料水达到一定矿化度后,过滤、杀菌、装瓶。

连续矿化的原理为:

$$CaCO_3 + H_2CO_3 \longrightarrow Ca(HCO_3)_2$$
$$MgCO_3 + H_2CO_3 \longrightarrow Mg(HCO_3)_2$$

四、产品质量标准

GB 19298—2014《食品安全国家标准　包装饮用水》规定了其他类饮用水(饮用天然泉水、饮用天然水、其他饮用水)的质量标准,包括感官要求、理化指标、污染物限量、微生物限量、食品添加剂及标识要求。

(一)感官要求

感官要求应符合表 2-21 的规定。

表 2-21　其他类饮用水(饮用天然泉水、饮用天然水、其他饮用水)感官要求

项目	要求	检验方法
色度/度	≤10	GB/T 5750《生活饮用水标准检验方法》(GB/T 5750.1—2006～GB/T 5750.13—2006)
浑浊度/NTU	≤1	
状态	允许有极少量的矿物质沉淀,无正常视力可见外来异物	
滋味、气味	无异味、无异嗅	

(二)理化指标

理化应符合表 2-22 的规定。

表 2-22　其他类饮用水(饮用天然泉水、饮用天然水、其他饮用水)理化指标

项目	指标	检验方法
余氯(游离氯)/(mg/L)	≤0.05	GB/T 5750《生活饮用水标准检验方法》(GB/T 5750.1—2006～GB/T 5750.13—2006)
四氯化碳/(mg/L)	≤0.002	
三氯甲烷/(mg/L)	≤0.02	
耗氧量(以 O_2 计)/(mg/L)	≤2	
溴酸盐/(mg/L)	≤0.01	
挥发性酚[a](以苯酚计)/(mg/L)	≤0.002	
阴离子合成洗涤剂[c]/(mg/L)	≤0.3	
总 α 放射性[c]/(Bq/L)	≤0.5	
总 β 放射性[c]/(Bq/L)	≤1	

[a]仅限于蒸馏法加工的其他类饮用水。

[c]仅限于以地表水或地下水为生产用源水加工的其他类饮用水。

(三)污染物限量

污染物限量应符合 GB 2762—2017《食品安全国家标准　食品中污染物限量》的规定,见表 2-23。

表 2-23　其他类饮用水(饮用天然泉水、饮用天然水、其他饮用水)污染物指标

项目	限量	检验方法
铅/(mg/L)	<0.01	GB 5009.12—2017《食品安全国家标准　食品中铅的测定》
镉/(mg/L)	<0.003	GB 5009.15—2014《食品安全国家标准　食品中镉的测定》
砷/(mg/L)	<0.01	GB 5009.11—2014《食品安全国家标准　食品中总砷及无机砷的测定》
锡/(mg/L)	<150	GB 5009.16—2014《食品安全国家标准　食品中锡的测定》
亚硝酸盐(以 NO_2^- 计)/(mg/L)	<0.005	GB 8538—2016《食品安全国家标准　饮用天然矿泉水检验方法》

(四)微生物限量

微生物限量应符合表 2-24 的要求。

表 2-24 其他类饮用水(饮用天然泉水、饮用天然水、其他饮用水)微生物限量

项目	采样方案[a]及限量			检验方法
	n	c	m	
大肠菌群/(CFU/mL)	5	0	0	GB 4789.3 平板计数法
铜绿假单胞菌/(CFU/250 mL)	5	0	0	GB 8538—2016《食品安全国家标准 饮用天然矿泉水检验方法》

注:n——同一批次产品应采集的样品件数;c——最大可允许超出 m 值的样品数;m——最高安全限量值。
[a]样品的采样及处理按 GB 4789.1 执行。

(五)食品添加剂

食品添加剂的使用应符合 GB 2760—2014《食品安全国家标准 食品添加剂使用标准》的规定。

(六)标识要求

当产品中添加食品添加剂时,应在产品名称的邻近位置标示"添加食品添加剂用于调节口味"等类似字样。

五、操作实施

①学生分成 3～5 人一组,各小组在老师指导下,通过网络教学资源等多渠道查询其他类饮用水生产技术的资料。

②各组根据汇总的相关资料,师生共同讨论、分析,用集体智慧完成其他类饮用水生产技术方案,制作汇报提纲并选一名代表进行学习汇报交流,并对该方案进行修订。

③学生按照修订后的饮用纯净水生产技术方案,按规范要求,独立完成其他类饮用水生产任务,最终填写任务考核单,教师在操作实施过程中巡回指导。

任务考核单——其他类饮用水的生产

班级:　　　　姓名:　　　　学号:

项目	实施内容	分值	考核记录(以"√"表示)	备注	得分
准备工作(15 分)	清洁卫生	5	能发现并解决卫生问题		
	准备并检查工器具	6	准备本次操作实施所需所有仪器和容器		
			仪器和容器的清洗和控干		
			检查设备运行是否正常		
	原水的选择	4	按照产品类型选择原水		
操作实施(60 分)	水的预处理	5	处理方式的选择		
		10	将原水进行预处理,降低原水的色度和浑浊度		
	矿化或调配	10	方法选择		
			具体操作		

续表

项目	实施内容	分值	考核记录（以"√"表示）	备注	得分
操作实施（60分）	杀菌	10	方法选择		
		10	灭菌操作		
	灌装与贴标	5	灌装方式选择		
		5	灌装工序		
		5	贴标工序		
产品评定（15分）	感官要求	5	应具有反映该类产品特点的感官、滋味，不得有异味、异臭和外来杂物		
	理化要求	5	符合相应的理化指标		
	微生物要求	5	符合相应的微生物指标		
文明操作与团队意识（10分）	文明操作	5	清理用物，整理实训室		
	团队意识	5	有团队意识，能相互良好合作		

④学生对完成工作任务的表现进行自评和互评，各小组进行总结、考核及评估，教师做出最后评价，填写教学反馈表。

【知识拓展】

如何正确饮用矿泉水？

不可烧开：由于矿泉水含有的矿物质含量高，所以在饮用方法和存放时也有注意事项。不少人认为"水要烧开了才可以喝"，但如果将矿泉水烧开，那么其中含有的钙、镁等微量元素就会变成水垢析出，不仅损失了天然矿物质，还会造成"沉淀"的不良印象。

不可冷冻：如果将矿泉水冰冻，其中含有的钙和镁就会达到"过饱和"的条件，随着重碳酸盐的分解产生了白色的沉淀，所以一些钙和镁含量高的矿泉水在冷冻后会出现粒状或片状的沉淀物。不过，除了沉淀，冷冻后的矿泉水饮用对人体并无害处，可以放心饮用。

避免阳光直射：在矿泉水的标签上，标注有"请避免阳光直射"，因为矿泉水含有矿物，光照之后有可能产生沉淀，对于已经开瓶的矿泉水，阳光直射甚至会出现绿苔！对于桶装矿泉水，最好在 20 天内饮用，由于含有矿物质，开封之后很容易滋生细菌。

婴幼儿不宜：在婴儿体内，水分占其体重高达 70%～80%，远远高于成人，而矿泉水中的矿物质都是以矿物盐的形式存在，当矿物盐的浓度过高时，很可能会造成脱水。一般而言，矿泉水的标准都是为成人而设，并不适合婴幼儿饮用。

【项目小结】

包装饮用水是直接来源于地表、地下或公共供水系统的水为水源，经加工制成的密封于容器中可直接饮用的水。根据我国《饮料通则》(GB/T 10789—2015)的标准，包装饮用水分为饮用天然矿泉水、饮用纯净水和其他类饮用水(饮用天然泉水、饮用天然水、其他饮用水)。

根据产品中二氧化碳含量，饮用天然矿泉水可分为含气天然矿泉水、充气天然矿泉水、无气天然矿泉水和脱气天然矿泉水。饮用天然矿泉水的基本工艺包括引水、曝气、过滤、杀菌、充气、灌装等。在加工时应注意：在水源点附近进行包装，不应用容器将水源水运至异地灌装。

GB 8537—2018《食品安全国家标准　饮用天然矿泉水》规定了产品质量标准，包括感官要求、理化指标（界限指标、限量指标）、污染物限量、微生物限量及食品添加剂。

饮用纯净水是以符合生活饮用水标准的水为生产用源水，采用蒸馏法、电渗析法、离子交换法、反渗透法或其他适当的水净化工艺，加工制成的包装饮用水。常用的生产方法有蒸馏法和反渗透法，而反渗透是膜分离的一种。GB 19298—2014《食品安全国家标准　包装饮用水》规定了饮用纯净水质量标准，包括感官要求、理化指标、污染物限量、微生物限量、食品添加剂及标识要求。

饮用天然泉水、饮用天然水区别依据主要为水源来源。其他饮用水一般以直接来源于地表、地下或公共供水系统的水为水源，再经过纯化加工，添加矿物质，杀菌处理后灌装而成。其他饮用水生产方法有两种：直接溶化法和二氧化碳浸蚀法。GB 19298—2014《食品安全国家标准　包装饮用水》规定了其他类饮用水（饮用天然泉水、饮用天然水、其他饮用水）的质量标准。

饮用天然矿泉水储藏时可能出现变色、沉淀和微生物超标等问题，而饮用纯净水生产过程中需要注意防止细菌总数和电导率超标。

【项目测试】

1. 饮用天然矿泉水、饮用纯净水的定义是什么？
2. 比较饮用天然矿泉水、饮用纯净水生产工艺的异同。
3. 简述矿泉水常见的质量问题及控制措施。
4. 比较微滤、超滤、反渗透和纳滤四种膜分离技术的异同。
5. 纯净水的脱盐方法有哪些？

项目三
果蔬汁类及其饮料生产技术

【教学目标】

1. 知识目标

①了解果蔬汁类及其饮料的种类，了解果蔬汁类及其饮料的营养价值；
②熟悉果蔬汁类及其饮料的生产技术及关键点；
③了解果蔬汁类及其饮料的区别和联系。

2. 技能目标

①能制作果蔬汁类及其饮料；
②能对果蔬汁类及其饮料的质量进行评价；
③能分析果蔬汁类及其饮料生产中常出现的质量问题。

3. 素质目标

①能够坚持良好的职业道德，具有科学严谨、爱岗敬业、勤学好问、善于思考的精神；
②能恪守职业操守，依法规范自己行为，具有较强的质量安全、责任和诚信意识；
③具有良好的沟通展示、信息获取、策划能力和团队合作互助的精神。

【项目描述】

本项目主要介绍果蔬汁类及其饮料的基本工艺、柑橘类和苹果汁的生产技术，阐述生产所需要的主要材料、工艺流程、操作步骤等内容。引入产品质量标准，通过具体工作任务的实施，指导生产人员如何完成果蔬汁类及其饮料的生产过程。

【思维导图】

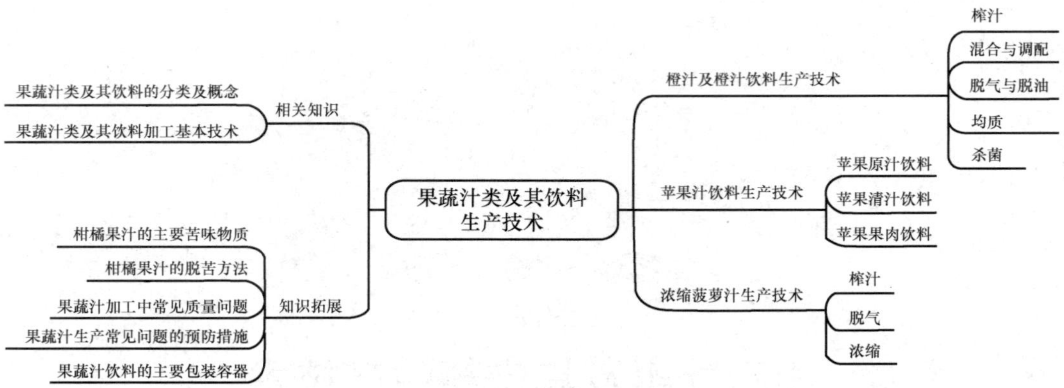

【相关知识】

一、果蔬汁类及其饮料的分类及概念

果蔬汁类及其饮料：以水果和(或)蔬菜(包括可食的根、茎、叶、花、果实)等为原料，经加工或发酵制成的液体饮料。

教学课件

(一)根据国标分类

根据 GB/T 10789—2015《饮料通则》，果蔬汁类及其饮料可以分为以下3类。

1. 果蔬汁(浆)

以水果或蔬菜为原料，采用物理方法(机械方法、水浸提等)制成的可发酵但未发酵的汁液、浆液制品；或在浓缩果蔬汁(浆)中加入其加工过程中除去的等量水分复原制成的汁液、浆液制品，如原榨果汁(非复原果汁)、果汁(复原果汁)、蔬菜汁、果浆、蔬菜浆、复合果蔬汁(浆)等。

2. 浓缩果蔬汁(浆)

以水果或蔬菜为原料，从采用物理方法榨取的果汁(浆)或蔬菜汁(浆)中除去一定量的水分制成的，加入其加工过程中除去的等量水分复原后具有果汁(浆)或蔬菜汁(浆)应有特征的制品。

含有不少于两种浓缩果汁(浆)，或浓缩蔬菜汁(浆)或浓缩果汁(浆)和浓缩蔬菜汁(浆)的制品为浓缩复合果蔬汁(浆)。

3. 果蔬汁(浆)类饮料

以果蔬汁(浆)、浓缩果蔬汁(浆)为原料，添加或不添加其他食品原辅料和(或)食品添加剂，经加工制成的制品，如果蔬汁饮料、果肉(浆)饮料、复合果蔬汁饮料、果蔬汁饮料浓浆、发酵果蔬汁饮料、水果饮料等。

(二)按果蔬汁制品状态和加工工艺分类

果蔬汁可以分为天然果汁和人工配制果汁两大类。天然果汁是以果品蔬菜为原料经各种加工工序而制成的饮料;人工配制果汁是用糖、柠檬酸、食用色素、食用香精和水模拟天然果汁的状态配制而成的制品。

天然果汁按制品的状态和加工工艺可分为:非浓缩果汁和浓缩果汁。非浓缩果汁或称直接果汁,是从果蔬原料榨出的原果汁略加稀释或加糖调整及其他处理后的果汁,其又可分为透明果汁和浑浊果汁两种。

1. 透明果汁

透明果汁又称为澄清果汁,在制作时经过澄清、过滤工序,汁液澄清透明,无悬浮物,稳定性高。因果肉颗粒、树胶质、果胶质等被除去,故其风味、色泽和营养都因部分损失而变差。这种果汁常见的有苹果汁、葡萄汁、樱桃汁等。

2. 浑浊果汁

制作时经过均质、脱气工序,使果肉变为细小的胶粒状态悬浮于汁液中,汁液呈均匀浑浊状态。因汁液中保留有果肉的细小颗粒,故其色泽、风味和营养都保存得较好。常用甜橙、橘子、杏、李子、番茄、胡萝卜等制作浑浊果汁。

3. 浓缩果汁

浓缩果汁由原果汁浓缩而成,一般不加糖或用少量糖调整,使产品符合一定的规格,浓缩倍数有4、5、6等几种。其中含有较多的糖分和酸分,可溶性固形物含量可达40%～60%。浓缩橙汁通常浓缩4倍,沙棘汁浓缩5倍,饮用时应稀释相应的倍数。浓缩果汁除饮用外,还可用来配制其他饮料。

二、果蔬汁类及其饮料加工基本技术

(一)原料选择

1. 果蔬汁加工对原料的要求

①供制汁的果品蔬菜应具有浓郁的风味和芳香,无不良风味,色泽稳定,酸度适当,并在加工和储存过程中仍能保持这些优良的品质,无明显的不良变化。

②汁液丰富,取汁容易,出汁率较高。

③原料的新鲜度高,无发酵或生霉的个体。采收后及时加工。

④原料要有适宜的成熟度,其汁液含量、可溶性固形物及芳香物质含量都较高,色泽鲜艳,香味浓郁,榨汁容易。一般在九成左右成熟时采收原料。

2. 适宜于加工果蔬汁的原料种类

大部分果品及部分蔬菜适合于制汁,如苹果、葡萄、菠萝、柑橘、柠檬、葡萄柚、杨梅、桃、山楂、番石榴、番茄、胡萝卜、芹菜、菠菜以及野生果品沙棘、刺梨、醋栗、酸枣、猕猴桃等均能用来制取果蔬汁。

3. 原料的洗涤

榨汁前原料首先要充分清洗干净,并除去腐烂发霉部分,因原料往往带皮压榨,如果清洗不干净会将灰尘污物带入汁液而影响品质。一般采用浸泡洗涤、鼓泡清洗、喷水冲洗或化学溶液清洗。

鼓泡清洗是从清洗槽底部的吹泡管吹出空气，产生的空气气泡使水或洗涤液与果实表面均匀接触，并有搅动原料的作用，洗涤效果比静止浸泡的要好。

喷水冲洗是将在水槽中浸泡一定时间的果实送至旋转式清洗机或冲洗输送带，果实在翻转过程中，从喷嘴向果实喷水，进行冲洗或高压喷洗。喷嘴水流量以 20～23 L/min 为宜，喷嘴距离果实 17～18 cm。喷洗压力高时效果好，但不能损伤果实，一般为 0.8～0.9 MPa。喷洗效果决定于洗涤水的压力、流量和时间。

对于农药残余量较多的果实，可用化学溶液洗涤，一般用 0.5%～1.0%的稀酸溶液、0.5%～1.0%的稀碱溶液或 0.1%～0.2%的洗涤剂处理后再用清水洗净，如苹果水洗后将其浸于 1%NaOH 和 0.2%洗涤剂的混合液中 10 min，洗涤效果较佳。某些原料还需要用漂白粉或高锰酸钾等杀菌剂进行消毒处理。

(二)预处理

1. 原料的破碎

除了柑橘类果汁和带肉果汁外，一般在榨汁前都先进行破碎，组成“破碎—压榨”工序，以提高原料的出汁率，对于肉质紧密和需要通过浸提法取汁的果实以及个体较大的果蔬，破碎尤其重要。

(1)破碎程度的选择。果蔬的破碎程度直接影响出汁率，因此要根据果蔬种类、取汁方式、取汁设备、汁液的性质和要求选择合适的破碎度。如果破碎粒度太大，榨汁时汁液流速慢，降低了出汁率；破碎粒度太小，在压榨时外层的果汁很快被榨出，形成了一层厚皮，使内层果汁流出困难，也会影响汁液流出的速度，降低出汁率，同时汁液中的悬浮物较多，不易澄清。

通过压榨取汁的果蔬，例如苹果、梨、菠萝、芒果、番石榴以及某些蔬菜，其破碎粒度以 3～5 mm 为宜；草莓和葡萄以 2～3 mm 为宜；樱桃以 5 mm 为宜。果实在破碎时常喷入适量的异维生素 C 钠抗氧化剂，防止或减少氧化作用的发生，以保持果蔬汁的色泽和营养。

(2)破碎方式的选择。按破碎时原料是否加热，可将破碎分为冷破碎和热破碎。

冷破碎是在常温下进行的，由于果蔬中的果胶酯酶和半乳糖醛酸酶等果胶分解酶的活性较强，在短时间内就能降解果胶，从而使果蔬汁稠度降低。对于澄清汁型的果蔬，采用冷破碎具有明显的优越性。由于果蔬汁的黏稠性较热破碎低，因此有利于榨汁，同时更有利于过滤、澄清等操作，可以降低果蔬汁澄清所需的酶制剂的用量。

热破碎是在破碎前用热水或蒸汽将果蔬加热，然后进行破碎。由于加热抑制了酶的活性，用这种方法得到的番茄汁较冷破碎有较高的稠度，在饮用时倒入容器内不会出现浆汁分离现象。对于果蔬浆等的生产，为了使果蔬浑浊汁或果肉汁保持一定的黏稠度，增加浑浊汁的稳定性，采用热破碎方式是比较理想的。

2. 加果胶酶处理

榨汁时果实中果胶物质的含量对出汁率影响很大。果胶含量少的果实容易取汁，而果胶含量高的果实如苹果、樱桃、猕猴桃等，由于汁液黏性较大，榨汁比较困难。果胶酶可以有效地分解果肉组织中的果胶物质，使汁液黏度降低，容易榨汁过滤，缩短挤压时间，提高出汁率。因此在榨汁前有时需要在果浆中添加果胶酶，对果蔬浆进行酶解。

添加果胶酶制剂时，要使之与果肉均匀混合，可以在果蔬破碎时，将酶液连续加入破碎机中，使酶能均匀分布在果浆中。也可以用水或果汁将酶配成 1%～10%的酶液，用计量泵按需要量加入。

酶处理时要合理控制加酶量、酶解时间与温度。果胶酶制剂的添加量一般为果蔬浆质量的0.01%～0.03%，酶反应的最佳温度为45～50 ℃，反应时间2～3 h。若用量不足或时间过短，则果胶分解不完全，达不到目的；反之则分解过度。酶作用时的温度不仅影响分解速度，而且影响产品质量。苹果浆在40～50 ℃条件下，用果胶酶处理50～60 min，可使出汁率从75%增加到85%左右。

（三）取汁

1. 压榨法

利用外部的机械挤压力，将果蔬汁从果蔬或果蔬浆中挤出的过程称为压榨。

大多数果实，通过破碎就可榨取果汁，但某些水果如柑橘类果实和石榴果实等，都有一层很厚的外皮，榨汁时外皮中的不良风味物质和色素物质会一起进入果汁中，这类果实不宜采用破碎压榨法取汁，应该采用特殊榨汁方法取汁。石榴皮中含有大量单宁物质，故应先去皮后进行榨汁。

压榨法—柑橘榨汁机

果实的出汁率取决于果实的质地、品种、成熟度、新鲜度、加工季节、榨汁机的效能、压榨饼的孔隙度、挤压力、挤压速度、果蔬破碎程度、挤压层厚度等因素。

研究表明，在一定的压力范围内，出汁率与压榨力成正比，增加压力可以提高出汁率。但过高的压力会使出汁速度变慢，对出汁率并无明显影响。果蔬压榨取汁的最佳压力范围为1.0～2.0 MPa。

2. 浸提法

山楂、酸枣、梅子等含水量少，难以用压榨法取汁的果蔬原料，需要用浸提法取汁。对于像苹果、梨等通常用压榨法取汁的水果，为了减少果渣中有效物质的含量，也用浸提法取汁。

（1）浸提原理。浸提法通常是将破碎的果蔬原料浸于水中，由于果蔬原料中的可溶性固形物含量与浸汁之间存在浓度差，果蔬细胞中的可溶性固形物就要透过细胞进入浸汁中。浸提效果具体表现在出汁量和汁液中可溶性固形物的含量（折光度）两个指标。

（2）影响因素。浸提时的加水量直接表现出汁量多少。浸提时要依据浸汁的用途，确定浸汁的可溶性固形物的含量，从而控制合理的出汁率范围。对于制作浓缩果汁，浸汁的可溶性固形物要高，出汁率就不会太高；对于制造果肉型果蔬汁的浸汁，可溶性固形物的含量也不能太低因而加水量要合理控制。以山楂为例，浸提时的果水质量比一般为1∶（2.0～2.5）为宜，一次浸提后，浸汁的可溶性固形物的浓度为4.5～6.0°Bx，出汁率为180%～230%。

浸提温度除了影响出汁率外，还影响到果汁的质量。高温可以增加分子运动的动能，提高扩散速度，有利于出汁。但高温会影响到果汁的色泽和营养素等，因而，浸提温度一般选择60～80 ℃，最佳温度70～75 ℃。浸提时间越长，可溶性固形物的浸提就越充分，但时间过长，浸提速率变慢，能量消耗大。一般情况下，一次浸提时间1.5～2.0 h，多次浸提累计时间为6～8 h。

果实压裂后，果肉表面积增大，与水接触机会增加，扩散距离变小，有利于可溶性固形物的浸提。因此，果蔬在浸提前，常用破碎机压裂或用破碎机适当破碎。但破碎过度，反而不利于浸提，而且浸汁中含有果肉碎屑，不利于浆渣分离，因此，要合理掌握。

出汁率、浸提时间、浸提温度、果实的压裂程度，是影响果蔬浸提的四个重要因素。这些因素是相互关联、相互制约的，应该根据浸汁液用途和对浸提质量的要求，制订正确的工艺条件，以获得较为理想的浸提效果。

(四)粗滤

粗滤是除去分散在果汁中的粗大颗粒或悬浮颗粒。对于透明果汁，粗滤以后还需精滤，或先行澄清而后过滤，务必除去全部悬浮颗粒。

生产上粗滤常安排在榨汁的同时进行，也可在榨汁后独立操作。如果榨汁机设有固定分离筛或离心分离装置时，榨汁与粗滤可在同一台机械上完成。单独进行粗滤的设备为筛滤机，如水平筛、回转筛、圆筒筛、振动筛等，此类粗滤设备的滤孔大小为 0.5 mm 左右。此外，框板式压滤机也可用于粗滤。

(五)澄清与过滤

1、澄清

果汁生产上常用的澄清方法有以下几种：

(1)自然沉降澄清法。将破碎压榨出的果汁置于密闭容器中，经过一定时间的静置，使悬浮物沉淀，使果胶质逐渐水解而沉淀，从而降低果汁的黏度。但果汁经长时间的静置，易发酵变质，因此必须加入适当的防腐剂或在－1～2 ℃的低温条件下保存。

澄清果蔬汁的澄清和过滤

(2)加热凝聚澄清法。果汁中的胶体物质受到热的作用会发生凝聚，形成沉淀。常常将果蔬汁在 80～90 s 内加热到 80～82 ℃，并保持 1～2 min，然后以同样短的时间冷却至室温，静置使其沉淀。由于温度的剧变，果汁中的蛋白质和其他胶体物质变性，凝聚下沉，使果汁澄清。为避免果汁发生氧化作用，并使挥发性芳香物质的损失降至最低限度，加热必须在无氧条件下进行，一般可采用密闭的管式热交换器或瞬时巴氏杀菌器进行加热和冷却，该法加热时间短，对果汁的风味影响小，应用较为普遍。

(3)加酶澄清法。果汁中含有的果胶物质，会使果汁浑浊不清，并且还起到保护其他物质的作用，阻碍果汁的澄清。加酶澄清法是利用果胶酶水解果汁中的果胶物质，使果汁中其他物质失去果胶的保护作用而共同沉淀，达到澄清的目的。

澄清果汁时，酶制剂的用量根据果汁的性质、果胶物质的含量及酶制剂的活力来决定，一般加量为果蔬汁质量的 0.2%～0.4%。酶制剂可在榨出的新鲜果汁中直接加入，也可在果汁加热杀菌后加入。一般来说，榨出的新鲜果汁未经加热处理，直接加入酶制剂，果汁中的天然果胶酶可起到协同作用，使澄清作用较经过加热处理的快。因此，果汁在加酶制剂之前不经热处理为宜。若榨汁前已用酶制剂以提高出汁率，则不需再加酶处理或加少量的酶处理即能得到透明、稳定的产品。酶反应时温度通常控制在 45～55 ℃，酶作用的时间由温度、果汁种类、酶制剂种类和数量决定，通常为 2～8 h，酶浓度增加时，反应时间缩短。

酶制剂还可以与明胶结合使用，如苹果汁的澄清，在果汁中加入酶制剂作用 20～30 min 后加入明胶，在 20 ℃条件下进行澄清，效果良好。

(4)明胶单宁澄清法。明胶单宁澄清法是利用单宁与明胶或鱼胶、干酪素等蛋白质络合形成明胶单宁酸盐络合物的作用来澄清果蔬汁的。当果蔬汁液中加入单宁和明胶时，便立即形成明胶单宁酸盐络合物，随着络合物的沉淀，果汁中的悬浮颗粒被缠绕而随之沉淀。此外，果汁中的果胶、纤维素、单宁及多缩戊糖等带负电荷，在酸性介质中明胶带正电荷，正负电荷微粒相互作用，凝结沉淀，也使果汁澄清。

新鲜果汁中含有单宁物质和可溶性蛋白质，但数量少作用慢。为加快澄清速度，在果汁中通常加入明胶和单宁。加入的量因果汁的种类和明胶单宁的种类而不同，每一种果汁，每一种明胶和单宁，在使用前必须进行澄清试验确定用量。

一般每 100 L 果汁大约需要明胶 20 g、单宁 10 g，按照实际需要量将明胶配成 0.5%的溶液，单宁配成 1%的溶液，先在果汁中加入单宁溶液，然后在不断搅拌下将明胶溶液徐徐加入果汁中，充分混合均匀，在 8～12 ℃条件下静置 6～10 h，使胶体凝集沉淀。对于单宁含量少的果汁，可适当补加单宁，如果原料单宁含量很多，不加单宁只加适量的明胶即可。添加明胶的量要适当，如果使用过量，不仅妨碍络合物絮凝过程，而且影响果汁成品的透明度。

如果没有明胶，可以用生鸡蛋清代替明胶，也称生鸡蛋法。每 100 L 果汁加 100～200 g 生蛋清，如果果汁中单宁含量少，还可少加点单宁。先用少量水调开蛋清，然后加入果汁中，将果汁加热 70～80 ℃，维持 1～3 min，蛋白质胶体受热很快凝固变性下沉。迅速冷却后过滤得到澄清汁液。

(5)冷冻澄清法。利用冷冻可以改变胶体的性质，解冻破坏胶体的原理，将果蔬汁置于－4～－1 ℃的条件下冷冻 3～4 天，解冻时使悬浮物形成沉淀。故雾状浑浊的果汁经过冷冻后容易澄清。这种冷冻澄清作用对于苹果汁尤为明显，葡萄汁、草莓汁、柑橘汁、胡萝卜汁和番茄汁也可以利用冷冻法澄清果汁。

2. 过滤

果蔬汁澄清后，必须进行过滤操作，以分离其中的沉淀物和悬浮物，使果蔬汁澄清透明。常用的过滤设备有袋滤器、纤维过滤器、板框压滤机、真空过滤器、硅藻土过滤机、离心分离机等。滤材有帆布、不锈钢丝网、纤维、石棉、棉浆、硅藻土和超滤膜等。过滤器的滤孔大小、液汁进入时的压力、果汁黏度、果汁中悬浮粒的密度和大小以及果汁的温度高低都会影响到过滤的速度。无论采用哪一类型的过滤器，都必须减少果肉堵塞滤孔，以提高过滤效果。在选择和使用过滤器、滤材以及辅助设备时，必须特别注意防止果蔬汁被金属离子所污染，并尽量减少其与空气接触的机会。

此外，还可用离心分离法除去果蔬汁中的沉淀物，达到果蔬汁过滤的目的。

(六)均质与脱气

1. 均质

均质是浑浊果蔬汁制造上的特殊工序。其目的在于使果蔬汁中所含的悬浮颗粒进一步破碎，使微粒大小均一，促进果胶的渗出，使果胶和果蔬汁亲和，均匀而稳定地分散于果蔬汁中，保持果蔬汁的均匀浑浊度，获得不易分离和沉淀的果蔬汁。不经均质的浑浊果蔬汁，由于悬浮颗粒较大，在重力作用下会逐渐沉淀而失去浑浊度，使浑浊果蔬汁质量变差。

目前使用的均质设备有高压均质机、超声波均质机及胶体磨等几种。

(1)高压均质机。高压均质机的均质压力为 10～50 MPa，其工作原理是通过均质机内高压阀的作用，使加高压的果蔬汁及颗粒从高压阀极端狭小的间隙中通过，然后由于剪切力的作用和急速降压所产生的膨胀、冲击和空穴作用，使果蔬汁中的细小颗粒受压而破碎，细微化达到胶粒范围而均匀分散在果蔬汁中。

(2)超声波均质机。超声波均质机是利用 20～23 kHz 的超声波的强大冲击波和空穴作用力，使物料进行复杂搅拌和乳化作用而均质化的设备。在超声波均质机中，除了诱发产生 1 000～6 000 MPa 的强大空穴作用外，固体离子还受到湍流、摩擦和冲击等的作用，使粒子被破坏，粒径变小，达到均质的目的。

(3)胶体磨。胶体磨也可用于均质，当果蔬汁流经胶体磨时，因上磨与下磨之间仅有0.05～0.075 mm的狭腔，由于磨的高速旋转，果蔬汁受到强大的离心力作用，所含的颗粒相互冲击、摩擦、分散和混合，微粒的细度可达0.002 mm以下，从而达到均质的目的。

2. 脱气

脱气亦称去氧，即除去果蔬汁中的氧气。脱气可防止或减轻果蔬汁中色素、维生素C、香气成分和其他物质的氧化，防止品质变劣，去除附着于悬浮颗粒上的气体，减少或避免微粒上浮，保持良好外观，防止装罐和杀菌时产生泡沫，减少马口铁罐内壁的腐蚀。然而脱气过程可能造成挥发性芳香物的损失，为减少这种损失，必要时可进行芳香物质的回收，加到果蔬汁中，以保持原有风味。

果蔬汁脱气有真空脱气法、氮交换脱气法、酶法脱气法和抗氧化剂脱气法等。

(1)真空脱气法。真空脱气的原理是气体在液体内的溶解度与该气体在液体表面上的分压成正比。当果蔬汁进入真空脱气罐时，果蔬汁液面上的压力逐渐降低，溶解在果蔬汁中的气体不断逸出，直至总压力降至果蔬汁的饱和蒸汽压为止，这样果蔬汁中的气体便可被排出。

(2)氮交换脱气法。氮气对制品影响不大，可用氮气置换果蔬汁中的氧气。一般在脱气罐的下部将氮气通入，果蔬汁从上部喷射下来，在氮气的强烈泡沫流的冲击下果蔬汁失去所附着的氧，达到脱气的目的，最后果蔬汁中所含的气体几乎全是氮气。此法能减少挥发性芳香物质的损失，同时氮气交换了氧气，可避免加工过程中的氧化变色。

(3)酶法脱气法。在果蔬汁中加入葡萄糖氧化酶和过氧化氢酶，可去除果蔬汁中的溶解氧。葡萄糖氧化酶是一种需氧脱氢酶，可使葡萄糖氧化生成葡萄糖酸及过氧化氢，同时过氧化氢又被过氧化氢酶催化分解成水和氧气，氧气又继续在葡萄糖氧化中被消耗，因此葡萄糖氧化酶具有脱氧作用。

(4)抗氧化剂脱气法。果蔬汁装罐时加入少量抗坏血酸等抗氧化剂以除去容器顶隙中氧的方法，称为抗氧化剂法。一般每1 g抗坏血酸约能除去1 mL空气中的氧。

(七)浓缩

浓缩果蔬汁体积小，可溶性物质含量达到65%～68%，可节约包装及运输费用；能克服果实采收期和品种所造成的成分上的差异，使产品质量达到一定的规格要求；浓缩后的汁液，提高了糖度和酸度，所以在不加任何防腐剂的情况下也能使产品长期保藏，而且还适应于冷冻保藏。因此，目前浓缩果蔬汁饮料生产增长较快。

在选用浓缩果蔬汁生产工艺时，必须首先考虑到浓缩果蔬汁成品的质量，使之在稀释复原后，能保持原果汁的风味、色泽、浑浊性和其他营养成分；其次必须考虑到各种果蔬汁对热的稳定性，如葡萄汁加热到100 ℃时，质量变化较小，而苹果汁和菠萝汁加热温度超过55 ℃时，品质则受到严重的影响。

目前常用的浓缩方法有真空浓缩法、冷冻浓缩法、反渗透浓缩法等。

1. 真空浓缩法

大多数果蔬汁在常压高温下长时间浓缩，容易发生各种不良变化，影响成品品质，因此多采用真空浓缩，即在减压条件下迅速蒸发果蔬汁中的水分，这样既可缩短浓缩时间，又能较好地保持果蔬汁的色香味。真空浓缩温度一般为25～35 ℃，真空度约为94.7 kPa。

采用真空浓缩时，汁液中的芳香物质由于受热随蒸汽蒸发而损失一部分，使浓缩果汁缺乏原有的芳香风味。因此，可将部分芳香物质进行回收，再添加到浓缩果汁中，以保持原果汁的风味。一般在浓缩设备的蒸汽出口处安装芳香物质回收装置，含有芳香成分的蒸汽进入精馏塔内进行精制回收，成为浓缩150倍的香精。在冷凝器里不凝结性气体中，还含有相当量的芳香成分，因此设置了洗涤装置，用冷水直接与空气接触，来收集芳香物质，然后再返回到精馏塔得到浓缩的香精。这种回收装置常用于苹果汁和柑橘汁的芳香物质的回收。

2. 冷冻浓缩法

冷冻浓缩法是将果蔬汁进行冷冻，果蔬汁中的水即形成冰晶，分离出这种冰晶，果蔬汁中的可溶性固形物就得到浓缩，即可得到浓缩果汁。其原理是以溶液在共晶点或低共熔点以前，部分水分呈冰晶析出来提高溶液的浓度。若冷却一种蔗糖或食盐的稀溶液时，当冷却到略低于0 ℃时，即有部分冰晶从溶液中析出，余下的溶液因浓度有所增加而冰点下降。若继续冷却到另一新的冻结点，会再次析出部分冰晶。如此反复，由于冰晶数量的增加，溶液浓度就逐渐升高，到某一温度，被浓缩的溶液以全部冻结而告终，这一温度即为共晶点或低共熔点。浓缩果汁的浓缩程度取决于果蔬汁的冰点温度，果蔬汁冰点温度越低，浓缩程度就越高。如糖度为10.8%的苹果汁冰点为－1.3 ℃，而糖度为63.7%的苹果汁冰点为－18.6 ℃。

冷冻浓缩没有热变性，挥发性风味物质损失极微，产品质量比蒸发浓缩的产品为优；同时，热量消耗少，在理论上冷冻浓缩所需的热量约为蒸发浓缩热量的1/7。但是，在冰晶生成和分离时，冰晶中吸入少量的果蔬汁成分及冰晶表面附着的果蔬汁成分要损失掉；在－15～－5 ℃的低温下凝集或析出的成分及不溶性固形物，在冰晶分离时，和冰晶一起除去而损失；浓缩效率比蒸发浓缩差，浓缩浓度很难达到55%以上。因此，冷冻浓缩的应用受到限制。

3. 反渗透浓缩法

反渗透浓缩法是一种现代的膜分离技术，与真空浓缩等加热蒸发方法相比，物料不受热的影响，不改变其化学性质，能保持物料原有的新鲜风味和芳香气味，因此，逐渐成为饮料加工中的重要单元操作。

果蔬汁反渗透浓缩的效果取决于半透膜的选择性和排除水分的渗透速度。选择性是半透膜允许水分通过而阻止溶质和悬浮物通过的能力，它是由果蔬汁和膜的化学成分所决定，渗透速度依据所施压力、温度和果蔬汁黏度而定。

利用反渗透浓缩，不仅产品质量好，而且操作中所需能量约为冷冻浓缩法的1/2，是节能的有效方法。

(八)调整与混合

为使果蔬汁符合一定规格要求和改进风味，常需要适当调整。如番茄汁含酸太多，有的果蔬汁香气不足等，可以通过增加糖和香料量加以调整。调整的原则，应使果蔬汁的风味接近新鲜果蔬，调整范围主要为糖酸比例的调整及香味物质、色素物质的添加。

调整糖酸比及其他成分，通常在特殊工序如均质、浓缩、干燥、充气以前进行，但澄清果汁常在澄清过滤后调整，有时也可在特殊工序中间进行调整。调整的办法除在鲜果蔬汁加入适量的砂糖和食用酸等物料以外，还可以采用不同品种原料混合制汁的混合法进行调配。

1. 糖、酸及其他成分调整

(1)糖酸比的调整。果蔬汁饮料的糖酸比例是决定其口感和风味的主要因素。浓缩果蔬汁适宜的糖分和酸分的比例在(13∶1)～(15∶1)范围内，适宜于大多数人的口味。因此，果蔬汁饮料调配时，首先需要调整含糖量和含酸量。一般果蔬汁中含糖量在8%～14%，有机酸的含量为0.1%～0.5%。调配时用折光仪测定果蔬汁的含糖量，然后按公式①计算补加浓糖液的质量：

$$m_1=\frac{m_2(W_3-W_2)}{W_1-W_3} \quad ①$$

式中：m_1——需补加浓糖液质量，kg；

W_1——浓糖液浓度，%；

m_2——调整前果蔬汁质量，kg；

W_2——调整前果蔬汁含糖量，%；

W_3——要求果蔬汁调整后含糖量，%。

经糖度调整后的果蔬汁再测定其含酸量，按下式计算每批果蔬汁调整到要求酸度应补加柠檬酸量：

$$m_2=\frac{m_1(Z-W_1)}{W_2-Z} \quad ②$$

式中：Z——要求调整的酸度，%；

m_1——果蔬汁调整糖度以后的质量，kg；

m_2——需添加的柠檬酸量，kg；

W_1——调整酸度前果汁的含酸量，%；

W_2——柠檬酸液浓度，%

糖酸调整时，先按要求用少量水或果蔬汁使糖或酸溶解，配成浓溶液并过滤，然后加入果蔬汁中，再放入夹层锅内，充分搅拌，调和均匀后，测定其含糖量，如不符合产品规格，可再行适当调整。

(2)其他成分调整。果蔬汁除进行糖酸调整外，还需要根据产品的种类和特点进行色泽、风味、黏稠度、稳定性和营养价值的调整。所使用的食用色素的总量按规定不得超过万分之五；各种香精的总和应小于万分之五；其他如防腐剂、稳定剂等按规定量加入。

2. 果蔬汁的混合

许多果品蔬菜如苹果、葡萄、柑橘、番茄、胡萝卜等，虽然能单独制得品质良好的果蔬汁，但与其他种类的果实配合风味会更好。不同种类的果蔬汁按适当比例混合，可以取长补短，制成品质良好的混合果汁，也可以得到具有与单一果蔬汁不同风味的果蔬汁饮料。用于混合果汁饮料的果汁有温州蜜柑、夏橙、葡萄柚、柠檬等柑橘类和桃子、杨梅、梨、杏、李、樱桃、菠萝、香蕉等的果汁，也可用芒果、木瓜等热带水果的果汁。

各类果品和蔬菜具有不同的糖度、酸度、色泽和风味，两种以上的果蔬汁混合时，首先要选择其风味、色泽等协调的果蔬汁混合。例如，番茄汁营养丰富，但有特殊的令人不愉快的味道，常在其中加入少量的胡萝卜、芹菜、菠菜混合制汁，风味得到明显的改善；胡萝卜汁味淡少酸，常加入柑橘类果汁。

(九)杀菌与包装

1. 果蔬汁的杀菌

生产中可以采用一般的巴氏杀菌法杀菌，即80～85 ℃杀菌30 min左右，然后放入冷水中冷却，从而达到杀菌的目的。但由于加热时间太长，果蔬汁的色泽和香味都有较多的损失，尤其是浑浊果汁，容易产生煮熟味。因此，常采用高温瞬时杀菌法，即采用135 ℃以上温度保持

3～10 s的杀菌时间。高温瞬时杀菌和低温长时间杀菌相比，果蔬汁的品质变化较少，因此，瞬时杀菌法得到了普遍应用。

饮料灌装后，包装内不能达到商业无菌状态，常使果蔬汁饮料发生微生物败坏现象，造成极大损失，为此在灌装密封后仍需进行杀菌，又称二次杀菌。装罐后的二次杀菌条件应适当降低。

2. 果蔬汁的包装及无菌灌装系统

果蔬汁的包装方法：因果蔬汁品种和容器种类而有所不同。常见的有铁罐、玻璃瓶、纸容器、铝箔复合袋等。果实饮料的灌装除纸质容器外均采用热灌装。

果蔬汁的包装及无菌罐装系统

任务1　橙汁及橙汁饮料生产技术

【任务设计】

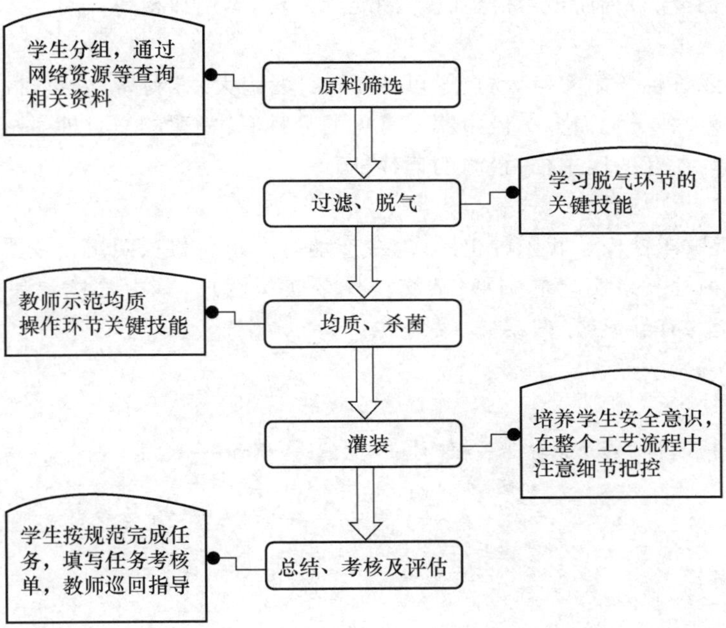

【任务实施】

柑橘类果汁在国内外市场上是最受人们欢迎的饮料之一。它酸甜适口，气味芳香，色泽柔和，且含有多种人体所必需的维生素和矿物质。这些特有的感官性质的结合，使柑橘汁在世界上形成了规模化大工业生产。柑橘汁的加工季节较长，每年可达6～9个月。在柑橘类果汁中，以甜橙汁为主要产品。

本任务主要依据GB/T 21731—2008《橙汁及橙汁饮料》进行生产。

一、主要材料

柑橘类是属于芸香科的一大类果实的总称。主要分布在福建、广东、台湾、浙江、四川、湖南、江西等省。这类果实都是由果皮、瓤瓣、种子组成,可食部分为瓤瓣。果皮和种子均可入药或提炼香料。柑橘类包括橘、柑、橙、柚、柠檬。

1. 橘类

橘类果实大小不一,呈扁圆形。果皮有橙黄、橙红、朱红,皮薄而宽松,果皮易剥,中络较少。种子尖细,不耐储藏。常见的品种有:浙江黄岩的早橘、乳橘、橘,江西南丰的蜜橘,四川江津的红橘,广东新会的叶橘,湖南沅江的红橘等。

2. 柑类

柑类果实的形状多呈球形,果个比橘类大。果皮橙黄,油胞突起,白皮层中类厚,皮较紧,不如橘类易剥。瓤瓣 9～11 瓣。种子呈卵圆形,较耐储藏。常见的品种有福建厦门的芦柑、广东潮州的招柑、新会的新会柑、浙江温州的蜜柑等。

3. 橙类

橙类果实一般比橘类大,比柑类小,近于球形或卵圆形。果皮包着紧,光滑,难剥离。瓤瓣也难分,呈楔状卵形。耐储藏。主要常见的品种有:广东新会的香水橙、柳橙、新会橙,福建漳州橙、雪橙,四川锦橙、石棉脐橙、红玉血橙,湖北的叶橙,湖南血橙等。

4. 柚类

柚又称文旦或香柚。果实巨大,皮厚可达 1 cm,油胞大,难剥离,成熟时淡黄色或橙黄色。果肉白色或粉红色,种子大而多。极耐藏。常见的品种有:福建的文旦柚、坪山柚,广西的沙田柚,四川的梁山柚,浙江的四季柚,台湾的葡萄柚。

5. 柠檬

柠檬又称香桃、洋柠檬。我国种植不多,主产地有广东、福建、四川。主要品种有纯种柠檬和杂交柠檬。纯种柠檬果实呈椭圆形;杂交柠檬果实呈圆形,其中柠檬和甜橙杂交的有香柠檬;柠檬和橘杂交的有红黎檬、白黎檬。

二、工艺流程

原料选择→清洗分选→榨汁→过滤→调和→脱气、去油→均质→杀菌→装填与冷却→成品

三、操作步骤

(一)原料的选择

原料要求新鲜、完整、成熟度好。腐烂、病虫伤害及落果不宜加工。对于受干旱和遇寒冷的果实,榨汁率低,果汁中橘皮苷较多,苦味很浓,可以和正常果实搭配使用。

(二)清洗分选

原料经验收检查合格后,通过流水进行输送,原料在流水中由于与水相互接触,能除去泥沙和附着物。然后从流水槽通过提升机送到选果传送带,手工挑出病害果、未熟果、过熟果、软果及腐烂变质果,合格果进行抽样测定。

原料表面污染有泥沙、尘土、农药等,必须进行清洗。洗涤设备由装有回转刷子的滚筒组成,原料在滚筒中,一边回转一边机械洗涤。洗涤剂采用食用脂肪酸系的洗涤剂(0.2%),洗涤剂从回转原料上部喷下来,通过洗涤后用刷子刷洗干净,并立即采用新鲜清水淋洗,充分洗净

附着的洗涤剂。然后进一步挑选合格果实，并按大小分级，分送榨汁机榨汁。

（三）榨汁

柑橘类果实的外皮中含有精油、苎萜、萜品类物质而产生萜品臭。果皮、内果皮和种子中存在大量的以橘皮苷为代表的黄酮类化合物和以柠碱为代表的柠烯类化合物。加热后，这些化合物由不溶性变为可溶性，使果汁变苦。榨汁时必须设法避免这些物质进入果汁，因此，不宜采用破碎压榨法取汁，而应采取逐个锥汁法及柑橘全果榨汁机取汁。

（四）过滤

榨出的果汁中含有果皮的碎片和囊衣、粗的果肉浆等。不同榨汁方式，所含的夹杂物也不相同，因此过滤的方式也不相同。手工和半机械化榨出的果汁，用 20 目振荡分离筛分离果皮渣子，其他各类榨汁机均附有果汁粗滤设备，无须专门粗滤器即可排除皮渣及种子使果汁得到粗滤。

经粗滤后再行精滤，精滤机筛孔直径为 0.3 mm 左右，使精滤后的果汁含有 3%～5%的果肉浆。果肉浆含量过多会使果汁黏稠化，且在储藏过程中易形成沉淀，浓缩过程中易焦煳变味；果肉浆含量过少，果汁的色泽和浊度不足，味道也会变淡。因此，精滤时需要调节压力和筛孔大小控制适当的果肉浆含量。

压榨和过滤对果汁质量影响很大。成品的产量和质量与榨汁压力、锥齿榨汁器和橡胶杯的间隙、粗滤管壁上孔的直径、过滤机的开口尺寸以及过滤机轴上的压力装置等密切相关。在一定压力下，随着挤压力的增加，榨汁的数量也相应增加，而果汁质量保持不变；当高于临界压力时，果汁质量会迅速下降。强烈的挤压通常产生劣质果汁。

（五）果汁的混合与调配

过滤后的果汁送入带搅拌器的不锈钢容器内，进行糖、酸及其他成分的调整。调和后的果汁可溶性固形物含量为 15%～17%，总酸含量达 0.8%～1.6%。一般甜橙汁呈橙黄色，如需增浓色泽，可采用色素加以调整。

（六）脱气与脱油

调和后的果汁中含有多种气体，特别是氧气会使果汁氧化，是果汁品质劣化的原因之一。为了避免或减少果汁成分氧化，预防果汁色泽和风味的变化，避免因悬浮微粒吸附气体而漂浮在液面上，并防止装罐和杀菌时产生泡沫，保证热交换器的效率，柑橘果汁必须脱气去掉过量的氧，使氧含量尽可能低些。

柑橘外皮精油对保证果汁最佳风味是必不可少的，但过量的果皮精油混入果汁往往产生异味并引起败坏，因此应除去一部分精油。过去控制油含量的方法是调整榨汁机的挤压力，或把果实放在 85～90 ℃热水中浸 1～2 min，使果皮软化后榨汁。现在生产上采用类似小型真空浓缩蒸发器进行脱油，果汁喷入真空度达 90.66～93.33 kPa 的脱油器中，并加热至 51～52 ℃，多余的精油被蒸发，随蒸汽而被冷凝，此时果汁中有 3%～6%的水分被蒸发掉。冷凝液通过离心分离机分离出精油，留在下层的水回到果汁中。这种处理可以除去 75%的挥发油。脱氧去油一般是在同一操作过程中完成的。

（七）均质

采用金属罐所装的柑橘汁，加工时多数不需均质。用玻璃瓶包装的柑橘汁，在脱气去油之后需要均质。未经均质的瓶装柑橘汁，在存放时会沉淀而影响外观，只有经过均质加工后，才能保持柑橘较好的浑浊度。

高压均质机均质时，使用压力为 14～21 MPa，柑橘汁被强制通过均质机 0.002～0.003 mm 的狭缝，迫使悬浮颗粒分裂成细小的微粒，均匀而稳定地分散在柑橘汁中，从而达到均质的目的。

（八）杀菌

柑橘类果汁的杀菌，不仅可以消灭腐败菌，而且可使引起化学变化及果汁分离的酶类钝化。

生产中用蒸汽和热水通过板式或列管式热交换器对柑橘汁加热，进行瞬时巴氏杀菌。脱气后的果汁通过杀菌器，在 15～20 s 内，果汁温度升高到 93～95 ℃，保持 15～20 s 后，热交换器的温度降至 90 ℃左右，送往装填。

（九）灌装、冷却

经杀菌后的果汁，用泵送至料桶，温度下降 1～3 ℃，装填时的温度为 85 ℃左右，迅速装瓶、密封，然后倒置 20 min，以便利用余热对罐盖灭菌。随之喷淋冷水，借助于罐头的自转作用，快速冷却至 38 ℃左右。

四、产品质量标准

GB/T 21731—2008 规定了橙汁及橙汁饮料的质量标准。

（一）感官要求

感官要求见表 3-1。

表 3-1 橙汁及橙汁饮料感官要求

项目	特性
状态	呈均匀液状，允许有果肉或囊胞沉淀
色泽	具有橙汁应有的色泽，允许有轻微褐变
气味与滋味	具有橙汁应有的香气及滋味，无异味
杂质	无可见外来杂质

（二）理化指标

理化指标见表 3-2。

表 3-2 橙汁及橙汁饮料理化指标

项目	非复原橙汁	复原橙汁	橙汁饮料
可溶性固形物（20 ℃，未校正酸度）/%	≥10.0	≥11.2	—
蔗糖/（g/kg）	≤50.0		—
葡萄糖/（g/kg）	20.0～35.0		—
果糖/（g/kg）	20.0～35.0		—
葡萄糖/果糖	≤1.0		—
果汁含量/（g/100 g）	100		≥10

(三)食品添加剂和食品营养强化剂

使用量及使用范围应符合 GB 2760—2014《食品安全国家标准　食品添加剂使用标准》和 GB 14880—2012《食品安全国家标准　食品营养强化剂使用标准》的规定。

(四)卫生指标

应符合 GB 7101—2015《食品安全国家标准　饮料》的规定。

(五)其他要求

①不得在橙汁中同时加入食糖和酸味剂。

②橙汁加入的柑橘汁或果肉及囊胞的量，不得超过可溶性固形物量的 10%。

五、操作实施

①学生分成 3～5 人一组，各小组在老师指导下，通过网络教学资源等多渠道查询橙汁及橙汁饮料生产技术的资料。

②各组根据汇总的相关资料，师生共同讨论、分析，用集体智慧完成橙汁及橙汁饮料生产技术方案，制作汇报提纲并选一名代表进行学习汇报交流，并对该方案进行修订。

③学生按照修订后的橙汁及橙汁饮料生产技术方案，按规范要求，独立完成橙汁及橙汁饮料生产任务，最终填写任务考核单，教师在操作实施过程中巡回指导。

任务考核单——橙汁及橙汁饮料生产技术的生产

班级：　　　　姓名：　　　　学号：

项目	实施内容	分值	考核记录(以"√"表示)	备注	得分
准备工作(15 分)	清洁卫生	5	能发现并解决卫生问题		
	准备并检查工器具	6	准备本次操作实施所需所有仪器和容器		
			仪器和容器的清洗和控干		
			检查设备运行是否正常		
	原料的选择	4	按照产品类型选择合适的原料		
操作实施(60 分)	清洗	5	清洗方式		
	榨汁	5	方法选择		
			具体操作		
	过滤	5	方法选择与过滤操作		
	混合与调配	5	果汁的混合与调配方法		
	脱气	10	脱气工序		
	均质	10	均质工序		
	杀菌	10	杀菌公式的应用		
	灌装	5	灌装方式选择		
		5	灌装工序		
产品评定(15 分)	感官要求	5	应具有反映该类产品特点的感官、滋味，不得有异味、异臭和外来杂物		
	理化要求	5	符合相应的理化指标		
	微生物要求	5	符合相应的微生物指标		

续表

项目	实施内容	分值	考核记录(以"√"表示)	备注	得分
文明操作与团队意识(10分)	文明操作	5	清理用物,整理实训室		
	团队意识	5	有团队意识,能相互良好合作		

④学生对完成工作任务的表现进行自评和互评,各小组进行总结、考核及评估,教师做出最后评价,填写教学反馈表。

【知识拓展】

一、柑橘果汁的主要苦味物质

现已知道柑橘果汁苦味的形成主要是由两大类化合物造成。

一类化合物是类黄酮化合物,其主要苦味物是柚皮苷(naringin)、新橙皮苷(neohesperidin)、枸橘苷(poncirin)等,其中以柚皮苷(学名为4,5,7-三羟基黄烷酮-7-鼠李糖葡萄糖苷)为主。柚皮苷在柑橘中的含量因品种、果实部位和采摘季节不同各有差异。柚皮苷在柑橘果实中总体含量的高低趋势为:白皮层>外果皮>内果皮>种子>果汁,没有成熟的柑橘果实中的柚皮苷含量最多。在食品工业中柚皮苷可作为天然色素、风味改良剂和苦味剂等用于食品和饮料的生产。近年来的研究表明,柚皮苷具有抗氧化、抗突变、抗癌等多种生物活性,在医药工业上可用于生产防治心脑血管等疾病的各种药物。

另一类化合物是类柠檬苦素(limonoids),是一组三萜系衍生物,是植物次生代谢的产物。柠檬苦素类化合物在柑橘果实中的总含量与种类比例因品种、发育阶段等的不同而存在差异,同时,不同柑橘组织中柠檬苦素类化合物种类比例亦有较大差异。通常情况下,在柑橘成熟果实中,柠檬苦素类化合物含量多以种子最高,其次为果皮,最低为果肉。

二、柑橘果汁的脱苦方法

(一)吸附法脱苦

吸附法是采用吸附剂有选择地吸附除去柑橘类果汁中的苦味成分而达到脱苦的目的。目前采用的吸附剂主要有活性炭、活化硅酸镁、硅胶、醋酸纤维、木质吸附剂、吸附树脂等。

(二)屏蔽法脱苦

β-环糊精是由7个葡萄糖分子通过α-1,4-糖苷键组成的环状结构,其疏水中心空腔能够结合某些分子,形成包合络合物。

新地奥明具有脱氢新橙皮苷的特点,本身没有苦味,它能通过化学的或物理的作用而和味感器官发生缔合,使得苦味物质的苦味阈值增大,从而降低物质的苦味。

另外,其他甜味剂如新橙皮苷双氢查耳酮、橙皮素双氢查耳酮葡萄糖苷等也能使柚皮苷和柠碱的苦味阈值有较大的增加。

任务 2　苹果汁饮料生产技术

【任务设计】

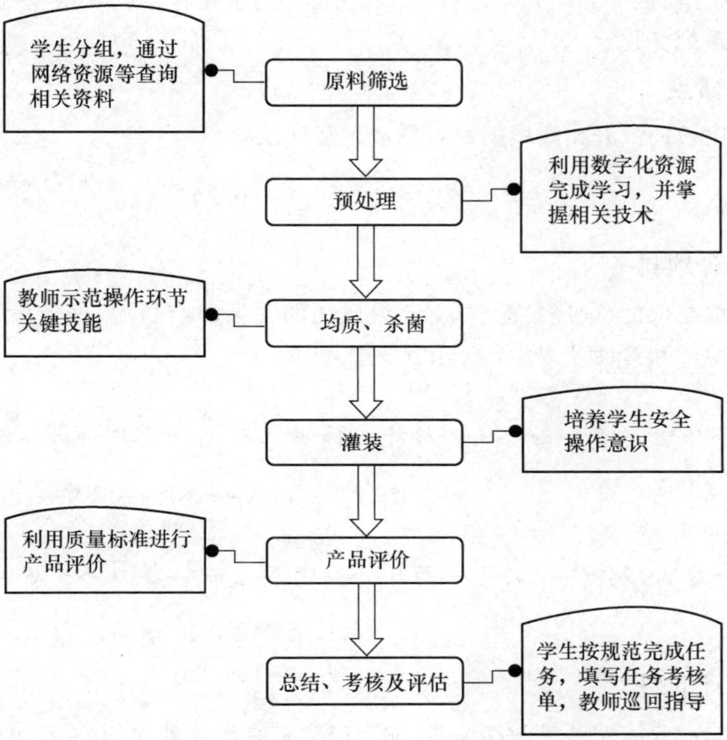

【任务实施】

我国苹果资源比较丰富，产量居世界第二位，在我国苹果的产量远远高于柑橘产量，是北方果蔬汁生产的主要原料之一，现有苹果品种优良，产量高，品质好，具有很丰富的苹果汁原料来源。苹果汁产品主要有苹果清汁、浑浊汁、浓缩汁等多个产品。

本任务依据 GB 7101—2015《饮料》和 GB/T 31121—2014《果蔬汁类及其饮料》的标准进行生产。

一、主要材料

(一)原料品种

对于苹果，品种不同其性质也有差异，随着品种的改变，其中的糖、酸、维生素和色素的含量可能发生很大的变化，因此要根据需要选择品种。一般要求果实富有苹果风味，糖分含量较高，酸味和涩味适当，香味浓，果汁丰富，取汁容易，酶褐变不明显。一般以酸味中等的品种和芳香的品种为主。

(二)原料成熟度

未成熟的或发育不良的果蔬原料制成的芳香物质浓缩液，不仅数量少质量也差，风味也很淡。而且未成熟的或发育不良的水果出汁率比成熟的生长良好的原料的出汁率要低。此外，苹果在未成熟时鞣质含量较高，在成熟过程中鞣质含量不断减少。若采用未成熟的苹果果实原料制造原果汁，需要添加较多的净化剂，会增加制造成本。

（三）原料新鲜度

采摘后，果蔬原料内部立即开始进行一系列化学的、生物化学的和微生物的反应，果蔬原料成分会发生一系列变化。

（四）原料健康度

不能用已经腐败的或开始腐败的原料制造果蔬汁饮料。

二、工艺流程

（一）苹果原汁饮料

以苹果为原料制取的、未经发酵、具有苹果风味的纯果汁产品，依据生产工艺不同有澄清（或称透明）苹果原汁和浑浊苹果原汁。其工艺流程为：

1. 透明苹果汁

原料→拣选→清洗→破碎→榨汁→筛滤→杀菌→冷却→离心分离→澄清
↓
澄清苹果原汁←冷却←灌装←杀菌←过滤

2. 浑浊苹果汁

原料→拣选→清洗→破碎→榨汁→筛滤→杀菌→冷却→均质→脱气
↓
浑浊苹果原汁←冷却←灌装←杀菌

（二）苹果清汁饮料

用澄清苹果原汁或浓缩苹果汁作原料，加工成苹果原汁含量为10%～40%的各种不同的果汁饮料。其工艺流程为：

苹果原汁或苹果浓缩汁→加水稀释→加糖、酸、香精→排气→杀菌→灌装
↓
成品←包装←冷却

（三）苹果果肉饮料

将整个水果（除去皮和子以外）加工成细腻、均匀的饮料，可以改善苹果果汁饮料比较清淡的味道。其工艺流程为：

苹果→挑选与洗涤→剥皮、去籽→热破碎→打浆→研磨→调配→均质
↓
成品←灌装←冷却←杀菌←脱气

三、操作步骤

（一）苹果原汁饮料

1. 原料

加工果汁用的苹果要求用产量高、耐储藏、出汁率高、价格低的原料。除早熟的伏苹果外，大多数中熟和晚熟品种都可用来制果汁。在现有的苹果品种中，常用的原料红玉、国光等品种

是生产苹果汁的理想原料。富士苹果耐储藏性优于国光，但是伤果易腐烂。富士苹果果肉黄色，果汁多，香气浓郁，味甜，出汁率最高，加工中也很少褐变，果浆容易分离，适合制造苹果清汁。苹果汁可通过几个品种的搭配，而获得风味浓郁、甜酸适宜的优质果汁。

2. 破碎

破碎的程度决定于榨汁方式，苹果的破碎作业应该符合所采用的榨汁工艺的要求，例如用螺旋榨汁机、液压式榨汁机榨汁时，破碎的果肉颗粒应大些，有利于榨汁；用离心分离机榨汁时，破碎后需用打浆机处理，使果粒微细，以提高出汁率。破碎时需要添加抗坏血酸等抗氧化剂，防止氧化褐变。每吨苹果原料添加 5%～10%的抗坏血酸溶液 1 kg。为了使抗坏血酸的浓度保持一定，必须通过计量输送机控制苹果原料的供给量。

3. 榨汁

苹果的取汁一般使用压榨法，大多数榨汁机都适合苹果汁的榨取，有些榨汁机尤其是螺旋榨汁机制得的苹果原汁，浑浊物含量非常高。苹果汁也可以用浸提法提取，有些榨汁机，例如带式榨汁机已组合采用"初榨—浸提—终榨"的取汁方式，以提高出汁率。

4. 杀菌和冷却

刚榨出的果汁，为了杀菌和钝化氧化酶及果胶酶的活性，促使热凝固性物质凝固，应立即加热至 95 ℃以上，维持 15～30 s。杀菌后立即进行冷却，澄清苹果汁冷却至 45 ℃，混合果汁更低些。苹果的果胶酶耐热性很强，即使在 93 ℃下加热 3 min，还有微量的活性，因此，生产浑浊汁时，必须注意杀菌温度。

5. 澄清与过滤

果汁澄清与过滤是透明型苹果汁整个生产线的关键工序，如果处理不当，在成品中很容易出现浑浊或沉淀。常采用酶制剂、澄清剂及其处理工艺来进行苹果汁澄清。苹果汁的澄清还必须考虑苹果汁中是否含有淀粉。只要在苹果原料中存在残留淀粉，也会大大影响澄清效果。用专门的淀粉酶抑制剂或具有一定淀粉酶活性的果胶分解酶制剂都能分解果汁中的水溶性淀粉。酶制剂的添加量根据果汁中果胶、淀粉的含量以及所用酶的活力大小来确定。一般果胶酶的用量为果汁质量的 0.2%～0.4%，淀粉酶制剂常用的添加量为 2～3 g/100 L（果汁），果汁的淀粉酶处理温度不宜超过 35 ℃，可同时使用淀粉酶和果胶酶。

苹果汁常用的澄清剂有明胶和明胶-硅胶-膨润土复合澄清剂。处理前要进行预澄清试验，来确定澄清剂的最佳添加量。澄清剂的使用量一般为明胶：硅胶：膨润土＝1：10：5。在澄清处理时，澄清剂先用果汁将澄清剂分别配制成溶液，果汁中首先添加明胶、硅胶溶液，搅拌混合均匀，并沉淀 8～9 min 后再添加膨润土溶液，混合均匀，沉降 50 min 左右。

澄清后的果汁，用板框式过滤机或硅藻土过滤机过滤。

6. 杀菌

经澄清过滤或均质脱气后的果汁经瞬时高温杀菌处理，杀菌温度控制在 95～105 ℃，时间 10～15 s，达到灭菌目的的同时保护维生素和果汁风味不受破坏。

(二)苹果清汁饮料

1. 原料

可以用澄清苹果原汁作原料，浓缩汁根据浓缩倍数加水稀释至原果汁浓度；亦可以选用新鲜水果进行取汁，澄清制备苹果清汁后再进行调配，工艺与澄清苹果原汁相同。

2. 调和

含糖量调至12%,酸度调至0.25%~0.3%。可向果汁中添加适量的苹果香精增加风味。添加时注意各种添加物的添加顺序。

3. 参考配方

苹果原汁400 kg、砂糖100 kg、柠檬酸1 kg、苹果酸1.2 kg、苹果香精0.8 kg、山梨酸钾0.2 kg、抗坏血酸0.6 kg,加水至1 000 L。

(三)苹果果肉饮料

1. 预处理

和苹果果汁生产不同的是,苹果果肉饮料制造时需要去皮、去籽、切块、软化破碎等预处理。将洗净的苹果,削皮去心后切成均匀的小碎块并即刻批量投入盛有0.1%柠檬酸水溶液的夹层锅内,保持水温95~100 ℃,热烫8~10 min,迅速灭活苹果中含有的多酚氧化酶、果胶酶等,以保证产品质量。

2. 打浆

开启打浆机,控制进料速度和水流量,果料与水的比例约为1∶1,浆通过0.5 mm筛网进行分离,这样得到苹果原浆果浆转入下道工序。

3. 研磨

也称精磨,通过均质将果浆进一步微粒化,减少肉汁分层的现象和提高后续均质的效果,经1~2次的磨细。精磨可用胶体磨来胶磨,胶磨静齿轮与动齿轮之间的间隙应尽可能调至最小。

4. 均质

将调配胶磨好的果肉果汁加热至70~80 ℃,通过25~30 MPa均质压力的均质机。必要时,可进行二次均质,使料液的组织状态更加细腻均一。

5. 脱气

采用真空脱气法,真空度控制在93.3 MPa左右。

6. 杀菌

苹果果肉饮料的杀菌常采用高温瞬时杀菌,即93~95 ℃处理10~15 s,有时也采用超高温瞬时杀菌法,在135 ℃左右的温度下瞬时杀菌2~3 s。

7. 冷却灌装

产品杀菌后冷却至90 ℃左右后进行灌装。

四、产品质量标准

(一)苹果原汁饮料

产品呈淡黄色、均匀一致,具有新鲜苹果的自然香气和滋味,无异味;澄清型汁液澄清透明,久置无沉淀、无悬浮物;浑浊型汁液均匀浑浊,允许有少量微小果肉悬浮于汁液中,长期静置后允许稍有沉淀及轻度分层现象,摇匀后保持原有的均匀浑浊状态;不允许有肉眼可见的杂质;可溶性固形物(以折射率计,20 ℃)11%;总酸(以苹果酸计)0.8%。

(二)苹果清汁饮料

汁液澄清透明,无悬浮物或沉淀,具有苹果原汁的浅黄色或浅绿色;呈新鲜苹果的香味或滋味;原果汁含量≥10%,糖度12%,酸度0.3%~0.4%;无异味。

（三）苹果果肉饮料

苹果特有的淡黄色，具有苹果的自然香气，口感润滑细腻；静置允许有少量果肉微粒沉淀和轻度分层现象，但摇匀后保持原有的均匀浑浊状态，汁液黏稠适度；果浆含量为30%；不溶性固形物含量为19%，可溶性固形物（以折射率计，20 ℃）为10%。

五、操作实施

①学生分成3～5人一组，各小组在老师指导下，通过网络教学资源等多渠道查询苹果汁饮料生产技术的资料。

②各组根据汇总的相关资料，师生共同讨论、分析，用集体智慧完成苹果汁饮料生产技术方案，制作汇报提纲并选一名代表进行学习汇报交流，并对该方案进行修订。

③学生按照修订后的苹果汁饮料生产技术方案，按规范要求，独立完成苹果汁饮料生产任务，最终填写任务考核单，教师在操作实施过程中巡回指导。

任务考核单——苹果汁饮料的生产

班级：　　　　姓名：　　　　学号：

项目	实施内容	分值	考核记录（以"√"表示）	备注	得分
准备工作（15分）	清洁卫生	5	能发现并解决卫生问题		
	准备并检查工器具	6	准备本次操作实施所需所有仪器和容器		
			仪器和容器的清洗和控干		
			检查设备运行是否正常		
	原料的选择	4	按照产品类型选择合适的原料		
操作实施（60分）	破碎与榨汁	10	方法选择		
	均质	10	均质工序		
	杀菌	20	杀菌公式的应用		
	混合调配	10	果汁的混合与调配方法		
	灌装	5	灌装方式选择		
		5	灌装工序		
产品评定（15分）	感官要求	5	应具有反映该类产品特点的感官、滋味，不得有异味、异臭和外来杂物		
	理化要求	5	符合相应的理化指标		
	微生物要求	5	符合相应的微生物指标		
文明操作与团队意识（10分）	文明操作	5	清理用物，整理实训室		
	团队意识	5	有团队意识，能相互良好合作		

④学生对完成工作任务的表现进行自评和互评，各小组进行总结、考核及评估，教师做出最后评价，填写教学反馈表。

【知识拓展】

一、果蔬汁加工中常见质量问题

果蔬汁在生产、储藏及销售过程中经常会出现败坏、变色、变味等质量问题。

(一)果蔬汁的败坏

果蔬汁败坏常表现在变味上，如酸味、酒精味、臭味、霉味等，也会出现表面长霉、浑浊和发酵，这些都是由微生物生长繁殖引起腐败造成的。

细菌的危害：果蔬中常见的细菌有乳酸菌、醋酸菌和丁酸菌。乳酸菌耐二氧化碳，在真空和无氧条件下繁殖生长，其耐酸力强。温度低于 8 ℃时活动受到限制，除产生乳酸外，还有醋酸、丙酸、乙醇等，并产生异味。醋酸菌、丁酸菌等能在厌氧条件下迅速繁殖，引起苹果汁、梨汁、柑橘汁等的败坏，使汁液产生异味，对低酸性果蔬汁具有极大危害。

酵母菌的危害：酵母是引起果蔬汁败坏的重要菌类，可引起果蔬汁发酵产生乙醇和大量的二氧化碳，发生浑浊、胀罐现象，甚至会使容器破裂。有时可产生有机酸，分解果实中原有的酸，有时也可产生酯类物质等。

霉菌的危害：霉菌主要侵染新鲜果蔬原料，当原料受到机械伤后，霉菌迅速侵入，造成果实腐烂，霉菌污染的原料混入后易引起加工产品的霉味。这类菌大多数都需要氧气，对二氧化碳敏感，热处理时大多数被杀死。它们在果蔬汁中破坏果胶引起果蔬汁浑浊，分解原有的有机酸，产生新的异味酸类，使果蔬汁变味。

(二)果蔬汁的褐变

果蔬汁发生非酶褐变产生黑色物质，使其颜色加深。非酶褐变引起的变色对浅色果蔬汁饮料明显，对类胡萝卜素含量较高的柑橘汁及花青素较多的红葡萄汁等产品的影响较小，对浓缩果蔬汁色泽影响较大，因为褐变反应的速度随反应物的浓度增加而加快。影响非酶褐变的因素主要还有温度和 pH，果蔬汁加工中应尽量降低受热程度，将 pH 控制在 3.2 以下，避免与非不锈钢的器具接触，以延缓果蔬汁的非酶褐变。

(三)果蔬汁的浑浊与沉淀

澄清果蔬汁要求汁液清亮透明，浑浊果蔬汁要求有均匀的浑浊度，但果蔬汁生产后在储藏销售期间常达不到要求，易出现异常，例如苹果和葡萄等澄清汁常出现浑浊和沉淀，柑橘、番茄和胡萝卜等浑浊汁常发生沉淀和分层现象。

澄清果蔬汁的浑浊沉淀：引起澄清果蔬汁浑浊沉淀的主要原因是加工过程中澄清处理不当、杀菌不彻底或杀菌后微生物再污染。由于微生物活动并产生多种代谢产物，而导致浑浊沉淀；果蔬汁中的悬浮颗粒以及易沉淀的物质未充分除去，在杀菌后储藏期间会继续沉淀；加工用水未达到饮用水标准，带来沉淀和浑浊的物质；金属离子与果蔬汁中的有关物质发生反应产生沉淀；调配时糖和其他物质质量差，可能会有导致浑浊沉淀的杂质；香精水溶性低或用量过大，从果蔬汁中分离出来引起沉淀等。

浑浊果蔬汁的沉淀和分层：导致浑浊果蔬汁产生沉淀和分层现象的主要原因如下：果蔬汁中残留的果胶酶水解果胶，使汁液黏度下降，引起悬浮颗粒沉淀；微生物繁殖分解果胶，并产生导致沉淀的物质；加工用水中的盐类与果蔬汁的有机酸反应，破坏体系的 pH 和电性平衡，引起胶体及悬浮物质的沉淀；香精的种类和用量不合适，引起沉淀和分层；果蔬汁中所含的果肉颗粒太大或太小不均匀，在重力的作用下沉淀；果蔬汁中的气体附着在果肉颗粒上时使颗粒的浮力增大，引起果蔬汁分层；果蔬汁中果胶含量少，体系强度低，果肉颗粒不能抵消自身的重力而下沉等。

（四）果蔬汁饮料的悬浮稳定性问题

果肉果粒饮料中果肉颗粒的平衡和下沉取决于其在重力场中所受的重力、浮力及上浮下沉运动中与运动方向相反的阻力3种作用力的合力效果。如果把果肉颗粒视为规则的圆形颗粒，则果肉颗粒上浮下沉的运动符合STOKES定律，即果肉颗粒上浮或下沉的速度与果肉颗粒直径的平方成正比，与液汁和颗粒的密度差成正比，与汁液的黏度成反比。果肉颗粒上浮或下沉的速度越小，则果粒果肉饮料的动力稳定性越大，如果果肉颗粒上浮或下沉的速度等于零或趋于零，则果粒果肉饮料趋于稳定体系。

二、果蔬汁生产常见问题的预防措施

（一）果蔬汁败坏的预防措施

采用新鲜、健全、无霉烂、无病害的原料取汁；注意原料取汁打浆前的洗涤消毒工作；尽量减少原料外表微生物数量；防止半成品积压，尽量缩短原料预处理时间；严格控制车间、设备、管道、容器、工具的清洁卫生；并严格加工工艺规程；在保证果蔬汁饮料质量的前提下，杀菌必须充分，适当降低果蔬汁的pH，有利于提高杀菌效果等。

（二）果蔬汁变味的预防措施

选择新鲜良好的原料，合理加热，合理调配，同时生产过程中尽量避免与金属接触，凡与果蔬汁接触的用具和设备，最好采用不锈钢材料，避免使用铜、铁用具及设备。

柑橘类果汁比较容易变味，特别是浓度高的柑橘汁变味更重。柑橘果皮和种子中含有柚皮苷和柠檬苦素等苦味物质，榨汁时稍有不当就可能进入果汁中。同时果汁的橘皮油等酯类物质发生氧化和降解会产生苦味。

因此对于柑橘类果汁可以采取以下措施防止变味：用锥形榨汁机或全果榨汁机压榨时，分别取油和取汁。或先行磨油再行榨汁，同时改变操作压力，不要压迫种子和过分压榨果皮，以防橘皮油和苦味物质进入果汁，杀菌时控制适当的加热温度和时间；将柑橘汁于4℃条件下储藏，风味变化较缓慢；在柑橘汁中加少量经过除萜处理的油皮橘皮油，以突出柑橘汁特有的风味。

（三）果蔬汁色泽变化预防措施

色素物质引起的变色预防措施：加工、运输、储藏、销售时尽量低温、避光、隔氧、避免与金属接触。叶绿素只有在常温下的弱碱性中稳定，此外若用铜离子取代卟啉环中的镁离子，使叶绿素变成叶绿铜钠，可形成稳定的绿色。

褐变引起的变化预防措施：果蔬汁加工中应尽量降低受热程度，控制pH在3.2或以下，避免与非不锈钢的器具接触。延缓果蔬汁的非酶促褐变。防酶促褐变，除采用低温、低pH储藏外，还可添加适量的抗坏血酸及苹果酸等抑制酶促褐变，减少果蔬汁色泽变化。

（四）果蔬汁饮料的浑浊与沉淀预防措施

要根据具体的情况进行预防和处理，在加工过程严格澄清和杀菌质量，是减轻澄清果蔬汁浑浊和沉淀的重要保证。在榨汁前后对果蔬原料或果蔬汁进行加热处理，破坏果胶酶的活性，严格均质、脱气和杀菌操作是防止果蔬汁沉淀和分层的主要措施。

另外，针对浑浊果蔬汁添加合适的稳定剂增加汁液的浓度也是一个有效的措施。生产中通常使用稳定剂。稳定剂混合使用的稳定效果比单独使用好。如果汁中钙离子含量丰富，则不能选用海藻酸钠、羧甲基纤维素（CAC）作稳定剂，因为钙离子可以使此类稳定剂从汁液中沉淀出来。

任务3 浓缩菠萝汁生产技术

【任务设计】

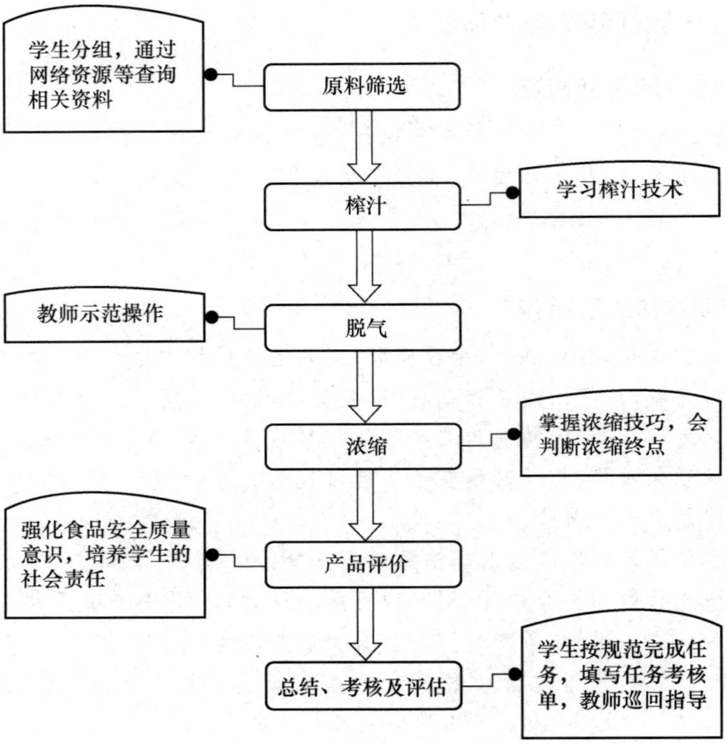

【任务实施】

菠萝果肉金黄，汁多味甜，营养极为丰富，主要成分包括糖类、蛋白质、脂肪、维生素A、维生素B_1、维生素B_2、蛋白质分解酵素及钙、磷、铁、有机酸类、尼克酸等，尤其以维生素C含量最高。浓缩菠萝汁呈半透明、淡黄色至褐黄色。具有与菠萝汁相似的芳香味，无苦涩味，无异味。本任务依据GB 17325—2015《食品安全国家标准 食品工业用浓缩液（汁、浆）》进行生产。

一、主要材料

菠萝、苯甲酸钠。

二、工艺流程

原料选择→清洗→切端、去皮→榨汁→过滤→脱气→杀菌→冷却→浓缩→装瓶

三、操作步骤

1. 原料选择

选用优质新鲜菠萝，剔除腐烂果、病虫果。成熟度八成以上。

2. 清洗、切端、去皮

洗净果皮表面的污物，切端，除去果皮。

3. 榨汁

去皮后的菠萝送入螺旋榨汁机中榨汁，第一次榨汁后的果渣，可以再加点水重压一次，以提高出汁率。

4. 过滤

先用孔径为 0.5 mm 的刮板过滤机粗滤，以除去粗纤维和其他杂质。再用筛网为 120 目的卧式离心过滤机精滤，以除去全部悬浮物和容易产生沉淀的胶粒。

5. 脱气

在真空度为 64～87 kPa 的条件下脱气，然后在出口处用螺杆泵吸出已脱气的果汁。

6. 杀菌

果汁采用瞬间杀菌法。温度为(93±2)℃，保持 15～30 s。

7. 冷却

杀菌后的果汁在换热器内进行冷却，已杀菌果汁与原果汁之间进行热交换，将已杀菌果汁冷却到 50 ℃左右，同时使原果汁预热。

8. 浓缩

将苯甲酸钠按 0.5 g/kg 的比例加入果汁中，送入真空浓缩器中浓缩，将真空度控制在 85 kPa 左右，温度为 48～55 ℃，加热蒸汽压力为 50～150 kPa。当浓缩至总糖量达到 57.5～60%(以转化糖计)时，即可出锅。

9. 装瓶

装瓶前对瓶子等容器进行清洁、消毒。当果汁冷却到瓶子能承受的温度时，就在无菌室内装瓶、密封，除去瓶外水分，贴标、入库。

四、产品质量标准

(一)感官指标

果汁呈半透明淡黄色至褐黄色；浓缩果汁冲淡 6 倍后，具有与菠萝汁相似的芳香味，无苦涩味，无异味。

(二)理化指标

总糖量(以转化糖计)达到 57.5%～60%；总酸度(以结晶柠檬酸计)在 31%以上；

(三)污染物限量和真菌毒素限量

污染物限量应符合 GB 2762 中浓缩果蔬汁(浆)的规定。

真菌毒素限量应符合 GB 2761—2017《食品安全国家标准　食品中真菌毒素限量》中果蔬汁类的规定。

(四)微生物限量

致病菌限量应符合 GB 29921—2013《食品安全国家标准　食品中致病菌限量》中饮料的规定。

其他微生物限量应符合表 3-3 的规定。

表 3-3　微生物限量

项目	采样方案[a]及限量				检验方法
	n	*c*	*m*	*M*	
大肠菌群/(CFU/mL)	5	2	10	10^2	GB 4789.3—2016《食品安全国家标准　食品微生物学检验　大肠菌群计数　平板计数法》
霉菌和酵母/(CFU/mL)	10^2				GB 4789.15—2016《食品安全国家标准　食品微生物学检验　霉菌和酵母计数》

[a]样品的采样及处理按 GB 4789.1—2016《食品安全国家标准　食品微生物学检验　总则》和 GB/T 4789.21—2003《食品卫生微生物学检验　冷冻饮品、饮料检验》执行。

(五)食品添加剂

食品添加剂的使用应符合 GB 2760—2014《食品安全国家标准　食品添加剂使用标准》的规定。

五、操作实施

①学生分成 3～5 人一组,各小组在老师指导下,通过网络教学资源等多渠道查询浓缩菠萝汁生产技术的资料。

②各组根据汇总的相关资料,师生共同讨论、分析,用集体智慧完成浓缩菠萝汁生产技术方案,制作汇报提纲并选一名代表进行学习汇报交流,并对该方案进行修订。

③学生按照修订后的浓缩菠萝汁生产技术方案,按规范要求,独立完成浓缩菠萝汁生产任务,最终填写任务考核单,教师在操作实施过程中巡回指导。

任务考核单——浓缩菠萝汁的生产

班级：　　　　姓名：　　　　学号：

项目	实施内容	分值	考核记录(以“√”表示)	备注	得分
准备工作(15 分)	清洁卫生	5	能发现并解决卫生问题		
	准备并检查工器具	6	准备本次操作实施所需所有仪器和容器		
			仪器和容器的清洗和控干		
			检查设备运行是否正常		
	原料的选择	4	按照产品类型选择合适的原料		
操作实施(60 分)	清洗、切端、去皮	5	方法选择		
	榨汁	10	出汁率		

续表

项目	实施内容	分值	考核记录(以"√"表示)	备注	得分
操作实施(60分)	过滤	10	过滤方式和效果		
	脱气	5	脱气方式和效果		
	杀菌	10	杀菌公式的应用		
	浓缩	10	过滤方式和效果		
	灌装	5	灌装方式选择		
		5	灌装工序		
产品评定(15分)	感官要求	5	应具有反映该类产品特点的感官、滋味,不得有异味、异臭和外来杂物		
	理化要求	5	符合相应的理化指标		
	微生物要求	5	符合相应的微生物指标		
文明操作与团队意识(10分)	文明操作	5	清理用物,整理实训室		
	团队意识	5	有团队意识,能相互良好合作		

④学生对完成工作任务的表现进行自评和互评,各小组进行总结、考核及评估,教师做出最后评价,填写教学反馈表。

【知识拓展】

果蔬汁饮料的主要包装容器

近年来,果蔬汁饮料得到迅速发展,包装容器也多种多样,主要有玻璃容器、金属容器、塑料容器、纸基复合容器、塑料复合薄膜容器等。

玻璃是一种历史悠久的包装材料。玻璃容器具有造型灵活、美观、多彩晶莹的装饰效果;化学稳定性高,阻隔性好,不透气,易密封,安全无毒;原料丰富,价格低廉,可回收使用;生产自动化程度高等优点。但玻璃瓶笨重易碎,周转运输不便。

金属容器主要有两片罐和三片罐。三片罐使用的材料多为马口铁,两片罐的材料多为合金。用于果蔬汁饮料的主要是三片罐。金属容器有诸多优点:有优良的阻隔性能,不仅能阻隔气体,还可以阻隔光,这一特点使果蔬汁饮料有较长的货架期;有优良的机械性能,主要表现在耐高温,耐湿度变化,耐压,耐虫害;不易破损,携带方便;表面装饰性好,可以刺激消费;可以回炉再生循环使用。但金属罐化学稳定性差,内涂料质量或工艺不过关,都会使果蔬汁饮料变色变味;经济性也较差。

用于果蔬汁饮料包装的塑料种类主要有:聚乙烯、聚氯乙烯、聚丙烯、聚酯、聚偏二氯乙烯等。聚酯(PET)材料由于具有材质轻,无色透明,强度高,表面光泽度好,有类似玻璃的外观,可塑性强和机械性能好,无毒无味无臭,气密性好,成型收缩率低,膨胀系数小,材料费用适中等优点,广泛用于果蔬汁饮料的包装。

纸基复合容器的材料为纸与塑料薄膜,或加上铝铂的多层复合软包装材料。这类材料具有高阻隔性,高强度,良好的热封性,低温保存保鲜性,重量轻,节省堆放空间,方便流通消费等优点。但其废弃物处理回收困难,易造成环境污染。

塑料复合薄膜容器的材料为两层以上的种类相同或不同的塑料膜黏合在一起制成的复合

材料，克服了单一材料的缺点，具有高度防潮，隔氧，保香，蔽光等性能。但其包装废弃物对环境所造成的污染制约着其应用。

各种包装都各有特点。包装不同，果蔬汁饮料的生产销售过程中要注意的事项也不一样。如铁罐的内涂层一定要过关，否则果蔬汁中的酸性成分和罐体发生反应，影响产品的颜色和风味，储存过程中也要避免酸性物质与罐接触；PET 瓶要避免在强光下照射，因为光会加速饮料中色素的变化。

【项目小结】

根据 GB/T 10789—2015《饮料通则》，果蔬汁类及其饮料可以分为果蔬汁（浆）、浓缩果蔬汁（浆）和果蔬汁（浆）类饮料；按果蔬汁制品状态和加工工艺分类，果蔬汁可以分为透明果汁、浑浊果汁和浓缩果汁。果蔬汁类及其饮料加工基本技术主要包括：原料选择、预处理、取汁、粗滤、澄清与过滤、均质与脱气、浓缩、调整与混合、杀菌与包装。

本项目主要介绍了橙汁及橙汁饮料生产技术、苹果汁饮料生产技术和浓缩菠萝汁生产技术。

【项目测试】

1. 果汁生产中，对于含汁液丰富的水果应采用（　　）法制取汁液；对于含汁液较少的水果应采用（　　）法制取汁液。

A. 压榨法　　B. 浸提法　　C. 打浆法　　D. 离心法

2. 藻类饮料生产的时候汁液可以通过（　　）的方式获取。

A. 榨汁　　B. 浸提　　C. 溶剂提取

3. 酸枣、红枣、乌梅等果汁的制取要选用（　　）。

A. 压榨法　　B. 离心法　　C. 熔融法　　D. 浸提法

4. 果胶含量较高的山楂的汁液可以通过（　　）的方法获取。

A. 压榨法　　B. 离心法　　C. 浸提法　　D. 打浆法

5. 果蔬汁生产时，为了提高榨汁率、澄清过滤速度可以选用（　　）等酶处理。

A. 果胶酶　　B. 多酚氧化酶　　C. 淀粉酶　　D. 脂肪氧化酶

6. 果蔬汁粗滤一般采用（　　）精滤采用。

A. 板框式过滤机　　B. 硅藻土过滤机　　C. 超滤机　　D. 振动筛过滤机

7. 混合果汁进行均质时常用的设备不包括（　　）。

A. 高压离心机　　B. 超声波均质机　　C. 高压均质机　　D. 胶体磨

项目四
蛋白饮料生产技术

【教学目标】

1. 知识目标

①了解蛋白饮料的定义和分类；

②熟悉发酵型含乳饮料的生产技术；

③熟悉植物蛋白质饮料的生产技术。

2. 能力目标

①能制作发酵型含乳饮料；

②能制作植物蛋白饮料；

③能解决发酵型含乳饮料和植物蛋白饮料生产中常见的质量问题。

3. 素质目标

①具有食品安全国家标准和安全生产的社会责任感、法律与诚信意识；

②能恪守职业道德，依法规范自己行为的意识和习惯；

③具有良好的沟通展示、信息获取、策划、创新思维和发展能力和团队合作互助的精神。

【项目描述】

本项目主要介绍蛋白饮料的概念及分类、发酵型含乳饮料和植物蛋白饮料生产技术，阐述生产所需的主要原料、工艺流程、操作要点等内容。引入产品质量标准，通过具体工作任务的实施，指导生产人员完成蛋白饮料的生产。

【思维导图】

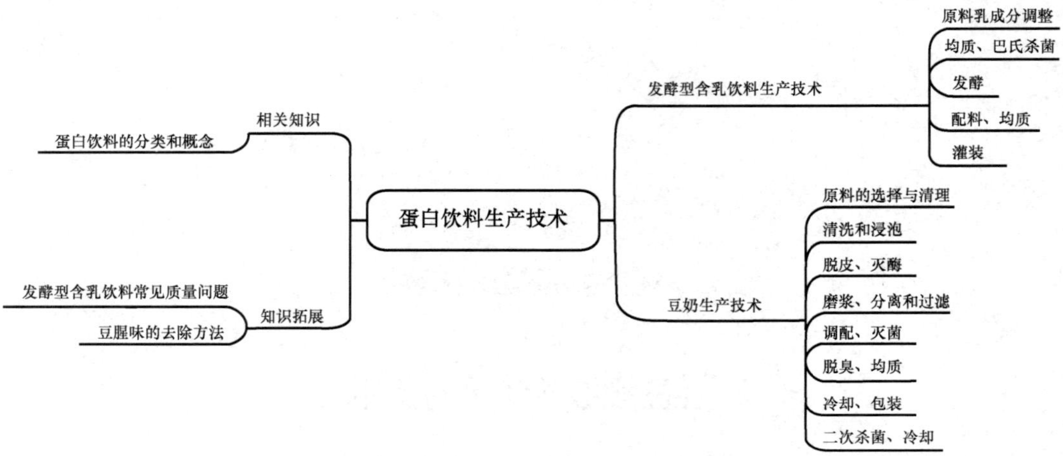

【相关知识】

一、蛋白饮料的分类和概念

蛋白饮料是指以乳或乳制品，或其他动物来源的可食用蛋白，或含有一定蛋白质的植物果实、种子或种仁等为原料，添加或不添加其他食品原辅料和(或)食品添加剂，经加工或发酵制成的液体饮料。根据我国 GB/T 10789—2015《饮料通则》的标准，蛋白饮料分为含乳饮料、植物蛋白饮料、复合蛋白饮料、其他蛋白饮料。

(一)含乳饮料

以乳或乳制品为原料，添加或不添加其他食品原辅料和(或)食品添加剂，经加工或发酵制成的制品。如配制型含乳饮料、发酵型含乳饮料、乳酸菌饮料等。

(二)植物蛋白饮料

以一种或多种含有一定蛋白质的植物果实、种子或种仁等为原料，添加或不添加其他食品原辅料和(或)食品添加剂，经加工或发酵制成的制品，如豆奶(乳)、豆浆、豆奶(乳)饮料、椰子汁(乳)、杏仁露(乳)、核桃露(乳)、花生露(乳)等。

以两种或两种以上含有一定蛋白质的植物果实、种子，种仁等为原料，添加或不添加其他食品原辅料和(或)食品添加剂，经加工或发酵制成的制品也可称为复合植物蛋白饮料，如花生核桃、核桃杏仁、花生杏仁复合植物蛋白饮料。

(三)复合蛋白饮料

以乳或乳制品，和一种或多种含有一定蛋白质的植物果实、种子或种仁等为原料，添加或不添加其他食品原辅料和(或)食品添加剂，经加工或发酵制成的制品。

(四)其他蛋白饮料

含乳饮料、植物蛋白饮料、复合蛋白饮料之外的蛋白饮料。

二、发酵型含乳饮料

发酵型含乳饮料是指以乳或乳制品为原料，经乳酸菌等有益菌培养发酵制得的乳液中加入水，以及白砂糖和（或）甜味剂、酸味剂、果汁、茶、咖啡、植物提取液等的一种或几种调制而成的饮料，如乳酸菌乳饮料。根据其是否经过杀菌处理而区分为杀菌（非活菌）型和未杀菌（活菌）型。发酵型含乳饮料还可称为酸乳（奶）饮料、酸乳（奶）饮品。

发酵剂有乳链球菌、乳脂链球菌、嗜热链球菌、嗜酸乳杆菌和保加利亚乳杆菌等，可以使用单一菌种，也可以使用两种或两种以上的混合菌种。实际生产中，发酵型含乳饮料几乎都使用嗜热链球菌与保加利亚乳杆菌以 1∶1 比例混合的菌种。两者的混合生长属于共生关系，在培养的初级阶段，嗜热链球菌开始发育，除去作为抑制保加利亚乳杆菌生长的过氧化氢来源的氧，同时发酵乳饮料产生丁二酮，在嗜热链球菌产生甲酸的作用下，保加利亚乳杆菌稍迟发育，游离出促进嗜热链球菌生长的氨基酸或产生乙醛。在后阶段，因受到所产生的乳酸影响，嗜热链球菌的生长受到抑制，杆菌的数量会逐渐接近球菌。

发酵型含乳饮料，无论是非杀菌型还是未杀菌型，都是在发酵乳中添加糖、香料，并用水稀释而成的。两者的共同点是配方相同，均含有乳及活性乳酸菌，有时也使用酵母，不同点在于杀（灭）菌与否。

任务 1　发酵型含乳饮料生产技术

【任务设计】

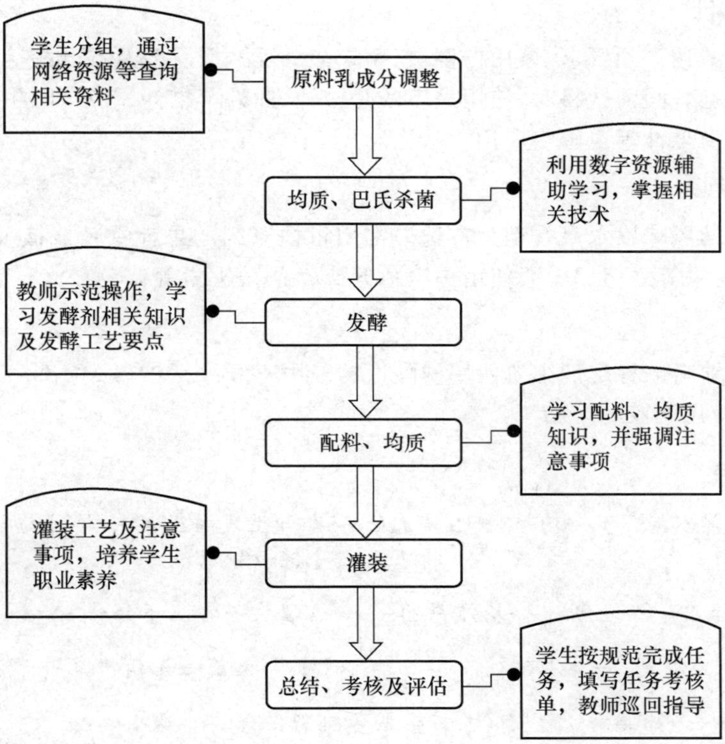

【任务实施】

发酵型含乳饮料（未杀菌型）要求产品中乳酸菌以活菌状态存在，乳酸菌数应达到

10^6 CFU/mL 以上，储存和销售全过程需要冷链保障。发酵型含乳饮料（杀菌型）产品则无活菌数的要求，可以常温保存。

本任务依据 NY/T 799—2004《发酵型含乳饮料》和 GB/T 21732—2008《含乳饮料》进行生产。

一、主要原辅料

（一）原料乳

生鲜牛乳或全脂乳粉复原乳、脱脂乳或脱脂乳粉复原乳、半脱脂乳等均可作为原料，其质量要求必须符合 GB 19301—2010《食品安全国家标准　生乳》的生牛乳或符合相应食品安全标准和/或有关规定的乳粉。通常将生鲜牛乳或全脂复原乳与脱脂乳或脱脂乳粉复原乳混合，使非脂乳固体的含量达到 10%～15%。根据需要可添加酵母膏、葡萄糖等促进乳酸菌生长的物质。

（二）发酵剂

发酵型含乳饮料的质量受混合菌种的比例、培养温度及时间、接种量等因素的影响，一般以嗜热链球菌与保加利亚乳杆菌比例为 1∶1，接种量 2.5%～3.0%，培养温度 42～43 ℃，培养时间 2.5～3 h 为佳。此时酸度应为 100～125°T。

（三）糖

发酵型含乳饮料的糖含量一般为 9%～12%。一般以蔗糖为主，也可用果葡糖浆或适当添加阿斯巴甜、蛋白糖等甜味剂。

（四）酸和果汁

如果发酵产酸达不到要求，可用柠檬酸、苹果酸、乳酸、酒石酸及混合酸等酸味剂进行适当调酸。生产果汁型乳酸菌饮料时，使用最多的是橙汁，此外苹果汁、菠萝汁、柑橘汁、葡萄汁、鲜桃汁、山楂汁、哈密瓜汁等也较多应用。

（五）香精、色素

乳酸菌饮料的风味以水果香型为首选。常用柑橘系列的果汁香精或菠萝香精，其次是香蕉、木瓜、草莓、芒果等香精。一般使用焦糖色素或 β-胡萝卜素等调色。

（六）稳定剂

发酵型含乳饮料的稳定剂主要使用耐酸性的羧甲基纤维素钠（CMC-Na）和海藻酸丙二醇酯（PGA），还可使用明胶和琼脂。

二、工艺流程

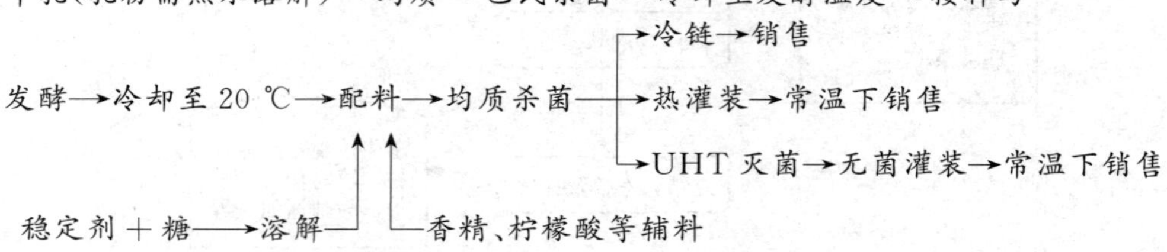

三、操作步骤

(一)非杀菌型乳酸菌饮料

1. 原料乳成分调整

发酵前将调配料中的非脂乳固体含量调整到15%～18%,可以通过添加脱脂乳粉、蒸发原料乳、超滤、添加酪蛋白粉或乳清粉来实现。

2. 均质

该均质工序位于原料乳的巴氏杀菌前,如果原料乳中空气含量高或是用复原乳作原料,建议均质前先对产品进行脱气,否则产品内空气过多容易损坏均质头。均质机通常配置于巴氏杀菌系统中,均质温度为60～65 ℃,均质压力一级为20 MPa左右,二级为5 MPa左右。

均质机工作原理

3. 巴氏杀菌

发酵接种前巴氏杀菌可杀死乳中的酵母菌、致病菌、腐败微生物、灭活酶类并使部分乳清蛋白变性。巴氏杀菌的杀菌条件为90～95 ℃,保持5 min。

4. 发酵

发酵剂的菌种最常使用的是嗜热链球菌和保加利亚乳杆菌,混合菌株比例为1∶1,将制备好的发酵剂按3%的比例加入冷却至发酵温度的牛乳中,在40～45 ℃条件下发酵3 h左右,通过对酸度的测定来确定发酵终点。

发酵剂的制备需在严格的卫生条件下,制作间最好有经过滤的正压空气,操作前小环境要用400～800 mg/L次氯酸钠溶液喷雾消毒,操作过程中应尽量避免杂菌污染。每次接种时容器口端最好用200 mg/L的次氯酸钠溶液浸湿的干净纱布擦拭,以防止噬菌体的污染。

5. 配料

发酵完成后,厂家可根据配方进行配料。一般乳酸菌饮料的配料包括酸乳、糖、果汁、稳定剂、酸味剂、香精和色素等。配料后应充分搅拌均匀,进入均质工序。

白砂糖是甜味剂,可改善产品风味,使产品具有一定的甜味;白砂糖也是主要配料,可提高产品的固形物含量和黏度,但要考虑维持活菌数所需要的渗透压。

用柠檬酸调节pH时,需要注意柠檬酸对口腔有很强的酸刺激及柠檬酸钠对pH的缓冲作用,否则很容易将柠檬酸的浓度调节过高,即pH过低,导致蛋白质瞬间变性产生絮凝,甚至会影响稳定剂的溶解性和稳定性。一般将酸味剂配制成10%～20%的溶液,添加时最好在100 r/min左右转速下采取雾状喷洒方式添加,以便充分混合均匀,避免局部过度酸化现象。除柠檬酸外,苹果酸和乳酸的使用也较多。苹果酸的口感中带有一股淡淡的涩味而为部分消费者所喜爱。乳酸本身的口感较为平淡,但后感较强,可以缓慢释放,而柠檬酸的入口感较为刺激,与乳酸具有互补功效。乳酸为液体,运输不便,价格较高,实际使用时一般采取部分乳酸和柠檬酸混合的方式,且以乳酸的比例居多。

使用β-胡萝卜素调色时应注意,其既作为色素也是营养强化剂,要按GB 2760—2014《食品安全国家标准食品添加剂使用标准》和GB 14880—2012《食品安全国家标准食品营养强化剂使用标准》的使用范围和剂量添加。选用色素时要根据最终产品的香型决定,使色味吻合。

稳定剂对乳酸菌饮料的组织状态和稳定性起着关键的作用，一般使用量在0.35%以下。

6. 均质

为获得最佳均质效果须将配料温度调整到45 ℃，如果低于20 ℃，稳定剂不易融入乳液中；但温度高于50 ℃时，引起大部分活菌被杀死，酪蛋白也易形成较硬的颗粒产生沉淀。均质后的配料液要继续慢慢搅拌，以促进水合、防止粒子的再结合。

7. 灌装

由于此类产品属活菌型产品且须保持一定数量的活菌，因此其灌装方式应选用低温或无菌灌装，添加的辅料也须经过杀菌处理，冷却至适当温度后混合，还要适当添加防腐剂（注意防腐剂本身对菌种的影响），以延长保质期。

（二）灭菌型乳酸菌饮料

发酵型乳酸菌饮料（灭菌型）生产工艺流程和制作方法基本同活菌型乳酸菌饮料，主要区别在于均质后不直接低温灌装，而是杀（灭）菌，再进行无菌或热灌装。即添加剂、酸、糖等与发酵乳混合均匀后，经预热、均质，进入杀（灭）菌工序。对于超高温灭菌型乳酸菌饮料，经137 ℃、4 s处理即可进行无菌灌装；对于巴氏杀菌型乳酸菌饮料，灌装后一般采用85 ℃、15～20 min杀菌即可达到常温3个月以上的保质期。

不同的杀菌处理对产品的黏度影响不同，从而影响口感和香气，所以生产中应注意杀菌温度对产品物理和化学性质的影响。另外，稳定剂的作用也有所不同，除起增稠稳定作用外，还可保护乳蛋白，避免在热处理过程中受损。

四、产品质量标准

GB/T 21732—2008《含乳饮料》中规定了发酵型含乳饮料的技术要求，包括感官指标、理化指标、乳酸菌指标。

（一）感官指标

感官指标应符合表4-1的要求。

表4-1　感官指标

项目	要求
滋味和气味	特有的乳香滋味和气味或具有与加入辅料相符的滋味和气味；发酵产品具有特有的发酵芳香滋味和气味；无异味
颜色	均匀乳白色、乳黄色或带有添加辅料的相应色泽
组织状态	均匀细腻的乳浊液，无分层现象，允许有少量沉淀，无正常视力可见外来杂质

（二）理化指标

理化指标应符合表4-2的规定。

表 4-2　理化指标

项目	要求
蛋白质[a]≥(g/100 g)	1.0
苯甲酸[b](g/100 g)≤	0.03

注：[a]含乳饮料中的蛋白质应为乳蛋白质。

[b]属于发酵过程中产生的苯甲酸；原辅料中带入的苯甲酸应按 GB 2760—2014《食品安全国家标准　食品添加剂使用标准》执行。

(三)乳酸菌指标

未杀菌(活菌)型发酵型含乳饮料的乳酸菌活菌数指标应符合表 4-3 的规定。

表 4-3　乳酸菌指标

检验时期	未杀菌(活菌)型发酵型含乳饮料
出厂期	$\geqslant 1\times10^6$ CFU/mL
销售期	按产品标签标注的乳酸菌活菌数执行

五、操作实施

①学生分成 3～5 人一组，各小组在老师指导下，通过网络教学资源等多渠道查询发酵型含乳饮料生产技术的资料。

②各组根据汇总的相关资料，师生共同讨论、分析，用集体智慧完成发酵型含乳饮料生产技术方案，制作汇报提纲并选一名代表进行学习汇报交流，并对该方案进行修订。

③学生按照修订后的发酵型含乳饮料生产技术方案，按规范要求，独立完成发酵型含乳饮料生产任务，最终填写任务考核单，教师在操作实施过程中巡回指导。

任务考核单——发酵型含乳饮料的生产

班级：　　　　　姓名：　　　　　学号：

项目	实施内容	分值	考核记录(以“√”表示)	备注	得分
准备工作(15 分)	清洁卫生	5	能发现并解决卫生问题		
	准备并检查工器具	6	准备本次操作实施所需所有仪器和容器		
			仪器和容器的清洗和控干		
			检查设备运行是否正常		
	原料的选择	4	按照产品类型选择合适的原料		
操作实施(60 分)	原料乳调整	5	按照要求调整乳的成分		
	均质	10	均质方式		
	巴氏杀菌	10	巴氏杀菌的具体操作		
	发酵	5	菌种选择		
		10	发酵条件控制		
	配料	10	按产品要求进行配料		
	灌装	5	灌装方式选择		
		5	灌装工序		

续表

项目	实施内容	分值	考核记录(以"√"表示)	备注	得分
产品评定(15分)	感官要求	5	应具有反映该类产品特点的感官、滋味,不得有异味、异臭和外来杂物		
	理化要求	5	符合相应的理化指标		
	微生物要求	5	符合相应的微生物指标		
文明操作与团队意识(10分)	文明操作	5	清理用物,整理实训室		
	团队意识	5	有团队意识,能相互良好合作		

④学生对完成工作任务的表现进行自评和互评,各小组进行总结、考核及评估,教师做出最后评价,填写教学反馈表。

【知识拓展】

发酵型含乳饮料常见质量问题

一、风味缺陷

1. 不正常气味

来源于原料乳的饲料臭。

2. 粉臭

脱脂奶粉变质引起。

3. 加热臭

原料乳杀菌温度高;使用了无糖炼乳、脱脂乳粉。

4. 低酸度

发酵时间不足;发酵温度不适;起始培养物活力不够;起始培养物添加量不足;乳固形物含量不够;有发酵阻碍物质存在;有噬菌体污染等原因造成。

5. 高酸度

发酵时间过长;发酵后冷却温度过高;老熟温度过高;乳固形物含量过高等原因造成。

6. 香味不足

菌种选择不当;单一菌发酵;发酵温度不适合;发酵时间不够等原因造成。

7. 异味、异臭

污染菌(大肠杆菌、产膜酵母、霉菌等)增殖;分解蛋白质的污染菌增殖;过度发酵,长期老熟;制品长期保存;接触金属等原因造成。

8. 焦糖臭

杀菌过度;制品高温保存;制品长期保存等原因造成。

二、沉淀

一般乳酸菌饮料调配时,pH 为 3.3~4.0,在这样的条件下,蛋白质粒子不能完全溶解,容易聚集形成沉淀,为了使不稳定的蛋白质粒子保持稳定,可采取以下措施。

1. 蛋白质粒子细微化

用均质法处理，操作压力为 10～20 MPa。

2. 添加糖类

经均质处理已经微细化的蛋白质，会再次结合成粗大的粒子而产生沉淀。为了防止这种情况出现，必须提高蛋白质和分散介质的亲和性。蔗糖和蛋白质粒子的亲和性最高，有良好的分散作用，但用量要大，用量不足则无效果。

3. 使用稳定剂

根据斯托克定律，稳定剂的作用是提高溶液的黏度，防止蛋白质粒子因重力而沉降；作为亲水性高分子，形成保护性胶体，防止凝集。应选用在酸性条件下长期稳定、防止沉淀效果好的稳定剂，如 PGA、CMC-Na 等，很少单独使用一种稳定利，多使用两种以上的稳定剂混合物。

4. 去除金属离子

乳中的钙会受 pH、温度、浓缩或稀释引起变化，使平衡状态改变。游离型的钙离子是不稳定的重要因素。为了降低游离钙离子的活度，可添加磷酸盐或柠檬酸盐，或添加植酸或磷酸等螯合剂。或用离子交换树脂或树脂膜处理，或用超滤法、反渗透法处理，除去金属离子。

三、褐变

在乳酸菌饮料中，由于进行了乳酸发酵，引起蛋白质分解，产生了大量的游离氨基酸。同时，蔗糖在酸性饮料中，经加热或长期保存，水解后转化成葡萄糖和果糖，这些单糖带有还原性的羧基，容易与游离氨基酸反应，生成褐色色素。影响褐变的其他因素还有温度、pH、糖和氨基酸的种类、金属离子、氧、光线等，其中温度的影响最大。

四、脂肪上浮

在采用全脂乳或脱脂不充分的脱脂乳粉做原料时，由于均质不当等原因容易引起脂肪上浮。最好采用含脂量较低的脱脂乳或乳粉作为乳酸菌饮料生产的原料，并注意均质条件的选择。

五、杂菌污染

乳酸菌饮料中营养成分可促进霉菌和酵母菌的生长繁殖。这主要是由于杀菌不彻底。因此，应注意原料卫生、加工机械的清洗消毒以及灌装时的环境卫生等。

任务2　豆奶生产技术

【任务设计】

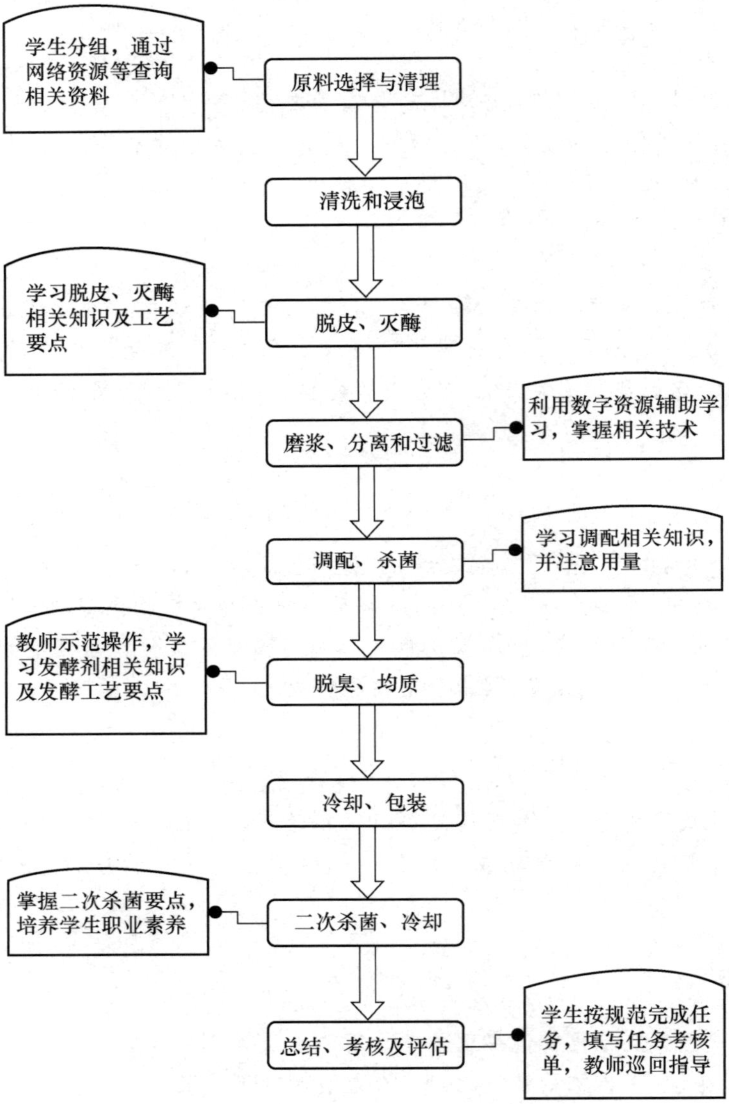

【任务实施】

植物蛋白饮料，一般是以植物的籽仁为原料制取的。这些籽仁含有丰富的蛋白质、脂肪、维生素、矿物质等重要营养元素，是人体生命活动中不可缺少的营养物质。豆奶是植物蛋白饮料的典型产品，豆奶含有氨基酸较为齐全的优良蛋白质，不含胆固醇，含有较多的不饱和脂肪酸、维生素、矿物质。作为碱性食品，可以缓冲鱼、肉类等酸性食品的不良作用，维持酸碱平衡。

本任务根据GB/T 30885—2014《植物蛋白饮料　豆奶和豆奶饮料》进行生产。

一、主要原辅料

大豆、植物油脂、乳粉、果汁、甜味料、稳定剂、香精香料、营养强化剂。

二、工艺流程

大豆→清洗→浸泡→脱皮→灭酶→磨浆→分离过滤→调配→杀菌
↓
成品←无菌包装←冷却杀菌←均质←脱臭
↓
灌装、封口→杀菌→冷却→成品

三、操作步骤

(一)原料的选择与清理

豆奶质量优劣首先取决于原料的品质,应选用色泽淡黄、无腐烂、无霉变、成熟度高、颗粒均匀的大豆做原料。大豆品种不同,蛋白质和脂肪含量也不同。蛋白质含量高的大豆,一般脂肪含量低。脂含量高的大豆味浓,白浊度也好。豆奶原料宜选用脂肪含量高的大豆。大豆粒度和干燥度不一致的大豆也不适用于大量生产。原料大豆的含水量最好在12%以下。低温抽提时脱脂大豆也可以用于豆乳生产,但一般难以获得风味和色调良好的豆乳制品。

豆乳的生产

在收获、运输和仓储等过程中,大豆中可能混入泥沙及其他杂物,如不除去会影响产品质量,还可能损坏加工设备。常用风筛结合的方式将杂质除去以保证生产的安全可靠。

(二)清洗和浸泡

大豆表面有很多微细皱纹,附着了尘土和微生物,浸泡前应进行清洗。

通过浸泡可以软化大豆组织结构,降低磨浆时的能耗与磨损,提高蛋白胶体分散程度和悬浮性,提高蛋白质提取率。浸泡的水量一般为大豆质量的3～4倍,可以在浸泡水中加入$NaHCO_3$,一般配制成0.5%的溶液来浸泡大豆,可缩短浸泡时间,较好地去除大豆中的色素,提高均质效果,改善豆奶风味。浸泡时间视水温不同而异,当水温为10 ℃以下时,浸泡时间一般为10～12 h,当水温为10～25 ℃时,浸泡温度一般为6～10 h。随时检查浸泡情况,确定浸泡程度,当水面上有少量泡沫,豆皮平滑而胀紧,用手搓豆较易分成两半,子叶横断面光滑平整,中心部位与边缘色泽一致,表明浸泡时间已够。浸泡后大豆的质量为原重的2.0～2.2倍。

(三)脱皮

脱皮是豆奶生产中的一个重要工序。由于豆皮中含有大量的纤维素和其他苦涩物质,不经脱皮直接磨浆,会增加浆渣量,纤维素和苦涩物质易进入豆奶中使产品在存放过程中出现较多的沉淀,且影响产品的风味。

大豆在浸泡工序之前脱皮为干法脱皮,大豆浸泡后再脱皮为湿法脱皮。一般来讲,干法脱皮效果较好,不仅可减少土壤中带来的耐热细菌改善豆乳风味、限制起泡,还可以缩短钝化脂肪氧化酶所需要的加热时间、降低储存蛋白的热变性、防止非酶褐变、赋予豆乳良好的色泽。大豆脱皮常用凿纹磨,磨片间的间隙调节到多数豆子可开成两瓣,而不会将子叶粉碎。再经重力分选器或吸气机除去豆皮。

大豆脱皮程度的重要指标是脱皮率，如采用干法脱皮，大豆的含水量应控制在12%以下，以保证脱皮率在90%以上。脱皮中大豆质量损耗为15%左右。脱皮大豆应及时加工，否则易发生氧化反应而产生豆腥味。

(四)灭酶

生大豆中存在多种酶，包括脂肪氧化酶、淀粉酶、蛋白酶、过氧化物酶等20多种，这些酶在豆奶生产过程中容易产生豆腥味、苦味、涩味等，影响豆奶风味；有时还不利于人体消化，产生毒性分解物。钝化酶可采用热磨法或磨前进行热烫的方法。若采用热烫，温度控制在95～100 ℃，即将浸泡后的大豆均匀地经过沸水或蒸汽2～3 min，也可把磨好的浆经过高温瞬时杀菌处理。

(五)磨浆

灭酶后的大豆进行磨浆，现多采用加足量水直接磨成浆体，再将浆体分离的工艺。一般要求浆体的细度应有90%以上的固形物通过150目滤网。磨浆的设备一般为砂轮磨，也可选用不锈钢粉碎机、锤式粉碎机或胶体磨。

(六)分离过滤

磨浆后进行浆渣分离，生产上采用离心分离的方法将豆渣分离出来。豆渣中如果含水过多，则对蛋白质及其他固形物的回收率影响很大，一般控制豆渣含水量在80%以下，渣中含水量越多，蛋白质回收率越低。现在使用的砂轮磨浆机大都有浆渣分离功能，磨浆的同时可以将大多数的豆渣分离出去。得到的豆浆还需进一步分离，一般用沉降式卧式离心机分离。

(七)调配

分离后的纯豆奶蛋白质含量高，纯豆奶经调制后可生产出在营养和口感上近于牛乳的产品。豆奶饮料的调制需要按照产品配方和标准要求，在调制罐中将豆奶、赋香剂、稳定剂和营养强化剂等调和在一起，充分搅拌均匀，并用软饮料用水调整成不同风味的饮料。

1. 添加甜味料

加入单糖容易引起褐变，一般加入蔗糖，控制豆奶中总糖度为8%～12%。

2. 添加稳定剂

豆奶是一种热力学不稳定体系，需要添加乳化剂提高豆奶的稳定性。常用的乳化剂有蔗糖酯、单甘酯、卵磷脂等，添加量为油脂量的12%左右。还可使用山梨醇酐单硬脂酸酯、山梨醇酐三硬脂酸酯等，两种以上乳化剂配合使用效果更好。

为了确保豆奶的稳定性，往往要选用一些增稠剂和分散剂与乳化剂配合使用。常用增稠剂有CMC-Na、海藻酸钠、黄原胶等，添加量为0.05%～0.1%。常用的分散剂有磷酸三钠、六偏磷酸钠、焦磷酸钠及三聚磷酸钠，添加量为0.05%～0.3%。

3. 添加赋香剂

豆奶生产中可加入香兰素或乙基麦芽酚增加奶香味，当然最好使用新鲜牛乳或牛乳粉，加鲜乳量一般为30%左右，加乳粉则为5%左右。也可添加可可、果味香料来生产可可、果汁豆奶饮料。

4. 添加营养强化剂

豆奶虽含有丰富的营养物质但也有其不足之处，豆奶生产上最常补充的是钙，以 $CaCO_3$

最好，由于 $CaCO_3$ 溶解度低，需预先均质处理后再添加，避免碳酸钙沉淀，$CaCO_3$ 的添加量为 0.1%。此外，豆奶中维生素 B_1 和维生素 B_2 含量不足，维生素 A、维生素 C 含量很低，不含有维生素 B_{12} 和维生素 D，有必要进行强化。

5. 添加油脂

豆奶中可加入油脂以提高口感和改善色泽，油脂添加量在 1.5% 左右，一般选用不饱和脂肪酸亚油酸和维生素 E 含量高的油脂，如花生油、玉米油和菜籽油，使用时需要加乳化剂进行乳化。

（八）杀菌

调配好的豆奶应立即进行杀菌，主要是为了杀灭致病菌和腐败菌，同时破坏不良因子，特别是有碍消化的胰蛋白酶抑制素。杀菌采用超高温瞬时杀菌（UHT），采用超高温的板式或管式杀菌机，进行 120～140 ℃、10～15 s 的杀菌处理。

（九）脱臭

脱臭可除去加热过程中产生和前处理过程中留下的不愉快味。豆奶经高温加热处理后喷入真空脱臭罐中，压力骤然降低，部分水分瞬间蒸发，从而引起带有豆腥味和其他异味的蒸汽迅速排出；在蒸发出蒸汽时吸收热量，豆奶可迅速降温（低于 80 ℃），可避免过度热变性，减轻褐变现象；经真空脱臭后的豆奶，能够与各种香味很好地调和，易于加香。操作时控制在 0.03～0.04 MPa 真空度为佳，不宜过高，以防气泡冲出。

（十）均质

均质可以提高豆奶的口感和稳定性，生产上均质压力常为 20～25 MPa，一般控制物料的温度在 80～90 ℃，一般选用两次均质。

均质应放在杀菌后进行，杀菌前均质会由于加热引起脂肪游离，使混合物不能完全均质，因此最好先杀菌后均质，但要求使用无菌型均质机。

（十一）冷却、包装

均质后的豆奶经板式换热器冷却至 10 ℃以下（最好 2～4 ℃），送入储存罐中，进行包装。豆乳的包装形式很多，常用的有玻璃瓶包装、复合袋包装及无菌包装等，可根据成品保藏要求、包装设备费用、杀菌方式等因素统筹考虑。

（十二）二次杀菌、冷却

如果采用的是无菌充填灌装工艺，则不再进行二次杀菌。对于非无菌灌装豆奶，为了提高保藏性，在灌装后进行二次杀菌。采用这种工艺的豆奶需要使用玻璃瓶或金属罐包装。杀菌公式一般为 10 min—20 min—15 min/（121±3 ℃）（250 g 马口铁罐装），冷却至 37 ℃。

四、产品质量标准

GB/T 30885—2014 中确定了豆奶和豆奶饮料的技术要求，包括感官要求、理化要求、食品安全要求。

（一）感官要求

感官要求见表 4-4。

表 4-4 感官要求

项目	要求 原浆豆奶、浓浆豆奶、调制豆奶、豆奶饮料
色泽	乳白色、微黄色，或具有与原料或添加成分相符的色泽
滋味和气味	具有豆奶或发酵型豆奶应有的滋味和气味，或具有与添加成分相符的滋味和气味；无异味
组织状态	组织均匀，无凝块，允许有少量蛋白质沉淀和脂肪上浮，无正常视力可见外来杂质

（二）理化要求

理化要求见表 4-5。

表 4-5 理化要求

项目	指标		
	豆奶		豆奶饮料
	浓浆豆奶	原浆豆奶、调制豆奶、发酵豆奶	调制豆奶饮料
总固形物/(g/100 mL)	≥8.0	≥4.0	≥2.0
蛋白质/(g/100 g)	≥3.2	≥2.0	≥1.0
脂肪/(g/100 g)	≥1.6	≥0.8	≥0.4
脲酶活性	阴性		

（三）食品安全要求

应符合相应的食品安全国家标准的规定。

五、操作实施

①学生分成 3～5 人一组，各小组在老师指导下，通过网络教学资源等多渠道查询豆奶生产技术的资料。

②各组根据汇总的相关资料，师生共同讨论、分析，用集体智慧完成豆奶生产技术方案，制作汇报提纲并选一名代表进行学习汇报交流，并对该方案进行修订。

③学生按照修订后的豆奶生产技术方案，按规范要求，独立完成豆奶生产任务，最终填写任务考核单，教师在操作实施过程中巡回指导。

任务考核单——豆奶的生产

班级：　　　　姓名：　　　　学号：

项目	实施内容	分值	考核记录(以"√"表示)	备注	得分
准备工作 (15 分)	清洁卫生	5	能发现并解决卫生问题		
	准备并检查工器具	6	准备本次操作实施所需所有仪器和容器		
			仪器和容器的清洗和控干		
			检查设备运行是否正常		
	原水的选择	4	按照产品类型选择原水		

续表

项目	实施内容	分值	考核记录(以"√"表示)	备注	得分
操作实施(60分)	清洗和浸泡	5	浸泡工序		
	脱皮和灭酶	10	脱皮方法及效果		
			灭酶处理		
	磨浆、过滤	5	方法选择		
		5	具体操作		
	脱臭、均质	5	按产品选择是否充气		
		10	充气工序		
			充气结果		
	调配	10	食品添加剂的使用		
	灌装	5	灌装方式选择		
		5	灌装工序		
产品评定(15分)	感官要求	5	应具有反映该类产品特点的感官、滋味,不得有异味、异臭和外来杂物		
	理化要求	5	符合相应的理化指标		
	微生物要求	5	符合相应的微生物指标		
文明操作与团队意识(10分)	文明操作	5	清理用物,整理实验室		
	团队意识	5	有团队意识,能相互良好合作		

④学生对完成工作任务的表现进行自评和互评,各小组进行总结、考核及评估,教师做出最后评价,填写教学反馈表。

【知识拓展】

豆腥味的去除方法

一、热处理法

热处理法是去除豆腥味最常用的方法之一。脂肪氧化酶的耐热性差,大豆在20～70 ℃的低温中磨碎时会产生豆腥味,而在80～100 ℃的温度中磨碎则不会产生豆腥味,根据这一特性,研究出下列5种热处理方法。

(一)干热法

一般是在大豆脱皮入水之前进行。利用120～200 ℃的干热空气,对大豆进行10～30 s的处理。时间过短、温度过低,效果不明显。若温度过高时间过长,大豆中的蛋白质热变性,其溶解性会降低,固形物得率下降。

干热处理过的大豆直接磨碎制成豆乳,往往稳定性不好,但若在高温下用碱性钾盐(如重碳酸钾、碳酸钾等)进行浸泡处理后再制浆,其稳定性会大大改善。

(二)热烫法

在锅里煮沸足够量的水,取少量已经浸泡过的大豆,装于小篮子中,把整个篮子浸入沸腾的水中,不停地搅拌15 s。大豆的量不要超过沸水的1/10,否则大豆浸入时会使温度降低。

注意浸泡的大豆随着品种和鲜度而不同，15 s 对不新鲜的大豆可能不够。但是浸在沸水中的时间不能超过 30 s，否则除脂肪氧化酶外的大部分酶和蛋白质分子便会失去活性和变性。此方法只适用于少量新鲜大豆。

(三)热水浸泡法

热水浸泡法是把清洗脱皮过的大豆投到 80 ℃以上的热水中保温浸泡 10～30 min，然后磨碎制浆。保温时间不宜过长，应随温度高低而增减。一般在 80 ℃以上保温 20～25 min，90 ℃以上保温 15～18 min，沸水中只需保温 10～12 min 即可。

大豆加热温度在 80～90 ℃的适口性，随个人和大豆品种而异。根据经验，82～83 ℃适口性最好。值得指出的是，脂肪氧化酶失去活性的起码条件是：浸泡在 80 ℃以上的热水中超过 1 min。延长在热水中浸泡的时间，可以除去大部分豆腥味和苦味。

(四)蒸汽法

此法多用于大豆脱皮后、入水前，用 120～200 ℃的高温蒸汽加热 7～8 s，则可使脂肪氧化酶钝化。此法生产能力大，机械化程度高，但蛋白质抽提率低、浪费大。

(五)热磨法

热磨法是将浸泡好的大豆沥干水分，另加沸水磨浆，并在高于 80 ℃的条件下保温 10～15 min，使脂肪氧化酶钝化，从而防止油脂氧化产生豆腥味。这种方法灭酶温度、时间适中，加工效果良好，但不适应机械化连续生产工艺。

二、酸处理法

酶的活性除受温度的影响外，还受 pH 的影响。可以通过改变溶液的 pH，使其偏离脂肪氧化酶的最适 pH，从而起到抑制脂肪氧化酶的活性、减少异味物质的作用。即在用柠檬酸调节 pH 为 3.00～3.85 条件下磨碎大豆，再加热使酶钝化，然后用 NaOH、Na_2CO_3、$NaHCO_3$ 等进行中和。加碱还可以清除苦涩味，提高蛋白质的溶出率，加工出风味良好的制品。单独使用此法一般效果不太理想，往往与热磨热烫热水浸泡等法共用。

三、醇处理法

用饱和的一元醇进行处理可使酶钝化。用乙醇溶液浸泡或湿磨大豆，可破坏 99%以上的脂肪氧化酶的活性，使制品的风味得到有效提高，利用醇处理也可以去除豆粕中的异味。

四、乳酸发酵法

乳酸发酵去除豆腥味的关键有两点：一是豆乳需经乳酸发酵；二是将发酵的豆乳在减压条件下蒸馏脱去挥发物。这样可除掉豆乳中的豆腥味，两个步骤缺一不可。

具体操作如下：先将豆乳加热消毒，添加可以被乳酸菌利用的糖，如乳糖、葡萄糖，糖的添加量一般为混合发酵液质量的 0.01%～5.00%，再添加含乳酸菌的发酵液。发酵温度为 30～40 ℃、发酵时间为 15～20 min，发酵后蒸煮处理，便可得到无豆腥味和苦涩味的豆乳制品。

五、调味品遮掩法

在大豆蛋白中添加少许酱油或酱油制品，在 80～250 ℃条件下，用 98 kPa 的压力处理，可加工出无豆腥味膨化大豆食品。其脱臭机理尚不清楚，推测可能是酱油中的低分子香气成分通过加热、加压与含豆腥味的成分结合，从而消除豆腥味。酱油添加量一般为1%～5%。除添加酱油外，如果再添加食盐、谷氨酸钠等调味品，则效果更好。

【项目小结】

本项目主要介绍蛋白饮料的概念及分类、发酵型含乳饮料和植物蛋白饮料生产技术，以发酵型含乳饮料和豆奶的生产为例，详细阐述生产所需的主要原料、工艺流程、操作要点等内容。引入产品质量标准，通过具体工作任务的实施，指导生产人员完成蛋白饮料的生产。不同种类的蛋白饮料加工技术各有特点，但是也有相似的地方，在学习本项目内容时，要注意比较它们的相同和不同，掌握每一种蛋白饮料的特点和产品质量要求。

【项目测试】

1. 简述蛋白饮料的分类和概念。
2. 简述发酵型含乳饮料的定义。
3. 简述发酵型含乳饮料的工艺流程及操作要点。
4. 简述发酵型含乳饮料常见质量问题。
5. 简述豆奶的生产工艺及操作要点。
6. 简述豆奶生产产生豆腥味的原因及其影响因素。
7. 简述生产上去除或减轻豆腥味采取的措施。

项目五

特殊用途饮料生产技术

【教学目标】

1. 知识目标

①了解特殊用途饮料的种类，了解运动饮料、营养素饮料的营养价值；

②熟悉运动及营养素饮料的生产技术；

③了解其他典型特殊用途饮料的配方设计及生产工艺。

2. 能力目标

①能制作运动饮料、营养素饮料；

②能对运动饮料、营养素饮料进行感官评价；

③能分析解决特殊用途饮料生产中常出现的质量问题。

3. 素质目标

①能恪守职业道德，具有安全责任意识和诚信意识；

②能在实践过程中融入，具有团队协作精神，具有专心、细致、好学、敬业精神；

③熟悉企业文化及企业现代管理；培养学生创新思维、信息获取、策划与沟通展示能力。

【项目描述】

本项目主要介绍运动饮料、营养素饮料的生产技术，阐述产品配方设计及生产所需要的主要材料、工艺流程、操作步骤等内容。引入产品质量标准，通过具体工作任务的实施，指导生产人员如何完成特殊用途饮料的生产过程。

【思维导图】

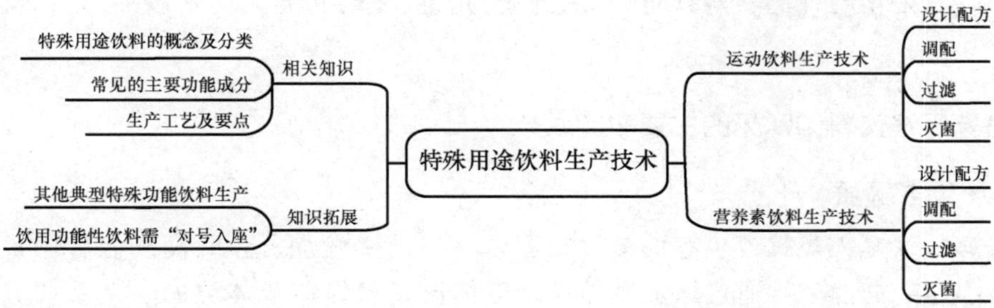

【相关知识】

教学课件　　特殊用途饮料 VS 功能饮料

一、特殊用途饮料的定义及分类

根据 GB/T 10789—2015《饮料通则》，特殊用途饮料是指加入具有特定成分的适应所有或某些人群需要的液体饮料。相较于其他类型的饮料，特殊用途饮料的目的性更强，通常我们可以理解为，特殊用途饮料是通过调整饮料中营养素的成分和含量，或者加入具有特定功能成分适应某些特殊人群需要的饮料，强化的营养素或加入的特定功能成分使其具有增强免疫功能、调节生理活动、预防疾病和促进健康的作用。

特殊用途饮料的分类：主要分为运动饮料、营养素饮料、能量饮料、电解质饮料和其他特殊用途饮料。

(一)运动饮料

指营养成分及其含量能适应运动或体力活动人群的生理特点，能为机体补充水分、电解质和能量，可被迅速吸收的制品。

(二)营养素饮料

指添加适量的食品营养强化剂，以补充机体营养需要的制品，如营养补充液。

(三)能量饮料

指含有一定能量并添加适量营养成分或其他特定成分，能为机体补充能量，或加速能量释放和吸收的制品。

(四)电解质饮料

指添加机体所需要的矿物质及其他营养成分，能为机体补充新陈代谢消耗的电解质、水分的制品。

(五)其他特殊用途饮料

指除以上 4 种类型之外的特殊用途饮料，即其他为满足特殊人群的需要而调制的饮料，如内含“视黄醇”适合视力疲劳者的饮料，含羊胎素活力肽的美容养颜饮料，添加中草药的强身保健滋补饮料，含麦苗嫩汁的益寿饮料，专供老人、儿童、婴幼儿的无化学添加剂饮料、低热量饮料等。

二、特殊用途饮料中常见的主要功能成分

（一）水和电解质

除氧以外，水是人类赖以生存的最重要因素。当由于发烧、运动、高气温等因素造成体温升高时，通过增加出汗来降低体温是机体调节体温的一个重要方式。此时需要增加饮水，补充电解质，以弥补汗液水分和电解质的丢失；预防和纠正由于水和电解质代谢的紊乱造成的体液酸碱失衡；维持机体正常的水平衡和电解质的代谢；还有助于保护机体的免疫系统正常发挥功能。

特殊用途饮料成分分析

（二）蛋白质和氨基酸

运动或疲劳之后需要及时补充蛋白质和氨基酸，主要是由于氨基酸的糖异生作用是体内维持血糖稳态的重要机制之一。在耐力运动项目中，肌糖原耗竭后，体内绝大多数氨基酸会进入三羧酸循环或无氧酵解代谢途径，氧化产生能量。

活性蛋白质与肽具有清除自由基、降低血压、提高机体免疫力等特殊的生理功能。目前研究较多的活性蛋白质主要包括免疫球蛋白和调节胆固醇的蛋白质两大类。免疫球蛋白不耐热，在强酸、强碱下易变性失活，作为功能性添加剂使用时，关键是生物活性的保持。目前，在含乳饮料和冷饮中已有应用。

活性肽是指广泛存在于生物体内的各种组织与器官中，具有各种重要的生理功能，对生物体的生长起重要调控作用的肽类。目前，作为功能性食品基料而应用的活性肽主要有谷胱甘肽、降血压肽、促进钙吸收肽和易消化吸收肽 4 种。

（三）碳水化合物

1. 膳食纤维

膳食纤维是指食物中不被人体消化吸收的植物成分，包括纤维素、半纤维素、木质素、糖蛋白等。在生产中应用的主要有小麦纤维、大麦纤维、米糠纤维、玉米纤维、大豆纤维、黄原胶等，其主要的生理功能包括：具有饱腹感，预防肥胖症；调节血糖水平，利于糖尿病患者；降低血脂；抑制有毒发酵产物，润肠通便，预防结肠癌；调节肠道菌群等。一般认为，正常体重者每人每天应保证 8～25 g 的膳食纤维摄入量。

2. 真菌多糖

真菌多糖是指存在于香菇、金针菇、银耳、灵芝、黑木耳、茯苓等食用或药用真菌中的某些多糖组分。目前研究应用较多的有香菇多糖、金针多糖、银耳多糖、灵芝多糖、茯苓多糖、冬虫夏草多糖等，其主要的生理功能有活化巨噬细胞，提高免疫机能，抗肿瘤；抗衰老、抗溃疡与抗炎症；降血糖及降血脂、抗血栓；保肝、抗凝血；还有促进蛋白质与核酸的合成和增强骨髓的造血功能等。

3. 功能性甜味料

长期以来，最常用的甜味料是蔗糖，但是蔗糖摄入量过多是导致肥胖症和龋齿的直接原因，还与糖尿病和冠心病等有间接关系。功能性甜味料具有纯正的甜味而无热能，对人体无不

良副作用，是蔗糖非常理想的替代品。主要有以下几种。

(1)功能性低聚糖。功能性低聚糖是指那些不被人体消化吸收而直接进入大肠内被双歧杆菌所利用的低聚糖，包括水苏糖、棉子糖、低聚果糖、低聚木糖、低聚半乳糖、低聚乳果糖、低聚异麦芽糖等。其主要生理功能包括：很难或不能被人体消化吸收，所提供的能量值很低甚至为零，可供糖尿病人、肥胖病人和低血糖病人食用；不会引起龋齿，有利于保持口腔卫生；活化肠内双歧杆菌并促进其生长繁殖；具有膳食纤维的部分生理功能。

(2)功能性单糖。蔬菜、水果中都含有果糖，果糖具有清爽明快的甜味，很适合用在饮料中，尤其是用在运动饮料和低能量饮料中。使用果糖的运动饮料，饮用后能量转化速度快，还不会引起血液中血糖的升高，适用于人体疲劳后恢复体力。

(3)*L*-糖。*L*-糖又称"左旋糖"，包括 *L*-果糖、*L*-葡萄糖、*L*-半乳糖等。该类糖具有无热能、稳定、不被细菌分解等代谢特性，使其能够防龋齿，适合糖尿病人或其他糖代谢紊乱病人食用。

(4)多元糖醇。主要有木糖醇、山梨醇、甘露醇、赤藓醇、麦芽糖醇、乳糖醇、异麦芽酮糖醇和氢化淀粉水解物等。其生理功能表现如下：热能低；不会引起龋齿；代谢途径与胰岛素无关，适合糖尿病人食用；具备膳食纤维的部分生理功能；不发生美拉德褐变等。

(四)功能性油脂成分

1. 多不饱和脂肪酸

脂肪酸是所有生物膜组织维持正常生理功能的重要基础，人和动物缺乏不饱和脂肪酸就会出现生理异常。多不饱和脂肪酸的生理功能表现如下：降低血液胆固醇，预防动脉硬化。常用且效果比较明显的有红花油、月见草油、小麦胚芽油、米糠油、玉米胚芽油和葵花籽油等。在使用不饱和脂肪酸时，既要注意防止其氧化与降解，还要注意过量摄入所带来的不良影响。

2. 多烯不饱和脂肪酸

多烯不饱和脂肪酸是指主要来源于深海冷水鱼油和其他海生动植物中的 DHA(二十二碳六烯酸)和 EPA(二十碳四烯酸)，是人体代谢的必需脂肪酸，是构成人体的脑磷脂和视网膜、神经、心脏、精子的重要成分。其功能包括：降低血压、血脂、胆固醇，抑制血小板凝集，预防视力退化，增强记忆力，防癌、抗癌，预防炎症、哮喘、糖尿病等。

3. 磷脂和胆碱

磷脂是含有磷酸根的类脂化合物，普遍存在于动植物细胞的原生质和生物膜中，对生物膜的生物活性和机体的正常代谢有重要的调节功能。胆碱是卵磷脂和鞘磷脂的关键组成部分，还是乙酸胆碱的前体化合物，对细胞的生命活动有重要的调节作用。

在机体内，磷脂和胆碱的作用相互交叉、相互渗透，磷脂的某些生理功能是通过胆碱实现的，而胆碱的部分生理功能又依赖于磷脂来完成。其主要生理功能包括：构成生物膜；促进神经传导，提高大脑活力；促进脂肪代谢，防止出现脂肪肝；降低血清胆固醇，改善血液循环，预防心血管疾病等。

(五)维生素

维生素的种类很多，每种维生素均有重要的生理功能。维生素 A、维生素 E 和维生素 C，它们都是自由基清除剂，对延缓衰老，预防肿瘤及心血管疾病都有明显的功效。B 族维生素是所有人体组织必不可少的营养素，参与体内糖、蛋白质和脂肪的代谢，全是水溶性维生素，在体内滞留的时间只有数小时，必须每天补充。

（六）微量元素

已知人体必需的微量元素包括硒、铬、铜、氟、碘、铁、锰、钼、锌、硅等。尽管人们对它们的需要量很少，但是它们都有极其重要的生理作用。硒、铬和锗3种元素是与严重危害人类健康的肿瘤、心血管疾病和糖尿病等疾病关系极大的人体必需微量元素，因此，作为活性成分，也就成为功能性食品的研究热点。

（七）自由基清除剂

机体代谢过程中产生的过多自由基，是引起机体衰老的根本原因，也是诱发肿瘤等恶性疾病的重要起因。因此，自由基清除剂是一种可增进人体健康的重要活性物质，也是食品工业中一类重要的功能性食品基料。

自由基清除剂分为非酶类清除剂（抗氧化剂）和酶类清除剂（抗氧化酚）两大类，前者主要有维生素E、维生素C、类胡萝卜素和还原型谷胱甘肽（GSH），后者主要有超氧化物歧化酶（SOD）、过氧化氢酶（CAT）和谷胱甘肽过氧化物酶（GSH-Px）等。

（八）其他功能成分

1. 天然植物提取物

天然植物种类繁多，其中含有的功能性成分不断被人们发现、认识，如皂苷、活性酶等。随着中药科学的发展，一些可药食同用的中草药中的活性成分也不断被鉴定、分离和提纯，为使用这些天然植物提取物为原料生产特殊用途饮料奠定了基础。

2. 茶多酚

茶多酚的主体功能物质是从茶叶中提取的儿茶素，具有清除自由基，提高免疫力，降低胆固醇，防癌、抗癌的功效。

3. 咖啡碱

咖啡碱也称咖啡因，是一种黄嘌呤生物碱化合物，它存在于茶叶、咖啡和可可之中，具有中枢神经兴奋作用，医药上可用作心脏和呼吸兴奋剂，临床上用于治疗神经衰弱和昏迷复苏。适度地使用咖啡碱有祛除疲劳、兴奋神经的作用，但是，大剂量或长期使用也会对人体造成损害，对儿童、孕妇等特殊人群不宜使用。

在GB 2760—2014《食品安全国家标准　食品添加剂使用标准》中规定，在可乐型碳酸饮料中，咖啡因的最大使用量为0.15 g/kg，没有提到其他类型饮料。因此除可乐外的其他类型饮料都不能单独添加咖啡因，但是原料带入目前没有受到限制。例如在原料中添加含有咖啡因的绿茶浓缩粉、红茶浓缩粉、瓜拉那提取物等，饮料中也会含有咖啡因。

三、特殊用途饮料的一般生产工艺流程

特殊用途饮料与同类型的饮料的生产工艺流程大致相同，如图5-1所示。

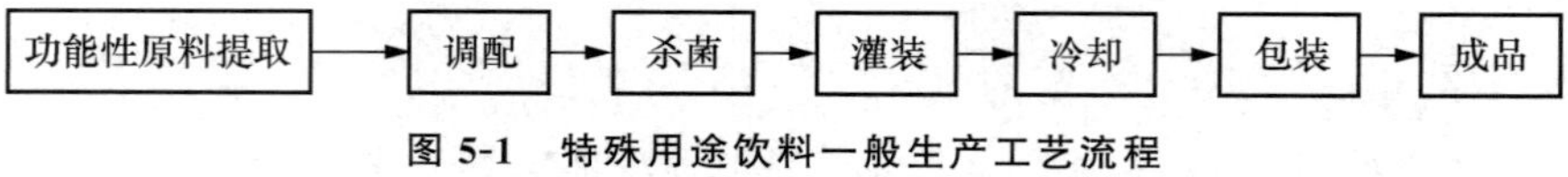

图5-1　特殊用途饮料一般生产工艺流程

四、特殊用途饮料的生产工艺要点

(一)功能性原料的提取

植物性原料中的功能性成分常采用萃取法来提取。萃取法是利用混合物中各成分在互不混溶的溶剂中分配系数不同而分离的方法。可将被分离物溶于水中,用与水不混溶的有机溶剂进行萃取,也可将被分离物溶在与水不混溶的有机溶剂中,用适当 pH 的水液进行萃取,达到分离的目的。

1. 萃取溶剂的选择

在萃取水溶性成分时,常用水、乙醇水溶液等作萃取溶剂;在萃取脂溶性成分时,常用乙烷、丙酮、食用油脂等作萃取溶剂。合适的萃取溶剂应尽量兼备以下特点:

①选择性高。既能高效地分离有效成分,又能排除有毒或有害成分。

②化学稳定性好。既不与原料发生化学反应,也对热、酸、碱稳定,还抗氧化,腐蚀性小,安全无毒。

③易与有效成分分离。

④其他:安全、方便,成本价廉,来源广泛等。

2. 萃取操作注意事项

①搅拌可增加接触面积,提高萃取效率。

②萃取固体原料的功能性成分时,可适当粉碎固体原料,采用加速搅拌,选择合适的萃取温度,多次或连续长时间萃取。

③以采用热回流、超声波、微波、超高压、超临界等多种辅助手段提高萃取效率。其他提取方法还有大孔树脂吸附法、高效逆流色谱、柱层析法、酶法、分子蒸馏等。动物性原料中的功能性成分的提取,一般采用蒸煮后再进一步酶解的方法。

(二)调配

特殊用途饮料从根本上来讲,是以水为基础,添加功能性成分、酸味剂、甜味剂、防腐剂等调配而成的饮料,因此,调配工序是其关键生产工序,调配时须按配料表准确称量各种原辅材料,溶解、过滤完全,保障最终产品的质量和风味。

(三)杀菌灌装

特殊用途饮料中含有的功能性成分,不耐长时间高温加热,多采用超高温瞬时杀菌,如杀菌温度为 135～150 ℃,时间为 2～8 s,具体杀菌条件视特殊用途饮料的实际情况而定。经过超高温瞬时杀菌的料液,在 80～85 ℃下进行热灌装,封口后迅速冷却至 35～40 ℃包装。

任务 1　运动饮料生产技术

【任务设计】

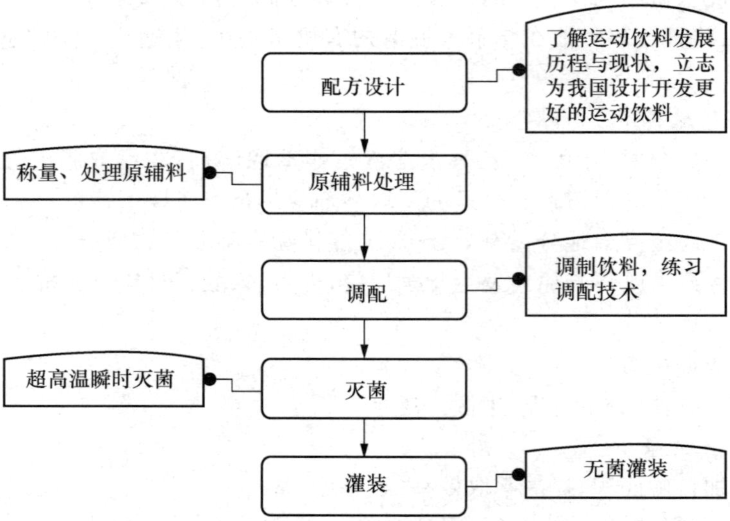

【任务实施】

运动饮料的功能是能及时补充人体运动后失去的电解质、能量，以恢复运动员体能。运动饮料在美国及欧洲出现于 20 世纪 60 年代；我国最早研制和生产运动饮料的是广东健力宝集团公司，于 20 世纪 80 年代中期开始研制，生产以“健力宝”为商品名称的系列运动饮料，提供给我国运动员饮用，由于效果显著，具有“东方魔水”之美称。

运动饮料的功能描述：能迅速补充运动员在运动中失去的水分，既解渴又能抑制体温上升，保持良好的运动机能。可迅速补充部分能量，促进糖代谢，有助于消除疲劳，运动中和运动后均可饮用。

教学课件　　运动饮料揭秘

一、配方设计

（一）设计原则

1. 安全性原则

设计配方时必须优先考虑安全，不得使用任何对人体构成安全危害的原料和辅料，产品必须按照 GB 15193.1—2014《食品安全国家标准　食品安全性毒理学评价程序》进行严格的安全性评价，确保产品安全性。

2. 功效性原则

必须明确产品的主要功效，客观评价饮料的功效性，不得含糊其词或过分夸大。在配方设计时应围绕饮料的功效进行考虑。

要迅速补充水分，可以设计运动饮料与人体体液的渗透压相同，这样人体吸收运动饮料的速度为吸收水时的 8～10 倍，饮用运动饮料不会引起腹胀，影响运动员参加运动和比赛。

要迅速补充能量，运动饮料中可使用葡萄糖和砂糖。加入维生素 B_1 和维生素 B_2 可促进糖代谢，加入维生素 C 有助于消除疲劳。

3. 对象性原则

饮料配方应有明确的对象性，针对明确的食用对象而设计。根据食用对象的不同，特殊用途饮料可分为日常型和特种功能型两类。例如，设计老年人的日常型特殊用途饮料，应符合高蛋白质、高膳食纤维、高维生素、高矿物元素，以及低能量、低钠、低脂肪、低胆固醇的“四高四低”的要求。

根据消费人群不同，运动饮料可以分为大众运动饮料、健身运动饮料和专业运动饮料。大众运动饮料的消费人群不一定参加了运动，运动饮料对他们而言是一种时兴的饮料种类，因此大众运动饮料的受众面最广。健身运动饮料则添加了更多营养素及抗疲劳物质，适合长期从事运动健身、体能消耗大的人群饮用。专业运动饮料适合从事职业运动的人群饮用。以运动员为食用对象开发运动饮料，要分析运动员的生理特点与需求。

运动员首先应安排适合锻炼需要的平衡膳食，根据运动项目的特点、消耗体力情况，运动员在不同时期的营养安排是有所区别的，可分为赛外和赛内。

运动员赛前一般为调整阶段，可饮用富含维生素和无机盐的饮料。赛后的重点为体力恢复，保持良好的体能，可选择供给糖类、蛋白质、无机盐和维生素比较丰富的运动饮料，但赛外的营养更多是通过其他食物进行补充。

赛内饮料一般用于满足运动员在某些长时间的运动项目中营养补充的需求，如马拉松、公路自行车、竞走、滑雪、游泳等，和一些体力消耗大、运动时间也较长的项目，如足球、篮球、排球、冰球等。

赛内饮料可以供给机体热能、水分、无机盐、维生素等营养素，以预防长时间运动而可能引起的低血糖和疲劳，提高运动的耐久力。能在人体大量出汗的情况下，维持人体血容量和电解质的平衡，补充丢失的离子，防止因失水和无机盐缺乏可能发生的神经肌肉功能失调、血液浓缩、心血管系统负担加重，心律失常甚至抽筋等。

运动过程中，身体内的营养物质消耗速度加快，主要有碳水化合物、水分、无机盐等。

(1)碳水化合物。人体内碳水化合物贮备是影响耐力的重要因素。长时间剧烈运动时，肌糖原和肝糖原都可能被消耗而出现低血糖情况，此时会发生眩晕、头昏、眼前发黑、恶心等症状。由于体内糖类贮备量限度为 400 g(相当于 6 688 kJ)，应尽量使消耗不要达到这个限度。大量活动之前或活动之中供给适当的糖类是有益的，可以预防低血糖的发生并提高耐力。

(2)水分。人体的 1/2 由水组成，各种代谢过程的正常功能也取决于水的“内环境”的完整性。水损耗达体重 5%时为中等程度的脱水，这时机体活动明显受到限制，脱水达 10%时即为严重脱水。在热环境下运动时，代谢产热和环境热的联合作用，使体热大大地增加。为了防止机体过热，人体依靠大量排汗散热的调节来维持体温的稳定。运动中的排汗率和排汗量与很多因素有关，运动强度、密度和持续时间是主要因素。运动强度越大，排汗率越高。此外，如气温、湿度、运动员的训练水平和对热适应等情况都会影响排汗量。

有关资料介绍，在气温 27～31 ℃条件下，4 h 长跑训练的出汗量可达 4.5 L，在气温 37.7 ℃，相对湿度 80%以上，70 min 的足球运动出汗量可达 6.4 L，即汗流失量达到体重的 6%～10%，当流失量为体重的 5%时，运动员的最大吸氧量和肌肉工作能力可下降 10%～30%。所以运动员在赛前和赛中均应合理地补充一定量的水分。汗液中除含有 99%以上的水以外，还含有其他的无机盐，如果补充特制的运动饮料，就更为理想。

(3)无机盐。无机盐是构成机体组织和维持正常生理功能所必需的物质。人体由于激烈运动或高温作业而大量排汗时，会破坏机体内环境的平衡，而造成细胞内正常渗透压的严重偏离及中枢神经的不可逆变化。如体内的水消耗到体重的 5%时，活动就会受到明显限制。由于大量出汗，失去了大量的无机盐，致使体内电解质失去平衡，此时如果单纯地补充水分，不但达不到补水的目的，而且会越喝越渴，甚至会发生头晕、昏迷、体温上升、肌肉痉挛等所谓“水中毒”症状。

在运动中因出汗，无机盐随同汗液排出，引起体液(包括血液、细胞间液、细胞内液)组成发生变化，人的血液 pH 为 7.35～7.45，呈弱碱性，正常状态下变动范围很小。当体液 pH 稍有变动时，人的生理活动也会发生变化。人体体液酸碱度能维持相当恒定，是由于有一定具有缓冲作用的物质，因而可以增强耐缺氧活动能力。如果体内碱性物质储备不足，比赛时乳酸大量生成，体内酸性代谢产物不能及时得到调节，这时运动员就容易疲劳。所以在赛前应尽量选择一些碱性食品，在运动过程中补充水的同时补充因出汗所损失的无机盐，以保持体内电解质的平衡，这是运动饮料的基本功能。钠、钾能保持体液平衡、防止肌肉疲劳、脉率过高、呼吸浅频及出现低血压状态等作用；钙、磷为人体重要无机盐，对维持血液中细胞活力、神经刺激的感受性、肌肉收缩作用和血液的凝固等有重要作用；镁是一种重要的碱性电解质，能中和运动中产生的酸。

(4)维生素。维生素是人体所必需的有机化合物。维生素 B_1 参与糖代谢，如果多摄入与运动量成正比的糖质，则维生素 B_1 的消耗量就会增加。此外，它还与肌肉活动、神经系统活动有关。如果每日服用 10～20 mg 维生素 B_1，可缩短反应时间，加速糖代谢速度。

维生素 B_2 与维生素 B_1 一样，也参与糖代谢。有人还发现服用维生素 B_1 后，可提高跑步速度和缩短恢复时间，减少血液中二氧化碳、乳酸的蓄积。

维生素 C 与运动有关，机体活动时，维生素 C 的消耗增加，维生素 C 的需要量与运动强度成正比。据研究报道，运动员在比赛前服用 200 mg 维生素 C 可提高比赛成绩，服用 30～40 min 后比赛效果最显著。

如果在饮食中经常有充足的水果、蔬菜，维生素的营养状况必然良好，就不需要再补充了，在重大比赛前，可以考虑在集中训练初期和比赛前数日内，使体内维生素保持饱和状态是适宜的。

4. 依据性原则

配方必须有明确的依据，包括政策、法规方面的依据，以及理论、技术方面的依据。

例如在 GB 15266—2009《运动饮料》中规定：钠的含量在 50～1 200 mg/L，钾的含量在 50～250 mg/L；抗坏血酸、硫胺素及其衍生物、核黄素及其衍生物为或可添加成分，在直接饮用产品中，抗坏血酸不超过 120 mg/L；硫胺素及其衍生物为 3～5 mg/L；核黄素及其衍生物为 2～4 mg/L。

世界反兴奋剂机构每年发布的《世界反兴奋剂条例国际标准禁用清单》，于当年的 1 月 1 日起正式生效，其中列出了所有场合禁用的物质和方法(赛内和赛外)、赛内禁用的物质和方法。为运动员设计的运动饮料中，应避免出现违禁成分。

设计的产品是否合理，能否满足运动员的特殊需要，还需要进行一系列生理生化指标的测定，为产品的效用提供理论和技术方面的支撑。因此，开发这类产品大致程序为：

①确定使用对象和使用时期，例如使用对象从事何种运动，产品用于赛内还是赛外。

②初步设计配方，可调整不同成分、不同用量，设计多个基础配方。

③以运动模型作配方的初步测试、筛选。

④将初步筛选出的配方进行调整，再进行动物模型测试，初步确定配方。

⑤运动饮料试验，测定必要的生理生化指标，筛选出最优配方。

⑥确定配方，制订原材料标准、生产工艺、成品质量标准、包装规格、试生产。

⑦正式投产。

(二)几种典型的运动饮料配方举例

根据所添加的功能成分的来源不同，运动饮料可以分为低聚糖类、药食同源类、多肽类、植物发酵液类、茶饮料类、菌菇类等。

1. 一种麦芽低聚糖运动饮料配方

麦芽低聚糖是以淀粉为原料经酶法生产的含 3～8 个葡萄糖分子的碳水化合物，能经小肠逐步消化吸收。麦芽低聚糖的渗透压约为葡萄糖的 1/4，其甜度约为蔗糖的 30%，生理特点是被吸收利用的速度比单糖、双糖慢，一次摄入后可以维持较长时间的能量补充；同时，引起的胰岛素反应平稳，克服了运动中服用单糖、双糖引起的回跃性低血糖反应。因此，麦芽低聚糖是一种较好的运动能量补充剂。

功能性低聚糖对提高饮料质量十分重要。除麦芽低聚糖外，还有低聚果糖、低聚异麦芽糖、大豆低聚糖、低聚半乳糖、异构乳糖、低聚木糖、异麦芽酮糖和偶合糖等。低聚糖类运动饮料可以及时补充体内水分和电解质的流失，可以缩短负荷运动的完成时间，尤其是体能主导类耐力项群，例如竞走、中长跑、中长距离游泳、自行车和越野滑雪等，长时间进行此类运动，体内大量的水分、糖原被消耗，电解质失去平衡，能量不足，非常容易出现疲劳，通过补充低聚糖类的运动饮料，防止或者延迟运动疲劳的发生，可以有效地提高运动能力。

配方举例见表 5-1。

表 5-1　低聚麦芽糖运动饮料配方举例(以 100 L 成品饮料计)

成分	含量/g	作用
麦芽低聚糖	8 600	补充能量，甜味剂
甜橙浓缩汁	800	补充维生素，添加果味
柠檬酸	210	酸味剂
维生素 C	200	补充维生素，减少疲劳
天门冬酰苯丙氨甲酯	100	低热量甜味剂
氯化钾	48	补充电解质
35%氨基酸浓缩液	15	补充氨基酸
磷酸氢二钠	10	磷可以提高运动员神经系统的灵敏性和加速体内糖的代谢
硫酸镁	3.5	补充电解质
葡萄糖酸钙	2.5	钙强化剂与营养剂，维持神经和肌肉的正常兴奋性

该饮料含麦芽低聚糖6%左右，色泽浅黄，澄清透明，酸甜适口，有助于运动前和训练后肝糖原的合成以及运动中的能量补充。

2. 一种药食同源类运动饮料配方

该饮料由以下重量份的原材料组成：水8 000～10 000份、蔗糖200～500份、葡萄糖1～5份、柠檬酸1～5份、维生素B_{12} 0.1～0.5份、支链氨基酸20～30份、蛋黄卵磷脂8～15份、钠酪蛋白20～30份、氯化钠20～30份、抗疲劳中药液800～1 000份。

上述的抗疲劳中药液由以下重量份中药原料组成：何首乌3～5份、黄芪4～6份、人参3～5份、三七4～6份、刺五加3～5份、灵芝4～6份、枸杞3～5份、红景天4～6份、蜂蜜3～5份、鹿茸4～6份、山药3～5份、北沙参4～6份、太子参3～5份、淫羊藿4～6份、红枣3～5份、杜仲4～6份、紫河车3～5份、海马4～6份、韭菜子3～5份、龟甲4～6份、玉竹4～6份、天冬3～5份、黄精3～5份、百合4～6份。将各中药原料浸泡1.5～2 h，武火沸腾后，文火煎30～60 min，水煎二次合并液，得到抗疲劳中药液。

该饮料能有效补充人体在运动中消耗的糖分，使肠道首先吸收葡萄糖，直接补充能量；蔗糖则在后续吸收消化中持续补充能量，因此满足长时间有氧运动和运动后补充能量的需求。氯化钠调节渗透压，有利于吸收。柠檬酸调节口味，降低产品的苦涩感。维生素B_{12}补充维生素。各味中药原料的功效具体如下：何首乌消痈、润肠通便；黄芪补气固表、利尿排毒；人参大补元气、复脉固脱、补脾益肺、生津、安神；三七、消肿定痛；刺五加益气健脾、补肾安神；灵芝补气安神；枸杞滋补肝肾、益精明目；红景天益气活血、通脉平喘；蜂蜜补中、润燥、止痛；鹿茸壮肾阳、益精血、强筋骨、调冲任；山药补脾养胃、生津益肺；北沙参养阴清肺、益胃生津；太子参益气健脾、生津润肺；淫羊藿补肾阳、强筋骨；红枣补中益气、养血安神、缓和药性；杜仲补肝肾、强筋骨；紫河车温肾补精、益气养血；海马温肾壮阳、散结消肿；韭菜子温补肝肾、壮阳固精；龟甲滋阴潜阳、益肾强骨、养血补心；玉竹养阴润燥、生津止渴；天冬养阴润燥、清肺生津；黄精补气养阴、健脾、润肺、益肾；百合养阴润肺、清心安神。

在运动中或者运动后饮用该饮料，能够有效延长运动时间，增加机体抗疲劳能力，缩短运动后机体功能恢复时间。

3. 一种多肽类运动饮料配方

该饮料由以下重量份的原材料组成：玉米肽10～15份、猴头菇酸性多糖2～6份、花椒挥发物5～8份、乳粉3～8份、*L*-丙氨酸1.5～2.5份、*L*-谷氨酰胺1.5～2.5份、维生素B_2 0.001～0.005份、牛磺酸0.005～0.015份、阿斯巴甜0.002～0.006份、柠檬酸0.003～0.005份、可可碱0.001～0.003份、烟酸0.001～0.003份、绿茶浓缩物0.01～0.02份，添加水至100份。

上述玉米肽的制备方法为：取浓缩玉米蛋白粉，按料液比为1∶25加入蒸馏水混合，于100～120 ℃水浴30 min，冷却，用1 mol/L调pH至8，于温度55 ℃时加入蛋白粉质量的0.8%Alcalase碱性蛋白酶酶解5 h，用1 mol/L NaOH稳定pH为8.0，沸水浴10 min后取酶解液过5 kD超滤膜，得到膜透过液，然后经160 kD纳滤膜，透析过滤3次，合并滤液，将滤液浓缩至原体积的1/2，即得玉米肽。

二、运动饮料加工工艺流程

以低聚麦芽糖运动饮料生产为例，工艺流程图如图5-2所示。

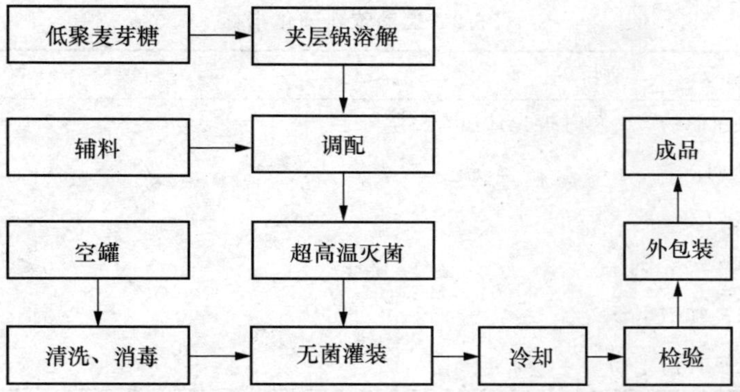

图 5-2　低聚麦芽糖运动饮料生产流程图

三、操作要点

(一)低聚麦芽糖溶解

按低聚麦芽糖：水＝7：3 的比例将过滤水放入夹层锅,加热至 60～70 ℃后,将规定数量的低聚麦芽糖投入夹层锅,边搅拌边加热使其溶解,并加热至 95 ℃以上,然后用泵输送,通过 300 目滤袋过滤后,送至调配罐备用。泵完糖液后,用过滤水充分冲洗夹层锅,洗液一并泵入调配罐。每泵完一次,必须对过滤袋进行清洗,并检查过滤袋有无穿孔、破裂,及时更换破损的滤袋。

(二)辅料的处理

先通过板式换热器将过滤水加热至 83～85 ℃,将规定数量的固体辅料慢慢撒入,搅拌 5～6 min 后,再依次加入规定数量的其余小料,继续搅拌 5～6 min 使其完全分散。

(三)调香、定容

加入浓缩橙汁搅拌 2～3 min 后停止搅拌,加入过滤热水定容到规定刻度,并检查料液色泽、状态是否与规定色泽、状态相符。

(四)超高温灭菌

将调配好的料液通过超高温灭菌机进行超高温灭菌(137 ℃,4 s),然后进行无菌灌装。

四、产品质量标准

(一)感官要求

产品应具有应有的色泽、滋味,不得有异味、异臭,无正常视力可见的外来杂质。

(二)理化要求

理化指标应符合表 5-2 的规定。

需稀释或冲溶饮用的产品,按标签标注的稀释或冲溶倍数加水混匀后,理化指标应符合表 5-2 的规定。

(三)卫生要求

产品应符合 GB 7101—2015《食品安全国家标准　饮料》的规定。

表 5-2 运动饮料理化指标

项目	指标
可溶性固形物(20 ℃时折光计法)/%	3.0～8.0
钠/(mg/L)	50～1 200
钾/(mg/L)	50～250
抗坏血酸/(mg/L)	≤120
硫胺素及其衍生物	3.0～5.0
核黄素及其衍生物	2.0～4.0

(四)标签、包装、运输和储存

标签应符合 GB 7718—2011《食品安全国家标准 预包装食品标签通则》、GB 13432—2013《食品安全国家标准 预包装特殊膳食用食品标签》等相关规定;应标注可溶性固形物、钠、钾的含量范围。包装材料和容器应符合相关标准或规定。储存、运输过程中应远离热源、防止暴晒及冰冻。

五、操作实施

①学生分成 3～5 人一组,各小组在老师指导下,通过网络教学资源等多渠道查询运动饮料生产技术的资料。

②各组根据汇总的相关资料,师生共同讨论、分析,用集体智慧完成运动饮料生产技术方案,制作汇报提纲并选一名代表进行学习汇报交流,并对该方案进行修订。

③学生按照修订后的运动饮料生产技术方案,按规范要求,独立完成运动饮料生产任务,最终填写任务考核单,教师在操作实施过程中巡回指导。

任务考核单——运动饮料的生产

班级: 姓名: 学号:

项目	实施内容	分值	考核记录(以"√"表示)	备注	得分
准备工作(15 分)	清洁卫生	5	能发现并解决卫生问题		
	准备并检查工器具	6	准备本次操作实施所需所有仪器和容器		
			仪器和容器的清洗和控干		
			检查设备运行是否正常		
	原水的选择	4	按照产品类型选择原水		
操作实施(60 分)	配方设计	20	配方的设计及科学依据		
	原辅料处理	10	原辅料的处理		
	调配	10	食品添加剂的使用		
	灭菌	10	超高温瞬时灭菌的应用		
	灌装	5	灌装方式选择		
		5	灌装工序		

续表

项目	实施内容	分值	考核记录(以"√"表示)	备注	得分
产品评定(15分)	感官要求	5	应具有反映该类产品特点的感官、滋味,不得有异味、异臭和外来杂物		
	理化要求	5	符合相应的理化指标		
	微生物要求	5	符合相应的微生物指标		
文明操作与团队意识(10分)	文明操作	5	清理用物,整理实训室		
	团队意识	5	有团队意识,能相互良好合作		

④学生对完成工作任务的表现进行自评和互评,各小组进行总结、考核及评估,教师做出最后评价,填写教学反馈表。

【知识拓展】

一、运动饮料产业发展趋势

教学课件

运动饮料是特殊用途饮料的一个类型,它根据运动中生理消耗的特点配制,能够有针对性地补充运动时丢失的营养,起到保持、提高运动能力,加速运动后疲劳消除的作用。

近年来,中国市场上,运动饮料占特殊用途饮料市场份额的一半。随着中国饮料企业的实力不断增强,居民消费能力不断提高,推进了饮料行业的增长。随着国民整体生活水平大幅提高,健康生活态度日渐普及,越来越多的人喜欢以运动的方式为自己增添活力。国务院印发的《关于加快发展体育产业促进体育消费的若干意见》提出,营造重视体育、支持体育、参与体育的社会氛围,将全民健身上升为国家战略。群众体育健身和消费意识将显著增强,人均体育消费支持会明显升高。能量的补充在体育运动中必不可少,特别是水的补充,运动饮料是一个有很大发展潜力的市场。

二、运动饮料产品开发方向

(一)定位细化

运动饮料的饮用时间可细分为:运动前、运动中和运动后,饮料的渗透压也可以随着饮用时间而多变。运动前饮用的主要目的在于补水以提高机体水分,故可设计成低渗饮料;运动中饮用更多是为了补充能量、延缓疲劳发生,可多补充糖类,为便于人体吸收,可将饮料控制在低渗或等渗型;运动后饮用则是为了迅速消除疲劳,或达到增肌的目的,可加入蛋白质、氨基酸类物质,饮料的渗透压可以适当增加。

此外,针对不同目的进行运动的人群也可设计具有不同功效成分的饮料,如高蛋白饮料适合健身增肌的人群饮用,零脂肪、零胆固醇的适合运动减脂的人群饮用,以适应不同运动群体的营养需求。

(二)口味多样化

除对饮料功能做出细分外,还可根据消费人群偏好来细分饮料的消费定位。青少年在口味上会更倾向于奶香味和甜味饮料，女性青少年比起男性青少年对奶香味饮料的倾向更明显，对果味和酸味更感兴趣。而在口味程度上，青少年更青睐偏甜口味，年龄较大的消费者则偏向清淡口味。由此可见，研发者可以根据不同性别、不同年龄段的口味喜好，设计具有奶香味、果味、酸味、清淡口味的运动饮料，以迎合各个消费群体的口味需求。

随着物质生活的丰富，人们对新鲜事物的包容度越来越高，对食物的口味也是越来越挑剔，想要挑动消费者的味蕾，就必须在口味上做出创新。例如，脉动已经拥有多种口味：苹果味、青柠味、橘子味、水蜜桃味、荔枝味、柚子味、菠萝味等，但还在不断尝试推出新口味。在脉动新推出仙人掌口味时，曾引起了消费者对其口味的质疑，但正是出于对“仙人掌”口味的好奇，消费者尤其是年轻的消费者愿意尝试新口味。而这种“猎奇”的口味也获得了部分消费者的青睐。另外，愉快的风味也能促进人们饮用的积极性，从而有利于人们在运动中保持愉悦心情。

(三)功能复合化

单一的营养功效已经不能满足消费者的需求，消费者希望在一种产品中同时获得多种功效。例如，在运动饮料中，运动健身的人们不仅想要补充水和电解质，他们往往还希望饮料能有抗氧化、减脂、美容等功能。Tu Me R 推出了含姜黄素的柑橘味运动饮料，强调该饮料的抗炎和抗氧化效果。Kuli Kuli 专注于开发辣木的功能，并研制了一款含辣木成分的运动饮料，辣木富含蛋白质、氨基酸、维生素和黄酮类物质，具有良好的抗氧化效果，能够帮助人体补充能量，从运动后的疲劳中快速恢复。澳大利亚的 Tribeca 健康有限公司推出的 Green Tea X50 富含绿茶中多种抗氧化剂：白藜芦醇、儿茶素、支链氨基酸等，有助于人们快速缓解疲劳，该饮料还有蜜桃、芒果、覆盆子、柠檬、百香果和姜味等多种口味可以选择。美国 Strength Systems 公司研发了一款 Muscle Pro52 的运动饮料，这款饮料富含蛋白质和功能性脂肪酸，旨在帮助健身人群增加脂肪消耗并增强肌肉力量。

(四)添加天然成分

随着人们的健康意识越来越强，人们对食物成分更趋向于天然、有机成分，也更注重成分的营养功效。比起在饮料中单纯、单独添加有效成分，人们更愿意在配料表中看到带有有效成分的天然物质。如百事公司为迎合消费者“更愿意消费有机产品”这一趋势，推出有机版本的佳得乐饮料，旨在减少人工色素和香料的添加以迎合健康饮食的潮流。又如在椰子饮料中风头强劲的 Vita Coco 椰子水，该椰子水选用新鲜的纯天然青椰子，从采摘到灌装完成不超过 72 h，保持了椰子水的营养和自然口感。由于它的清新口感和纯天然原料，并富含钾、镁、钙、磷等电解质，Vita Coco 椰子水已经成为众多运动爱好者的心头好，并跻身国际一线饮料品牌。

任务 2　营养素饮料生产技术

【任务设计】

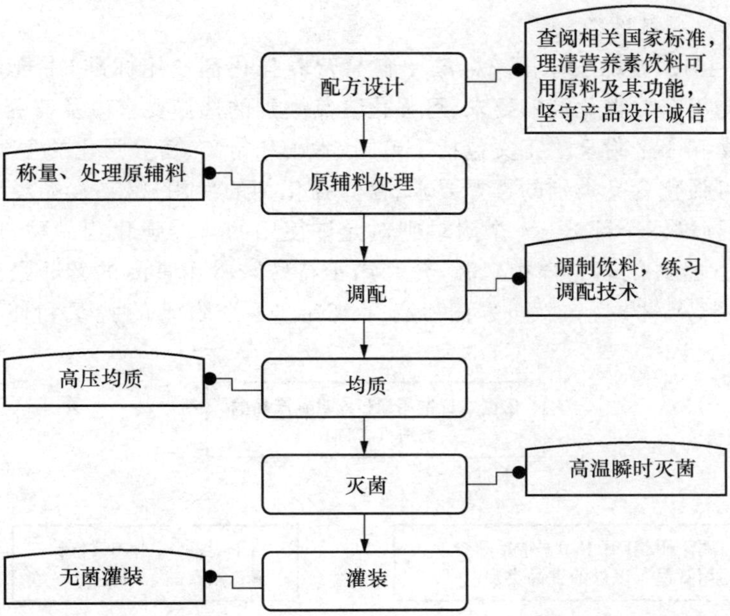

【任务实施】

营养素饮料是一种添加适量的食品营养强化剂，以补充某些人群所需营养素的饮料。该饮料采用多种维生素、矿物质和氨基酸等作为强化剂。此类饮料品种很多，除与一般的饮料功能类似外，还有消除疲劳的作用。

一、配方设计

教学课件

（一）食品强化

食品强化或食品的营养强化是指根据营养需要向食品中添加一种或多种营养素，或某些天然食品，提高食品营养价值的工艺处理过程。进行食品强化时，被强化的食品称为载体，一般是普遍食用的或食用量大的且适于加工保存的食品，如粮谷、饮料、调味品、乳制品、儿童食品等，以便更好地发挥其作用。所添加的营养素称为强化剂，即食品强化剂，是指为增强营养成分而加入食品中的天然的或人工合成的属于天然营养素范围的食品添加剂。主要的食品强化剂有维生素、必需氨基酸、矿物质、微量元素等，有时也用有营养特点的天然食品及其制品进行强化，如大豆蛋白、骨粉、鱼粉、谷胚、果汁等，可以根据食用对象的营养需要而定。

1. 食品强化的主要目的

（1）营养素的强化，弥补某些食品中天然营养成分的欠缺。

（2）营养素的恢复，补充食品在加工过程中损失的营养素。

(3)营养素的标准化,促使某种食品尽可能全面满足食用者营养需求而加入各种营养素。

2. 食品强化的主要方法

食品强化后应维持强化剂的有效浓度,以达到预期的强化效果。在实际生产中,要充分考虑强化剂的性状、载体的特点、加入后可能发生的变化等因素,选择较为理想的强化方法。目前,在饮料中常用的有在原料中、在加工过程中和在成品中添加强化剂3种方法。

3. 食品强化的原料选择

GB 14880—2012《食品安全国家标准 食品营养强化剂使用标准》中规定了食品营养强化的主要目的、使用营养强化剂的要求、可强化食品类别的选择要求以及营养强化剂的使用要求,其中包括正文和4个附录。正文包括了范围、术语和定义、营养强化的主要目的、使用营养强化剂的要求、可强化食品类别的选择要求、营养强化剂的使用规定、食品类别(名称)说明和营养强化剂质量标准八个部分。4个附录则对允许使用的营养强化剂品种、使用范围及使用量,允许使用的营养强化剂化合物来源,允许用于特殊膳食用食品的营养强化剂及化合物来源,以及食品类别(名称)4个不同方面进行了规定。4个附录的关系和使用方式如图5-3所示。

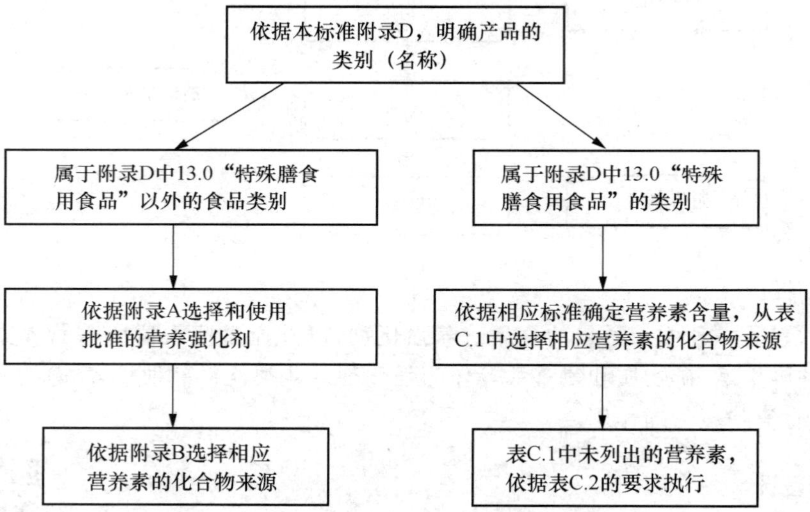

图5-3 GB 14880—2012附录使用方式

强化剂用量原则上是要符合消费对象在日常膳食中各种营养素的供给量和保持营养平衡的需要。一般情况下,具体添加量以相当于消费对象对该营养素正常供给最高标准的1/3～1/2为宜。

国家市场监督管理总局发布《营养素补充剂保健食品原料目录(2019年版)》和《允许营养素补充剂保健食品声称的保健功能目录(2019年版)》,列出了营养素补充原料化合物、适用范围及用量,并对相关保健功能进行了说明,特殊用途饮料生产可从中选择合适的原料,不可夸大产品的特殊功能。

允许营养素补充剂保健食品声称的保健功能是补充维生素、矿物质,包括补充钙、镁、钾、锰、铁、锌、硒、铜、维生素A、维生素D、维生素B_1、维生素B_2、维生素B_6、维生素B_{12}、烟酸(尼克酸)、叶酸、生物素、胆碱、维生素C、维生素K、泛酸、维生素E和β-胡萝卜素。具体的保健功能释义如表5-3所示。

表 5-3　允许营养素补充剂保健食品声称的保健功能释义(2019 年版)

序号	保健功能	释义
1	补充钙	钙是人体骨骼和牙齿的主要组成成分,许多生理功能也需要钙的参与
		钙是骨骼和牙齿的主要成分,并维持骨密度
		钙有助于骨骼和牙齿的发育
		钙有助于骨骼和牙齿更坚固
2	补充镁	镁是能量代谢、组织形成和骨骼发育的重要成分
3	补充铁	铁是血红细胞形成的重要成分
		铁是血红细胞形成的必需元素
		铁对血红蛋白的产生是必需的
4	补充锌	锌是儿童生长发育的必需元素
		锌有助于改善食欲
		锌有助于皮肤健康
5	补充维生素 A	维生素 A 有助于维持暗视力
		维生素 A 有助于维持皮肤和黏膜健康
6	补充维生素 D	维生素 D 可促进钙的吸收
		维生素 D 有助于骨骼和牙齿的健康
		维生素 D 有助于骨骼形成
7	补充维生素 B_1	维生素 B_1 是能量代谢中不可缺少的成分
		维生素 B_1 有助于维持神经系统的正常生理功能
8	补充维生素 B_2	维生素 B_2 有助于维持皮肤和黏膜健康
		维生素 B_2 是能量代谢中不可缺少的成分
9	补充维生素 B_6	维生素 B_6 有助于蛋白质的代谢和利用
10	补充维生素 B_{12}	维生素 B_{12} 有助于红细胞形成
11	补充烟酸	烟酸有助于维持皮肤和黏膜健康
		烟酸是能量代谢中不可缺少的成分
		烟酸有助于维持神经系统的健康
12	补充叶酸	叶酸有助于胎儿大脑和神经系统的正常发育
		叶酸有助于红细胞形成
		叶酸有助于胎儿正常发育
13	补充维生素 C	维生素 C 有助于维持皮肤和黏膜健康
		维生素 C 有助于维持骨骼、牙龈的健康
		维生素 C 可以促进铁的吸收
		维生素 C 有抗氧化作用
14	补充泛酸	泛酸是能量代谢和组织形成的重要成分
15	补充维生素 E	维生素 E 有抗氧化作用

4. 食品强化剂的稳定性

食品强化后,其所含食品强化剂的稳定和保护是关键,这已经成为制约食品强化效果的突出问题。目前,在保护食品强化效果方面主要采用的措施如下:

①改变强化剂的结构。

②改进加工工艺。

③添加稳定剂。

④改善包装和储存条件。

(二)营养素饮料配方举例

1. 强化牛磺酸饮料配方

配方举例见表 5-4。

表 5-4 强化牛磺酸饮料配方举例(以 100 L 成品饮料计)

成分	含量/g	使用原料
牛磺酸	8	牛磺酸
肌醇	8	肌醇
维生素 C	5	维生素 C
烟酸	1	烟酰胺
钾	0.5	氯化钾
泛酸	0.12	泛酸钙
维生素 B_6	0.1	维生素 B_6
维生素 B_{12}	4×10^{-5}	维生素 B_{12}(1%)

牛磺酸是条件性必需氨基酸类营养素,仅含于人乳中。牛磺酸参与糖代谢的调节,能加速糖酵解;能增强心肌收缩力,增加血液输出,同时防止心肌损伤;能保护肝脏,改善内分泌状态,增强人体免疫。由于人体合成这种氨基酸的能力有限,加强补给可使运动能力和抗运动性疲劳能力进一步增加。

肌醇属于 B 族维生素的一种,能促进体内产生卵磷脂,降低胆固醇,有助于去除肝脏中脂肪,帮助体内脂肪的再分配;能预防动脉硬化;是肝脏和骨髓细胞生长所必需的。

烟酸属于 B 族维生素,可影响造血过程,促进铁吸收和血细胞的生成;维持皮肤的正常功能和消化腺的分泌;能提高中枢神经的兴奋性和心血管系统、网状内皮系统与内分泌功能。

泛酸属于 B 族维生素的一种,参与能量代谢、组织呼吸的氧化过程和糖原分解的过程;参与蛋白质、脂肪和 DNA 的合成。

维生素 B_6 属于 B 族维生素的一种,在体内被磷酸化为辅酶形式,参与酶类代谢,在糖类代谢中催化肌肉与肝中的糖原转化;参与氨基酸代谢,并起重要作用;有助于脑和其他组织中的能量转化过程。

维生素 B_{12}属于 B 族维生素的一种,在体内转化为各种辅酶参与碳水化合物、脂肪和蛋白质的代谢;促进红细胞的形成;维护神经系统的正常功能。

2. 强化钙饮料配方

钙的补充对骨骼形成期的少年极为重要;对中老年人来说,钙缺乏会引起骨质疏松症。每人每日钙的需要量根据年龄、性别不同而不同,一般需摄入 600 mg。钙元素的上限为每人 2.5 g/天,人体有自动调节钙平衡的能力,多余的钙质会从粪便排泄,若过多服用会造成浪费。

钙源的选择是生产强化钙饮料的首要问题,必须遵循安全性原则、配伍性原则、高效性原则和经济性原则,从钙含量、溶解度、吸收率或生物利用率、功效价格比、卫生安全指标等方面进行考虑和筛选。常用强化钙补充剂及用量如表 5-5 所示。

表 5-5 常用强化钙补充剂及用量

原料名称	适用范围	适宜人群(年龄)	每日用量(以 Ca 计)/mg	
			最低量	最高量
碳酸钙	所有人群	1～3	120	500
醋酸钙	4 岁以上人群	4～6	150	700
氯化钙	所有人群	7～10	200	800
柠檬酸钙	所有人群	11～13	250	1 000
葡萄糖酸钙	所有人群	11～13	250	1 000
乳酸钙	4 岁以上人群	14～17	200	800
磷酸氢钙	所有人群	成人	200	1 000
磷酸二氢钙	4 岁以上人群	孕妇	200	800
磷酸三钙(磷酸钙)	所有人群	孕妇	200	800
硫酸钙	所有人群	乳母	200	1 000
L-乳酸钙	所有人群	乳母	200	1 000
甘油磷酸钙	4 岁以上人群	乳母	200	1 000
柠檬酸苹果酸钙	4 岁以上人群	乳母	200	1 000

生产富钙功能性果汁饮料中一般应选择那些易溶解、口感好、与饮料中其他成分配伍不发生沉淀、卫生安全性高、成本低的钙源，如醋酸钙、乳酸钙、果酸钙等。果酸钙在果汁中被广泛采用的原因主要是其具有口感好，溶解性能好，酸碱环境稳定，生物学利用率高，可减少铁吸收的障碍等优点。也可以在生产工艺的调配阶段由有机酸与碳酸钙来代替，如柠檬酸、苹果酸，加碳酸钙或氧化钙。富钙果汁饮料参考配方如表 5-6 所示。

表 5-6 富钙果汁饮料参考配方

配料	配方	配料	配方
原果汁	15%	维生素 C 磷酸酯镁	0.04%
蔗糖	3%	柠檬酸	0.02%
低聚果糖	3%	EDTA 铁钠	0.015%
醋酸钙	0.5%	*L*-乳酸锌	0.005%
牛磺酸	0.05%	三氯蔗糖	0.01%
酪蛋白磷酸肽(含量≥85%)	0.04%	天然香料	适量

产品中加入了醋酸钙，可强化钙，低聚果糖可促进钙的吸收；酪蛋白磷酸肽可在小肠环境中与 Ca^{2+}、Fe^{2+} 等矿物质形成可溶性络合物，促进人体的吸收利用；牛磺酸对促进婴幼儿、儿童大脑、身高、视力等的生长发育起重要作用；EDTA 铁钠呈浅黄色，无铁腥味、口感好、易溶于水，可强化铁；*L*-乳酸锌可强化锌，较稳定；抗坏血酸磷酸酯镁强化维生素 C，较稳定；三氯蔗糖作甜味剂，在酸性水溶液中性质稳定。

3. 强化铁饮料配方

铁具有形成血红蛋白的重要功能，铁的缺乏不仅降低血红蛋白的浓度，同时作为细胞含铁酶的成分，对运动时的氧气输送和氧化酶作用的效率有很大影响。临床表明，人体对铁的吸收比钙困难。

食物中的铁可分为两类：一是以 $Fe(OH)_3$ 络合物形式存在于植物中，与其络合的有机分子有蛋白质、氨基酸、有机酸等，这种形式的铁必须事先与有机部分分开，并还原成为亚铁离子才能被人体吸收，阻碍非血红素铁吸收的物质有高浓度的单宁、多酚；促进其吸收的物质有乳酸、柠檬酸等有机酸、维生素 C 和含维生素 C 的果蔬汁。二是血红素铁，是与血红蛋白和肌红蛋白中的卟啉相结合的铁，此种类型的铁不容易受到酸以及磷酸的影响，将会以卟啉铁形式直接被肠黏膜上皮细胞所吸收，其吸收率比起离子铁要高 3 倍，是最容易被吸收的铁质。血液中的血红素铁是目前人类最佳的和最丰富的补铁来源。

研究表明每 100 mL 猪血中血红素铁的含量最高达 40 mg 左右。而每 100 g 瘦猪肉中仅含有 1.6 mg。以猪血为原料，先通过酶解的方法使血红蛋白水解，生成血红素铁，然后分离得到纯度相对较高的血红素铁溶液。并利用此溶液通过调酸、加香精的方法去除血红素铁的血腥味，从而制得色泽、风味和状态较佳的，且具有一定补铁保健功能的铁强化特殊用途饮料。

强化铁饮料参考配方：血红素铁溶液 50%、蔗糖 10%、柠檬酸 0.5%、稳定剂 0.3%、山梨酸钾 0.05%、橘子香精适量。稳定剂选择 0.1%～0.3%的藻酸丙二醇酯或同时添加藻酸丙二醇酯 0.1%～0.2%和蔗糖脂肪酸酯 0.1%～0.2%效果较好。

上述血红素铁溶液的制取方法：

①猪血的预处理。在新鲜猪血中立即加入 0.8%的柠檬酸三钠，1%～0.2%的亚硫酸氢钠，0.7%的维生素 C 和 0.1%的硝酸钠，混匀。

新鲜猪血中含有大量的凝血因子和凝血酶原，在钙离子存在时，凝血因子和凝血酶原被激活而发生作用，使血液凝结成团，变为凝胶状态，影响血细胞的分离，因此，新鲜猪血必须采取抗凝措施。加入 0.8%的柠檬酸及其可溶性盐，柠檬酸能与钙离子形成沉淀，可起到抗凝作用。

正常血液中，只含有少量的高铁血红蛋白，但在氧化剂存在下，如亚硫酸盐、过氧化氢、氯酸盐等，含亚铁血红素就被氧化成高铁血红蛋白，使血红蛋白丧失正常机能。因此，在血液中需要添加一定量的抗氧化剂，如亚硫酸氢钠和维生素 C，以阻止血红蛋白被氧化，并可使血液中少量的高铁血红蛋白被还原。

②离心。用 4 000 r/min 的速度离心 10 min，弃去上层血浆，收集下层红细胞。

③溶血。用超声波处理 5 min，即可完全溶血。也可选用渗透压法溶血，在红细胞中加入 2.5 倍体积的水，搅拌均匀，放置 30 min，靠渗透压的作用使红细胞破裂，达到溶血的目的。最后可用显微镜观察红细胞是否破裂。

④酶解蛋白质。溶血后，用 NaOH 调 pH 至 9 左右，加入 1.2%的碱性蛋白酶，搅匀，在 50 ℃条件下恒温水浴 5 h，然后加热到 80 ℃使蛋白酶失活。

⑤血红素铁溶液的提取。酶失活后，冷却至室温，加 HCl 调 pH 在 4.0 以下，使血红素铁析出，水洗数次，移入另一容器中，再加入适量水，分散后，用 NaOH 调 pH 至 7 附近，进行过滤，即得血红素铁溶液。

二、工艺流程

以一种强化牛磺酸乳饮料的加工为例，生产工艺如图 5-4 所示。以乳粉、蔗糖等为原料制成乳液，然后按比例添加牛磺酸、柠檬酸、苹果酸、柠檬酸钠、天然香精等辅料调配口感，再经过均质后，用微孔过滤器进行过滤，灭菌后，进行无菌灌装、封盖，最后进行检验，检验合格后进行贴标、包装。

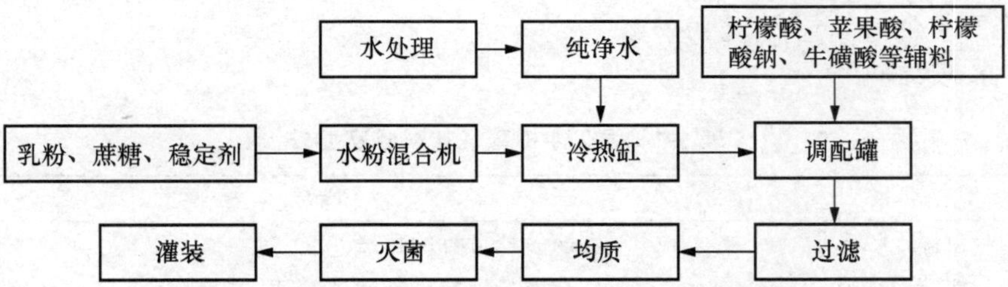

图 5-4　强化牛磺酸乳饮料的加工工艺流程

三、操作要点

(一)生产车间要求

配料车间和灌装车间按无菌车间的要求建造，整个生产过程都要处于无菌密封的环境中。生产开始前和结束后都要用 85 ℃以上热水冲洗所有的器具，包括管道、储存容器和灌装机械。停产超过 48 h 或连续生产 7 天时要进行五步消毒，生产车间的地面要保持清洁、无积水。

(二)原辅料处理

常温下把配方额定的乳粉、蔗糖、复合稳定剂混合均匀，通过水粉混合机混合成糊状，泵入冷热罐。在冷热罐中注入额定用水量 60%的纯净水，加热到 80 ℃搅拌，使泵入物充分溶解，制成乳液。水粉混合机高速旋转的叶片在水流的作用下能防止乳粉和稳定剂在溶解过程中结团。称量各辅料，分别用温水溶解后过滤。

(三)调配

将乳液、各辅料加入调配罐中，不断搅拌，加入纯净水定容至额定刻度。进入均质机前，用微孔过滤机再次过滤掉不溶解的物质。

(四)均质

料液中的脂肪、蛋白质等大分子物质通过均质机时，在纵向和横向剪切力的作用下被破碎细化，并在稳定剂的作用下与水溶液充分混合，均质的效果直接影响产品的稳定性和口感。均质条件为 60 ℃，25 MPa。

(五)灭菌

采用高温瞬时灭菌，灭菌条件为 121 ℃、4 s，料液通过灭菌机时可把料液中的绝大部分微生物杀死，处于无菌状态。杀菌温度一定要控制好，过高易使料液产生褐变，过低则影响杀菌的效果。

(六)灌装

采用无菌灌装，产品经过灭菌达到无菌状态，包装材料和密封容器要无菌，灌装设备达到无菌状态，灌装和封盖要在无菌环境下进行，关键控制点的建立、监测、记录和控制。

四、产品质量标准

(一)感官要求

感官要求见表 5-7。

表 5-7 强化牛磺酸乳饮料感官要求

项目	要求
色泽	呈该品种特有的色泽
气味及滋味	具有该品种应有气味及滋味,无异味
性状	透明,无沉淀
杂质	无肉眼可见的外来杂质

(二)理化要求

理化要求应符合表 5-8 的规定。

表 5-8 强化牛磺酸乳饮料理化要求

项目	指标
可溶性固形物(20 ℃折光计法)/%	>4.5
维生素 B_1/(mg/kg)	2～3
维生素 B_2/(mg/kg)	1～2
维生素 B_6/(mg/kg)	0.4～1.6
维生素 B_{12}/(μg/kg)	0.6～1.8
维生素 C/(mg/kg)	120～240
烟酸/(mg/kg)	3～15
牛磺酸/(mg/kg)	400～600
肌醇/(mg/kg)	60～120
泛酸/(mg/kg)	1.1～2.2
总砷(以 As 计)/(mg/L)	≤0.2
铅(Pb)/(mg/L)	≤0.2
铜(Cu)/(mg/L)	≤5
食品添加剂	按 GB 2760—2014《食品安全国家标准　食品添加剂使用标准》的规定执行

(三)微生物指标

微生物指标应符合表 5-9 的规定。

表 5-9 强化牛磺酸乳饮料微生物指标

项目	指标
菌落总数/(CFU/mL)	≤100
大肠菌群/(MPN/mL)	≤0.03
霉菌/(CFU/mL)	≤10
酵母(CFU/mL)	≤10
致病菌(沙门氏菌、志贺氏菌、金黄色葡萄球菌)	不得检出

五、操作实施

①学生分成3～5人一组，各小组在老师指导下，通过网络教学资源等多渠道查询营养素饮料生产技术的资料。

②各组根据汇总的相关资料，师生共同讨论、分析，用集体智慧完成营养素饮料生产技术方案，制作汇报提纲并选一名代表进行学习汇报交流，并对该方案进行修订。

③学生按照修订后的营养素饮料生产技术方案，按规范要求，独立完成营养素饮料生产任务，最终填写任务考核单，教师在操作实施过程中巡回指导。

任务考核单——营养素饮料的生产

班级：　　　　姓名：　　　　　学号：

项目	实施内容	分值	考核记录(以"√"表示)	备注	得分
准备工作(15分)	清洁卫生	5	能发现并解决卫生问题		
	准备并检查工器具	6	准备本次操作实施所需所有仪器和容器		
			仪器和容器的清洗和控干		
			检查设备运行是否正常		
	原水的选择	4	按照产品类型选择原水		
操作实施(60分)	配方设计	10	配方的设计及科学依据		
	原辅料处理	10	原辅料的处理		
	调配	10	食品添加剂的使用		
	均质	10	均质处理方式		
	灭菌	10	超高温瞬时灭菌的应用		
	灌装	5	灌装方式选择		
		5	灌装工序		
产品评定(15分)	感官要求	5	应具有反映该类产品特点的感官、滋味，不得有异味、异臭和外来杂物		
	理化要求	5	符合相应的理化指标		
	微生物要求	5	符合相应的微生物指标		
文明操作与团队意识(10分)	文明操作	5	清理用物，整理实训室		
	团队意识	5	有团队意识，能相互良好合作		

④学生对完成工作任务的表现进行自评和互评，各小组进行总结、考核及评估，教师做出最后评价，填写教学反馈表。

【知识拓展】

一、其他典型特殊用途饮料生产

(一)能量饮料生产

1. 能量饮料产业发展情况

随着生活节奏的加快，人们面临更大的生活和工作压力，我国主流城市中白领人群亚健康

教学课件

比例增高，过劳状态成为常态。随着健康意识的日益增强，人们更加注重通过日常食用具有供能功能的食品饮料以及加强体育锻炼的方式来促进身体健康。传统品类能量饮料是含有一定能量并添加适量营养成分或其他特定成分，能为机体补充能量，或加速能量释放和吸收起到缓解体力疲劳作用的饮品，一般含有牛磺酸、咖啡因、葡萄糖以及矿物质、维生素等。最早的传统品类能量饮料"红牛维生素功能饮料"于 1966 年诞生于泰国，经过半个世纪的发展，已成为饮料中的热门种类，在世界范围内广泛流行开来。

近年来，随着人们消费观念和饮食喜好的改变，新品类能量饮料如果汁能量饮料、茶/咖啡能量饮料、草本能量饮料、减糖能量饮料市场增长迅速。

2016—2020 年是食品饮料产业从老主流向新主流的过渡时期，主流消费者从"70 后""80 后"换挡到"90 后""00 后"，随着主流消费群体的变化，天然、绿色、健康、低热量的果汁、茶/咖啡、草本、减糖能量饮料新品类逐渐流行。

2. 一种绿茶能量饮料的参考配方

牛磺酸 500 mg/L，赖氨酸 200 mg/L，肌醇 200 mg/L，烟酰胺 40 mg/L，维生素 B_1 2 mg/L，维生素 B_6 4 mg/L，绿茶提取物 550 mg/L，蔗糖 5%，异麦芽酮糖 4%，果葡糖浆 6%，柠檬酸 0.258%，柠檬酸钠 0.06%。

3. 生产工艺

工艺路线图见图 5-5。

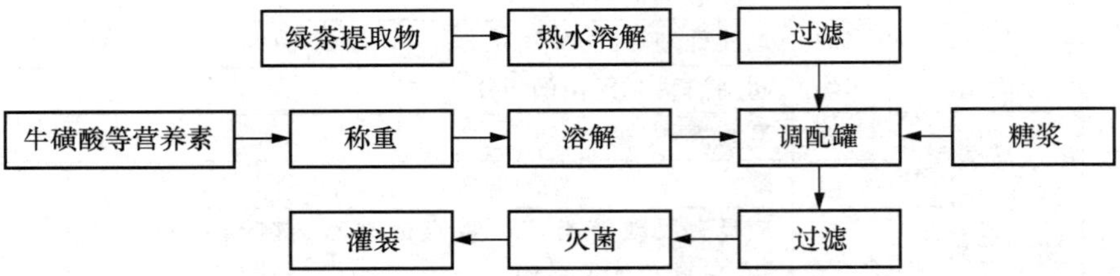

图 5-5　一种绿茶能量饮料的生产工艺

4. 操作要点

(1)绿茶提取物制取方法。绿茶提取物的制取流程如下：绿茶→水相浸提→离心→超滤 1→超滤 2→反渗透→喷雾干燥→速溶绿茶粉。

称取 5 kg 绿茶原料，加去离子水浸提。提取条件如下：料液比为 1∶6，浸提温度为 90 ℃，浸提次数为 2 次，浸提时间为 1 h。

浸提过程中不停搅拌，浸提液先经 15 000 分子量超滤膜分离，截留多糖、蛋白质、胶体等可溶性大分子，然后经不同分子膜进一步分离，最后经过反渗透膜浓缩，实现咖啡碱在速溶绿茶粉中的富集。

(2)称量。牛磺酸、赖氨酸、肌醇、烟酰胺、维生素 B_1、维生素 B_6、绿茶提取物的使用量参照国家食品营养强化剂标准及每日推荐允许摄入量，同时分析国内外市场上相关产品确定用量。

(3)溶解。维生素用 65 ℃软化水热溶，混匀趁热过滤，加入稳定剂和防腐剂备用；糖与甜味剂加 80～85 ℃软化水，搅拌 5 min 左右，完全溶解后经 200 目过滤制糖浆备用；酸味剂加 60～70 ℃软化水，搅拌 5 min 直至完全溶解后经 200 目过滤备用；称取一定量的速溶绿茶粉，加50 ℃软化水，搅拌完全溶解，经200目过滤备用；将所需香料添加60～70 ℃软化水，搅拌5 min直至完全溶解后经200目过滤备用。

(4)调配。调配过程要注意原料的加入顺序，先加入糖浆、色素、柠檬酸钠等进行初步调配，然后加入柠檬酸和香精进行酸味和香味的调整，以防止香气挥发和一些不耐酸的成分在过低的pH下分解，最后加入去离子水定容。

(5)杀菌。灭菌条件为温度95 ℃，维持15 min，或采用高温瞬时灭菌，杀菌温度(110±2) ℃，杀菌时间8 s。

5. 质量标准

(1)感官指标。最终产品色泽金黄色，澄清透明无杂质沉淀，酸甜适口，香味饱满浓郁，饮后余味舒服，无不良后味。具体要求见表5-10。

表5-10　绿茶能量饮料的感官指标

项目	要求
口感风味	整体协调柔和，酸甜适口，爽口清凉，后味绵长，无异味
气味	整体协调，有浓郁饱满的能量饮料香味，饮后舒服，香味持久且无维生素及其他异味
色泽	色泽金黄，感觉良好，均一，瓶口无色素析出
组织状态	清澈透明，无杂质或沉淀析出

(2)理化指标。可溶性固形物含量为13%，饮料pH为3.0。

(二)其他特殊用途饮料配方举例

1. 缓解视觉疲劳特殊用途饮料配方举例

(1)配方一。胡萝卜10份、红薯6份、南瓜3份、橙子8份、柑橘6份、杧果4份、枸杞6份、决明子6份、千里光4份、菊花4份、柠檬酸3份、白砂糖3份。

该配方饮料具有保健、保护视力、缓解视觉疲劳的功能，具体制备方法如下：

①将胡萝卜、红薯和南瓜洗净后去皮并切成小段，再将其倒入研磨机中，并加入1倍体积的纯净水将其研磨成浆，将所得浆液倒入离心机中，以600～800 r/min转速离心10～20 min后将滤液密封静置3～5 h后，取上清液得饮料基液备用；

②将橙子、柑橘和芒果洗净后去皮并切成小块，再将其倒入榨汁机中，以200～400 r/min搅拌榨汁后，加入柠檬酸混合，加热20～30 min，加热温度为60～80 ℃，将所得浆汁置于压滤机中压滤，密封静置3～5 h后取上清液得混合果汁备用；

③将枸杞、决明子、千里光和菊花洗净后切碎，再将其加入煎煮锅内，并加入8倍体积的纯净水，先大火煮至沸腾，再转至小火煎煮2～4 h后，过滤并密封静置2～4 h，取上清液得保健物料备用；

④将上述步骤①、②和③中的饮料基液、混合果汁和保健物料混合，并加入白砂糖于超声振荡仪中在20～30 kHz、50～70 ℃下振荡混合，超声声强为1～2 W/cm^2，超声时间为10～20 min，过滤，密封静置2～4 h后，取上清液得饮料原液备用；

⑤将上述步骤④中的饮料原液置于灭菌箱中80～100 ℃灭菌20～30 min，自然冷却至室温得到产品。

(2)配方二。决明子1 500份、茺蔚子1 500份、蕤仁900份、木贼600份、菊花900份、桑叶720份、菟丝子360份、枸杞子1 500份、夏枯草600份、甘草600份、黄芪600份、党参600

份、白芍 100 份、维生素 B_3 1 份、维生素 A 5 份、糖 5 份、麦乳精 0.1 份。

该配方饮料具有养肝明目、预防假性近视的功效，具体制备方法如下：

①按配方准备原料，然后将决明子、茺蔚子、蕤仁、木贼、菊花、桑叶、菟丝子、枸杞子、夏枯草、甘草、黄芪、党参、白芍切碎或研磨成粉末后混合在一起，加入前述物料 10 倍重量的水，煎煮至沸腾后，改用文火煎煮 3 h，过滤，得到一次滤液和药渣；

②加入药渣 8 倍重量的水，煎煮至沸腾后，改用文火煎煮 2 h，过滤，得到二次滤液；

③将一次滤液和二次滤液混合得到混合液并冷却至室温，将维生素 B_3、维生素 A、糖、麦乳精倒入并充分搅拌。

2. 美容瘦身特殊用途饮料配方举例

(1)一种美容养颜固体饮料配方。胶原二肽 70 份、赤藓糖醇 5 份、玫瑰茄 5 份、红酒粉 0.1 份、针叶樱桃粉 10 份、草莓粉 5 份、低分子量弹力蛋白肽 5 份、三氯蔗糖 0.01 份。

其中，胶原二肽、低分子量弹性蛋白肽为主要功能成分，用于补充皮肤胶原蛋白与弹性蛋白；针叶樱桃粉提供天然维生素 C，促进胶原二肽、低分子量弹性蛋白肽吸收；玫瑰茄、红酒粉与草莓粉，为辅助功能成分，用于抗氧化与抗污染，帮助皮肤排毒，防止皮肤新生成的胶原蛋白与弹性蛋白氧化，同时作为酸味剂与天然香精；赤藓糖醇与三氯蔗糖，为甜味剂。

具体制备方法如下：

①烘干：称取配方所示原料，在 70 ℃下连续烘干 4 h，烘干后水分为 1%，烘干物料厚度 1.5 cm。

②粉碎：温度 18 ℃、湿度 30%条件下粉碎，过筛目数为 80 目。

③混合：温度 18 ℃、湿度 30%条件下混合，混合时间 60 min 后得固体饮料。

饮用时，取胶原弹力蛋白固体饮料 30 g，倒入杯中，加入 200 mL 温水，搅拌均匀后即可饮用；也可将固体饮料加入牛奶、果汁中服用，但与酸度较高时食物搭配时，搅拌后需尽快饮用，以防影响效果；每日两次，可在早餐前与晚休前半小时饮用。

(2)一种左旋肉碱饮料配方。以 250 mL/瓶、100 瓶的量计，包括以下成分：左旋肉碱 120 g、胶原蛋白肽 200 g、硝酸硫胺素 0.25 g、维生素 B_2 0.12 g、维生素 B_6 0.15 g、泛酸钙 0.6 g、牛磺酸 40 g、针叶樱桃果汁 300 g、异麦芽酮糖 250 g、柠檬酸 25 g、*DL*-苹果酸 20 g、甜菊糖苷 3 g、三氯蔗糖 1.25 g、山梨酸钾 5 g、苯甲酸钠 2.5 g、樱桃香精 15 g，余量为纯化水。

该配方饮料是一种左旋肉碱饮料，有抑制脂肪积累、促进脂肪氧化分解，利于减肥等功效。含有易吸收的胶原蛋白，具有增加美容和疲劳恢复的功效。具体制备方法如下：

①按配方称取各原料，备用；

②胶原蛋白水合：向配料罐中加入 15 L 纯化水和胶原蛋白肽，搅拌并升温至 40～50 ℃，直至体系变透明澄清，得胶原蛋白肽预混液；

③向胶原蛋白肽预混液中加入配方量左旋肉碱，开启搅拌使左旋肉碱充分溶解；

④将体系降温至 25 ℃，依次加入维生素 B_1、维生素 B_2、维生素 B_6、泛酸、牛磺酸，搅拌至完全溶解后，再依次加入异麦芽酮糖、针叶樱桃果汁、柠檬酸、*DL*-苹果酸、甜菊糖苷、三氯蔗糖、山梨酸钾、苯甲酸钠、樱桃香精，用纯化水定容至 25 L，剪切搅拌至完全溶解得混合液，静置，400 目筛网过滤；

⑤灭菌：巴氏杀菌，85～90 ℃，3～5 min；

⑥灌装：无菌灌装，250 mL/瓶，封口，灯检合格后包装，得成品。

饮用方法是直接饮用，或加入果汁中摇匀后饮用，用量为每日一瓶。运动日，在运动前30～60 min服用；非运动日，任何时间均可服用，空腹服用最佳。孕妇、哺乳期妇女、儿童及婴儿不宜食用，由于左旋肉碱促进脂肪代谢，服用后宜多补充水分。

3. 专为老人、儿童设计的特殊用途饮料

(1)一种老年人多功能保健饮料配方。按重量比，每份含所述葛根15%、金银花5%、枸杞5%、淫羊藿2%、阳起石1%、骨碎补2%、人参2%、黄芪3%、茯苓3%、红枣3%、银耳2%、罗汉果2%、虾壳4%、杜仲4%、鱼骨6%、麦芽糊精3%、蜂蜜3%、纯净水35%。制成的饮料具有增加免疫力，补充钙，预防老年人骨质疏松症，有效消除体内毒素，促进新陈代谢，降血压，舒活筋骨等功能，可提高老年人身体素质，尤其适合老年人饮用。具体制备方法如下：

①按配方称量原料，将除麦芽糊精、蜂蜜以外的原料，加入5倍量水，在容器中煮沸，直至剩余1倍量水；

②然后进行过滤，除去渣滓，得到滤液，静置澄清后，取上清液备用；

③在上清液中加入麦芽糊精、蜂蜜混合均匀即得成品。

(2)一种用于儿童肠绞痛、腹泻、修复肠道的益生菌保健饮料配方。每10 mL益生菌保健饮料中含有10 g中链甘油三酯和0.816 7 g混合益生菌，混合益生菌由质量百分比为20%植物乳杆菌N13、10%长双歧杆菌BL21、20%鼠李糖乳杆菌$LRaO_5$、5%嗜酸乳杆菌、10%乳双歧杆菌、35%罗伊氏乳杆菌组成。混合益生菌活菌量为3×10^{10} CFU/g。

该配方饮料选用的双歧杆菌是婴儿出生后最先在肠内定植并占优势菌种，有益于其胃肠道健康。添加鼠李糖乳杆菌，可提高双歧杆菌在婴儿体内的定植。该益生菌保健饮料适合婴幼儿服用，可缓解肠绞痛、腹泻痛苦，帮助修复肠道消化功能。具体配料的功能如下：

①植物乳杆菌：有一定的免疫调节作用，对致病菌有抑制作用，维持肠道内菌群平衡，促进营养物质吸收，缓解乳糖不耐症；

②长双歧杆菌：是属于双歧杆菌属中的一种细菌。长双歧杆菌取自健康人体肠道，筛选出完全适合人体的菌株，具有调节肠道健康的功效；

③鼠李糖乳杆菌：具有调节肠道菌群、预防和治疗腹泻、排除毒素、预防龋齿、提高机体免疫力等生理保健功能；

④嗜酸乳杆菌：具有促进钙铁吸收，调整肠道菌群，增强免疫力，改善睡眠等作用；

⑤乳双歧杆菌：可以通过调整肠道菌群，并通过产生乙酸、乳酸等短链脂肪酸来抑制肠道腐败菌的生长和有毒代谢产物的形成，刺激肠蠕动，从而减少水分的过度吸收而缓解便秘症状；可通过调整肠道正常菌群，抑制肠道许多腐败菌生长；

⑥罗伊氏乳杆菌：对肠黏膜具有很强的黏附能力，可改善肠道菌群分布，拮抗有害菌定植，提高免疫力从而促进人体健康；

⑦中链甘油三酯：是由碳链长度6～12的饱和中链脂肪酸组成的甘油三酯。医药行业中常用作溶剂、载体和乳化剂，也可以作为食品行业中香精、色素和维生素的溶剂，其具有不易被胃酸分解，易在肠道中水解的特性。天然存在于棕榈仁油、椰子油等食品和母乳中，是膳食脂肪的来源之一。

二、饮用特殊用途饮料需“对号入座”

特殊用途饮料有别于普通饮料，是适合特定人群或特定条件下饮用的，不是任何情况下适合于任何人饮用的饮品。在挑选功能性饮料的时候，根据饮料上所注明的成分，各种营养素的不同，依照成分补充身体所需，可以达到相应的效果。但如果身体很健康、正常，或是没有体力消耗，喝这些功能性饮料没有太多的实际意义。甚至一些特殊群体不适合饮用某些特殊用途饮料。例如一些特殊用途饮料中含有咖啡因等刺激中枢神经的成分，儿童不宜饮用。因此，选用特殊用途饮料时应"对号入座"。

①多糖饮料，含有的膳食纤维可以起到调节肠胃的作用。此类饮料一般在饭前或饭后喝，能帮助消化，排除体内毒素，适宜便秘患者和减肥人群。

②维生素、矿物质饮料，可以补充人体所需的维生素和矿物质，增强免疫功能和身体素质，其中的抗氧化成分还能清除人体内的垃圾，起到抗衰老的作用。维生素饮料适合所有人；矿物质饮料，尤其是含抗疲劳成分的矿物质饮料，只适合容易疲劳的成人，不宜给儿童饮用。

③运动平衡饮料，能及时补充人体因为大量运动、劳动出汗所损失的水分和电解质，可以补充能量，恢复活力。适宜体力消耗后的各类人群，儿童不宜，高血压病人慎用。

【项目小结】

本项目介绍了特殊用途饮料的定义及分类，其中常见的主要功能成分和生产工艺。按照设计配方、组建生产工艺线、明确操作要点、参照产品质量标准组织教学内容，重点介绍了运动饮料生产技术、营养素饮料生产技术。在知识拓展部分介绍了能量饮料的生产，列举了其他特殊用途饮料配方，并对特殊用途饮料的适用人群进行了简要说明。在实际生产中，还需了解特殊用途饮料生产所选用原料的保健特性，科学设计饮料配方，从原料特点出发，确定生产工艺和关键控制点。

【项目测试】

一、单选题

1. 在 GB 15266—2009《运动饮料》中规定：在直接饮用产品中，抗坏血酸含量不超过(　　)。

A. 100 mg/L　　B. 120 mg/L　　C. 140 mg/L　　D. 160 mg/L

2. 在一款低聚麦芽糖运动饮料配方中，包含有氯化钾，其作用是(　　)。

A. 补充维生素　　D. 甜味剂　　C. 补充电解质　　D. 加速糖代谢

3. 一般情况下，营养强化剂的具体添加量以相当消费对象对该营养素正常供给最高标准的(　　)为宜。

A. 1/4～1/3　　B. 1/4～1/2　　C. 1/3～1/2　　D. 1/2～1

二、判断题

1. 植物性原料中的功能性成分常采用萃取法来提取。(　　)

2. 动物性原料中的功能性成分常采用萃取法来提取。(　　)

3. 要迅速补充水分，可以设计运动饮料与人体体液的渗透压相同。(　　)

4. 特殊用途饮料有别于普通饮料，是适合特定人群或特定条件下饮用的，不是任何情况

下适合于任何人饮用的饮品。(　　)

三、多选题

1. 特殊用途饮料的功能有(　　)。

A. 增强免疫力　B. 调节生理活动　C. 预防疾病　D. 治疗疾病

E. 促进健康

2. 膳食纤维的生理功能有(　　)。

A. 具有饱腹感,预防肥胖症　B. 调节血糖水平,利于糖尿病患者

C. 降低血脂　D. 抑制有毒发酵产物,润肠通便,预防结肠癌

E. 调节肠道菌群

3. 功能性低聚糖的生理功能有(　　)。

A. 很难或不被人体消化吸收,所提供的能量值很低甚至为零

B. 可降低血糖　C. 不会引起牙齿龋齿,有利于保持口腔卫生

D. 活化肠内双歧杆菌并促进其生长繁殖　E. 具有膳食纤维的部分生理功能

4. 提高萃取效率的措施有(　　)。

A. 增加接触面积　B. 适当粉碎固体原料

C. 选择合适的萃取温度　D. 多次或连续长时间萃取

E. 采用热回流、超声波、微波、超高压、超临界等多种辅助手段

5. 饮料中添加牛磺酸的作用是(　　)。

A. 牛磺酸参与糖代谢的调节,能加速糖酵解

B. 能增强心肌收缩力,增加血液输出　C. 防止心肌损伤

D. 能保护肝脏,改善内分泌状态　E. 增强人体免疫

四、思考题

1. 什么是特殊用途饮料？简述特殊用途饮料的分类。

2. 特殊用途饮料的功能因子有哪些？

3. 特殊用途饮料常用的营养强化剂有哪些？

项目六

茶（类）与咖啡（类）饮料生产技术

【教学目标】

1. 知识目标

①了解茶（类）与咖啡（类）饮料的种类，了解茶与咖啡的营养价值；

②熟悉茶（类）与咖啡（类）饮料的生产技术；

③熟悉典型茶（类）与咖啡（类）饮料生产技术。

2. 能力目标

①能制作茶（类）与咖啡（类）饮料；

②能根据国标对茶（类）与咖啡（类）饮料进行评价；

③能分析解决茶（类）与咖啡（类）饮料生产中常出现的质量问题。

3. 素质目标

①培养学生正确恪守职业道德，具有较强的质量安全、规范操作、竞争和诚信意识；

②培养学生具有科学严谨、爱岗敬业、勤学好问、善于思考的精神；

③培养学生具有良好的沟通展示、信息获取、策划与创新发展能力和团队合作互助的精神。

【项目描述】

本项目主要介绍茶（类）与咖啡（类）饮料的生产技术，阐述生产所需要的主要材料、工艺流程、操作步骤等内容。引入国家产品质量标准，通过具体工作任务的实施，指导生产人员如何完成茶（类）与咖啡（类）饮料的生产过程。

【思维导图】

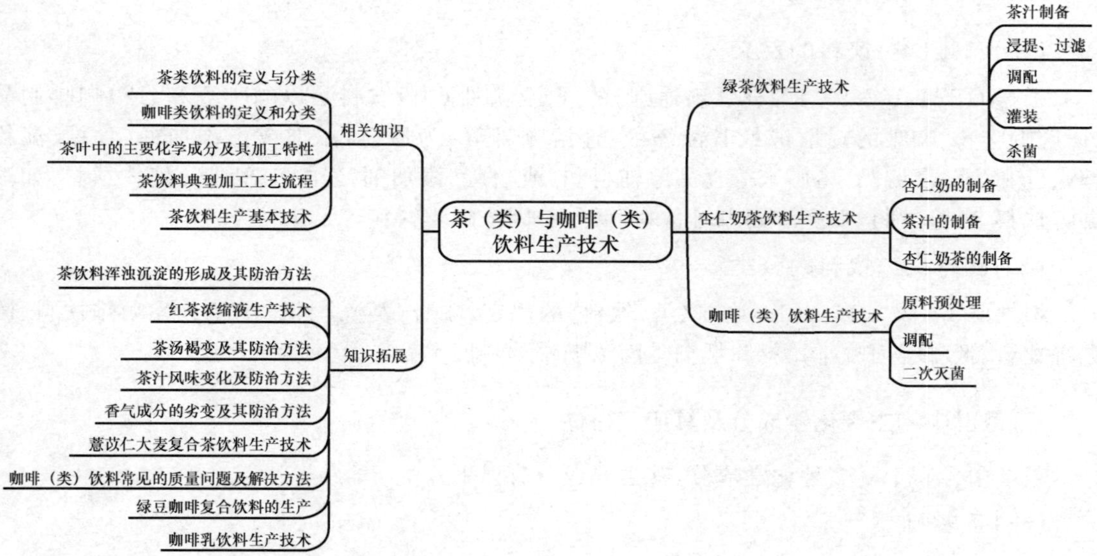

【相关知识】

一、茶(类)饮料的定义与分类

(一)茶(类)饮料的定义

根据 GB/T 10789—2015《饮料通则》的规定，茶(类)饮料是以茶叶或茶叶的水提取液或其浓缩液、茶粉(包括速溶茶粉、研磨茶粉)或直接以茶的鲜叶为原料，添加或不添加食品原辅料和(或)食品添加剂，经加工制成的液体饮料，如原茶汁(茶汤)/纯茶饮料、茶浓缩液、茶饮料、果汁茶饮料、奶茶饮料、复(混)合茶饮料、其他茶饮料等。

教学课件

(二)茶(类)饮料的分类

根据 GB/T 21733—2008《茶饮料》的规定，茶饮料按产品风味分为四类。

①茶饮料(茶汤)以茶叶的水提取液或其浓缩液、茶粉等为原料，经加工制成的，保持原茶汁应有风味的液体饮料，可添加少量的糖和(或)甜味剂。

②调味茶饮料以茶叶的水提取液或其浓缩液为原料，加入可食的配料、糖和(或)甜味剂、使用酸味剂、食用香精等的一种或几种调制而成的液体饮料。

③复(混)合茶饮料以茶叶和植(谷)物的水提取液或其浓缩液、干燥粉为原料，加工制成的，具有茶与植(谷)物混合风味的液体饮料。

④茶浓缩液采用物理方法从茶叶水提取液中除去一定比例的水分经加工制成，加水复原后具有原茶汁应有风味的液态制品。

二、咖啡(类)饮料的定义与分类

(一)咖啡(类)饮料的定义

根据 GB/T 10789—2015《饮料通则》的规定，咖啡(类)饮料是以咖啡豆和(或)咖啡制品(研磨咖啡粉、咖啡的提取液或其浓缩液、速溶咖啡等)为原料，添加或不添加糖(食糖、淀粉糖)、乳和(或)乳制品、植脂末等食品原辅料和(或)食品添加剂，经加工制成的液体饮料，如浓咖啡饮料、咖啡饮料、低咖啡因咖啡饮料、低咖啡因浓咖啡饮料等。

(二)咖啡(类)饮料的分类

根据 GB/T30767—2014《咖啡(类)饮料》的规定，咖啡(类)饮料按产品分为咖啡饮料、浓咖啡饮料、低咖啡因咖啡饮料和低咖啡因浓咖啡饮料四类。

三、茶叶中的主要化学成分及其加工特性

茶叶中含有 500 多种化学成分，其主要成分有以下八类。

(一)茶多酚

茶多酚是茶叶中多酚类物质的总称，茶树鲜叶嫩度不同，茶多酚含量差别很大。夏季茶多酚含量较高，春季较低。其他如品种、土壤、气候、栽培、管理等条件都影响茶多酚含量。茶叶中含有 20%～30%的茶多酚，是茶叶化学组成中含量最多的可溶性成分，约占可溶性物质的 60%，对茶汤的影响很大。

茶多酚具有收敛作用和涩味，使茶产生涩味和苦味。它易溶于热水，能使蛋白质、生物碱生成不溶性物质。另外，茶多酚还有很强的还原性，在空气中易被氧化，氧化缩合的产物为无味的红色或棕色物质(茶黄素、茶红素和茶褐素等)。茶多酚对活性氧自由基有很强的清除作用，其清除能力比维生素 E 和维生素 C 强得多，而且其体外抗氧化能力也高于人工合成的抗氧化剂 BHA(丁基羟基茴香醚)和 BHT(二丁基羟基甲苯)。同时，茶多酚还具有止渴、解毒、杀菌作用，能增加人体微血管壁的抵抗力，增强抗坏血酸的累积和同化，即具有与维生素 P 相同的重要生理功能。

茶叶中茶多酚的含量对茶叶特别是红茶的颜色、滋味、香气的质量特性具有决定性作用。红茶中茶多酚含量高时，汤色浓，滋味和香气也浓，这是因为在发酵过程中，茶多酚被氧化，涩味减少，同时产生了红茶特有的汤色和滋味。茶多酚在发酵过程中氧化成茶黄素、茶红素和茶褐素等一系列有色化合物，这些氧化物对茶汤色泽和品质有重要作用。茶褐素是茶多酚高度氧化的聚合产物，它会使茶汤变暗，味淡薄，其含量与红茶品质成反比。

(二)生物碱

茶叶中的生物碱有咖啡碱、可可碱及茶叶碱等黄嘌呤类衍生物，其中绝大部分是咖啡碱，占茶叶干重物质的 2.5%～5.5%，其余两种仅少量存在。生物碱是茶叶中重要的一类生理活性物质，茶叶冲泡时有 80%的咖啡碱可被热水浸出。咖啡碱具有兴奋神经中枢、消除疲劳、提高思维效率、强心、利尿、助消化等作用。

咖啡碱在茶汤中主要呈苦味，在制茶过程中会与多元酚类结合产生一种宜人滋味和香气的复合化合物，不但使多元酚类的收敛性降低，而且咖啡碱的苦味也减轻，是构成茶汤滋味的重要成分。

咖啡碱可与茶黄素和茶红素结合，产生一种不溶性胶质沉淀物，即所谓茶乳。如果茶红素的含量高，则茶乳容易沉降。夏、秋茶的咖啡碱含量较春、冬季的高，茶汤味涩，品质较差。鲜叶中嫩叶的咖啡碱比老叶含量高。茶叶中咖啡碱的含量除了与鲜叶的嫩度有关外，还与品种、季节有关，一般是大叶种比小叶种含量高。

(三)矿物质

茶叶中含有30余种矿物质，包括人体必需的7种大量元素和34种微量元素，是自然界中含矿物质较全面的植物，具体含量见表6-1。茶叶中矿物质含量达4%～7%，其中50%～60%可溶于热水，能够被人们所利用。

表6-1 茶叶中主要矿物质含量

种类	茶叶中含量/%	种类	茶叶中含量	种类	茶叶中含量
钾	1.6～2.5	铁	0.05%～0.15%	碘	微量
钙	0.2～0.8	锌	20～65 mg/kg	镍	3.01～8.87 mg/kg
磷	0.4～0.9	铜	15～30 mg/kg	矾	0.56～1.11 mg/kg
镁	0.2～0.5	锰	0.04%～0.13%	硅	微量
硫	0.006～0.2	钼	4～7 mg/kg	氟	0.02%～0.17%
钠	0.005～0.2	铬	2～3 mg/kg	锡	微量
氟	0.005～0.1	钴	0.2～0.69 mg/kg	硒	0.009～0.96 mg/kg

(四)碳水化合物

茶叶中碳水化合物的含量为20%～30%，大多数是非水溶性多糖类，能被沸水冲泡出来的糖类不过4%～5%，其中淀粉对茶汤的品质没有贡献，但会引起茶汤浑浊，以及可溶性果胶可引起茶汤沉淀等，通常人们认为茶(类)饮料是低热能饮料。

(五)蛋白质和氨基酸

茶叶中蛋白质含量为15%～30%，但在茶叶冲泡时能溶于水中的仅3%～5%，其余绝大部分滞留在茶渣中不能为人们利用。由于蛋白质很少溶于茶汤内，与茶的营养价值关系不大，但茶叶中的蛋白质与红茶发酵的关系密切，蛋白质可以降低茶的苦涩味。

茶叶中含有20多种氨基酸，包括人体必需的8种氨基酸，嫩茶叶中氨基酸含量为2%～5%。茶的鲜爽甘甜来自氨基酸，饮茶虽然为人们提供的氨基酸数量并不多，但是种类较多，这对人体还是有益的。

(六)维生素

茶叶中含有多种维生素，有维生素A、维生素C、维生素B_1、维生素B_2、维生素B_3、维生素B_5、维生素E、维生素K、维生素H、维生素P和肌醇等。维生素的含量一般是绿茶多于红茶。

茶叶中维生素C的含量因茶类不同而有很大的差异。绿茶含维生素C较高；红茶由于加工过程中经过发酵，所以维生素C损失较多。茶叶中的B族维生素类全都溶于热水，浸出率几乎可达百分之百。各种维生素在茶叶中的含量见表6-2。

(七)芳香物质

芳香物质的主要作用是呈现茶(类)饮料特有的风味。在茶叶浸提过程中，一部分香气物质可溶于热水中，一部分香气物质则呈气态挥发。

表 6-2 茶叶中维生素及其含量 mg/kg

品种	维生素 C	维生素 B_1	维生素 B_2	烟酸	叶酸	泛酸	生物素
绿茶	1 000～5 000	1.34	10.50	62	0.043	9.3	0.50
红茶	180～400	1.35	12.66	75	0.076	12.6	0.83

茶叶中香气物质对温度十分敏感，在茶(类)饮料加工过程中，特别是杀菌过程中，香气物质发生了复杂的化学变化，会造成茶(类)饮料香气严重恶化。经高温杀菌后，乌龙茶和红茶(类)饮料的香气成分呈现出减少的趋势，且含量和比例发生了较大的变化，失去新鲜及花香风味，形成了不愉快的“熟汤味”，绿茶(类)饮料经高温杀菌后，“甘薯味”明显，因而，茶(类)饮料加工应尽可能减少热处理时间，采用超高温瞬间灭菌技术非常必要。

(八)茶叶色素

茶叶色素的含量占干物质的 1%左右，主要有叶绿素 0.3%～0.8%、叶黄素 0.1%～0.2%、类胡萝卜素 0.01%～0.07%、黄酮类物质以及花青素、茶多酚的氧化产物。

总之，茶叶中化学成分依不同的品种、产地、储存时间、加工方法、季节等因素，其组成成分的含量和比例有很大的不同，正确地选择茶叶原料，是茶(类)饮料加工的关键技术之一。茶叶中主要物质与风味品质的关系见表 6-3。

表 6-3 茶叶中主要物质与风味品质的关系

成分	色	香	味
多酚类	儿茶素为无色物质，易氧化而呈色；黄酮类为黄色或黄绿色色素；茶黄素呈黄色，茶红素呈红色，茶褐素呈褐色；花色素在不同 pH 条件下呈不同颜色	儿茶素是茶香的传递体，茶黄素对茶香有一定贡献	简单儿茶素滋味醇和，复杂儿茶素有较强苦涩味和收敛味；茶黄素影响茶汤的浓度、强度和鲜爽度，有一定的收敛性；茶红素影响茶汤浓度，具甜醇、酸味的口感；茶褐素过多则使茶汤味淡
氨基酸	能与茶多酚、咖啡碱、茶黄素和茶红素等形成沉淀	可转化为香气成分，茶氨酸具有焦糖香味	主要使茶汤呈鲜爽味，缓解茶的苦涩味，不影响茶的收敛性
生物碱(主要是咖啡碱)	与蛋白质、茶多酚、氨基酸等形成沉淀	提高人对茶香的敏感性	茶汤苦味的主要贡献者，具刺激性
可溶性糖	可通过美拉德反应生成褐色色素，影响茶汁的色泽	参与形成茶的焦糖香、板栗香、甜香	茶汤甜味贡献者，增加浓厚感，调节滋味
芳香物质		对茶香起决定作用	有增益茶味功效
维生素	B 族维生素影响茶汁色泽	茶香单体转化为维生素、使香气品位降低	有增益茶味功效
蛋白质	形成沉淀	—	降解为氨基酸，可增加风味

四、茶饮料典型加工工艺流程

茶(类)饮料的生产工艺流程基本相同,根据各类型茶(类)饮料不同的风味、品质和包装容器,其工艺流程稍有差别。几种典型的茶饮料加工工艺流程如下。

(一)茶抽提液

水→水处理→去离子水→茶叶→热浸提→过滤→冷却→调配→过滤→加热灌装→密封→杀菌→冷却→检验

(二)PET瓶装茶饮料

去离子水→茶叶→热浸提→茶抽提液→过滤→加热→UHT杀菌→冷却→无菌灌装(无菌PET瓶)→封口(无菌瓶盖)→冷却→贴标→检验→装箱→成品

(三)易拉罐纯茶饮料

去离子水→茶叶→热浸提→冷却→过滤→调配→加热→灌装→封口→杀菌→冷却→检验→装箱→成品

(四)罐装绿茶饮料

绿茶→热浸提→过滤→调和→加热(90～95 ℃)→灌装→充氮→密封→杀菌→冷却→包装→检验→成品

五、茶饮料生产基本技术

(一)浸提

浸提是将热水加入茶叶中,使茶叶中各种可溶性成分溶出的过程。经过提取后含有各种茶叶可溶性成分的溶液,称为茶汁或茶汤,它是茶(类)饮料生产的基础。茶汁的品质是茶(类)饮料生产中最重要的因素,因而对提取工艺、提取设备的要求就显得非常重要。

1. 茶叶原料

用于茶(类)饮料的茶叶原料主要是红茶、乌龙茶和绿茶,其中以红茶居多,其次为乌龙茶。采用不同品种的原料制成的饮料在风格上也有所不同,浸提时采用的工艺条件也会有所不同。选用原料时应注意满足制作饮料的要求,并且应符合相应的产品标准及卫生标准要求。

购入的茶叶原料要注意储存,储存不当会产生不良气味,甚至引起变质。导致茶叶变质的主要原因是氧化作用,高温和日光照射的环境会加速茶叶品质劣化,产生陈茶味等异味。儿茶素氧化导致汤色及滋味变化,同时茶叶中的抗坏血酸氧化形成脱氢抗坏血酸,与氨基酸反应会形成褐色成分。储存过程中防止茶叶氧化的方法有采用真空包装或充氮包装、脱氧剂包装,同时最好冷藏。

2. 浸提用水

因此生产茶(类)饮料应使用活性炭和离子交换树脂处理的水,一般使用去离子水即可。水的pH对茶汁色泽有一定影响,一般使用pH 6.7～7.2的水浸提,在较高pH(碱性)条件下,茶汁颜色呈红褐色。用去离子水萃取茶叶前最好先加热煮沸除去水中的游离氧，以防止游离氧引起茶叶内所含成分的氧化和汤色的褐变。

一般茶水比为 1∶100，即茶叶浓度为 1%时最适合消费者口味，但是在实际生产中考虑到生产动力消耗的问题，一般按 1∶(8～20)的比例生产浓缩茶，在配制茶(类)饮料时再稀释。

3. 提取水温和时间

茶叶中含有几十种可溶性化学成分，如茶多酚、咖啡碱、茶黄素、茶红素等，这些化合物的分子量大小、极性、溶解性能均不同，因而在热水中的浸出速率也不同。茶叶可溶性成分及主要化学成分的浸出率随浸出温度和时间的增加而增加。

在较高的水温下，茶叶中茶多酚的浸出速率也较快。但是采用长时间的高温条件提取，易造成茶叶可溶性化学成分的高温氧化及聚合作用，导致提取液色泽褐变，香味熟化，且容易形成茶乳。但在低温时，呈色物质可能不能被浸出，茶汤的色泽较浅，因此要根据茶叶种类选择合适的温度。

4. 搅拌

在茶叶提取过程中，对流体进行搅拌，可增加溶质的扩散速率，减少茶叶颗粒表面质量传递阻力。采用逆流连续萃取装置用于茶叶的提取，就是利用固定相(茶叶)和流动相(水溶液)的相对连续流动，从而减少茶叶颗粒表面质量传递阻力，有利于提高茶叶内含物的提取率。

5. 添加外源酶

用单宁酶或单宁酶-纤维素酶、单宁酶-果胶酶处理茶叶，然后再进行提取，可显著地提高茶叶可溶性物质的提取率，并显著降低提取液中不溶性物质的含量。

(二)过滤

茶浸出液的过滤常常采用多级过滤的方式，逐步去除茶汁中的固体颗粒物质，达到澄清透明的目的。

1. 粗滤

粗滤的主要目的是去除粗大的茶叶颗粒，在生产中常采用双联过滤器、板框过滤机(用帆布、绢布、尼龙等)。经粗滤后，茶汁仍呈现浑浊状态，静置后会出现明显的沉淀物。因此，需进一步进行精滤作业。

2. 微滤

通过采用较高精密细小孔径的过滤介质，去除茶汁中粒径>0.05 μm 的微粒子，使茶汁达到澄清透明的目的。其方式有管式微孔精滤过滤器、板框式微滤过滤机等过滤设备。

管式微孔精滤过滤器由采用不同高分子聚合物材质的精密微孔滤膜折叠而成的筒式滤芯组成。该滤芯具有过滤面积大、阻力小、流速快、孔径均匀、更换方便的优点。

板框式微滤过滤机是选用精密介质进行微滤的一种方式。微孔过滤介质包括常用的醋酸纤维膜和精密滤纸板(澄清纸板)。碳酸纤维微孔滤膜的直径有 0.22～1.2 μm 等多种规格，可分离液体中的微粒甚至细菌等悬浮物质；该种材料精密度高、过滤效果好，但材质极薄，因此板框过滤机在使用时需有支撑材料覆盖，以免被加压时撕破。澄清纸板是一种具有机械强度高、耐高温、耐酸碱和澄清过滤效果好的一种过滤介质，用于茶汁饮料的过滤，其效果也非常好。

3. 超滤

超滤是一种利用半透膜作过滤介质，以截留溶液中大溶质分子的操作，主要用于去除茶汁中大分子化学成分，如蛋白质、果胶、淀粉以及其他大分子的聚合物。一般超滤作业分离的物质的相对分子质量为 1 000～300 000,分子的颗粒度为 0.001～0.15 μm。

(三)浓缩

为提高品质,茶汁的浓缩最好采用反渗透法。为了保持一定的通量,常在茶汁中加入 5～10 g/L 的纤维素粉,然后一起与茶汁进入反渗透浓缩系统中。纤维素会吸附茶汁中的部分香味物质,影响茶汁风味,因此可以先用部分茶汁浸渍待用的纤维素并反复使用,达到既实用又经济的目的。

(四)调配

调配的目的:使固形物含量、pH 和茶多酚含量等指标达到规定值。

1. 无糖茶饮料

无糖茶饮料极易氧化褐变,并改变茶饮料的风味,因此调配时需要加入一些抗氧化剂。常用的抗氧化剂是维生素 C 及其钠盐,也可使用异构抗坏血酸及其钠盐,同时配合适量的聚磷酸盐作金属封锁剂。如茶饮料偏酸,则需调整 pH,一般使用碳酸氢钠等调整剂,将 pH 调整至 6 左右。在滋味允许的前提下,宜将 pH 调低一些,这样既有利于保持茶饮料中儿茶素等成分的稳定性,还具有防止微生物滋长的作用。

2. 加糖茶饮料或风味茶

需要添加蔗糖或果葡糖浆、酸味剂、香料和果汁等。为了提高茶饮料稳定性,防止在储藏中出现浑浊和沉淀现象,可在茶汁中添加 0.01%左右的羧甲基纤维素或海藻酸钠作稳定剂。

3. 奶茶饮料

奶茶饮料的调配可按以下顺序进行:

①在茶汁中加入糖浆;

②加酸味调节剂;

③加溶解好的乳化剂;

④加入牛乳;

⑤加香精。

典型的乳化剂为蔗糖脂肪酸酯,不仅有乳化作用,还可以防止耐热性芽孢杆菌导致的腐败现象。调配完成后要进行均质。

(五)灌装

茶(类)饮料一般采用热灌装方式,包装容器有金属罐、PET 瓶和玻璃瓶。

无菌灌装采用常规 PET 瓶盖代替耐热 PET 瓶盖,不需要恒温循环系统、倒瓶杀菌和喷淋冷却等装置,可大大降低生产成本。采取常温灌装,避免了茶(类)饮料的高温氧化所引起的颜色改变和产品中有效成分的损失,使其口感更宜人清爽,所以与热灌装相比,无菌灌装具有较大的优势。

(六)杀菌

茶饮料含有丰富的营养成分,无糖类茶饮料和不含乳的红茶饮料属于 pH 为 6.0 左右的低酸性饮料,微生物极易生长繁殖,必须杀菌处理。

采用不同包装的茶(类)饮料其灭菌操作也有差别。用 PET 瓶或纸包装的产品,采用先灭菌后灌装封口的工艺流程;用易拉罐包装的产品,采用先灌装再灭菌的工艺流程。

一般茶饮料罐头采用 121 ℃、10 min 以上杀菌强度的杀菌或采用 131 ℃、30 s 的超高温瞬时杀菌，如果采用常规加热杀菌，则产品色泽会加深，而且会产生熟汤味。

近年来研究了超高压杀菌法。试验表明，茶饮料采用 70 ℃温度、300 MPa、20 min 的杀菌条件是适宜的。超高压杀菌技术对儿茶素、咖啡因、氨基酸含量及香味基本没有影响，其香气成分组成，总体上能保持平衡，感官上也能保持茶的新鲜芳香，比常规加热杀菌优越得多。

任务 1　绿茶饮料生产技术

【任务设计】

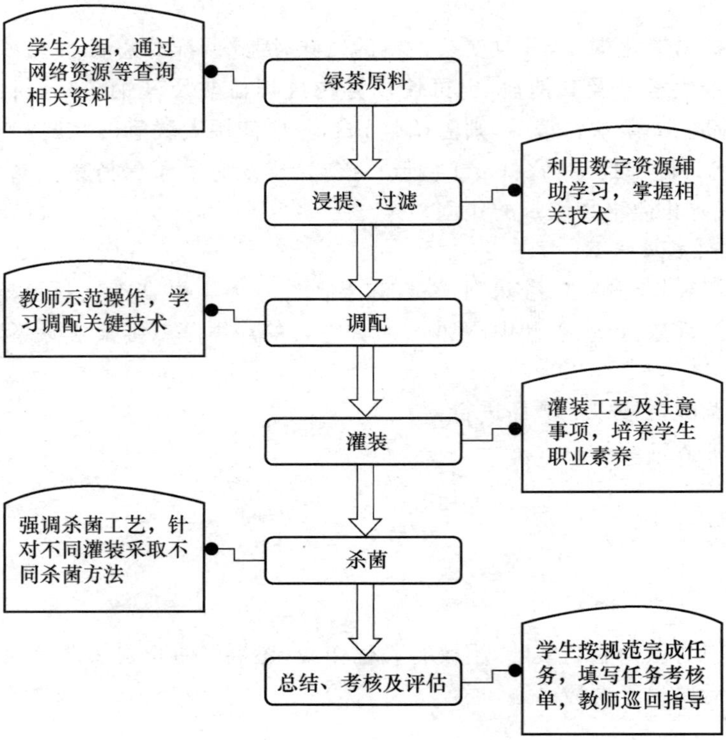

【任务实施】

茶起源于我国，是我国的传统饮品，其种植和引用已有上千年的历史。我国是世界上产茶大国，也是茶的消费大国。我国工业化茶饮料生产始于 20 世纪 80 年代末，采用绿茶浸提得到提取液，经科学加工配方而成的饮料为绿茶饮料。绿茶采取茶树的新叶或芽，未经发酵，经杀青、整形、烘干等工艺而制作的，保留了鲜叶的天然物质。绿茶的加工，简单分为杀青、揉捻和干燥三个步骤，其中关键在于杀青。鲜叶通过杀青，酶的活性钝化，内含的各种化学成分，基本上是在没有酶影响的条件下，由热力作用进行物理化学变化，从而形成了绿茶的品质特征。

该任务主要依据 GB/T 21733—2008《茶饮料》实施。

一、主要材料

绿茶、山梨糖醇、蔗糖、维生素 C、碳酸钙。

二、工艺流程

碳酸钙溶液　　　糖、山梨糖醇及维生素 C
↓　　　　　　　　↓
绿茶→浸提→过滤→茶汁→调配→杀菌→装罐→封口→贴标→打码→成品

三、操作步骤

(一)茶汁制备

作为绿茶(类)饮料用水,除符合国家饮用水卫生标准外,还必须经过严格处理,去除金属离子。因为绿茶中的酚类物质含量较高,与金属元素特别是铁元素接触,会产生沉淀,影响质量。按茶水比为 1∶80 的比例冲入 90 ℃的去离子水(添加有 0.04%的碳酸钙),浸泡 5 min。

(二)过滤

浸提后茶液先用不锈钢的茶滤器过滤,去除茶渣后,再以纸板过滤器或滤膜过滤,以除去茶汤中的微粒、杂质和浑浊物,使茶汤清亮。

(三)调配

按配方向茶汁中加入蔗糖、山梨糖醇及维生素 C,充分搅拌至全部溶解。配方:绿茶 35 kg,山梨糖醇 50 kg,蔗糖 65 kg,维生素 C 1.5 kg,碳酸钙适量。

(四)杀菌

通过 UHT 机 137 ℃、30 s 杀菌,冷却至 80 ℃以备灌装。

(五)装罐

杀菌后的茶汤送至包装机无菌灌装,经贴标、打码制成产品。

四、产品质量标准

GB/T 21733—2008《茶饮料》中规定了茶饮料的相关产品质量标准与要求。

(一)感官指标

具有该产品应有的色泽、香气和滋味,允许有茶成分导致的浑浊或沉淀,无正常视力可见的外来杂质。

(二)理化指标

茶饮料的理化指标要求见表 6-4。

(三)微生物指标

茶饮料的微生物指标要求见表 6-5。

表 6-4 茶饮料的理化指标要求

<table>
<tr><td colspan="2" rowspan="2">项目</td><td rowspan="2">茶饮料（茶汤）</td><td colspan="6">调味茶饮料</td><td rowspan="2">复（混）合茶饮料</td></tr>
<tr><td>果汁</td><td>果味</td><td>奶</td><td>奶味</td><td>碳酸</td><td>其他</td></tr>
<tr><td rowspan="5">茶多酚/(mg/kg)</td><td>红茶</td><td>300</td><td colspan="2" rowspan="5">200</td><td colspan="2" rowspan="5">200</td><td rowspan="5">100</td><td rowspan="5">150</td><td rowspan="5">150</td></tr>
<tr><td>绿茶</td><td>500</td></tr>
<tr><td>乌龙茶</td><td>400</td></tr>
<tr><td>花茶</td><td>300</td></tr>
<tr><td>其他茶</td><td>300</td></tr>
<tr><td rowspan="5">咖啡因/(mg/kg)</td><td>红茶</td><td>40</td><td colspan="2" rowspan="5">35</td><td colspan="2" rowspan="5">35</td><td rowspan="5">20</td><td rowspan="5">25</td><td rowspan="5">25</td></tr>
<tr><td>绿茶</td><td>60</td></tr>
<tr><td>乌龙茶</td><td>50</td></tr>
<tr><td>花茶</td><td>40</td></tr>
<tr><td>其他茶</td><td>40</td></tr>
<tr><td>果汁含量/%(质量分数)</td><td colspan="2">—</td><td>≥5.0</td><td>—</td><td colspan="5">—</td></tr>
<tr><td>蛋白质含量/%(质量分数)</td><td colspan="4">—</td><td>≥0.5</td><td>—</td><td colspan="3">—</td></tr>
<tr><td>二氧化碳含量(20 ℃容积倍数)</td><td colspan="6">—</td><td>≥1.5</td><td colspan="2">—</td></tr>
<tr><td>食品添加剂</td><td colspan="9">按 GB 2760—2014《食品安全国家标准　食品添加剂使用标准》的规定执行</td></tr>
</table>

注：茶多酚、咖啡因、二氧化碳气容量、果汁含量、蛋白质含量、食品添加剂为强制性指标。

表 6-5 茶饮料的微生物指标

项目	指标	项目	指标
砷含量/(mg/L)	≤0.2	大肠菌群数/(MPN/100 mL)	≤3
铅含量/(mg/L)	≤0.3	致病菌(指肠道致病菌和致病性球菌)	不得检出
铜含量/(mg/L)	≤5.0	霉菌、酵母菌/(个/mL)	≤20
菌落总数/(个/L)	≤20		

五、操作实施

①学生分成 3～5 人一组，各小组在老师指导下，通过网络教学资源等多渠道查询绿茶饮料生产技术的资料。

②各组根据汇总的相关资料，师生共同讨论、分析，用集体智慧完成绿茶饮料生产技术方案，制作汇报提纲并选一名代表进行学习汇报交流，并对该方案进行修订。

③学生按照修订后的绿茶饮料生产技术方案，按规范要求，独立完成绿茶饮料生产任务，最终填写任务考核单，教师在操作实施过程中巡回指导。

任务考核单——绿茶饮料的生产

班级：　　　　姓名：　　　　学号：

项目	实施内容	分值	考核记录(以“√”表示)	备注	得分
准备工作(15分)	清洁卫生	5	能发现并解决卫生问题		
	准备并检查工器具	6	准备本次操作实施所需所有仪器和容器		
			仪器和容器的清洗和控干		
			检查设备运行是否正常		
	原料的选择	4	按照产品类型选择合适的原料		
操作实施(60分)	茶汁制备	10	按照要求制备茶汁		
	过滤	10	选择合理的过滤及过滤效果		
	调配	20	调配的方法		
	杀菌	10	巴氏杀菌的具体操作		
	灌装	5	灌装方式选择		
		5	灌装工序		
产品评定(15分)	感官要求	5	应具有反映该类产品特点的感官、滋味,不得有异味、异臭和外来杂物		
	理化要求	5	符合相应的理化指标		
	微生物要求	5	符合相应的微生物指标		
文明操作与团队意识(10分)	文明操作	5	清理用物,整理实训室		
	团队意识	5	有团队意识,能相互良好合作		

④学生对完成工作任务的表现进行自评和互评,各小组进行总结、考核及评估,教师做出最后评价,填写教学反馈表。

【知识拓展】

一、茶饮料浑浊沉淀的形成及其防治方法

(一)浑浊沉淀的形成原因

茶的浸出液冷却后,会出现絮状浑浊,该现象称为“冷后浑”,其中形成的沉淀物称为茶乳。产生该现象主要是由于在一定条件下,茶多酚与咖啡碱形成缔合物。

(二)防治方法

1. 碱性转溶法

转溶就是在茶汁中加入一定的碱性物质,使茶多酚与咖啡碱之间的氢键断裂,并同茶多酚及其氧化物生成稳定的水溶性更强的盐,避免茶多酚及其氧化物再次同咖啡碱配合,从而溶于冷水中。

(1)亚硫酸盐转溶。加热茶汁降低茶乳的自由能,使氢键断裂,茶乳解聚,此时加入亚硫酸盐可与茶多酚及其氧化物化合成硫酸钠盐,其性质稳定,水溶性强,从而达到溶转的目的。

(2)苛性碱转溶。茶多酚及其氧化物在水溶液中显弱酸性,在茶汁加热的条件下,加入氢氧化钠等苛性碱,羟基能与多酚类物质竞争咖啡碱,同时钠离子又能同茶多酚及其氧化物形成

稳定的水溶性钠盐。该方法效果比较明显，但由于前期需加热处理，最后需加酸调整 pH，对茶（类）饮料的风味色泽有较大影响。

2. 浓度抑制法

除去茶汁中一定量的咖啡碱、茶多酚可减少茶乳的形成。因此，可在茶汁中加入聚酰胺、聚乙烯吡咯烷酮、阿拉伯胶、海藻酸钠、丙二醇、三聚磷酸钠、维生素 C 等物质，这些物质可与茶汁中的部分茶多酚或咖啡碱形成沉淀，静置后用滤纸或硅藻土过滤，即可得到澄清的茶汁。该法可有效解决茶饮料沉淀问题，而且避免了在后期冷藏时形成茶乳沉淀，但损失了一部分有效可溶物。

3. 沉淀法

在茶汁中加入酸碱调节剂、明胶、乙醇、钙离子等物质，可促使茶乳或沉淀迅速产生，而后通过离心去除。

4. 酶促降解法

在茶汁中加入单宁酶可切断儿茶酚中的没食子酸的酯键，从而释放出没食子酸，没食子酸阴离子可与咖啡碱结合，形成相对分子质量较小的水溶性物质。对于没食子酸阳离子则应在通氧搅拌条件下，加入碱中和以免茶汁颜色变深。

5. 氧化法

茶汁中的沉淀经氧化剂（如过氧化氢、臭氧、氧气等）的处理，可转化为可溶性成分，再次溶解于茶汤之中。该法可获得澄清的茶汁，提高了茶汁中有效成分的含量，节约了原料。

6. 吸附法

可采用硅藻土、活性炭等吸附剂来吸附茶汁中参与沉淀的物质，从而得到澄清的茶汁，该法使茶汁中的有效可溶成分减少，从而味道变淡，且在后期储存中可能再次产生沉淀。

二、红茶浓缩液生产技术

红茶在加工过程中发生以茶多酚酶促氧化为中心的化学反应，鲜叶成分变化较大，茶多酚减少 90%以上，产生了茶黄素、茶红素等新成分和香气物质，具有红茶、红汤、红叶、香甜味醇的特征。采用红茶浸提得到提取液，经科学加工配方而成的饮料为红茶饮料。

（一）工艺流程

红茶→粉碎→浸提→去渣→冷却沉淀→过滤→配料→真空浓缩→均质→灭菌→灌装→封口→冷却→成品

（二）操作步骤

1. 粉碎

用茶叶粉碎机将红茶进行粉碎，为了满足下一步过滤工序的粒度要求，一般控制在 30～40 目。

2. 浸提

在浸提罐中提取，为使浸提彻底，采取二次浸提，第一次浸提在提取罐中装入比茶叶重 9 倍的 60 ℃的纯水，同时投入 β-环糊精，浸提 30 min 后过滤取出提取液，然后再往提取罐中加入 6 倍的热纯水，浸提 20 min，再放出料液进入三足离心机。

3. 去渣

采用三足离心机处理，为保证得率和质量，选用 300 目滤网。

4. 冷却沉淀

将去渣后的滤液通过热交换器冷却到 5 ℃左右，然后在贮罐中静置 30 min。

5. 过滤

以板框式过滤机处理，滤机孔径选 2 μm，压力 0.2～0.3 MPa，以恒定的流速保证质量的一致。

6. 配料

在调料罐中进行，加入其他添加剂调整并搅拌均匀。

7. 真空浓缩

使用外循环式真空浓缩罐，为了减少香气的损失和色泽的变黄，选择真空度 0.08 MPa，温度 50～55 ℃，浓缩到固形物含量在 35%以上。

8. 均质

使用高压均质机，采用 20 MPa 压力进行均质。

任务 2　杏仁奶茶饮料生产技术

【任务设计】

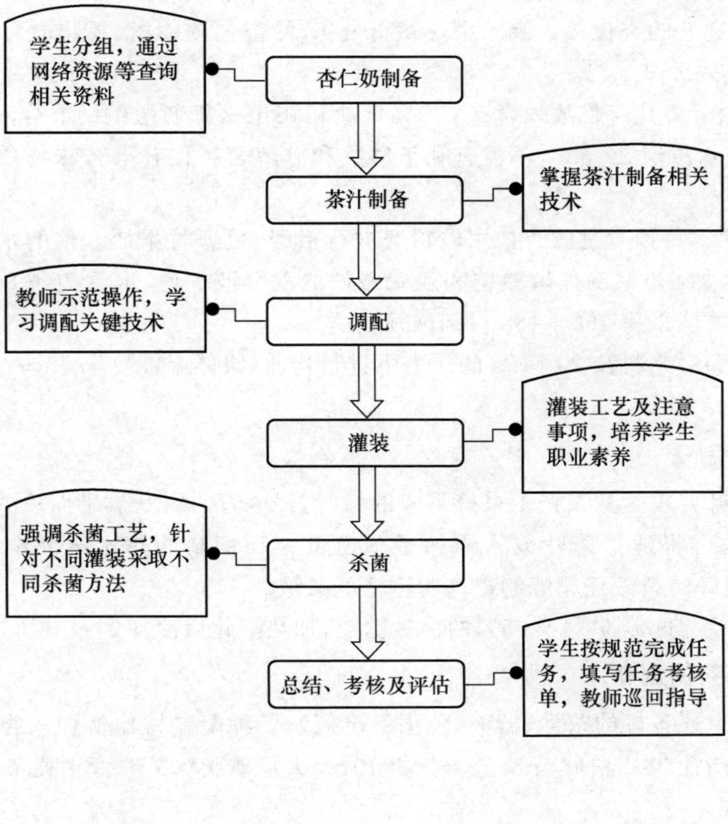

【任务实施】

以杏仁奶为基料，在不遮盖茶风味的前提下，将杏仁和茶叶中的有效成分结合起来，形成杏仁奶茶产品，具有良好的口感及营养保健功能。该任务依据标准 GB/T 21733—2008《茶饮料》进行生产。

一、主要材料

杏仁、茶叶、白砂糖、食盐、亚硫酸钠、焦磷酸钠、β-环糊精、大豆磷脂、单甘酯。

二、工艺流程

杏仁⟶筛选⟶脱皮⟶护色⟶浸泡⟶预煮⟶磨浆⟶细磨
↓
成品⟵冷却⟵杀菌⟵灌装⟵二次均质⟵调配⟵均质⟵过滤
↑
过滤⟵浸提⟵茶叶
冷却⟵过滤⟵热溶⟵白砂糖

三、操作步骤

(一)杏仁奶的制备

①筛选　原料要求新鲜饱满、仁粒较大、干燥、无霉无杂，清洗后备用。

②脱皮　将选好的杏仁放入沸水中热烫 3 min，使杏仁皮膨松，捞出置冷水中冷却后，用脱皮机或人工脱皮。

③护色、预煮　将纯杏仁放入含有 0.2%食盐和 0.02%亚硫酸钠的混合液中护色(杏仁与护色液比为 1∶2)，浸泡 20 min，不但有利于磨浆和分解苦杏仁苷等苦味物质，还可除掉毒性物质氢氰酸。

④磨浆、过滤　将预煮过的杏仁用砂轮磨进行粗磨，粗磨时添加 8 倍的水，之后再用胶体磨进行细磨，并添加 0.1%的焦磷酸钠和亚硫酸钠的混合液护色，水温 70～80 ℃。然后将磨好的浆料离心过滤或采用 160～180 目细网筛过滤。

⑤均质　细磨后浆料在 20 MPa 的压力下进行均质(浆体温度要求 70～80 ℃)，即制得杏仁奶。

(二)茶汁的制备

①选料　茶叶要求为从茶树上采摘下来的嫩叶，经杀青、揉捻、烘干而成的纯正高品质茶。

②浸提、过滤　将适量茶叶放入添加了一定量 β-环糊精的热水溶液中充分浸提，水温 95～100 ℃，浸提好的料液经超滤制得透明澄清的茶液。

③糖液的制备　配制 60%～65%的白砂糖液，加热溶化后冷却到 60 ℃，过滤备用。

(三)杏仁奶茶的制备

①调配　将上述备好的茶汁、糖液、乳化稳定剂及各种配料按比例加入杏仁奶中，搅拌均匀。配制比例为茶汁 3%、白砂糖 8%、杏仁奶 10%、大豆磷脂 0.1%、单甘酯 0.15%、海藻酸丙二醇酯 0.25%。

②均质 温度 70～80 ℃,压力 15～20 MPa。

③灌装、杀菌 采用 70～80 ℃热灌装,立即封口。杀菌(121 ℃,15～20 min),最后迅速冷却至常温,以保证产品质量。

四、产品质量标准

杏仁奶茶饮料产品理化和微生物质量标准见表 6-4 和表 6-5。

五、操作实施

①学生分成 3～5 人一组,各小组在老师指导下,通过网络教学资源等多渠道查询杏仁奶茶饮料生产技术的资料。

②各组根据汇总的相关资料,师生共同讨论、分析,用集体智慧完成杏仁奶茶饮料生产技术方案,制作汇报提纲并选一名代表进行学习汇报交流,并对该方案进行修订。

③学生按照修订后的杏仁奶茶饮料生产技术方案,按规范要求,独立完成杏仁奶茶饮料生产任务,最终填写任务考核单,教师在操作实施过程中巡回指导。

任务考核单——杏仁奶茶饮料的生产

班级: 姓名: 学号:

项目	实施内容	分值	考核记录(以"√"表示)	备注	得分
准备工作(15 分)	清洁卫生	5	能发现并解决卫生问题		
	准备并检查工器具	6	准备本次操作实施所需所有仪器和容器		
			仪器和容器的清洗和控干		
			检查设备运行是否正常		
	原料的选择	4	按照产品类型选择合适的原料		
操作实施(60 分)	杏仁奶的制备	20	选料、脱皮、护色、磨浆		
	茶汁制备	20	按照要求制备茶汁		
	调配	20	调配的方法		
	杀菌	10	巴氏杀菌的具体操作		
	灌装	5	灌装方式选择		
		5	灌装工序		
产品评定(15 分)	感官要求	5	应具有反映该类产品特点的感官、滋味,不得有异味、异臭和外来杂物		
	理化要求	5	符合相应的理化指标		
	微生物要求	5	符合相应的微生物指标		
文明操作与团队意识(10 分)	文明操作	5	清理用物,整理实训室		
	团队意识	5	有团队意识,能相互良好合作		

④学生对完成工作任务的表现进行自评和互评,各小组进行总结、考核及评估,教师做出最后评价,填写教学反馈表。

【知识拓展】

一、茶汤褐变及其防治方法

(一)茶汤褐变原因

在 pH、氧气、金属离子等因素的影响下,茶浸出液中的叶绿素、黄酮类物质、儿茶素等物质发生一定的理化变化,颜色变深。

(二)防治方法

1. 改变茶汁的 pH

儿茶素是一种无色物质,但在氧化或强酸、强碱条件下可转化为茶褐素,影响茶汁的色泽。因此,可在经 pH 调整的茶汁中加入缓冲剂以维持茶汁 pH 的稳定。

2. 添加抗氧化剂

实际生产中,通常将维生素 C 作为抗氧化剂添加到茶汁中,用来防止氧气等物质使茶汁氧化变色。一般添加量为 400～600 mg/kg。

3. 冷浸提

如在较低温度下对茶叶进行浸提,则可避免高温浸提时茶汁色泽会加深的缺陷。低温浸提时,加入果胶酶或纤维素酶等物质不仅可以提高浸提的效率,而且可以保护色泽。

二、茶汁风味变化及防治方法

(一)茶汁风味变化的原因

茶汁风味的主要取决于风味物质(茶多酚、氨基酸、咖啡碱等)的组成及含量。实际生产中,茶叶本身的品质和储存条件,浸提时采用的温度、时间等条件,茶汁的 pH 及茶汁的澄清方法等因素均会影响到茶(类)饮料的风味。

(二)防治方法

1. 分子包埋法

在实际生产中通常采用环状糊精来包埋茶汁中的叶绿素、儿茶素等物质。当人们饮用时,这种由环状糊精包埋的叶绿素、儿茶素等物质又会被释放出来。这种方法既保持了茶(类)饮料中有效成分的含量,又起到了包埋儿茶素等具有苦涩味道的物质,使茶(类)饮料的味道易于为消费者所接受。

2. 改变茶汁中呈味物质的组成及比例

茶汁中各种氨基酸类物质(如天冬氨酸、谷氨酸、精氨酸、天冬酰胺和茶氨酸等)具有使茶汁呈现鲜爽味,缓解茶的苦涩味的作用;茶汁中的多酚类物质(如儿茶酚、茶黄素等)和生物碱(主要是咖啡碱),具有使茶汁呈现苦涩味、收敛味和刺激性的作用。因此,对于含咖啡碱、茶多酚较多而氨基酸含量较少的茶汁,可采取脱除部分咖啡碱等物质并适当添加某些氨基酸,调整茶汁中呈味物质的组成及比例,改进茶叶饮料的风味,使之易于为消费者所接受。

三、香气成分的劣变及其防治方法

(一)香气成分劣变的原因

茶叶中含有丰富的芳香物质,但这些物质热稳定性较差,经茶饮料的热加工处理后芳香物质的组分含量减少并会产生一些其他芳香物质,从而影响了茶饮料的香气品质。

(二)防治方法

1. 分子包埋法

环状糊精可用来包埋茶汁中的芳香物质,从而减少加热造成的损害,同时还可以掩蔽不良味道。

2. 香气回收

芳香物质的稳定性较差,在茶饮料加工过程中极易分解变化。因此,可采用超临界二氧化碳萃取法或分馏法对茶叶中的芳香成分进行回收,在最后的工序将其包埋加入茶汁中,可增强茶饮料的天然香气。

3. 调香

香精在茶饮料中必须分散均匀,才能使产品香味一致,否则会造成产品部分香味不均一的严重质量问题。除香精外其他原料如果质量不好,对调香味效果也有一定的影响。如饮料其他辅料具有较强的气味,会使香精的香味受到干扰而降低质量。

四、薏苡仁大麦复合茶饮料生产技术

近年来,以茶叶为原料开发的茶饮料呈上升趋势,选用药食同源的植物和茶叶为原料开发复合茶饮料,能突出产品营养保健功能。以薏苡仁、大麦和茶叶为原料,可开发薏苡仁大麦复合茶饮料。

(一)主要材料

绿茶、薏苡仁、大麦、蔗糖、$NaHCO_3$、异维生素 C 钠、甘氨酸、环状糊精、绿茶香精、大麦香精、蜂蜜香精。

(二)工艺流程

茶叶、薏苡仁、大麦→热水浸提→一级茶汤→转沉→二级茶汤→离心及过滤
↓
成品←冷却←热灌装←杀菌←调配混合←三级茶汤

(三)操作步骤

1. 浸提

绿茶浸提的茶水比 1∶60,温度 80 ℃,时间 15 min。水中的离子易与茶多酚结合产生沉淀,故浸提用水必须符合 GB 17323 的要求。

2. 茶汤的转沉及过滤

茶(类)饮料在低温下易产生浑浊,俗称“冷后浑”,这是因为茶叶中的茶多酚及其氧化产物在低温时容易与咖啡碱络合生成茶乳沉淀,解决这一问题的主要方法是去除沉淀和转溶。但由于去除沉淀和转溶过程也去除了部分茶多酚、氨基酸等有利物质,往往使茶(类)饮料变得淡薄无味或滋味不纯,所以工艺中除严格控制茶叶的浸提参数外,还采取将茶汤快速冷却、低温

转沉，然后通过高速离心、过滤等方法将沉淀去除。

操作条件如下：冷却温度 4 ℃；转沉时间 30 min；离心速度 2 500 r/min；抽滤真空度为 0.06～0.08 MPa。

3. 调配

(1)配方。云雾绿茶 0.6%，薏苡仁 0.2%，大麦 0.3%，蔗糖 3%，$NaHCO_3$ 0.005%，异维生素 C 钠、甘氨酸、环状糊精、绿茶香精、大麦香精、蜂蜜香精等均适量。

(2)pH。复合茶饮料受 pH 影响较大，pH 高不易形成茶乳，但促进茶多酚的氧化，汤色加深，影响色泽，可以用 $NaHCO_3$ 调节饮料的 pH，在 6.0±0.2 时复合茶饮料的口感和风味最佳。

(3)香精。选用三种香精（即绿茶香精、大麦香精、蜂蜜香精）复合使用，从而最终达到产品既具有绿茶的清新，又有大麦的麦香和蜂蜜回甘的复合滋味。

任务3　咖啡(类)饮料生产技术

【任务设计】

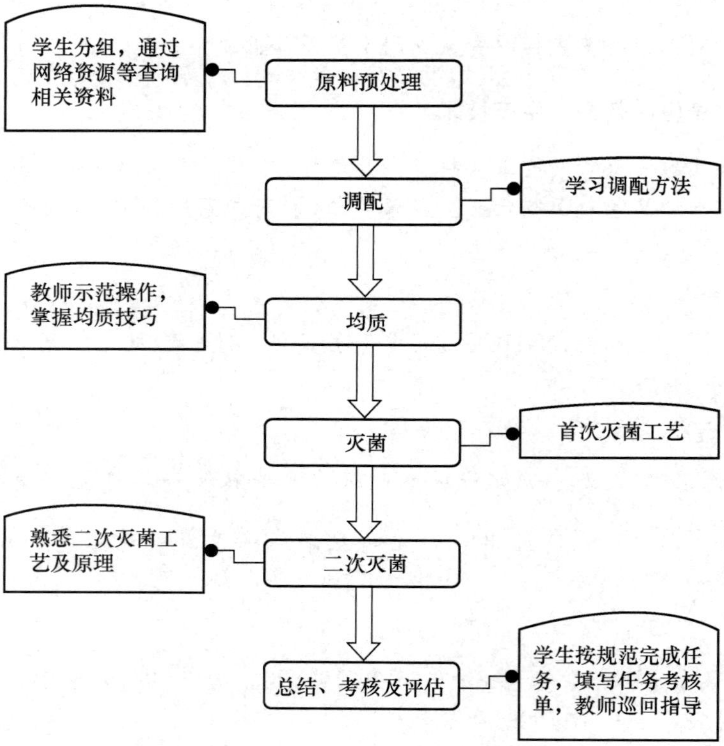

【任务实施】

咖啡含有丰富的蛋白质、粗纤维、粗脂肪、咖啡碱等，因其具有独特的醇香口味和提神、兴奋的作用，逐渐成为现代人不可缺少的日常饮品，全世界约有 1/3 的人在饮用。咖啡加工环节是咖啡产业链发展的重点，生产企业正积极探索咖啡精深加工工艺，着力提高深加工能力和综合利用水平,以满足市场均衡化、多样化需求。

该任务依据国标 GB/T 30767—2014《咖啡类饮料》的标准,进行生产。

一、主要材料

(1)咖啡原料豆。应无黑豆,无霉豆,无发泡白豆和极碎豆,水分<13%;

(2)添加剂。应符合国家卫生标准规定;

(3)主要生产设备。焙炒机、除银皮机、磨碎机、抽提罐、离心机、沉降池(自制)、板框式过滤机调配罐、真空浓缩锅、高压均质机、反应釜、液体灌装机、电磁感应封口机、自动锁盖机、水浴式杀菌槽、工业锅炉。

二、工艺流程

生咖啡→焙炒→除银皮→磨碎→抽提→料液分离→沉降过滤
↓
成品←冷却←二次灭菌←封口锁盖←灌装←灭菌←高压均质←调配
↑
风干←—水洗←—食品级塑料桶、金属罐

三、操作步骤

(一)焙炒

在滚筒式的焙炒机中进行,控制焙炒温度在 230～250 ℃、以每炉 50 kg 焙炒量计,时间达 30～40 min,焙炒豆的色值达中度烘焙即可。滚筒的转速控制在 60 r/min 以内,否则会使部分豆破碎,造成部分焦化,而影响整体质量。

(二)除银皮

在一个带风力反抽系统的转盘上运作,目的是散除余热,使焙炒咖啡豆尽快降温减少芳香物质的损失,以及使咖啡豆表层已脱落的银皮通过反抽的力量抽走除净,减少最终产品的苦涩味。

(三)磨碎

将焙炒好的咖啡豆进行粉碎,为满足下一步过滤工序的粒度要求,一般控制在 30～40 目为好。

(四)抽提

咖啡液的抽提方法有滴淋式、喷射式、虹吸式、煮出式等几种。根据设备的实际情况,采用煮出式来抽提咖啡液。因咖啡香气易于挥发,故抽提设备必须是密闭容器。

抽提在一个带搅拌系统的抽提罐中进行,为抽提彻底,应采取二次抽提。第一次抽提时在抽提罐中先加入相当于咖啡粉重 15 倍的 90～100 ℃热水,把β-环状糊精用热水溶解后加入罐中,同时投入咖啡粉,在搅拌器(35 r/min)作用的情况下抽提 20 min,然后放出含有渣和液的料液进入离心机,把离心出的咖啡渣第二次投入抽提罐,罐中加入相当于咖啡粉重 8 倍的热水中,同时把焦磷酸钠溶解后加入,在抽提罐中搅拌器的作用下抽提 10 min,然后又放出料液进入离心机。

(五)料液分离

采用三足离心机处理，为保证产品的得率和质量，选用120～150目的脱色滤布较为适宜。

(六)沉降

咖啡液在沉降池中自然沉降30 min，通过自吸泵取走上清液，把底部非溶性的大分子物质及其他杂质除去。

(七)过滤

用板框式过滤机处理，滤材用600目的脱色尼龙布，过滤压力为0.2 MPa，保持恒定的流速以保证过滤质量的一致性。

(八)调配

在调配罐中进行，先把蔗糖脂肪酸酯和黄原胶分别用热水浸泡，初步搅拌进行溶解，再放入容器中强烈振荡后完全溶解，按先蔗糖脂肪酸酯后黄原胶的顺序依次加入调配罐的咖啡液之中，且迅速搅拌混匀。

(九)均质

采取两段均质处理，目的是使咖啡粉中高达10%以上的脂肪能与水相互包容，同时高压的作用能切断浓缩液中的长链分子物质，使最终产品无悬浊状况出现。

工作参数：第一段均质压力17 MPa，第二段均质压力8 MPa。

(十)升温灭菌

把经过高压均质处理的咖啡浓缩液送入反应釜中，加入溶解好的山梨酸钾，同时开动搅拌器和通入蒸汽，加热升温使咖啡浓缩汁的中心温度达到85 ℃，维持2 min，即可放出浓缩液进入料位罐中待装。

(十一)灌装

用能满足高黏度充填的液体灌机进行定量充填灌装，灌装时预留顶隙不少于3 cm。包装容器可选用食品级的BOP/PET、PVC或其他异型塑料桶以及马口铁罐桶，经水洗后风干使用。

(十二)封口锁盖

用电磁感应封口机把20丝厚的复合铝箔热封于瓶、罐、桶口上(均为缩颈口)，达到良好的密封性能要求，使内容物达保质期的技术要求。同时用锁盖机把各容器的各种不同规格及形状的盖子锁紧在对应的容器口上。

(十三)二次灭菌

为达到良好的储存效果以及稳定的产品质量，需进行第2次灭菌法处理，采用巴氏灭菌法处理，具体过程在水浴槽或罐中进行，在85 ℃的水温中浸泡保持25 min即可。

(十四)冷却

水淋式冷却，目的是使包装容器顶隙的水蒸气变为冷凝水，形成真空状况，减少嗜氧菌对产品质量的影响。

(十五)成品

擦净容器表面的水分入库即为最终产品。

四、产品质量标准

依据 GB/T 30767—2014 中规定的相关标准与要求。

(一)感官要求

具有该产品特有的色泽、香气和滋味,允许有少量浮油、悬浮物和沉淀物,无异味,无外来杂质。

(二)理化要求

理化要求见表 6-6。

表 6-6　咖啡(类)饮料理化要求

项目	指标			
	咖啡饮料	浓咖啡饮料	低咖啡因饮料	低咖啡因浓咖啡饮料
咖啡固形物*/(g/100 mL)≥	0.5	1	0.5	1
咖啡因/(mg/kg)	≥200		≤50	

注:* 以原料配比或计算值为准,饮料中咖啡固形物的计算公式:$(w \times m)/V$,其中 w 为咖啡提取液或其浓缩液中固形物的质量分数(%),m 为使用的咖啡制品质量(g),V 为饮料体积(mL)。

(三)食品安全要求

应符合相关的食品安全国家标准。

五、操作实施

①学生分成 3～5 人一组,各小组在老师指导下,通过网络教学资源等多渠道查询咖啡(类)饮料生产技术的资料。

②各组根据汇总的相关资料,师生共同讨论、分析,用集体智慧完成咖啡(类)饮料生产技术方案,制作汇报提纲并选一名代表进行学习汇报交流,并对该方案进行修订。

③学生按照修订后的咖啡(类)饮料生产技术方案,按规范要求,独立完成咖啡(类)饮料生产任务,最终填写任务考核单,教师在操作实施过程中巡回指导。

任务考核单——咖啡(类)饮料的生产

班级:　　　　姓名:　　　　学号:

项目	实施内容	分值	考核记录(以"√"表示)	备注	得分
准备工作(15 分)	清洁卫生	5	能发现并解决卫生问题		
	准备并检查工器具	6	准备本次操作实施所需所有仪器和容器		
			仪器和容器的清洗和控干		
			检查设备运行是否正常		
	原料的选择	4	按照产品类型选择合适的原料		

续表

项目	实施内容	分值	考核记录(以"√"表示)	备注	得分
操作实施(60分)	咖啡提取液的制备	10	按照要求制备咖啡提取液		
	调配	10	按产品要求进行配料		
	均质	10	均质方式		
	杀菌	10	巴氏杀菌的具体操作		
	灌装	5	灌装方式选择		
		5	灌装工序		
	二次杀菌	10	灭菌效果		
产品评定(15分)	感官要求	5	应具有反映该类产品特点的感官、滋味,不得有异味、异臭和外来杂物		
	理化要求	5	符合相应的理化指标		
	微生物要求	5	符合相应的微生物指标		
文明操作与团队意识(10分)	文明操作	5	清理用物,整理实训室		
	团队意识	5	有团队意识,能相互良好合作		

④学生对完成工作任务的表现进行自评和互评,各小组进行总结、考核及评估,教师做出最后评价,填写教学反馈表。

【知识拓展】

一、咖啡(类)饮料常见的质量问题及解决方法

制造咖啡液体饮料的技术关键是要防止沉淀的产生及脂肪的析出。咖啡液体饮料含有蛋白质微粒、咖啡抽提液微粒、焦糖微粒等,这些粒子呈胶体分散状态,在加热及储藏过程中容易发生沉降及脂肪析出,影响制品的外观及风味。因此,必须通过添加一些乳化剂、稳定剂来改善其组织状态,增加其稳定性。

食品乳化剂有蔗糖脂肪酸酯、山梨醇脂肪酸酯、甘油脂肪酸酯、丙二醇脂肪酸酯和一些天然黏性树脂等,其乳液可分为油包水型和水包油型,根据其乳化特性添加0.2%蔗糖脂的咖啡液,则没有明显的脂肪圈出现。

乳化稳定剂虽没有较大的表面活性,但它的水溶液有黏性,且具有胶体保护性。添加0.1%的海藻酸钠,能较为有效地保持咖啡液体饮料的稳定,减少沉淀的产生。

为突出咖啡浓缩液的复合味,增进口感的协调和圆润,在进行生咖啡豆的焙炒时,可加入部分中粒种,经大量的实验得知中粒种与小粒种的配比为1∶1时较佳。

二、绿豆咖啡复合饮料的生产

咖啡中富含的咖啡因具有中枢兴奋作用,可快速消除疲劳,将绿豆和咖啡经过处理后调配制成的绿豆咖啡复合饮料风味独特、消热止渴、醒脑提神,是一种很好的夏季清凉饮料。

(一)主要材料

绿豆、咖啡、白砂糖、黄原胶、CMC-Na、海藻酸钠、碳酸氢钠。

(二)工艺流程

速溶咖啡、蔗糖、稳定剂 ↓

绿豆→清洗、去皮→蒸煮→磨浆→过滤→绿豆乳→调配→均质 ↓

成品←灌装←杀菌、冷却

(三)操作步骤

1. 清洗

先将绿豆中混入的杂质挑拣出来,再用清水洗净。

2. 浸泡

洗净后的绿豆在室温(25 ℃左右)下于弱碱水中(0.1% $NaHCO_3$)浸泡 8~10 h,然后洗净。

3. 去皮

将经浸泡工序后的绿豆置于 95 ℃左右的微碱水中(0.5%$NaHCO_3$)漂烫 10 min,然后迅速冷却,采用人工揉搓去皮,清洗干净。

4. 磨浆

加入绿豆原重 5 倍的 95 ℃左右的热水,磨浆。磨浆后再过胶体磨处理。

5. 过滤

过 150 目尼龙筛,除去绿豆乳中的较大颗粒及粗纤维,得到绿豆汁。

6. 调配

为了突出绿豆汁咖啡的风味,饮料中只添加蔗糖来调整适口性。所用配方为 40%绿豆汁、5%速溶咖啡和 9%的蔗糖,同时添加 0.02%的黄原胶、0.1%的 CMC-Na 和 0.01%海藻酸钠作复合稳定剂。将绿豆汁和预先溶化好的咖啡、白砂糖及稳定剂按比例加入软化水中,混合均匀。

7. 均质

将调配好的料液送入均质机,进行均质处理(65 ℃,20 MPa,10 min)。

8. 罐装、杀菌

采用超高温瞬时灭菌(135~138 ℃,5~8 s)然后迅速冷至常温,即为成品。

三、咖啡乳饮料生产技术

咖啡乳饮料是指以乳或乳制品、咖啡提取液和糖为主要原料,添加香料和焦糖色素等加工制作的饮料。咖啡乳饮料中乳的添加量和咖啡含量分别用蛋白质含量,咖啡因含量表示。咖啡乳饮料可以根据风味的不同,分为两类:以乳香味为主的,咖啡含量在 2%左右;以咖啡香味为主的,咖啡含量≥5.0%。

(一)主要材料

牛乳或乳粉、蔗糖、碳酸氢钠、食盐、焦糖、香料、蔗糖酯。

(二)工艺流程

咖啡豆→提取→咖啡
↓
全脂、脱脂牛乳或乳粉→调配→均质→灌装→杀菌→成品
↑
蔗糖、焦糖、糖浆等

(三)操作步骤

1. 原料处理

咖啡采用咖啡提取制品或速溶咖啡为原料。乳原料可选用牛乳、脱脂乳、甜炼乳、全脂乳粉等,单独或合并使用均可。甜味剂通常选用优质蔗糖,用量一般为4%～8%,也可将蔗糖和葡萄糖、果糖以及葡萄糖浆配合使用。

2. 调配

蔗糖、原料乳分别预先溶解,然后将咖啡提取液和其他配料按以下顺序在配料罐中调配:先将蔗糖液加入调和罐,加入碳酸氢钠、食盐溶液,加入蔗糖酯,边搅拌边将均质后的乳加入调和罐内,如有必要加入消泡剂,再将咖啡提取液和焦糖加入,最后加入香料,充分搅拌均匀。

3. 均质

搅拌均匀后的乳经过滤除去大颗粒杂质,然后采用高压均质机进行均质处理。均质压力为15～20 MPa,温度为50～70 ℃。如果一次均质效果不佳,可进行二次均质。

4. 灌装

将均质后的调配乳用板式热交换器加热到85～95 ℃,进行热灌装。由于制品容易起沫、灌装不可过满。灌装后容器内真空度一般保持在35～53 kPa。

5. 杀菌

条件应控制在120 ℃,2～3 s,冷却至70 ℃打开杀菌容器,继续冷却至40 ℃以下。

【项目小结】

根据GB/T 21733—2008《茶饮料》的规定,茶饮料按产品风味分为茶饮料(茶汤)、调味茶饮料、复(混)合茶饮料、茶浓缩液四类。根据GB/T 10789—2015《饮料通则》的规定,咖啡(类)饮料是以咖啡豆和(或)咖啡制品(研磨咖啡粉、咖啡的提取液或其浓缩液、速溶咖啡等)为原料,添加或不添加糖(食糖、淀粉糖)、乳和(或)乳制品、植脂末等食品原辅料和(或)食品添加剂,经加工制成的液体饮料,如浓咖啡饮料、咖啡饮料、低咖啡因咖啡饮料、低咖啡因浓咖啡饮料等。茶叶中含有500多种化学成分,其主要成分有茶多酚、生物碱等。茶饮料生产基本技术包括浸提、过滤、浓缩、调配、灌装、杀菌。

本项目以绿茶饮料生产技术、杏仁奶茶饮料生产技术、咖啡(类)饮料生产技术为典型任务,介绍了茶(类)与咖啡(类)饮料的生产技术。

【项目测试】

1. 如何防止茶汤褐变?
2. 简述茶叶中生物碱和茶多酚的作用。
3. 影响茶汁浸提效果的因素有哪些?
4. 奶茶饮料的调配顺序是什么?
5. 简述茶饮料浑浊的原因和防治方法。
6. 咖啡(类)饮料如何进行均质操作?
7. 咖啡(类)饮料常见的质量问题及解决方法有哪些?

项目七
植物饮料生产技术

【教学目标】

1. 知识目标

①了解植物饮料的分类及概念，了解植物饮料的起源；

②熟悉植物饮料一般加工工艺，熟悉常见的植物饮料用原料；

③认知草本饮料/本草饮料生产技术，熟悉GB/T 31326—2014《植物饮料》。

2. 能力目标

①能制作谷物饮料、凉茶；

②掌握草本饮料/本草饮料生产技术；

③能对各种植物饮料的产品质量进行评价。

3. 素质目标

①能够坚持科学严谨的科学态度与良好的职业道德；

②培养学生创新思维和发展能力与依法规范自己行为的意识和习惯。

③培养团队合作、竞争意识及信息获取、策划、沟通展示与创新思维和发展能力。

【项目描述】

本项目介绍了植物饮料的分类、概念、一般加工工艺、基本原料等相关知识，阐述生产所需要的主要材料、工艺流程、操作步骤等内容。引入GB/T 31326—2014《植物饮料》产品质量标准，通过具体工作任务的实施，指导生产人员如何完成植物饮料的生产过程。

【思维导图】

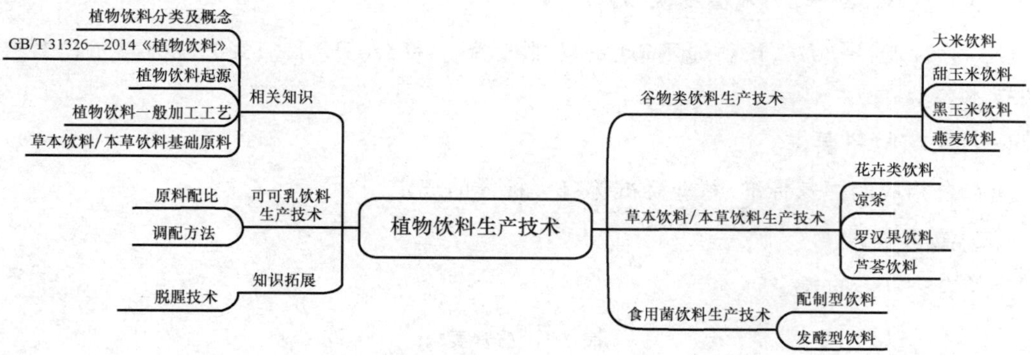

【相关知识】

一、植物饮料的分类及概念

根据 GB/T 10789—2015《饮料通则》，植物饮料为以植物或植物提取物为原料，添加或不添加其他食品原辅料和（或）食品添加剂，经加工或发酵制成的液体饮料。如可可饮料、谷物类饮料、草本（本草）饮料、食用菌饮料、藻类饮料、其他植物饮料，不包括果蔬汁类及其饮料、茶（类）饮料和咖啡（类）饮料。

教学课件

（一）可可饮料

以可可豆、可可粉为原料，添加或不添加其他食品原辅料和（或）食品添加剂，经加工制成的饮料。

（二）谷物类饮料

以谷物为原料，添加或不添加其他食品原辅料和（或）食品添加剂，经加工制成的饮料。

（三）草本饮料/本草饮料

以国家允许使用的植物（包括可食的根、茎、叶、花、果、种子）或其提取物的一种或几种为原料，添加或不添加其他食品原辅料和（或）食品添加剂，经加工制成的饮料，如凉茶、花卉饮料等。

注：国家允许使用的植物见有关部门发布，包括既是食品又是药品的物品名单等。

（四）食用菌饮料

以食用菌和（或）食用菌子实体的浸取液或浸取液制品为原料，或以食用菌的发酵液为原料，添加或不添加其他食品原辅料和（或）食品添加剂，经加工制成的饮料。

（五）藻类饮料

以藻类为原料，添加或不添加其他食品原辅料和（或）食品添加剂，经加工制成的饮料，如螺旋藻饮料。

二、GB/T 31326—2014《植物饮料》

GB/T 10789—2015《饮料通则》规定，植物饮料应符合 GB/T 31326—2014《植物饮料》的相关技术要求。

(一)原辅材料要求

应符合相应的国家标准、行业标准等有关标准的规定。

(二)感官要求

应符合表 7-1 的规定。

表 7-1 感官要求

项目	要求
色泽	具有标签标示的植物原料制成的饮料所特有的色泽
滋味及气味	具有标签标示的植物原料制成的饮料所特有的滋味及气味
状态	澄清的产品均匀透明，放置后允许有少量沉淀或絮状物；浑浊的产品无明显分层，状态均匀，允许有少量沉淀或弱凝胶；带谷粒果粒等的产品允许有相应的粒状物沉淀
杂质	无外来杂质

(三)理化要求

应符合表 7-2 的规定。

表 7-2 理化要求

产品类别		项目	指标要求
可可饮料		固形物[a]/(g/L)	≥5
草本饮料/本草饮料	花卉		≥0.1
	其他		≥0.5[b]
谷物类饮料[c]		总膳食纤维/(g/L)	≥1

注 1. 食用量规定见有关部门发布。

2. 固形物指来源于植物原料和(或)其提取物的固形物，如来源于可可或其提取物的固形物、来源国家允许使用的植物或其提取物的固形物，不包括来源于糊精、食糖、果葡糖浆等辅料的固形物。

[a] 以原料配比或计算值为准，饮料中来源于植物固形物的计算公式：$(c\times m)/V$，其中 c 为所使用植物提取物固形物的含量(g/kg)，m 为使用的植物制品质量(kg)，V 为饮料体积(L)，通过产品进货台账、配料方案以及日常在线投料进行生产管理。

[b] 以有食用量规定的植物为原料，其使用量应严格执行有关规定。

[c] 谷物类饮料应执行 QB/T 4221—2011《谷物类饮料》的有关规定。

(四)食品安全要求

应符合相关的食品安全国家标准。

三、植物饮料的起源

在上古时代，我们的先祖在寻找植物食物时，发现某些植物不仅具有食用功能，同时还具备某种药用功能，这便是“药食同源”的实践基础。既然是“药食同源”，当先人们食用某种药食两用的植物时，他们也摄入了某种潜在的药用成分，其功效客观上是“有病治病，无病防病”。2 000 多年前，我国最早的医学理论书籍《黄帝内经》除了阐述了治病原理和方法外，还首先提出了“治未病”的养生理论。这个理论至今还闪耀着辩证法的光芒，成为今天医学科学的指导思想之一，也是我们发展草本植物饮料必须考虑的出发点之一。

根据“治未病”的养生理论，我国古代已出现具有养生保健作用的膳食，即药膳。服用药膳通常也被称为“食疗”。在 2 000 多年前的《周礼》中即已出现有关食疗的内容。这些药膳方子最初在《黄帝内经》和《山海经》里已经出现。随着古人对养生保健认识的不断深化，药膳又不断散见在汉代名医张仲景的《伤寒杂病论》《金匮要略》、成书于东汉时期的《神农本草经》以及以后历朝历代的中医药著作中。由于药膳中的一些中草药在民间相当一部分是煎成汤后以汤的形式服用的，那么，用这些药膳中的草药熬制而成的汤，便成了我们所说的植物饮料的雏形，也是今天植物饮料开发值得重视的宝库。

除了针对个别病症的药膳外，大多数药膳可归纳为两大类：一是清热、去湿、化燥、止咳、去火、解毒，消除由于呼吸道疾病及由感染引起的发热和炎症。二是补益类，调和阴阳气血。古人认为人体是个平衡体，阴虚、阳衰、气血不足均会造成健康失调，而通过食疗对此可加以改善。

这些药膳中，具有清热解毒功能的凉茶目前占了很大一部分市场份额。凉茶，通俗的理解，就是使人感觉清凉，可以去除炎热带来的不适感的饮料。我国岭南地区一年中大部分时间炎热潮湿，民间往往习惯将具有清热去湿功能的中草药煎煮成汤后作为饮料服用。因此，凉茶最早便在两广地区产业化。据史载，在数百年前，两广地区便有凉茶铺子将凉茶作为商品出售，并延续至今，形成独特的凉茶文化。

但是，我国的药膳文化并不局限于清热解毒、去火去湿。我国江南一带气候温和，北方地区冬季寒冷，对清热去火要求同岭南地区有很大差异，但对膳食中的补益健身的要求却是南、北方共同的。所以，古代药膳中补益（补阴、补阳、补气、补血）养生，健胃助消化的方子比比皆是。健胃消食的目的往往也是更好地吸收饮食精华，以达到补益强身的目的。即使在今天，民间有些膳食中往往采用补益类中药如党参、枸杞、陈皮、大枣、杜仲、黄芪、当归等加入菜肴或浸泡后将其药汁当饮料服用。因此，发展补益类或健胃助消化类的植物饮料，较单纯的清热解毒类凉茶有着更广泛的市场认知度。

四、植物饮料一般加工工艺

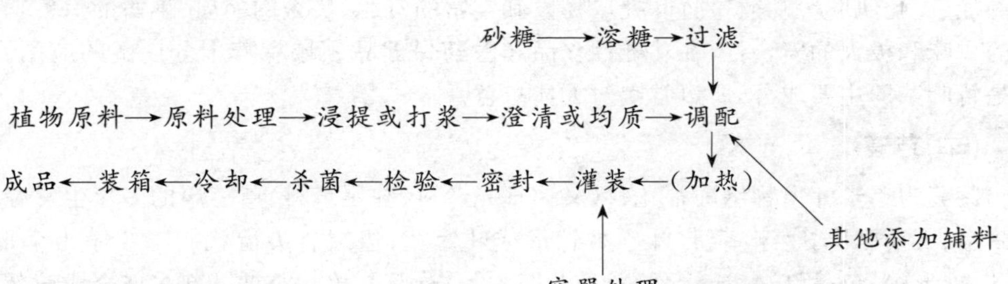

五、草本饮料/本草饮料基础原料

草本饮料按照原材料组成结构来说主要有两种：一种是多种草本植物配制而成的饮料，称为复合型草本饮料，代表企业有王老吉、加多宝，复合型草本饮料如凉茶市场规模近年以 20% 以上的速度增长；另一种是单一型草本饮料，它主要是一种草本植物占据较大比例。例如金银花露、竹汁、葛根汁、枸杞汁等，这些生产企业存在着较强的地域性，主要由于饮食习惯不同以及产品原材料有地区性，这些生产厂家成立时间较短，属于市场培育的初期阶段。

目前市场上的草本植物饮料，主要延续了以往功能性饮料的一些功能，并在此基础上根据消费者的潜在需求做了一定的分类，大致有以下几类：一是去火型的，这是近两年凉茶饮料最为强调的功能；二是针对体内平衡、提神类，这主要是体现在一些功能饮料上；三是针对体内器官调节功能的，包括清肺、清肠胃等；还有就是针对体表的功能性需求，例如苗条养颜类、体表润燥类。

我国草本饮料由于原材料众多，因此饮料种类较多，例如金银花、仙草、菊花类产品，同时还有多种草本植物制作而成的混合型草本饮料。不同草本饮料的具体功效不同，产品差异化程度较大。

草本饮料市场从健康的概念开始着陆，提高草本饮料中草本的真正含量，由于消费者消费口味的多元性、消费方式的多样性，给饮料行业提供了充足的市场空间。虽然不同饮料之间存在着一定的替代性，但由于消费者口味偏好的千差万别，使得不同饮料品类之间并不能绝对被替代。中国草本资源丰富，对于草本资源的开发利用草本饮料是符合农业发展政策的。企业应充分利用这些资源优势，生产草本饮料，既符合我国饮料行业的发展方向和产业政策，又可解决国家关注的“三农”问题，促进山区经济建设，是利国利民的大好事。

(一)竹叶

竹为禾本科植物，中空有节，茎、叶常绿，在长江以南各省都有栽种。竹叶含三萜类物质、芦竹素、白芳素等。取鲜竹 50～100 g，水煎代茶饮，滋味清纯，具有清热利尿，清凉解暑作用。

竹叶在中国食用、药用历史悠久，其中含有大量的黄酮、内酯、多糖、叶绿素、氨基酸、维生素、微量元素等营养素，竹叶黄酮具有良好的抗自由基能力，能有效调节人体血脂，并具有消炎、抗菌、抗病毒、抗氧化、提高免疫力的作用，是理想的纯天然营养品。竹叶中的有效成分是黄酮类化合物和生物活性多糖及其他如酚酸类化合物、蒽醌类化合物、萜类内酯、特种氨基酸和活性肽、锰、锌、硒等微量元素。竹叶中所含的功能因子主要是黄酮糖苷和香豆素类内酯。其有效成的含量和生物活性均与银杏叶具有可比性。竹叶黄酮安全无毒，众所周知，银杏叶中含有一定量的白果酸，对人体有害，必须彻底去除。而在竹叶有效成分的研究中，迄今尚未发现任何有毒、有害成分，其安全性大大高于银杏提取物。竹叶提取物具有优良的抗自由基、抗氧化、抗衰老、降血脂和血胆固醇、扩张毛细血管、疏通微循环、活化大脑促进记忆、改善睡眠、抗癌症、美化肌肤等功效。竹叶提取物以其丰富的资源、优秀的品质、确凿的保健功效、清新怡人的风味和极大的安全性，在功能性食品和医药保健品领域有着十分广阔的应用。竹叶提取物是竹叶茶的主要成分，所以常喝对人体有益。

(二)芦荟

芦荟为单子叶植物纲阿福花科（又称日光兰科、独尾草科）芦荟属的多年生常绿草本植物。叶簇生、大而肥厚，生于茎顶，叶常披针形或叶短宽，边缘有尖齿状刺。花序为伞形、总状、穗状、圆锥形等，色呈红、黄或赤色斑点，花瓣六片、雌蕊六枚。花被基部多连合成筒状。

芦荟原产于非洲热带干旱地区，分布几乎遍及世界各地。在印度和马来西亚一带、非洲大陆和热带地区都有野生芦荟分布。在中国福建、台湾、广东、广西、四川、云南等地有栽培，也有野生状态的芦荟存在。芦荟的野生品种有 300 种以上，其中非洲大陆就有 250 种左右，马达加斯加约有 40 种，其余 10 种分布在阿拉伯等地。

芦荟是芦荟属中少数可食用的物种之一，其制品被广泛应用于食品、美容、保健、医药等领域。但芦荟也具有一定毒性，孕妇、婴幼儿不宜食用。对芦荟的过敏反应包括皮肤红肿、粗糙等现象，轻者出现恶心、呕吐、腹泻等症状，重者可引起急性肾炎。

（三）山药

山药是薯蓣科薯蓣属植物，缠绕草质藤本。块茎长圆柱形，垂直生长。茎通常带紫红色，右旋，无毛。分布于朝鲜、日本和中国；在中国分布于河南、安徽、江苏、浙江、江西、福建、台湾、湖北、湖南、广东、贵州、云南北部、四川、甘肃东部和陕西南部等地。生长于山坡、山谷林下，溪边、路旁的灌丛中或杂草中。块茎富含淀粉，入药能清热解毒、补脾胃亏损，治气虚衰弱、消化不良、遗精、遗尿及无名肿毒等。

山药肉质细嫩，含有极丰富的营养保健物质，是优秀的保健食物。《神农本草经》谓之主健中补虚、除寒热邪气、补中益气力、长肌肉、久服耳目聪明；《日华子本草》说其助五脏、活筋骨、长志安神、主治泄精健忘；《本草纲目》认为山药能益肾气、健脾胃、止泻痢、化痲涎、润毛皮。近些年来的研究表明，山药具有诱导产生干扰素，增强人体免疫功能的作用。其所含胆碱和卵磷脂有助于提高人的记忆力，常食之可健身强体、延缓衰老，是人们所喜爱的保健佳品。

（四）金银花

金银花，正名为忍冬。"金银花"一名出自《本草纲目》，由于忍冬花初开为白色，后转为黄色，因此得名金银花。药材金银花为忍冬科忍冬属植物忍冬及同属植物干燥花蕾或带初开的花。金银花自古被誉为清热解毒的良药。它性甘寒气芳香，甘寒清热而不伤胃，芳香透达又可祛邪。金银花既能宣散风热，还善清解血毒，用于各种热性病，如身热、发疹、发斑、热毒疮痈、咽喉肿痛等症，均效果显著。

（五）薄荷

薄荷，土名叫"银丹草"，根茎横生地下，多生于 2 100 m 海拔高度，但也可在 3 500 m 海拔上生长，是一种有特种经济价值的芳香作物。全株青气芳香。叶对生，花小淡紫色，唇形，花后结暗紫棕色的小粒果。

薄荷具有医用和食用双重功能，主要食用部位为茎和叶，也可榨汁服。在食用上，薄荷既可作为调味剂，又可作香料，还可配酒、冲茶等。每 100 g 干薄荷中，含水分 9.6 g、蛋白质 6.8 g 和纤维 31.1 g，能提供 870.7 kJ 的热量。薄荷是中华常用中药之一。它是辛凉性发汗解热药，治流行性感冒、头疼、目赤、身热、咽喉、牙床肿痛等症。外用可治神经痛、皮肤瘙痒、皮疹和湿疹等。平常以薄荷代茶，清心明目。

（六）桔梗

单凭名称，有人会误以为桔梗乃橘子的梗，但实际上与橘子或柑橘属没有直接关系。桔梗，别名包袱花、铃铛花、僧帽花，是多年生草本植物，茎高 20～120 cm，花暗蓝色或暗紫白色，可作观赏花卉；其根可入药，有止咳祛痰、宣肺、排脓等作用，为中医常用药。在中国东北地区常被腌制为咸菜，在朝鲜半岛被用来制作泡菜，当地民谣《桔梗谣》所描写的就是这种植物。

桔梗这种特殊的草本植物可作观赏花卉，可用作野菜食用，其根可入药，营养价值很高。桔梗的营养价值主要体现在它的食疗功效上。它除了富含很高的糖分之外，还含有丰富的维生素 B_1、维生素 C 以及多种桔梗皂苷、远志皂苷、前胡皂苷和桔梗聚果糖等。这些营养元素能降低胆固醇的含量，增加胆酸的分泌。此外桔梗还有解热、镇痛、抗炎、镇静的医药学价值。

（七）姜

姜，姜科姜属多年生草本植物。开有黄绿色花并有刺激性香味的根茎。株高 0.5～1 m；

根茎肥厚，多分枝，有芳香及辛辣味。根茎供药用，鲜品或干品可作烹调配料或制成酱菜、糖姜。茎、叶、根茎均可提取芳香油，用于食品、饮料及化妆品香料中。

生姜味辛、性微温，入脾、胃、肺经。具有发汗解表，温中止呕，温肺止咳，解毒的功效。主治外感风寒、胃寒呕吐、风寒咳嗽、腹痛腹泻、中鱼蟹毒等病症。还有醒胃开脾、增进食欲的作用。生姜中含有辛辣和芳香的成分，含有姜油酮、姜辣素、淀粉和纤维，用于风寒感冒，可通过发汗，使寒邪从表而解。姜辣素对口腔和胃黏膜有刺激作用，能促进消化液分泌，增进食欲，可使肠张力、节律和蠕动增加。姜油酮对呼吸和血管运动中枢有兴奋作用，能促进血液循环。

（八）桑叶

桑叶，是桑科植物桑的干燥叶。桑叶的用途很广，不仅可以食用，还可以药用。我国各地广泛种植桑树，桑叶产量较高。药用一般认为霜后采者质佳。桑叶有疏散风热，清肺润燥，清肝明目的功效。且有治疗风热感冒，肺热燥咳，头晕头痛，目赤昏花的作用。到 2014 年，有人将桑叶的芽头做成了菜式，而使桑叶有了食疗的价值，因其桑叶的芽头营养价值丰富而被大众喜爱，称为桑芽菜。

桑叶有抑制脂肪肝的形成、降低血清脂肪和抑制动脉粥样硬化形成的作用。活性成分包括 DNJ、植物甾醇、黄酮类等。桑叶汁对大多数革兰氏阳性菌和革兰氏阴性菌以及部分酵母菌有良好的抑制生长作用，而且所需的抑菌浓度低、pH 范围宽（4～9）、热稳定性强。桑叶能预防癌细胞生成，提高人体免疫力，主要功能成分是 DNJ、类黄酮、桑素、γ-氨基丁酸及维生素，能抑制染色体突变和基因突变。

（九）黄芪

黄芪始载于《神农本草经》，古代写作黄耆。李时珍在《本草纲目》中释其名曰：耆，长也。黄耆色黄，为补药之长，故名。它来源于豆科植物黄芪的干燥根。黄芪性味甘、微温，归脾、肺经，为补气药材。黄耆是豆科黄耆属植物，多年生草本，高 50～100 cm。主根肥厚，木质，常分枝，灰白色。分布于俄罗斯和中国；在中国分布于东北、华北及西北，中国各地多有栽培。生长于林缘、灌丛或疏林下，亦见于山坡草地或草甸中。黄耆根可以入药，味甘，性微温，具补气固表、利尿、强心、降压、抗菌、托毒、排脓、生肌、加强毛细血管抵抗力、止汗和类性激素的功效，治表虚自汗、气虚内伤、脾虚泄泻、浮肿及痈疽等。

黄耆以其根入药，药用历史悠久。中国最早的《神农本草经》把黄耆列为"上品"。《药性歌诀》云：黄耆入药，为强壮剂，具有益正气，壮脾胃，排脓止痛，活血医危的功效。对表虚自汗、气虚内伤、精神萎靡、四肢无力、脾虚泄泻、体虚多汗、气虚脱肛、子宫脱垂、浮肿及痈疽等疾病疗效显著。《名医别录》《本草纲目》等古药书均认为它有益气补虚的作用。

药理研究发现，黄耆含有胆碱、豆香素、叶酸、氨基酸、甜菜碱、皂苷、糖类、蛋白质、核黄素、黄烷化合物、铁、钙、磷及硒、锌、铜、锰等多种微量元素。味甘，性微温，具补气固表、利尿、强心、降压、抗菌、托毒、排脓、生肌、加强毛细血管抵抗力、止汗和类性激素的功效，治表虚自汗、气虚内伤、脾虚泄泻、浮肿及痈疽等。由于黄耆能防止肝糖减少，对肝脏有保护作用，并能促进人体血液中白细胞的增加，可抵抗化学物质、放射线或其他原因引起的人体白细胞减少，显著提高单核巨噬细胞系统和白细胞的吞噬功能。但黄耆最主要的仍是补中益气，利水消肿，对虚胖虚肿症最为适宜。

（十）鱼腥草

鱼腥草是中国药典收录的草药，草药来源为三白草科植物蕺菜的干燥地上部分。夏季茎叶茂盛花穗多时采割，除去杂质，晒干。

草药性状：茎呈扁圆柱形，扭曲，长 20～35 cm，直径 0.2～0.3 cm；表面棕黄色，具纵棱数条，节明显，下部节上有残存须根；质脆，易折断。叶互生，叶片卷折皱缩，展平后呈心形，长 3～5 cm，宽 3～4.5 cm；先端渐尖，全缘；上表面暗黄绿色至暗棕色，下表面灰绿色或灰棕色；叶柄细长，基部与托叶合生成鞘状。穗状花序顶生，黄棕色。搓碎有鱼腥气味。

鱼腥草味辛，性寒凉，归肺经。能清热解毒、消肿疗疮、利尿除湿、清热止痢、健胃消食，用治实热、热毒、湿邪、疾热为患的肺痈、疮疡肿毒、痔疮便血、脾胃积热等。现代药理实验表明，本品具有抗菌、抗病毒、提高机体免疫力、利尿等作用。

（十一）人参

人参是一味补益的中药，它是补气药的代表，单味药即可以达到补气固脱，回阳救逆的作用，在人参当中，它的主要的有效成分是人参皂苷，目前发现人参皂苷含有抗氧化，抗肿瘤，提高机体免疫力等作用，因而人参是一个有比较强的保健作用的中药，它可以增强大脑皮层的兴奋性，提高记忆力，可以增强人体的抗疲劳能力，还有抗肿瘤，提高免疫力，抗氧化等作用，对于保护心脑血管，预防冠心病，脑血管疾病的发生都是很有帮助的。

（十二）银杏叶

银杏叶，为银杏科植物银杏的干燥叶。秋季叶尚绿时采收，及时干燥。一般为人工栽培。栽培地区北至辽宁，南达广东，东起浙江，西达陕西、甘肃、西南到四川、贵州、云南等地。具有活血化瘀，通络止痛，敛肺平喘，化浊降脂的功效。用于瘀血阻络，胸痹心痛，中风偏瘫，肺虚咳喘，高脂血症。

任务 1　可可乳饮料生产技术

【任务设计】

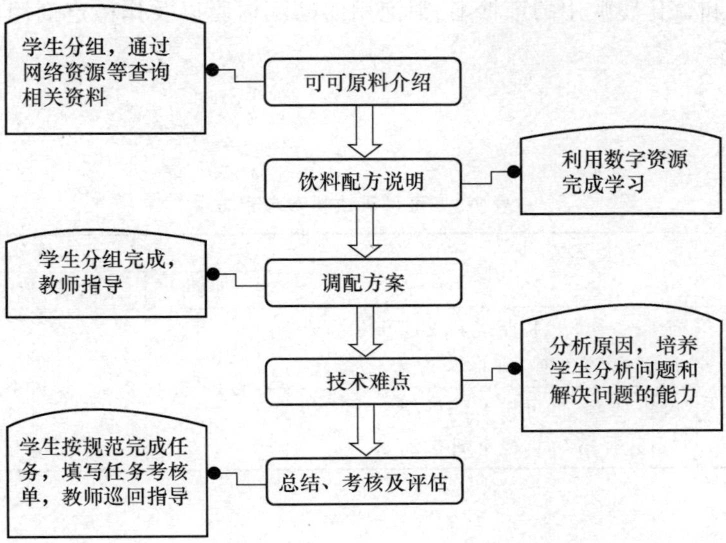

【任务实施】

可可、咖啡、茶饮料并称当今世界的三大无酒精饮料，刺激兴奋的可可，浪漫浓郁的咖啡，自然清新的茶香，不同文化背景的国家在饮品选择方面有着各具特色的偏好。

非洲是世界的最大的可可生产区，多销往西欧和美国。发展中国家占世界咖啡栽培面积的 99.9%和产量的 99.4%，其中，拉丁美洲的总栽培面积和产量最高。消费则集中在发达国家，以美国、西欧各国和日本为多。亚洲是世界著名茶叶产区，亚洲茶文化源于中国，现以中国和日本最为发达。

可可是做巧克力的主要原料，在用巧克力为原料生产饮料时，产品也称巧克力乳饮料。

一、主要材料

可可粉、全脂牛乳、砂糖、食用色素、香精及稳定剂。

二、工艺流程

乳原料↓

可可或巧克力→调配→搅拌→加热→冷却→均质→杀菌→灌装

砂糖↑

灌装↓密封→二次杀菌→冷却→可可乳饮料

三、操作步骤

(一)原料

乳原料一般选用鲜乳、脱脂乳、炼乳、全脂或脱脂乳粉等，单独或合并使用均可。若使用脱脂乳及其制品时，适当添加乳脂肪风味会更好。

可可原料一般根据用途，使用 1%～1.5%的可可或 1.5%～2.0%的巧克力。

其他原料还有香料、焦糖色素、食盐、植物油以及碳酸氢钠、磷酸氢二钠(pH 调节剂)，此外还有防止凝乳和硫化腐败用的蔗糖酯、消泡用的硅酮树脂以及作稳定剂用的卡拉胶、CMC-Na 和海藻酸钠等。

(二)配方

参考配方见表 7-3。

表 7-3 可可乳饮料参考配方 %

饮料名称		配方	成分			
			脂肪	蛋白质	蔗糖	还原糖
可可乳饮料	A	全脂牛乳 80，脱脂乳粉 25，可可粉 1.5，砂糖 6.5，色素 0.01，水 9.5	1.1～3.4	2.0～3.0	5.4～6.4	3.1～5.8
	B	鲜牛乳 35，可可粉 1.0，砂糖 8.0，卡拉胶 0.15，香精 0.1，稳定剂 0.2，水 55				

(三)调配

用可可、砂糖、海藻酸钠调制可可乳饮料用糖浆时，分别将海藻酸钠与 1/5 的砂糖混合，可可与其余 4/5 的砂糖混合。在搅拌下，将脱脂乳缓缓加入可可与砂糖的混合物中，继续搅拌直至形成滑腻的组织，再将其加热至 66 ℃，在搅拌下加入海藻酸钠与砂糖的混合物。

如使用液态巧克力时，将巧克力缓慢兑入脱脂乳中，形成滑腻的糊状物，在其中加入海藻酸钠与砂糖的混合物，再加入糖浆，杀菌，冷却，灌装。

(四)灌装

调配好的可可乳饮料经过过滤、均质后，用板式换热器加热至 85～95 ℃，进行热灌装。加有硅酮的咖啡乳饮料可以消泡，因而可以提高灌装速度。热灌装的饮料制品，其包装容器内的真空度一般为 40～53 kPa。

(五)二次杀菌与冷却

可可乳饮料的 pH 一般为 6.5 左右，接近中性饮料。同时原料乳中可能含有耐热性的芽孢杆菌，因此按规定，需要经过 120 ℃、20 min 的杀菌。杀菌不足，产品容易发生变质现象，加热过度，又会影响饮料的质量。二次杀菌后冷却至 40 ℃左右。

四、产品质量标准

可参考 GB/T 31326—2014《植物饮料》的相关技术要求及相关行业、企业、团体标准。

五、操作实施

①学生分成 3～5 人一组，各小组在老师指导下，通过网络教学资源等多渠道查询可可乳饮料生产技术的资料。

②各组根据汇总的相关资料，师生共同讨论、分析，用集体智慧完成可可乳饮料生产技术方案，制作汇报提纲并选一名代表进行学习汇报交流，并对该方案进行修订。

③学生按照修订后的可可乳饮料生产技术方案，按规范要求，独立完成可可乳饮料生产任务，最终填写任务考核单，教师在操作实施过程中巡回指导。

任务考核单——可可乳饮料的生产

班级： 姓名： 学号：

<table>
<tr><th>项目</th><th>实施内容</th><th>分值</th><th>考核记录(以“√”表示)</th><th>备注</th><th>得分</th></tr>
<tr><td rowspan="5">准备工作
(15 分)</td><td>清洁卫生</td><td>5</td><td>能发现并解决卫生问题</td><td></td><td rowspan="5"></td></tr>
<tr><td rowspan="3">准备并检查工器具</td><td rowspan="3">6</td><td>准备本次操作实施所需所有仪器和容器</td><td></td></tr>
<tr><td>仪器和容器的清洗和控干</td><td></td></tr>
<tr><td>检查设备运行是否正常</td><td></td></tr>
<tr><td>原料的选择</td><td>4</td><td>按照产品类型选择合适的原料</td><td></td></tr>
<tr><td rowspan="6">操作实施
(60 分)</td><td>杏仁奶的制备</td><td>20</td><td>选料、脱皮、护色、磨浆</td><td></td><td rowspan="6"></td></tr>
<tr><td>茶汁制备</td><td>20</td><td>按照要求制备茶汁</td><td></td></tr>
<tr><td>调配</td><td>20</td><td>调配的方法</td><td></td></tr>
<tr><td>杀菌</td><td>10</td><td>巴氏杀菌的具体操作</td><td></td></tr>
<tr><td rowspan="2">灌装</td><td>5</td><td>灌装方式选择</td><td></td></tr>
<tr><td>5</td><td>灌装工序</td><td></td></tr>
</table>

续表

项目	实施内容	分值	考核记录(以"√"表示)	备注	得分
产品评定(15分)	感官要求	5	应具有反映该类产品特点的感官、滋味,不得有异味、异臭和外来杂物		
	理化要求	5	符合相应的理化指标		
	微生物要求	5	符合相应的微生物指标		
文明操作与团队意识(10分)	文明操作	5	清理用物,整理实训室		
	团队意识	5	有团队意识,能相互良好合作		

④学生对完成工作任务的表现进行自评和互评,各小组进行总结、考核及评估,教师做出最后评价,填写教学反馈表。

【知识拓展】

可可乳饮料和一般饮料不同,其中含有蛋白质、焦糖和可可颗粒,经过调配和均质,饮料呈胶体分散状态。当制造条件出现变化,特别是pH低于6时,饮料容易产生凝乳或脂肪分离现象,出现脂肪、乳液和可可等物质的沉淀。

一方面将可可经过研磨、均质,使其粒度变小;另一方面添加羧甲基纤维素钠(CMC-Na)或藻酸丙二醇酯(PGA)等稳定剂,不仅可以增加乳液的黏度,还可以在酪蛋白颗粒的表面生成亲水性基的被膜,成为稳定的悬浊液,避免酪蛋白出现酸沉淀,用水稀释静置后也不会形成沉淀。

任务2 谷物类饮料生产技术

【任务设计】

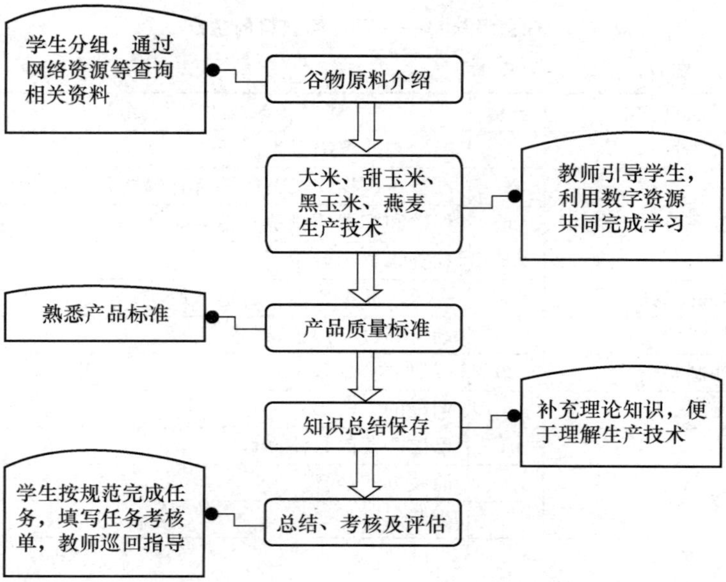

【任务实施】

谷物饮料是指以谷物为主要原料加工制得的饮料产品，是谷物食品的一个重要组成部分。如大米、薏米、大麦、小麦、玉米等，都是生产谷物饮料的良好原料，已研制出许多别有风味的谷物饮料产品。

我国传统的饮食习惯就是以植物性食品为主，其中谷物类食品是中国传统膳食的主体。根据《中国居民膳食指南》，谷类食品中碳水化合物占总量的75%～80%，蛋白质占8%～10%，脂肪占1%左右，还含有矿物质、B族维生素和膳食纤维。随着经济的发展，生活水平的提高，居民饮食结构中摄入的肉、蛋、乳类等动物性食品比例过高，而谷类食物的摄入逐渐减少，这种膳食结构提供的能量和脂肪过高，而膳食纤维过低，造成了“富贵病”大幅上升。食品行业及消费者本身，都期待出现一类营养更均衡、品质更安全、食用更方便的食品，以改善越来越失衡的膳食结构，提升国民的营养健康水平。因此以谷物杂粮为原料开发的谷物饮料将是未来饮料市场的一个主要发展方向。

一、大米饮料

大米混汁饮料，是由大米经淀粉酶液化调配后制得的一种营养型保健饮料，由于含有丰富的蛋白质、糊精、糖类、B族维生素等营养物质，使其具有明显改善皮肤营养状况、促进皮肤光滑细腻的美容效果，同时对特异性皮肤炎症也有一定疗效。日本市场很推崇这种具有美容作用的天然米汁饮料。所以大米混汁饮料是一种具有良好市场前景的保健饮品。

（一）主要材料

1. 配方

按百分比配比。主要原料分别为：碎米10%、去离子水80%、白砂糖9.4%、脂肪酸蔗糖酯0.3%、羧甲基纤维素钠0.3%、乙基麦芽酚0.03%。

2. 主要设备

去石机、洗米机、反渗透水处理系统、粉碎机、锅炉、糊化罐、冷热缸、液化罐、板式过滤机、调配罐、均质机、超高温瞬间灭菌机、高温罐装机、封盖机、贴标机、喷码机。

（二）工艺流程

大米→除杂清洗→粉碎→糊化→液化→过滤→调配→均质→杀菌灌装

（三）操作步骤

1. 除杂清洗

用去石机将碎米中的沙石去除干净，在洗米机中用清水将米粒表面灰尘冲洗干净。

2. 粉碎

为了增加表面积，加快酶促反应的进行，提高出汁率，可将米粒粉碎过40目筛。

3. 糊化

在糊化罐中按1∶5加入米粉和经反渗透水处理系统处理过的去离子水，开启搅拌器，搅匀米粉浆，然后打开蒸汽阀，在罐体夹层通入蒸汽，加热米粉浆。边加热边搅拌，升温至100 ℃，保温30 min。使大米淀粉充分糊化，破坏淀粉颗粒分子结构，有利于酶促反应进行，加快液化速度。

4. 液化

将糊化好的米粉浆泵入冷热缸，在冷热缸夹层加入冰水，使糊化的米粉浆温度降到 60 ℃，再泵入液化罐液化，降解淀粉类物质，使可溶性物质增加。先用 40% NaOH 调节 pH6.0～6.2，根据酶活力情况添加 α-淀粉酶，液化罐应恒温在 60 ℃，保温 10 h。酶促反应后，需加温至 100 ℃灭酶，使 α-淀粉酶失活。

5. 过滤

分离用板式过滤器 100 目滤布过滤，将米汁与米渣分离，并可根据不同的口味要求进行调味。

6. 调配

米汁制得后，可按配方比例先将添加剂冷水调匀溶解，放入米汁中，然后添加去离子水，定容至所需刻度，升温至 95 ℃搅拌 30 min。

7. 均质

为使成品饮料口感柔和、细腻，混汁稳定、不沉淀，应经高压均质。均质压力可控制在 25～30 MPa/cm^2。

8. 杀菌、灌装

饮料通过 125 ℃、3 s 瞬间灭菌，出料温度控制在 85 ℃灌装封口。贴标、喷上生产日期，即为成品。

二、甜玉米饮料

甜玉米饮料是以乳熟期的甜玉米为原料，经榨汁、加水、加糖、加酸、脱气、均质、密封、杀菌等工艺制成的。这是一种带肉的乳状饮料，外观是不透明的，玉米组织稳定地分布在汁液中。它含有甜玉米几乎所有的营养成分，如维生素、氨基酸以及矿物质等，尤其含有丰富的膳食纤维。这种饮料外观呈乳黄色，具有玉米特有的清香，口感细腻，组织均匀一致，没有分层现象，是一种较为理想的新型天然饮料。

(一)主要材料

按如下比例配比原料：甜玉米粒 100 kg，白砂糖 92 kg，柠檬酸 1.5 kg，黄原胶 2 kg，羧甲基纤维素钠(CMC-Na)1 kg。为了提高饮料的营养价值，也可以加入果汁、菜汁、奶粉、大豆粉等。

主要设备有：去石机、洗米机、反渗透水处理系统、粉碎机、锅炉、糊化罐、冷热缸、液化罐、板式过滤机、调配罐、均质机、超高温瞬间灭菌机、高温罐装机、封盖机、贴标机、喷码机。

(二)工艺流程

甜玉米→去苞叶、花丝→清洗、脱粒→预煮→打浆→细磨→调配→脱气→均质
↓
擦罐、检验←杀菌、冷却←灌装、封盖←预热

(三)操作步骤

1. 原料

甜玉米要选择乳熟期收获，过早采收最终产品的有效成分少；过迟采收成品中的纤维含量高，而且容易分层。甜玉米从采收到加工不能超过 6 h，如果来不及加工，一定要暂时存放在

0 ℃左右的保鲜库中。

2. 去苞叶、花丝

人工剥去玉米苞叶，擦去花丝，挖去杂色粒和虫蛀粒。

3. 清洗、脱粒

用清水对玉米进行清洗，最好使用喷淋式清洗机，一定要认真对待这道工序，否则玉米上的微生物会带进饮料中。然后用人工或玉米脱粒机把玉米粒脱下来。

4. 预煮

将玉米粒放入开水或蒸汽中进行短时间的加热，目的是为了破坏玉米中酶的活性，并且杀死部分微生物。漂烫的温度是 93～100 ℃，时间为 12 min 左右。漂烫在连续预煮机或夹层锅中进行。

5. 打浆

漂烫后的玉米放入打浆机中打浆，使玉米的组织变细碎。

6. 细磨

为了使玉米组织变得更加细腻，打浆后的玉米还要用胶体磨细磨，以利于以后的调配和均质工序。

7. 调配

将水、糖、添加剂与玉米浆加入调配缸混合进行调配。调配一定用符合卫生标准的软化水。调配的具体步骤为：

①根据产品生产标准，把一定量的玉米浆加入调配缸中。

②化糖：把白砂糖溶进水里，并加热至沸腾，趁热用 250 目的滤网滤去糖水中的杂质，这道工序最好在糖化锅中进行，过滤用过滤器进行。过滤后的糖水放入调配缸。

③调酸：为了提高产品的适口性，可以加入一定量的酸味剂。使用的酸味剂主要是柠檬酸或苹果酸，使用量为成品的 0.05%～0.15%。酸味剂也要预先用热水化开，过滤后倒入调配缸。

④加增稠剂：黄原胶和羧甲基纤维素钠分别用热水化开，倒入调配缸。各种原料加入调配缸后，开动调配缸上的搅拌器充分搅拌。

8. 脱气

玉米组织中含有空气，玉米饮料在运输、调配过程中也会有部分空气溶解在液体中或者吸附在玉米微粒表面。空气的存在主要有两大危害：第一，玉米微粒的重量变轻，悬浮在液体表面，使饮料分层，影响产品外观；第二，空气中的氧气和饮料中的营养物质发生化学反应，使饮料的营养价值降低，也会使饮料的颜色发生变化，从而严重影响产品的质量，因此必须进行脱气处理，除去这些有害气体。

脱气在真空脱气机中进行。在一定的真空条件下，利用脱气罐上部的喷雾器，把液体喷成雾状，以增大脱气面积。液体中的空气被真空泵抽走，达到脱气的目的。脱气罐内的真空度为 0.07～0.09 MPa，料液的温度为 60 ℃。

9. 均质

经过胶体磨细磨的玉米浆中的玉米组织仍需进一步细化，起到乳化作用，使成品形成均匀一致的悬浊液，避免出现分层沉淀现象，这就需要经过均质处理。一般均质的压力为 30 兆帕，温度为 80 ℃左右。经过均质的玉米组织被乳化得更小，这些细小微粒在玉米中的果胶和增稠剂的作用下，和水紧密地结合在一起，形成稳定的玉米饮料。

10. 预热

预热的目的是灌装密封后使饮料罐内形成一定的真空度，在以后的杀菌工序时不会因饮料罐内的空气受热膨胀导致饮料罐变形或胀破；也可以进一步减少罐内的空气和缩短杀菌时间。一般玻璃瓶包装的预热温度为不低于 80 ℃，马口铁罐包装时不低于 60 ℃。

11. 灌装、封盖

预热后立即进行灌装、封盖。最好进行真空密封，真空度为 0.02～0.05 MPa，真空密封的目的也是为了使罐内形成一定的真空度。

12. 杀菌、冷却

经过调酸处理的饮料，其 pH 如果在 4.6 以下，可以采用常压杀菌。杀菌公式为 20 min—30 min—30 min/100 ℃，即 20 min 升温至 100 ℃，在 100 ℃温度下保持 30 min，然后经 30 min 冷却至 40 ℃。玻璃瓶包装要分段冷却，以避免玻璃瓶因突然遇冷而爆裂。

如果饮料的 pH 大于 4.6，就必须进行高温杀菌。杀菌公式为 20 min—30 min—20 min/118 ℃，即 20 min 升温至 118 ℃，保持 30 min，经 20 min 反压冷却至 40 ℃。

13. 擦罐、检验

杀菌后立即擦去罐表面的水分，防止金属罐的罐缝和封口生锈。擦干水分后立即送入保温库，在 35～37 ℃下保温 5 昼夜，然后逐罐进行检验。检验的方法是用特制的小棒敲击罐的底部，如果声音发空，则为泄漏或没有达到杀菌效果，应剔除；如果敲击的声音发浊，则为合格品，立即打上合格标记。

三、黑玉米饮料

黑玉米是玉米家族中的一个新品种，既可为粮，又可为蔬。因其营养丰富，功能独特，为加工美味食品、营养食品、功能食品的良好原料。黑玉米乳饮料保留了黑玉米的色、香、味，呈浅灰乌色，澄清透明，有浓郁的玉米芳香，酸甜可口，适合于四季饮用。

（一）主要材料

黑玉米、淀粉酶、糖化酶、砂糖、酸味剂、稳定剂。

（二）工艺流程

黑玉米→粉碎→糊化→液化（淀粉酶）→冷却→糖化→粗滤、调整→均质
↓
成品←装瓶←灭菌←排气

（三）操作步骤

1. 原料预处理

选用色黑、无杂质、六七成熟的黑玉米鲜穗，经清洗后离心脱水、粉碎，细度不小于 80 目，或用温水浸泡 2～3 h，用磨浆机磨浆。

2. 糊化

按料水比 1∶10 混合，加热煮沸 20 min。

3. 液化

在黑玉米浆中加入 1%的淀粉酶，在 90～95 ℃下保温 2 min。

4. 糖化

冷却后调整 pH 为微酸性，按 0.1%的比例加入糖化酶，保温 55～60 ℃，使之充分糖化，直到没有碘反应为止，整个过程需 4～5 h。

5. 过滤

糖化液趁热用硅藻土过滤机粗滤，再用纸板过滤机精滤。

6. 调整

加入 8%～10%的砂糖，少量酸及适量黄原胶与 CMC 等复合稳定剂调配。

7. 均质

将调整液转入高压均质机中，于 20 MPa 压力下均质。

8. 灭菌灌装

采用 100 ℃保持 6～8 min 灭菌，在 70～75 ℃下装瓶。经冷却，检验后即为成品。

四、燕麦饮料

燕麦是一种营养价值较高的谷物，主要产于我国北方内蒙古等高寒地区。燕麦的蛋白质、脂肪和可溶性膳食纤维含量在粮谷类中居首位。燕麦蛋白质含量达 11.35%～19.90%，多数为 18.00%左右，其中必需氨基酸组成与每日摄取氨基酸标准基本相同，可有效地促进人体生长发育；燕麦脂肪含量为 3.44%～9.65%，平均值为 6.30%，是小麦的 4 倍，是谷物中脂肪含量最高的品种。此外，燕麦中富含膳食纤维及抗氧化性物质，从而使燕麦具有降血糖、降血脂、提高免疫能力及抑制脂质氧化、延缓衰老等重要的生理功能。

与其他谷物相比，燕麦的升糖指数较低，营养素配比较为合理，美国食品和药物管理局认定其为功能性食品。燕麦中可溶性膳食纤维含量较高，其主要成分是 β-葡聚糖，β-葡聚糖可以减缓血液中的葡萄糖含量，对于抑制糖尿病、心血管疾病和肥胖症具有显著效果。

(一)燕麦浓浆饮料

1. 主要材料

燕麦、蔗糖、羧甲基纤维素钠、黄原胶、单甘酯、蔗糖酯、碳酸氢钠。

2. 工艺流程

稳定剂、蔗糖 ↓

燕麦→清洗、除杂→沥干→烘烤→浸泡→打浆→胶磨→过滤→调配

↓

成品←灭菌←封口←灌装←均质

3. 操作要点

(1)燕麦挑选、清洗。去除霉变、虫蛀的燕麦片以及杂质，并清洗干净、晾干。

(2)烘烤。将洗净、晾干的燕麦片于 160 ℃的温度下烘烤 10 min。

(3)浸泡。采用清水浸泡 8 h，使其软化。

(4)胶磨。通过胶体磨，使得燕麦籽粒破碎成浓浆。

(5)过滤。用筛网将浓浆过滤，滤出燕麦渣。

(6)调配。将稳定剂、乳化剂、蔗糖等辅料分别溶解后，均匀混合加入浆液中，搅拌均匀，调节 pH 至 6.8～7.2。

(7)均质。第 1 次均质压力 15 MPa，第 2 次均质压力 25 MPa，温度 65～80 ℃。

(8)灌装、封口。采用 250 g 四旋玻璃瓶包装，燕麦浓浆加热至 95 ℃灌装密封。

(9)灭菌。采用灭菌温度 121 ℃，灭菌时间 15 min。

(二)发酵型燕麦酸乳饮料

1. 主要材料

燕麦、鲜牛乳、蔗糖、柠檬酸、发酵剂、羧甲基纤维素钠、高甲氧基果胶。

2. 工艺流程

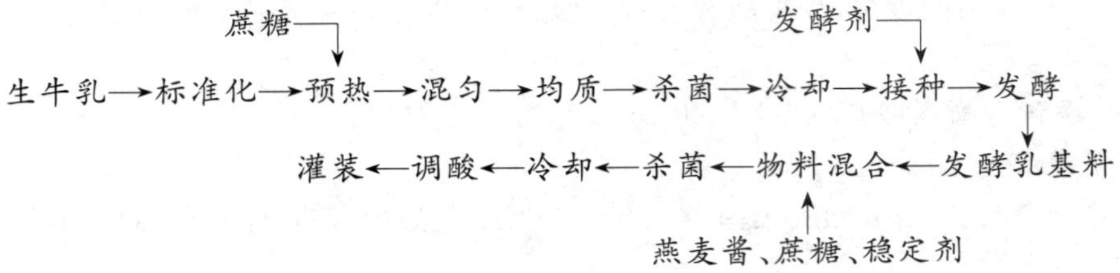

3. 操作要点

(1)燕麦酱的制备。挑选颗粒饱满、无虫蛀、无霉变的燕麦。清洗、去杂质，浸泡 5～6 h，将软化水：燕麦麦粒按照 1∶6 混合，并添加 30%的蔗糖，煮制 1～2 h 至燕麦粒膨胀熟化，并防止破裂。

(2)发酵乳基料的制备。生牛乳经验收、标准化合格后，预热至 50～55 ℃，添加 5%的蔗糖混匀，经 18～20 MPa、60～65 ℃均质，95 ℃、300 s 杀菌后降温至 42 ℃，发酵菌种以 0.2%添加量按无菌操作添加，在 42 ℃条件下发酵 8～10 h，待发酵乳酸度到达 80～90°T 后终止发酵，冰水冷却后搅拌均匀，4 ℃冷藏备用。

(3)稳定剂溶液的制备。软化水预热至 70 ℃，将 CMC-Na、高甲氧基果胶与蔗糖混匀，95 ℃、300 s 杀菌后冷却至 40 ℃以下。

(4)物料混合。将煮好的燕麦酱按照 8%的添加量，与稳定剂溶液混匀，并加入发酵乳基料、蔗糖，搅拌 20 min 混合均匀。

(5)调酸、灌装。将柠檬酸溶解于 20 倍软化水中，保持料液为高速搅拌状态，缓慢加入柠檬酸溶液，加酸结束后保持搅拌 10 min，最终保持成品的酸度为 50～55°T。调酸结束后灌装，2～10 ℃冷藏。

(三)燕麦花生乳饮料

1. 主要材料

主要材料见表 7-4。

表 7-4 燕麦花生乳饮料原料及用量

原料名称	用量/%	原料名称	用量/%
白砂糖	6.50	燕麦香精	0.03
花生酱	2.50	纯牛奶香精	0.04
燕麦片	1.00	乙基麦芽酚	0.003
全脂奶粉	0.40	小苏打	适量
悬浮剂	0.30		

2. 工艺流程

白砂糖、悬浮剂→溶解

燕麦片、水→磨浆→过滤

花生酱、水→过滤

小苏打；香精、乙基麦芽酚

全脂奶粉→温水溶解→物料混合→定容→调 pH→调香→均质→灌装→杀菌→冷却→成品

3. 操作要点

饮料总量为 1 000 L。

(1)奶粉的处理。将称量好的脱脂奶粉加入 150 L、45 ℃纯净水，在水浴中保温 50 ℃搅拌 10 min 使其充分溶解，备用。

(2)花生酱处理。称取定量的花生酱，加入大约 150 L 常温水搅拌均匀，备用。

(3)燕麦片处理。将称量好的燕麦片加入约 250 L、50～60 ℃纯净水打浆，加入处理好的花生酱，混料均匀后，用 200 目滤布过滤，备用。

(4)溶胶。将称量好的白砂糖和悬浮剂混合均匀后，加入约 300 L、70～80 ℃的纯净水中，剪切 15～20 min 使胶体溶解完全，无不溶颗粒，备用。

(5)混合。将处理好的奶液、花生酱与燕麦的混合浆和稳定剂液混合均匀，备用。

(6)定容、调香。将料液用 70 ℃纯水定容至 1 000 L，将定容好的料液用适量小苏打将其 pH 调整在 7.2 左右，然后加入香精和乙基麦芽酚调香后搅拌均匀。

(7)均质。将调配好的料液进行均质，均质温度 70 ℃，均质压力为 30～35 MPa/5～10MPa。

(8)杀菌。将均质后的料液灌装后，再进行高温高压杀菌，条件为 121 ℃，15～20 min。

(9)冷却、成品。使杀菌后的产品冷却至容器中心温度 40 ℃以下，贴标、装箱、入库。

五、产品质量标准

可参考 QB/T 4221—2011《谷物类饮料》的相关技术要求。

根据产品特性分为，谷物饮料可分为谷物浓浆和谷物饮料。

谷物浓浆：总固形物和谷物来源的总膳食纤维含量较多的谷物类饮料。

谷物饮料：总固形物和谷物来源的总膳食纤维含量较少的谷物类饮料。

(一)感官要求

感官要求应符合表 7-5 的规定。

(二)理化要求

理化要求应符合表 7-6 的规定。

(三)食品安全要求

1. 卫生要求

应符合 GB 7101—2015《食品安全国家标准　饮料》的规定。

表 7-5 谷物类饮料感官要求

项目	谷物浓浆	谷物饮料
色泽	具有产品应有的色泽	
滋味和气味	具有其产品应有的口味和香气：如添加果蔬汁、植物提取物等食品辅料的产品，具有所添加物相符的口味和香气	
状态[a]	允许有少量析水、沉淀、分层或弱凝胶现象	允许有少量析水、分层或沉淀现象
杂质	无正常视力可见外来杂质	

注：[a]含颗粒状食品辅料的产品不作要求。

表 7-6 谷物类饮料理化要求

项目	谷物浓浆	谷物饮料
总固形物[a]/(g/100 g)	≥10.0	≥6.0
总膳食纤维/(g/100 g)	≥0.3	≥0.1

注：[a]低糖和无糖产品，对总固形物不作要求。

2. 食品添加剂和食品营养强化剂要求

应符合 GB 2760—2014《食品安全国家标准　食品添加剂使用标准》和 GB 14880—2012《食品安全国家标准　食品营养强化剂使用标准》的规定。

3. 其他食品安全要求

应符合相关食品安全国家标准的规定。

六、操作实施

①学生分成 3～5 人一组，各小组在老师指导下，通过网络教学资源等多渠道查询谷物类饮料生产技术的资料。

②各组根据汇总的相关资料，师生共同讨论、分析，用集体智慧完成谷物类饮料生产技术方案，制作汇报提纲并选一名代表进行学习汇报交流，并对该方案进行修订。

③学生按照修订后的谷物类饮料生产技术方案，按规范要求，独立完成谷物类饮料生产任务，最终填写任务考核单，教师在操作实施过程中巡回指导。

④学生对完成工作任务的表现进行自评和互评，各小组进行总结、考核及评估，教师做出最后评价，填写教学反馈表。

任务考核单——谷物类饮料的生产

班级：　　　　姓名：　　　　学号：

项目	实施内容	分值	考核记录(以"√"表示)	备注	得分
准备工作(15 分)	清洁卫生	5	能发现并解决卫生问题		
	准备并检查工器具	6	准备本次操作实施所需所有仪器和容器		
			仪器和容器的清洗和控干		
			检查设备运行是否正常		
	原料的选择	4	按照产品类型选择合适的原料		

续表

<table>
<tr><th>项目</th><th>实施内容</th><th>分值</th><th>考核记录(以"√"表示)</th><th>备注</th><th>得分</th></tr>
<tr><td rowspan="5">操作实施
(60分)</td><td>原料处理</td><td>10</td><td>进行原料处理</td><td></td><td rowspan="10"></td></tr>
<tr><td>配方设计</td><td>20</td><td>设计产品配方</td><td></td></tr>
<tr><td>具体操作</td><td>20</td><td>针对产品进行具体的操作</td><td></td></tr>
<tr><td rowspan="2">灌装</td><td>5</td><td>灌装方式选择</td><td></td></tr>
<tr><td>5</td><td>灌装工序</td><td></td></tr>
<tr><td rowspan="3">产品评定
(15分)</td><td>感官要求</td><td>5</td><td>应具有反映该类产品特点的感官、滋味,不得有异味、异臭和外来杂物</td><td></td></tr>
<tr><td>理化要求</td><td>5</td><td>符合相应的理化指标</td><td></td></tr>
<tr><td>微生物要求</td><td>5</td><td>符合相应的微生物指标</td><td></td></tr>
<tr><td rowspan="2">文明操作与
团队意识
(10分)</td><td>文明操作</td><td>5</td><td>清理用物,整理实训室</td><td></td></tr>
<tr><td>团队意识</td><td>5</td><td>有团队意识,能相互良好合作</td><td></td></tr>
</table>

【知识拓展】

糊化、液化和糖化

糊化、液化和糖化是3个含义不同而又互相关联的淀粉分解过程。其中糊化是一个物理过程,而液化和糖化是生化反应过程。

糊化:谷物中的淀粉,一般由细胞壁包围,以颗粒状存在。这种颗粒不溶于水,也不受淀粉酶的作用。但淀粉颗粒经加热后会迅速吸水膨胀,当升至一定温度后,细胞壁破裂,淀粉分子溶出,形成黏性糊状物,这个过程称为"糊化"。简而言之,糊化就是淀粉颗粒在热溶液中膨胀破裂的过程。淀粉糊化后,醪液中的淀粉酶可以较好地将其分解,而未糊化淀粉的分解则需要很长时间。淀粉颗粒迅速吸水、膨胀破裂而形成糊状物的临界温度称为糊化温度。不同辅料的糊化温度不同,这是由于不同谷物的淀粉颗粒大小不同、化学组成不同而造成的。例如,大米淀粉的糊化温度是80～85 ℃,玉米淀粉的糊化温度为68～78 ℃,小麦淀粉的糊化温度为57～70 ℃。当谷物淀粉的糊化温度高于第一次糖化的温度时,应该进行预煮,即辅料在糊化锅投料,大米和玉米就属于这一类。反之,当谷物淀粉的糊化温度低于第一次糖化温度时,如小麦和大麦,则可直接将其投入糖化锅。

液化:α-淀粉酶将由葡萄糖残基组成的淀粉长链(直链淀粉和支链淀粉)迅速分解为短链,形成低分子糊精,从而使糊化醪液的黏度迅速下降,这个过程称为"液化",是一个生化反应过程。液化的含义就是通过α-淀粉酶的作用,使已糊化的淀粉醪液黏度下降。当然,液化过程中β-淀粉酶也会起作用,从非还原末端来分解长链,只是作用缓慢,分解时间长。液化作用虽然不能形成很多的糖类,但其作用产物却有利于糖化型淀粉酶的进一步作用,良好的液化作用为糖化创造了条件。

糖化:"糖化"是指淀粉酶将淀粉转化为葡萄糖、麦芽糖、麦芽三糖等糖类和糊精的过程,是一个生化反应过程。这个过程中起最主要作用的是α-淀粉酶和β-淀粉酶,其次是麦芽糖酶、异淀粉酶、界限糊精酶等。糖化过程中产生的糖类是酵母发酵形成酒精和CO_2的主要原料,因此,糖化作用效果的好坏,即产生糖类数量的多少,是可发酵性能高低的标志。在实际生产中，淀粉原料的糖化效果除了受糊化、液化的影响外，还决定于麦芽糖化力的高低以及所提供的糖化条件。

任务3　草本饮料/本草饮料生产技术

【任务设计】

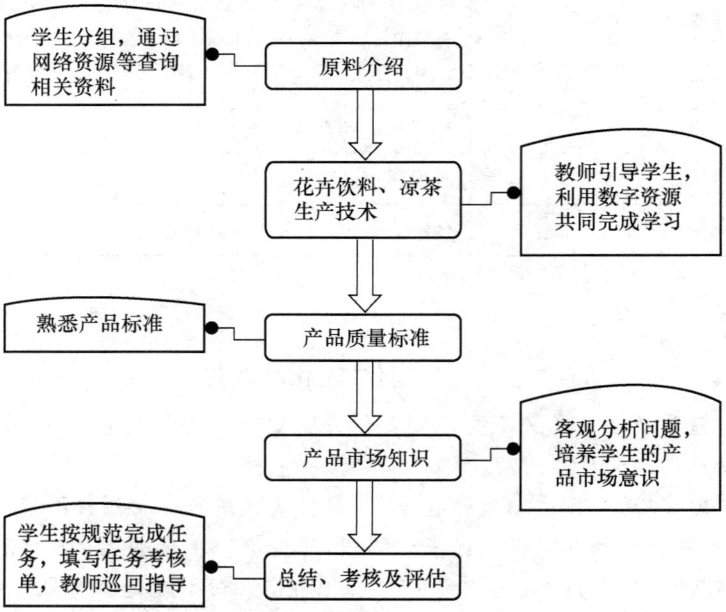

【任务实施】

草本饮料的特点可以归纳为“三低”：低热量、低糖、低脂肪，具有天然、健康、解渴、提神的特性，比碳酸饮料更加爽口、解渴，比水饮料更怡人有味，而且清香淡雅，回味无穷，富含保健成分。

草本植物饮料的技术变革表现在对草本饮料营养搭配的研究、加工水平的提高（草本植物营养成分以较小流失率提取），这在一定程度上改善草本饮料的营养价值，影响草本饮料的生产与销售。

一、花卉类饮料生产技术

花卉，作为一种天然的食物资源，日趋向鲜、野、绿、生方向发展。食用花卉，已成一种时尚。花卉不仅有美丽的外观，而且还含有多种活性物质芳香物质和黄酮、类胡萝卜素等物质，有些花卉不仅可以直接食用，而且还可用其制作各种饮料，食用后能使人的紧张情绪得以松弛，还有美容健肤促进血液循环等作用，深受人民的欢迎。据营养学家科学分析，40%的花卉含有丰富的芳香物质，可以从中提取一定数量的香精作为某些饮料的添加剂。

花卉饮料是饮料工业中的一个时尚产品。20世纪90年代，消费者开始追求营养、天然的饮品，花卉饮料成为各产品中最流行的饮品之一，同时也为我国食用花卉创造了一条新的途径。花卉饮料不含刺激性物质，不仅颜色、香味令人赏心悦目，而且具有滋润肌肤、美容养颜和提神明目之功效，特别受到女性消费者的青睐。现在欧洲市场上流行玫瑰花、向日葵花饮料等。花卉的植株在生产过程中不用化肥，也不喷洒化学农药，无污染。在花盛开时，采用人工采摘，然后通过高科技急速脱水干燥、超微粉碎，从而确保原色原味及可速溶性和稳定性。这种花卉饮料可以直接饮用，也有些制成粉剂用开水冲泡，不掺其他果汁，饮之爽口，浓郁不凡。

目前，市场上常见的花卉饮料有桂花露、玫瑰花露、茉莉花露、百合露、菊花、牡丹花等花卉饮料。

(一)主要材料

1. 玫瑰花

玫瑰花又名赤蔷薇，为蔷薇科落叶灌木。味甘，微苦，气香性温。还含有少量挥发油和黄色结晶性苷、槲皮苷、鞣质、没食子酸、色素等；玫瑰油中主要成分为萜醇类化合物；玫瑰花有利气、行血、治风痹、散瘀止血的功用，可用于妇女月经过多，赤白带下以及肠炎、下痢、肠红、痔出血等。在食品上，玫瑰花一般多用作蜜饯、糕点等的配料，而用于制作饮料则不多见。虽然近年来玫瑰香味食品受到越来越多人的喜爱，但由玫瑰花单独制成饮料，风味上显得有些单调，而且有涩味，因此目前玫瑰花饮料都是配合其他果汁来加工，这既掩盖了玫瑰花本身的一些不良风味，又增加了其他果汁的香气，丰富了饮料的风味。

2. 洋槐花

洋槐花是洋槐树(又名刺槐)的花。洋槐树在我国广有栽培，每年春夏之交，全国大部分地区都能闻到洋槐花的芳香。而且洋槐花的营养成分非常丰富，可以和牛乳相媲美。据测定每100 g鲜洋槐花中，含蛋白质3.1 g，脂肪0.7 g，碳水化合物15 g，粗纤维2.2 g，灰分1.2 g，钙83 mg，磷69 mg，铁36 mg，胡萝卜素0.04 mg，核黄素0.18 mg，尼克酸6.6 mg，维生素C 30 mg，含热量330 kJ。还含有大量的花粉。在饮料“回归大自然”的今天，利用理想的野生食物源洋槐花来加工成饮料，有广阔的开发前景。

3. 菊花

菊花又名甘菊、药菊等，是菊科多年生宿根草本植物菊(*Chrysanthemum morifolium* Ramat)的头状花序，其香气浓郁、味甘苦，研究发现其含有许多化学成分，其中的菊苷、腺嘌呤、胆碱、水苏碱、黄酮类有多种药用效应，抗菌试验表明，菊花对多种细菌有较强的抑制作用，因而它具有疏风清热，明目清肝，清热解毒之功效，临床医学表明它的降压作用也很明显，对治疗高血压也很有疗效。《神农本草经》记载，久服利血气，轻身，耐老延年。菊花提取物可以进入红细胞膜的甘油酯区(体外)对膜的流动性的降低起保护作用。菊花提取物还可提高小鼠的抗疲劳能力，对大鼠血清胆固醇的升高有明显的改善作用。菊花中的黄酮类和多酚类物质有清除活性氧自由基的作用。我国有悠久的饮茶历史，符合国人饮茶习惯的菊花茶，很好地利用了菊花的有效成分和疗效功能。因此，深受消费者的青睐。目前研究的菊花饮料既保留菊花茶的优点，又有原菊花茶所不具备的特色。近几年，国外厂商以干菊花为原料，加工成菊花露、菊花茶、菊花晶等液体或固体饮料，在市场上大量销售，深受消费者欢迎。因此，菊花饮料在我国的推广是顺应潮流的，利于农业经济的发展，而且有一定的医学价值。

4. 金银花

金银花为忍冬科植物忍冬(*Lonicera japonica* Thunb)的干燥花，也叫二花，全国各地多有分布，资源丰富。金银花具有清热解毒、杀菌消炎功能，主要成分为绿原酸和挥发油。金银花含有总蛋白约20%，还含有许多维生素和矿物质元素，营养成分丰富，加工产品成本较低，且色、香、味俱佳，经济效益和社会效益可观。开发金银花饮料既可促进山区资源的开发，又可丰富消费市场，满足消费者营养保健的需要。金银花的主要保健成分挥发油，含量一般为0.2%～0.4%；金银花的另一类保健成分是绿原酸，含量一般为4%～6%。此外还有肌醇、忍冬苷、丁香苷、银杏醇、甾醇等。

据现代药理分析报告：金银花的花、茎、叶中所含的主要有用成分为绿原酸。绿原酸在临床上被证明具有广谱的抗菌消炎和杀灭病毒之作用。金银花中还含有皂苷、肌醇、挥发油及黄酮等；茎中含有皂苷，木椰草黄素和纤维素等；叶中含有忍冬苷、鞣质、番木鳖苷、紫丁香苷等；果实中还含有还原糖等有用物质。

目前，金银花除作为制备银翘解毒丸、复方大青叶等中成药的主要原料外，还被广泛应用到饮料、啤酒等行业，制成多种保健饮料和日用化工产品，如金银花茶、金银花饮料、银麦啤酒等。

5. 葛花

葛花是野葛(*Pueraria lohara*)的花。属豆科植物干燥花蕾，呈不规则的扁长圆形或略成扁肾形，长5～15 mm，宽2～6 mm，厚2～3 mm，以朵大、淡紫色、未开放者为佳。它产于我国湖南、河南、广东、广西、浙江、四川、陕西、安徽等地。葛花及其代表方剂“葛花解醒汤”历来被用于酒精中毒、食欲不振、呕吐等。据古书《滇南本草》记载：葛花具有治头晕、憎寒、壮热、解酒醒脾的作用。

6. 月见草

月见草又名“山芝麻”，原产于北美和我国东北地区，德国科学家发现月见草花含有人体自身不能合成的物质γ-亚麻酸。另外，月见草富含钙、镁、锌、硒、锰等数十种人体不可缺少的元素，月见草花色呈黄色，清香怡人，可以营养皮肤、减肥瘦身、美容除痘、抗衰老，同时也是治疗肥胖的有效保健品，可防止心血管病、糖尿病，并具有保护心血管和降血压降血脂、强身健脑的作用。

(二)几种典型的花卉饮料生产技术

1. 洋槐花饮料

洋槐花营养成分丰富。在饮料“回归大自然”的今天，利用洋槐花生产饮料，必将有广阔的开发前景。

(1)工艺流程。

原料选择→洗涤→糖渍→过滤→调配→装瓶→杀菌

(2)操作要点。

原料选择：采选即将开放的花穗，除去未长大的单花和花柄等杂质。

洗涤：把选好的洋槐花用清水洗涤干净，捞出后沥干。

糖渍：将洗净的洋槐花加入浓度为70%的砂糖水溶液，让花表面均匀蘸一层糖液，再加柠檬酸使剩余糖液的pH至4.2左右，然后称重。将重为上述重量4倍的砂糖炒至150 ℃，趁热与浸在砂糖水溶液中的洋槐花快速混匀，此时花的温度可达95～100 ℃，自然冷却后即为糖渍槐花晶粗品。

过滤：过滤的目的是去除花体的非水溶成分。方法是将糖渍花加入温开水中，待充分溶解后用纱布或纱网除花渣。

调配：上述过滤液含有丰富的洋槐花蜜，鲜花风味浓郁，但糖酸比不一定合适。可根据需要用柠檬酸调配糖酸比，还可适量调加其他果汁，以满足不同消费者需要。

装瓶杀菌：将调配好的花汁饮料预热至65 ℃，装瓶加盖，于95 ℃下杀菌20～30 min。洋槐花饮料呈橘红色，透明状，酸甜适口，具有明显鲜槐花风味。

2. 金银花饮料

(1)主要材料。原辅料：金银花、白砂糖、甘草、柠檬酸、AK 糖、增溶矫味剂、β-环状糊精。

仪器设备：砂芯过滤器、中空纤维超滤器、浸提罐、调配罐、膜过滤器灌装封口机组、连续喷淋杀菌机喷码机等。

(2)工艺流程

金银花⟶热水浸泡⟶过滤
↓
辅料⟶溶解⟶调配⟶调配⟶定容⟶超滤⟶超高温瞬时灭菌⟶热灌装
↓
检验⟵成品⟵冷却⟵倒瓶杀菌

(3)操作要点

①水处理：所有配料用水全部要经过软化处理，并经超滤后方可用于配料。超滤后的水必须用不锈钢或塑料管输送，不得与铜、铁等金属接触。

②金银花浸提：金银花先用清水清洗泥沙等杂物，用 100 倍 85 ℃左右的超滤水浸提 40～45 min(甘草亦可加入一起浸提)，中间搅拌数次。浸提应在密闭器内进行。浸提后，趁热用过滤机过滤，去渣，滤液备用。

③化糖：白砂糖加水煮沸 5～10 min，过滤后加入调配罐中。

④配料：将金银花提取液及其他原辅材料用去离子水溶解后泵入调配罐中，定容至所需体积，60～80 ℃下充分混匀。

⑤超滤：调配好的金银花饮料采用膜过滤器进行过滤。

⑥超高温灭菌：采用超高温瞬时灭菌机对物料进行杀菌，控制温度 120 ℃，时间 3～5 s。

⑦热灌装：热灌装温度为 85～90 ℃，即时封盖。

⑧喷淋杀菌：用连续式喷淋杀菌机倒瓶杀菌温度 84～86 ℃，时间 30～40 min，然后冷却至室温。

⑨喷码、入库：打印生产日期后入库储藏。

(4)质量指标

①感官指标

色泽：具有产品特有的黄绿色，且均匀一致；

滋味和气味：具有金银花应有的滋味、气味，酸甜适口；

组织状态：清亮、透明，无沉积，无肉眼可见外来杂质。

②理化指标及检验方法：可溶性固形物≥2.5％(20 ℃折光计法)；总酸 0.02％～0.05％(以 1 分子柠檬酸计)。

③卫生指标及检验方法：卫生指标应符合 GB 2759—2015《食品安全国家标准　冷冻饮品和制作料》的规定。

保质期：常温下 6 个月以上。

3. 菊花饮料

菊花具有疏风清热、明目清肝、解毒之功效，临床医学表明它的降压作用也很明显；对高血压也很有疗效。菊花饮料色泽淡黄碧透，口感清爽，余味纯甜，具有浓郁的菊花特有的清香，它既保留了菊花茶的优点，又具菊花茶不具备的特色。

(1)主要材料。菊花、白砂糖、苯甲酸钠、蛋白糖、柠檬酸、CO_2。

(2)工艺流程

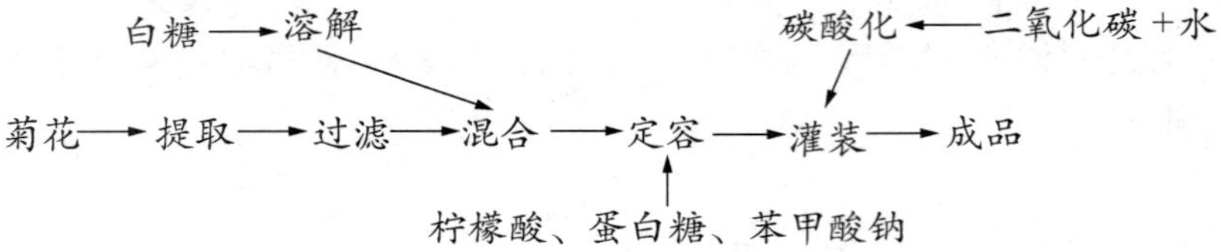

(3)操作要点。

菊花液的提取:按 330 L 饮料计算,称取 3～3.6 kg 的优质菊花,按 1∶5 左右的比例加入饮料用水于沸腾的状况下浸提 10～15 min,过滤得菊花液。

糖浆的制备:称取 20 kg 左右的白砂糖,加 16 kg 左右的饮料用水,加热溶糖,并不断搅拌,配制成 55°Bx 的糖浆,过滤得糖浆液。

混合、配料、定容:将上述糖浆和菊花液混合,搅拌均匀,后冷却至室温。将 0.15 kg 苯甲酸钠、1 kg 蛋白糖、0.5 kg 柠檬酸先用少量温水溶解、过滤后按顺序加入,一边加一边搅拌。加料后定容至 50 L,不足部分用经过处理的饮料水补足。

碳酸化:将经处理后的无菌水用板式换热器冷却至 2～4 ℃,然后进行碳酸化,碳酸化时混合机的工作压力应达到 3.92×10^5 Pa。

灌装:罐清洗、消毒后灌装,然后迅速封罐,以防二氧化碳大量逸出。把罐倒转,使糖浆和碳酸水混合均匀,即为成品。

二、凉茶生产技术

凉茶是传统中草药植物性饮料的通称,广东凉茶是中国传统凉茶文化的代表。凉茶“既不凉,也不是茶”。它是广东、香港、澳门等地区人们根据当地的气候、水土特征,在长期预防疾病与保健的过程中,以中医养生理论为指导,以中草药为原料,食用、总结出的一种具有清热解毒、生津止渴、祛火除湿等功效的饮料。2006 年 5 月 20 日,凉茶经国务院批准列入第一批国家级非物质文化遗产。之后,我国凉茶行业得到了飞速发展,代表品牌有王老吉、和其正、黄振龙、徐其修、白云山、邓老、潘高寿等。

(一)主要材料

中华人民共和国工业和信息化部 2019 年 11 月 11 日发布行业标准 QB/T 5206—2019《植物饮料凉茶》,于 2020 年 4 月 1 日起实施。其中对凉茶的定义是:以四种或四种以上表 7-7 中所列的植物或其水提取物为主要原料,添加或不添加国家允许食用的其他植物(包括可食的根、茎、叶、花、果、种子)或其水提取物、其他食品原辅料、食品添加剂,经加工制成的饮料。

(二)主要工艺

虽然凉茶饮料的配方多种多样,生产工艺也很多,但基本路线大致相同。主要包括浸提和灭菌两大工艺。凉茶的浸提工艺直接会影响到凉茶的品质口感。传统意义上的广式凉茶都是将原料加适当水大火煮沸后,再用小火煎煮一段时间,但是原材料配方较单一,随着凉茶在市场上受到消费者的大力欢迎,为满足大众需求,不断提升凉茶品质口感,凉茶的浸提工艺不断在改进。

表 7-7　凉茶原料

序号	原料名称	序号	原料名称	序号	原料名称	序号	原料名称
1	山药	15	佛手	29	香薷	43	紫苏叶
2	山楂	16	薏苡仁	30	鲜芦根	44	紫苏梗
3	马齿苋	17	赤小豆	31	夏枯草	45	葛根
4	乌梅	18	鸡蛋花	32	桑叶	46	黑芝麻
5	木瓜	19	昆布	33	桑葚	47	槐米
6	薄荷	20	罗汉果	34	橘红	48	槐花
7	玉竹	21	金银花	35	桔梗	49	蒲公英
8	甘草	22	青果	36	荷叶	50	酸枣仁
9	白果	23	鱼腥草	37	莱菔子	51	鲜白茅根
10	白扁豆	24	藿香	38	莲子	52	凉粉草(仙草)
11	白扁豆花	25	枸杞子	39	淡竹叶	53	橘皮(陈皮)
12	决明子	26	栀子	40	菊花	54	布渣叶(破布叶)
13	百合	27	胖大海	41	黄精	55	杏仁(甜、苦)
14	余甘子	28	香橼	42	紫苏子	56	姜(生姜、干姜)

凉茶基本可以按以下工艺制得：

原料选择→除杂→清洗→干燥→粉碎→浸提→过滤→调配→灌装→灭菌→冷却→成品

根据凉茶的包装方式不同，目前凉茶饮料的灭菌工艺主要有高温灭菌和超高温瞬时灭菌、高压灭菌和膜分离技术。高温灭菌技术温度一般是 121 ℃，持续为 7～15 min，这种灭菌方法适用于茶多酚含量少，用金属瓶或者玻璃瓶包装的凉茶饮料。超高温瞬时灭菌技术一般温度是 135～140 ℃，持续时间为 2～8 s，主要用于 PET 瓶或复合纸包装的凉茶饮料。这两种方法都是生产凉茶饮料常用的灭菌方法。而高压灭菌和膜分离技术都可以避免由于高温所引起的凉茶品质的改变，对维持整体香气组分的平衡有着重大意义，是未来灭菌方法的发展方向。

(三)几种典型的凉茶生产技术

1. 金银花凉茶

(1)中草药原汁制备。将配方额定的漂洗干净的金银花、野生菊花、蒲公英、桑叶、白茅根(切段)、甘草(切片)放入萃取罐中，加入适量的纯净水，用蒸汽加热到 85～90 ℃。恒温 30 min 后过滤萃取液备用。再往萃取罐中加入第一次萃取时 85%的水量，加热到 85～90 ℃，恒温 30 min，过滤二次萃取液，与第一次的滤液混合备用。

(2)糖浆制备。根据配方称量一定量的蔗糖，按制成 45°Bx 糖浆加入适量纯净水，通入蒸汽将水加热到 75 ℃后，边搅拌，边向溶糖罐投放白砂糖，充分搅拌溶解后，糖浆通过硅藻土过滤机过滤。

(3)调配。注入额定用水量 60%的纯净水到调配罐中，加热到 80 ℃后，将萃取液和 45°Bx 糖浆分别加入，同时开启搅拌。

(4)过滤。先将配料罐内的料液通过过滤级别为 0.5～5 μm 的板框过滤器过滤，得到透明、无肉眼可视物的料液，转入缓冲罐中，加纯净水定容，再用高速分离机在 5 890 r/min 条件下分离不溶于水的杂质。

(5)超高温瞬时灭菌。料液通过超高温灭菌机，灭菌温度为137 ℃，灭菌时间为2～4 s，将料液中绝大部分微生物杀死，处于商业无菌状态。

(6)灌装。料液的灌装温度不低于87 ℃，经过预处理的PET空瓶，通过无菌水冲洗后自动进入灌装封口工序。PET塑料瓶的预处理是关键步骤，因为本工艺中产品不经过二次灭菌，灌装过程中空瓶灭菌的成败，直接影响产品的质量。空瓶的预处理消毒剂一般常用二氧化氯或双氧水，也有的采用NLC紫外线杀菌系统，若再辅以抽样杀菌则效果更好。瓶盖的预处理亦可沿用此法。

(7)倒瓶杀菌。封盖后的半成品迅速通过倒瓶系统，时间为40 s左右。在此期间，瓶内的料液利用自身的余热对瓶盖、瓶口再次杀菌，然后通过输送带进入喷淋冷却装置。分段喷淋出的温水、凉水冲洗灌装过程中附着在瓶体上的料液，同时由于喷淋降温引起的温度骤变还能起到再次杀菌的功效。

产品技术要求如下：①感官要求：具有中草药所必备的特有的色泽、芳香和气味，口感纯正，甜味适中，清澈透明。允许有少量沉淀，无肉眼可视的外来异物。②微生物指标：菌落总数≤20 CFU/mL；大肠菌群≤3 MPN/100 mL；霉菌、酵母菌≤20个/mL；致病菌不得检出。③理化指标：总黄酮含量≥20.0 mg/100 mL。

2. 贵定益肝草凉茶

(1)主要材料。鱼腥草、蒲公英、栀子、枸杞子、甘草、水、食品添加剂。

(2)工艺流程。

原料拣选→配料(投料)→提取→过滤→均质→封装→灭菌→冷却→包装→成品→储藏

(3)技术要点。

①原料拣选：将加工原料在流动水中冲洗，除去泥沙、土壤、虫卵等。

②配料(投料)：鱼腥草鲜品从采集到投料时间不得超过2 h，鱼腥草鲜品投料量不低于总投料量的35%。

③提取：原料与水比例为1∶100，先投入栀子、枸杞子、甘草等原料煮沸1 h，再投入鱼腥草、蒲公英煮沸1 h。

④过滤：将原液进行过滤，分离出植物固体残渣。

⑤均质：保持温度在60～70 ℃，迅速搅拌混合均匀。

⑥封装：将益肝草凉茶封装于食品包装容器中。

⑦灭菌：121 ℃恒温保持15 min进行灭菌。

⑧冷却：灭菌后的益肝草凉茶冷却至常温。

(4)技术要求。

①感官要求：色泽呈淡黄色至褐色，清澈透明，味微苦，有回甘。

②理化要求：总黄酮(mg/100 mL)≥30.0；栀子苷(mg/100 mL)≥3.0。

③微生物要求：微生物要求见表7-8。

(四)产品质量标准

QB/T 5206—2019《植物饮料凉茶》是国内第一项凉茶行业标准，于2020年4月1日起实施。该标准由中国饮料工业协会牵头起草，国内主要凉茶生产企业组成起草组。

表 7-8 微生物限量

项目	采样方案及限量			
	n	c	m	M
菌落总数/(CFU/mL)	5	2	10	10
大肠菌群/(CFU/mL)	5	2	1	10
霉菌/(CFU/mL)	≤20			
酵母/(CFU/mL)	≤20			

注:样品的采样及处理按 GB 4789.1—2016《食品安全国家标准 食品微生物学检验 总则》和 GB/T 4789.21—2003《食品卫生微生物学检验 冷冻饮品、饮料检验》执行。

该标准规定了凉茶的术语和定义、技术要求、试验方法、检验规则、标志、包装、运输和储存。该标准适用于以符合规定的植物(包括可食的根、茎、叶、花、果、种子)或其提取物为主要原料,添加或不添加其他食品原辅料、食品添加剂,经加工制成的饮料。

该标准规定了凉茶的特征性指标——总黄酮。根据目前市场上凉茶产品所用原料的特征及市场产品检测结果,凉茶产品通常都含有一定量的黄酮。

该标准明确了 56 种适宜作为凉茶原料的植物名单,并规定凉茶应以名单中四种或四种以上的植物或其水提取物为原料。该原料名单中的植物来源于既是食品又是药品的名单、国家卫健委规定允许用于凉茶的植物;并且根据每种植物的"中药学"功能、专家意见及市场调查结果最终确定。

该标准内容的编制以符合产业发展及市场需要为原则,重点在技术要求等保障凉茶产品质量的规定等方面做了大量的工作。该标准的制定,与饮料行业的基础标准(GB/T 10789—2015《饮料通则》)、食品安全标准(GB 7101—2015《食品安全国家标准饮料》)及凉茶所属的大类饮料产品质量标准(GB/T 31326—2014《植物饮料》)构成协调配套的标准体系。

三、罗汉果饮料生产技术

罗汉果别名拉汉果、假苦瓜,葫芦科多年生草质藤本宿根植物,中国特有,盛产于广西桂林,广东、湖南南部、江西、贵州等地也有分布。罗汉果味甘、性凉、无毒,含丰富的维生素 C 以及糖苷、果糖、葡萄糖、蛋白质、脂类等,营养价值很高;能清热润肺、止咳化痰,还具有益肝健脾、降血压、降血糖、美容、减肥、提神、生津以及抗癌功效,可用于治疗呼吸、消化系统和心血管疾病。主要化学成分为葫芦烷三萜苷类、黄酮类化合物等,其中的罗汉果甜苷是优良的甜味剂,甜度为蔗糖甜度的 265~344 倍,已广泛用于食品加工业。近年来,随着功能性食品罗汉果营养粉、罗汉果咖啡、苦瓜苷等的开发,使罗汉果应用由原来的民间传统原始粗放型转向借助现代技术深加工健康精品型,逐步形成了地方特色健康产业。

罗汉果是国家首批批准的药食两用材料之一,因其低糖、低能量,可作为理想的天然甜味剂应用于食品等领域。目前,罗汉果多为果实成熟采摘,经加热干燥处理后,直接在市场上销售。由于罗汉果易破碎、吸潮及霉变,不便于携带、运输及储藏,造成了罗汉果市场小、价格低、销售量少,影响了农民种植罗汉果的积极性。

(一)主要材料

罗汉果、生姜、柠檬酸、木糖醇。

(二)工艺流程

1. 生姜汁制备

生姜→清洗去皮→切片→加热熬煮→过滤→上清液→生姜汁

2. 罗汉果汁制备

罗汉果→清洗→研碎→加热熬煮→过滤→滤渣浸提→合并→滤液→罗汉果汁

3. 成品饮料制备

生姜汁 ↓

罗汉果汁→混合→澄清→滤液→调配→灌装→杀菌→封口→冷却→成品

(三)操作要点

原料选择:选择新鲜、无病虫害、无霉变、无机械损伤的生姜,去除不易加工的边缘,切成厚度为 1 mm 的薄生姜片。选取个大、形状规则、无裂口,可闻到香甜味道的优质干罗汉果。

生姜汁的制备:生姜中加入 10 倍的水,90 ℃加热熬煮 5 min,冷却、过滤后备用。

罗汉果汁的制备:罗汉果中加入 35 倍的水,90 ℃加热浸提 40 min,冷却后过滤,按上述步骤再复提一次,所得滤液与第一次滤液合并,备用。

澄清:罗汉果汁与生姜汁分别于 8 ℃条件下静置 10 min,取上清液。

混合:罗汉果汁中加入 15%生姜汁,混合均匀,得到罗汉果一生姜混合液。

调配:将罗汉果-生姜混合液加入 8.5%的木糖醇和 0.02%柠檬酸进行调配。

杀菌与灌装:将调配液先灌装,然后杀菌。杀菌条件为 95 ℃、15 min,杀菌后冷却至室温,得到成品。

(四)质量指标

1. 感官指标

色泽:色泽纯正透亮,呈均匀棕黄色;

香气及滋味:味感协调、柔和,酸甜适口,无异味,芳香浓郁,具有罗汉果独特的风味;

组织形态:汁液浑浊度均匀一致,无沉淀分层现象,静置后允许有少许沉淀;

杂质:无肉眼可见的外来杂质。

2. 理化指标

可溶性固形物(20 ℃折光计法):9.0%~10.0%;

总糖:8.0%~8.5%;

总酸(以柠檬酸计):0.1 g/100 mL

3. 微生物指标

菌落总数≤100CFU/mL,大肠菌群≤3CFU/mL,致病菌不得检出。

四、芦荟饮料生产技术

芦荟为百合科多年生常绿肉质植物。其卓著的美容、保健、营养药用价值备受关注。新鲜芦荟的成分十分复杂,至今已发现对人体有益的活性成分达七八十种,待测定的有上百种,其主要成分有:芦荟素、芦荟因、芦荟酊、芦荟苷、19 种氨基酸、苹果酸、柠檬酸、酒石酸、月桂酸、多种矿物质和微量元素活性酶以及多种维生素(维生素 A、维生素 B_1、维生素 B_2、维生素 B_6、

维生素 B_{12}、维生素 C)。目前，芦荟在食品、医药、日化行业中被广泛应用，其保健功效源于它含有的特殊成分，《中华本草》将其药理作用归纳为致泻、抗菌、调节免疫力抗肿瘤、保肝及抗胃损伤、修复组织损伤、保护皮肤等。其活性成分具有软化血管、降低血糖、排出体内毒素、修复受损组织、提高人体免疫力的功效，也是美容护肤的纯天然化妆品。联合国粮农组织(FAO)已将芦荟确认为“21 世纪的最佳保健品”之一，开发芦荟饮料的前景不可限量。

(一)主要材料

以芦荟为原料，开发出一种保健饮料，配方为：芦荟 11%，蔗糖 6.1%，柠檬酸 0.16%，抗氧化剂(异抗坏血酸钠)0.09%，定香剂 0.08%。

(二)工艺流程

选料→清洗→外皮剥离→凝胶破碎→升温提汁→过滤→调配→过滤→均质→脱气灌装→封盖→杀菌→贴标→成品

(三)操作要点

1. 选料

选择叶片肥厚、汁多、刺少的优质叶片，把有黄斑、叶片窄小、薄嫩的叶片剔除掉。

2. 清洗

工业化生产中，先用次氯酸溶液消毒，再用清水冲洗干净。

3. 外皮剥离

轻轻划开芦荟的外皮，刮下厚厚的蛋清状透明凝胶，尽量避免刮破外皮，若外皮混入凝胶，会给过滤带来麻烦。

4. 凝胶破碎

把刮下的凝胶放入自控高速组织捣碎机，打浆 3～5 min。

5. 升温提汁

由于芦荟凝胶黏度大，在过滤时要适当升温，添加水分，以提高过滤效果和缩短时间，温度控制在 40～60 ℃，以提高出汁率，避免温度过高，钝化凝胶。

6. 调配

按配方准确称量各种添加剂，在最短时间内将饮料调配好，缩短添加剂在空气中放置的时间。

7. 过滤均质

首先粗滤，再用真空泵抽滤，然后放入均质机均质，压力为 23～25 MPa。

8. 脱气灌装

均质后需经脱气处理，采用加热脱气方法，脱气后热灌装，及时封盖。

9. 杀菌、冷却

高温瞬时灭菌有利于活性成分的保持，采用分段式冷却。

(四)质量指标

1. 感官指标

产品呈浅黄绿色，均匀的浑浊液体，具有新鲜芦荟特有的清香，味甘苦微酸，允许有少量沉淀，口感清凉爽滑。

2. 理化指标及检验方法

可溶性固形物≥7.5%；总酸 0.14%；pH 3.5～3.8。

3. 卫生指标及检验方法

细菌总数≤100 个/mL，大肠菌群≤3 个/mL，致病菌不得检出。

五、产品质量标准

可参考 GB/T 31326—2014《植物饮料》的相关技术要求及相关的行业、企业、团体标准。

六、操作实施

①学生分成 3～5 人一组，各小组在老师指导下，通过网络教学资源等多渠道查询草本饮料/本草饮料生产技术的资料。

②各组根据汇总的相关资料，师生共同讨论、分析，用集体智慧完成草本饮料/本草饮料生产技术方案，制作汇报提纲并选一名代表进行学习汇报交流，并对该方案进行修订。

③学生按照修订后的草本饮料/本草饮料生产技术方案，按规范要求，独立完成草本饮料/本草饮料生产任务，最终填写任务考核单，教师在操作实施过程中巡回指导。

任务考核单——草本饮料/本草饮料的生产

班级：　　　　姓名：　　　　学号：

项目	实施内容	分值	考核记录(以"√"表示)	备注	得分
准备工作(15 分)	清洁卫生	5	能发现并解决卫生问题		
	准备并检查工器具	6	准备本次操作实施所需所有仪器和容器		
			仪器和容器的清洗和控干		
			检查设备运行是否正常		
	原料的选择	4	按照产品类型选择合适的原料		
操作实施(60 分)	原料处理	10	进行原料处理		
	配方设计	20	设计产品配方		
	具体操作	20	针对产品进行具体的操作		
	灌装	5	灌装方式选择		
		5	灌装工序		
产品评定(15 分)	感官要求	5	应具有反映该类产品特点的感官、滋味，不得有异味、异臭和外来杂物		
	理化要求	5	符合相应的理化指标		
	微生物要求	5	符合相应的微生物指标		
文明操作与团队意识(10 分)	文明操作	5	清理用物，整理实训室		
	团队意识	5	有团队意识，能相互良好合作		

④学生对完成工作任务的表现进行自评和互评，各小组进行总结、考核及评估，教师做出最后评价，填写教学反馈表。

【知识拓展】

一、我国草本饮料行业分析

我国草本饮料虽然市场前景广阔，但也必须正视以下几方面的问题：一是目前草本饮料仍处于起步阶段，所占市场份额较小。二是我国草本饮料产品质量存在着良莠不齐的现象。此外，价格也是影响草本饮料市场发展的重要因素，过高的价格无疑会制约草本饮料市场的扩大，而盲目的价格竞争也会导致市场进入无序状态。草本饮料虽属饮品，但也必须按国家有关保健品生产、经营方面的政策和规定办事，这是生产企业必须注意的。

我国草本饮料行业发展的现状如下：

(1)以“原料”进行市场分化，定位“产品”而非“品牌”。市面上比较多见的草本饮料，除王老吉属多种原料调配的“复合型草本饮料”，其他大多是“单一型草本饮料”定位，即以某一种主要的核心原料为突出诉求，像葛根饮料、芦荟饮料、竹汁饮料等，其定位实质是创造“新品类”以区隔市场，独辟蹊径。这类企业目前为数不少，但都属于市场培育的初期阶段，除菊花类、金银花类、仙草类等少数几家知名度较高的，大部分还未能使大众普遍接受和认可，存在着一定的推广难度。

(2)诉求“功效”，走类功能化饮料路线。由于草本深受“药食同源”出身的影响，在传播诉求上，大多是“功能性”叫卖，什么“降火”“清肺”“润喉”“解酒”“提神”等，走类功能饮料路线。在产品宣传和推广过程中，辅以“养生”“调理”等中医理念的功能传递，以此来抬高“身价”，卖出“高价”。更有甚者，直接当“药水”来卖。

(3)推广受“地域”局限，依然依赖特殊渠道。尚处于市场成长期的草本饮料，其相当一部分是靠着地域特产优势起家，所谓地域特产，是优势，也是局限。因为在一个地区深受大众喜爱的产品往往在其他地区难以接上地气。比如产于中国“葛都”江西的葛根饮料，至今还只是局限在当地及周边省市推广，对于全国大部分消费者来说，其产品认知十分模糊。在国外销量十分火爆的“芦荟”饮料，在我国却一直销量不佳。

二、影响草本饮料行业市场规模的因素

影响草本饮料市场规模的因素包括宏观因素与微观因素。

(一)宏观因素

宏观因素有宏观经济环境的发展水平对草本饮料下游行业的影响，处于其中的草本饮料行业会受到整体环境的影响而变动。包括国家经济政策、贸易政策、环保政策、行业标准政策等的出台都会对行业市场规模的发展造成影响。

草本饮料风靡的大环境就是居民物质生活提高，更加注重养生健康。因此宏观经济发展水平影响草本饮料的市场规模。近年来，中国经济进入了新常态，增速放缓一定程度上影响草本饮料的发展，表现为草本饮料市场规模增速放缓。另一方面，草本饮料的原材料为多种草本植物，这些草本植物生长有一定的地域性，例如：江西是葛根的主要生产地，由于草本植物分布区域不同以及地方风俗习惯不同，也会影响草本饮料的市场规模，即靠近生产地的区域市场需求旺盛一些。

(二)微观因素

微观因素包括企业层面的因素以及上、下游行业的因素。企业层面包括行业内企业的数

目、规模、运营现状、发展战略布局、销售渠道模式等均会对行业市场规模构成影响。草本饮料由于其市场定位不同，其针对的特定对象也不同。有针对女性减肥瘦身、男性保健等。目前我国草本饮料除了凉茶类产品有加多宝、王老吉、和其正等知名品牌领导市场之外，单一型草本饮料如金银花露、竹子汁均为发展不久，整个市场还存在较大的拓展空间，一定程度上影响草本饮料的市场规模。

三、草本植物饮料研发思路

草本植物饮料的新品研发思路：草本饮料产品在创意上要关注以下要素：中国要素、健康要素、愉悦要素、创新要素。

中国要素：以广东凉茶为代表的植物饮料，符合现代人对健康饮食习惯的追求，符合现代人对健康饮食习惯的追求，凉茶及草本概念已深入人心。利用中国独有的“药食同源”理论或国内新资源草本食品原料开发的风味饮料可以带来独具魅力的中国体验。

健康要素：萃取于天然草本植物，具备一定的保健功效，会广受消费者的青睐，健康要素的差异性和功能性，可区别于仅具解渴的普通饮料。

愉悦要素：带有草本清纯天然的口感，会产生强烈的口味认同感，带来愉悦的情感体验，产生共鸣并可能会最终促进消费者再购买行为。

创新要素：创新源于经典才能突破经典，草本提取物与新资源食品原料要融入经典食品、经典口味，才会恰到好处地使产品既有创新又具经典。

任务 4　食用菌饮料生产技术

【任务设计】

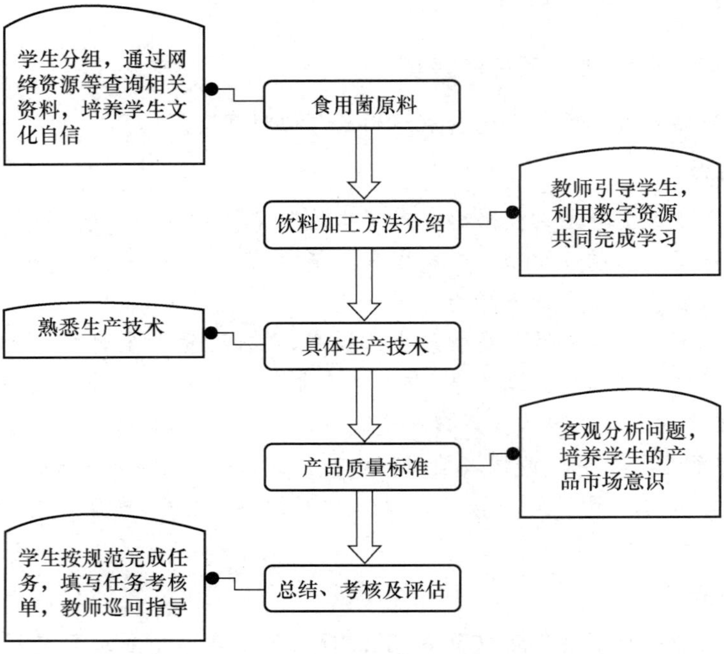

【任务实施】

中国的食用菌资源丰富，也是最早栽培、利用食用菌的国家之一。1 100 多年前已有人工栽培木耳的记载，至少在 800 多年前香菇的栽培已在浙江西南部开始，草菇则是 200 多年前首先在闽粤一带开始栽培，这些技术一直流传至今。食用菌味道鲜美，具有丰富的营养物质，如多种氨基酸、维生素、微量元素及多糖等；食用菌具有较高的药用价值，可以抗肿瘤、提高机体免疫力、降血糖、降血脂等。我国自古便有以灵芝、虫草为原料的药用酒，这也是现代食用菌饮料的原型。但在产品生产加工方面，我国起步较晚，食用菌饮料的开发力度远远不够，产业成型度偏低，这与我国自有的丰富食用菌资源和世界食用菌产销大国的事实不符。食用菌饮料的特殊保健作用是其他饮料无法代替的，这主要是由于它具有特殊营养价值、保健功能，含有独特的食用菌风味物质。常见的食用菌有：香菇、猴头菇、灵芝、茯苓、银耳、黑木耳等。

食用菌饮料是指采用食用菌子实体，菌丝体及其培养液浸提，发酵或直接加工得到的一类产品，其兼具食用菌的营养价值、风味，可以起到提高人体免疫力、抗肿瘤、降血糖等作用。目前食用菌饮料加工主要有以下几种方法。

(1)配制型饮料。主要是利用食用菌子实体粉碎浸提、调配而成的。以香菇保健饮料为例，其主要工艺流程为：

鲜香菇→挑选→清洗→打浆→胶磨→香菇原汁→调配→灌装→杀菌→成品

产品组织形态均一、色泽呈乳白。

(2)发酵型饮料。主要是利用液体或固体培养基发酵法得到食用菌菌丝体，过滤发酵液或提取菌丝体的有效成分经调配添加其他成分(如甜味剂、酸味剂、稳定剂等)得到的产品。以松乳菇饮料为例，工艺流程主要为：

发酵液预处理→过滤→提取→调配→过滤→脱气→灌装→杀菌→冷却→储藏

此法生产的产品不易产生沉淀，形态稳定，香气协调，具有食用菌特有风味。

一、主要材料

灰树花、蔗糖、酸味剂

二、工艺流程

原料→粉碎→热水浸提→过滤→浓缩→低温沉淀→分离
↓
成品←杀菌←装瓶←配制

三、操作步骤

(一)原料粉碎

将灰树花子实体用粉碎机粉碎，细度以能提高抽出率为准。

(二)浸提、过滤

热水浸提时，料水比为 1∶(10～15)。在 96～100 ℃下加热 2～3 h，使可溶性成分转换成液相，然后过滤去残渣。为提高抽出率，残渣可重抽 1 次。滤液中的主要成分除灰树花多糖和果胶外，还含有氨基酸、肽类、核酸以及少量矿物质。

(三)浓缩

滤液的固形物浓度一般为1%～2%，需浓缩使其达到10%左右。不能太浓，否则黏度上升，不利于果胶沉淀。浓缩方法以减压浓缩为宜。用虹吸法离心沉淀机分离积于底部的沉淀物。

(四)调配

经分离后的灰树花浸出物含可溶性固形物7.55%、糖度7.0%、总糖4.0%、粗蛋白1.1%、粗灰分0.7%、pH 6.0，然后加入糖和有机酸。

(五)杀菌

按常规法装入马口铁罐，经杀菌后即可获得耐储藏、风味佳美的灰树花饮料。

四、产品质量标准

可参考GB/T 31326—2014《植物饮料》的相关技术要求及相关行业、企业、团体标准。

五、操作实施

①学生分成3～5人一组，各小组在老师指导下，通过网络教学资源等多渠道查询食用菌饮料生产技术的资料。

②各组根据汇总的相关资料，师生共同讨论、分析，用集体智慧完成食用菌饮料生产技术方案，制作汇报提纲并选一名代表进行学习汇报交流，并对该方案进行修订。

③学生按照修订后的食用菌饮料生产技术方案，按规范要求，独立完成食用菌饮料生产任务，最终填写任务考核单，教师在操作实施过程中巡回指导。

任务考核单——食用菌饮料的生产

班级： 姓名： 学号：

项目	实施内容	分值	考核记录(以"√"表示)	备注	得分
准备工作(15分)	清洁卫生	5	能发现并解决卫生问题		
	准备并检查工器具	6	准备本次操作实施所需所有仪器和容器		
			仪器和容器的清洗和控干		
			检查设备运行是否正常		
	原料的选择	4	按照产品类型选择合适的原料		
操作实施(60分)	原料处理	10	进行原料处理		
	配方设计	20	设计产品配方		
	具体操作	20	针对产品进行具体的操作		
	灌装	5	灌装方式选择		
		5	灌装工序		
产品评定(15分)	感官要求	5	应具有反映该类产品特点的感官、滋味，不得有异味、异臭和外来杂物		
	理化要求	5	符合相应的理化指标		
	微生物要求	5	符合相应的微生物指标		
文明操作与团队意识(10分)	文明操作	5	清理用物，整理实训室		
	团队意识	5	有团队意识，能相互良好合作		

④学生对完成工作任务的表现进行自评和互评，各小组进行总结、考核及评估，教师做出最后评价，填写教学反馈表。

【知识拓展】

常见的食用菌介绍

银耳：又名白木耳，性平、味甘淡，具有补肾壮脑、强精滋阴、提神、营血、强壮、清热润肺、生津、止咳、润肠益胃、补气强心等功效。内含蛋白质、脂肪、钙，以及多糖、粗纤维等。银耳中的多糖有A、B、C三种，均有抑制肿瘤生长的作用，其中以多糖C效果最好。其他成分如粗纤维和钙都有预防癌症的作用。

木耳：即黑木耳，色泽黑褐，质地柔软，味道鲜美，营养丰富，可素可荤。生长于栎、杨、榕、槐等120多种阔叶树的腐木上，单生或群生。人工培植以椴木的和袋料的为主，内含蛋白质、脂肪、多种糖类、维生素和微量元素、矿物质等。

香菇：又名香蕈、冬菇等，含有蛋白质、糖、多种维生素和矿物质，有滋阴、润肺、养胃、活血益气、健脑强身等功效。香菇中所含的多糖有1,3-β-葡萄糖苷酶，实验表明增强细胞免疫和体液免疫，提高机体的抗癌能力的作用。

猴头菇：又名猴菇。性平、味甘，有利五脏、助消化、补虚损的功效。猴头内提取的多肽、多糖和脂肪族的酰胺类物质，对肉瘤有抑制作用。

任务5　螺旋藻饮料生产技术

【任务设计】

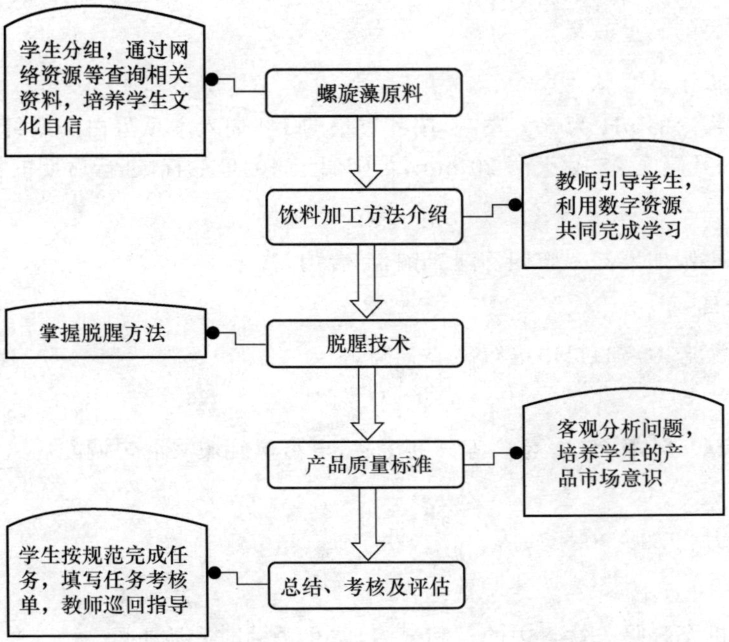

【任务实施】

螺旋藻属蓝色藻类，墨绿色，又称蓝藻，因呈螺旋形而得名，是地球上最早出现的原始生物之一，被誉为“人类营养的微型宝库”。它最初生长于热带高温的碱水湖中，依靠光合作用进行繁殖和生长，在地球上已有35亿年的生命史，是现存最古老的生物之一。研究表明：1 g螺旋藻所含营养相当于1 000 g各类果蔬营养的总和。螺旋藻含有丰富、均衡的优质蛋白质及维生素 B_{12}、β-胡萝卜素、不饱和脂肪酸、钾、铁、碘、磷、硒等矿物质。由于其细胞壁结构的特殊性，容易被人体吸收消化，消化率达86%，堪称最佳天然绿色保健食品，具有非常好的营养价值。因此，以螺旋藻为原料生产的饮料将会有很好的营养价值。

一、主要材料

螺旋藻粉、白砂糖、柠檬酸、β-环糊精、琼脂粉、食用明胶、海藻酸钠、黄原胶、羧甲基纤维素钠(CMC-Na)、维生素C。

二、工艺流程

螺旋藻浆液→均质→酶解→护色→离心→调配→过胶体磨→均质→脱气→灌装→杀菌→冷却→成品

三、操作步骤

(一)浆液配制

将螺旋藻粉搅打分散后，加热至55～60 ℃。

(二)均质

将螺旋藻浆液送入均质机中，在25.3～30.4 MPa的压力下进行均质处理，可以起到对螺旋藻进行较为彻底的破壁效果。

(三)酶解

调节螺旋藻浆液的pH为6.5左右，按其重量的1%加入木瓜蛋白酶或纤维素酶，在55～60 ℃下保温2 h，升温至95 ℃灭酶20 min，再降温至40 ℃左右，进行后期的护色处理。

(四)护色

按1 g/L的比例加入乙二胺四乙酸二钠，混合均匀。

(五)离心分离

将螺旋藻浆液送入离心机中进行离心分离。

(六)调配

将蔗糖、柠檬酸、乳酸、维生素C等分别溶解，再与螺旋藻浆混匀调配。

(七)均质

均质机的压力25.3～30.4 MPa。

(八)脱气

用真空脱气机充分除去饮料中的氧和气泡，防止杀菌时品质下降。

(九)灌装、杀菌

将螺旋藻浆液灌装到干净的瓶中,在 121 ℃下杀菌处理 20 min,而后冷却至常温,包装即成。

四、产品质量标准

(一)感官指标

浅黄绿色乳状液无杂质,口味酸甜适中,有螺旋藻的特殊气味和滋味,无杂质,无分层现象,允许有少量蛋白质沉淀。

(二)理化指标

铅(以 Pb 计)≤1.0 m/kg,砷(以 As 计)≤0.5 mg/kg,可溶性固形物 8%,总酸(以柠檬酸计)0.08%,铜(以 Cu 计)≤10 mg/kg。

(三)微生物指标

细菌总数(CFU/mL)≤100,大肠菌群(CFU/100 mL)≤3,致病菌不得检出。

五、操作实施

①学生分成 3～5 人一组,各小组在老师指导下,通过网络教学资源等多渠道查询螺旋藻饮料生产技术的资料。

②各组根据汇总的相关资料,师生共同讨论、分析,用集体智慧完成螺旋藻饮料生产技术方案,制作汇报提纲并选一名代表进行学习汇报交流,并对该方案进行修订。

③学生按照修订后的螺旋藻饮料生产技术方案,按规范要求,独立完成螺旋藻饮料生产任务,最终填写任务考核单,教师在操作实施过程中巡回指导。

④学生对完成工作任务的表现进行自评和互评,各小组进行总结、考核及评估,教师做出最后评价,填写教学反馈表。

任务考核单——螺旋藻饮料的生产

班级: 姓名: 学号:

项目	实施内容	分值	考核记录(以"√"表示)	备注	得分
准备工作(15 分)	清洁卫生	5	能发现并解决卫生问题		
	准备并检查工器具	6	准备本次操作实施所需所有仪器和容器		
			仪器和容器的清洗和控干		
			检查设备运行是否正常		
	原料的选择	4	按照产品类型选择合适的原料		
操作实施(60 分)	原料处理	10	进行原料处理		
	配方设计	20	设计产品配方		
	具体操作	20	针对产品进行具体的操作		
	灌装	5	灌装方式选择		
		5	灌装工序		

续表

项目	实施内容	分值	考核记录(以"√"表示)	备注	得分
产品评定(15分)	感官要求	5	应具有反映该类产品特点的感官、滋味,不得有异味、异臭和外来杂物		
	理化要求	5	符合相应的理化指标		
	微生物要求	5	符合相应的微生物指标		
文明操作与团队意识(10分)	文明操作	5	清理用物,整理实训室		
	团队意识	5	有团队意识,能相互良好合作		

【知识拓展】

螺旋藻脱腥

螺旋藻直接食用口感差,有独特的藻腥味,且干藻粉只能微溶于水,因此在制造饮料时要注意口感的协调和腥味的去除。

(1)真空脱腥。在 65 ℃,0.085 MPa 的真空度下抽真空 70 min。

(2)β-环糊精脱腥。采用 0.3% β-环糊精可较为有效地掩蔽螺旋藻腥味,β-环糊精具有内部憎水、外部亲水的环状结构,一般的有机物易被环内憎水部分吸附,形成包结物。但增大 β-环糊精添加量,饮料颜色变浅,因此其添加量不宜过大。另外,添加甜味剂也会使藻腥味有所减轻。当螺旋藻被蛋白酶进行适当水解后,环状糊精能充分对其进行包埋,效果较理想。

【项目小结】

根据 GB/T 10789—2015《饮料通则》,植物饮料为以植物或植物提取物为原料,添加或不添加其他食品原辅料和(或)食品添加剂,经加工或发酵制成的液体饮料。如可可饮料、谷物类饮料、草本(本草)饮料、食用菌饮料、藻类饮料、其他植物饮料,不包括果蔬汁类及其饮料、茶(类)饮料和咖啡(类)饮料。植物饮料应符合 GB/T 31326—2014《植物饮料》的相关技术要求。

以可可豆、可可粉为原料,添加或不添加其他食品原辅料和(或)食品添加剂,经加工制成的饮料为可可饮料。可可乳饮料的 pH 一般为 6.5 左右,接近中性饮料,生产中要特别注意调配顺序。

谷物饮料是指以谷物为主要原料加工制得的饮料产品,是谷物食品的一个重要组成部分。如大米、薏米、大麦、玉米、燕麦等,都是生产谷物饮料的良好原料,已研制出许多别有风味的谷物饮料产品。根据产品特性分为,谷物饮料可分为谷物浓浆和谷物饮料。产品质量标准可参考 QB/T 4221—2011《谷物类饮料》的相关技术要求。

草本饮料的特点可以归纳为"三低":低热量、低糖、低脂肪,具有天然、健康、解渴、提神的特性,比碳酸饮料更加爽口、解渴,比水饮料更怡人有味,而且清香淡雅,回味无穷,富含保健成分。比较典型的产品有花卉类饮料、凉茶等。

食用菌饮料是指采用食用菌子实体,菌丝体及其培养液浸提,发酵或直接加工得到的一类产品,其兼具食用菌的营养价值、风味,可以起到提高人体免疫力、抗肿瘤、降血糖等作用。按照加工方法可分为配制型和发酵型饮料两种。配制型饮料主要是利用食用菌子实体粉碎浸提、调配而成的。发酵型饮料主要是利用液体或固体培养基发酵法得到食用菌菌丝体，过滤发酵液或提取菌丝体的有效成分经调配添加其他成分（如甜味剂、酸味剂、稳定剂等）得到的产品。

藻类饮料是以藻类为原料，添加或不添加其他食品原辅料和（或）食品添加剂，经加工制成的饮料，如螺旋藻饮料。螺旋藻含有特殊的腥味物质，在生产中需要进行脱腥处理。

【项目测试】

1. 请阐述植物饮料的一般加工工艺。
2. 请阐述植物饮料的分类。
3. 请阐述燕麦饮料的生产工艺。
4. 请给出花卉饮料的一般生产工艺及注意事项。
5. 请解释凉茶的定义。
6. 如何去除螺旋藻饮料的腥味？

项目八

固体饮料生产技术

【教学目标】

1. 知识目标

①了解固体饮料的分类及概念，了解固体饮料的技术要求；

②熟悉固体饮料加工方法及其性质；

③熟悉速溶茶、速溶咖啡生产技术。

2. 能力目标

①会制作果蔬固体饮料；

②会制作蛋白固体饮料；

③能分析解决固体饮料生产中常出现的质量问题。

3. 素质目标

①能恪守职业道德，具有较强的质量安全、规范操作竞争意识；

②能具有科学严谨、爱岗敬业、勤学好问、善于思考的精神；

③培养学生创新思维、信息获取、沟通展示、计划决策能力及团队合作的意识。

【项目描述】

本项目主要介绍固体饮料的分类及技术要求，论述果蔬固体饮料、蛋白固体饮料、速溶茶及速溶咖啡的生产技术，讲授生产所需要的主要材料、工艺流程、操作步骤及加工常见质量问题等内容。引入产品质量标准，通过具体工作任务的实施，指导生产人员如何完成固体饮料的生产过程。

【思维导图】

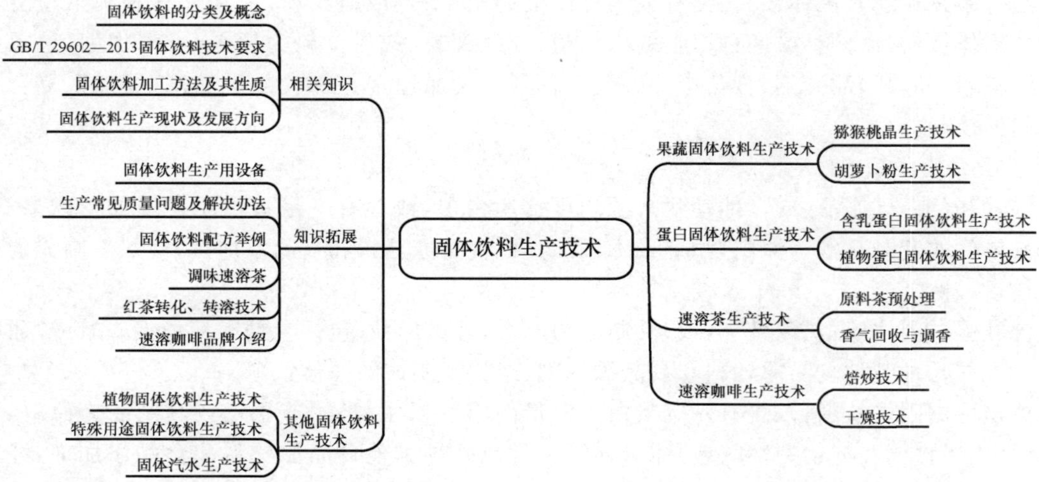

【相关知识】

一、固体饮料的分类及概念

(一)按原料划分

根据GB/T 29602—2013,固体饮料的定义为:用食品原辅料、食品添加剂等加工制成的粉末状、颗粒状或块状等,供冲调或冲泡饮用的固态制品,如风味固体饮料、果蔬固体饮料、蛋白固体饮料、茶固体饮料、咖啡固体饮料、植物固体饮料、特殊用途固体饮料、其他固体饮料等。

教学课件

1. 风味固体饮料

以食用香精(料)、糖(包括食糖和淀粉糖)、甜味剂、酸味剂、植脂末等一种或几种物质作为调整风味主要手段,添加或不添加其他食品原辅料和食品添加剂,经加工制成的固体饮料。

风味固体饮料可包括果味固体饮料、乳味固体饮料、茶味固体饮料、咖啡味固体饮料、发酵风味固体饮料等。

2. 果蔬固体饮料

以水果和(或)蔬菜(包括可食的根、茎、叶、花、果)或其制品等为主要原料,添加或不添加其他食品原辅料和食品添加剂,经加工制成的固体饮料。

水果(果汁)粉:以水果或其汁液为原料,不添加其他食品原辅料,可添加食品添加剂,经加工制成的固体饮料。

蔬菜(蔬菜汁)粉:以蔬菜或其汁液为原料,不添加其他食品原辅料,可添加食品添加剂,经加工制成的固体饮料。

果汁固体饮料:以水果或其汁液、水果粉为主要原料,可添加糖(包括食糖和淀粉糖)和(或)甜味剂等一种或几种其他食品原辅料和食品添加剂,经加工制成的固体饮料。

蔬菜汁固体饮料:以蔬菜或其汁液、蔬菜粉为主要原料,可添加糖(包括食糖和淀粉糖)和

(或)甜味剂、食盐等一种或几种其他食品原辅料和食品添加剂,经加工制成的固体饮料。

复合果蔬粉及其固体饮料:两种或两种以上的水果粉、或蔬菜粉、或果汁粉和蔬菜粉复合而成的固体饮料;以两种或两种以上的水果粉、或蔬菜粉、或果汁粉为原料,可添加糖(包括食糖和淀粉糖)和(或)甜味剂、食盐等一种或几种其他食品原辅料和食品添加剂,经加工复合而成的固体饮料。

3. 蛋白固体饮料

以乳和(或)乳制品,或其他动物来源的可食用蛋白,或含有一定蛋白质含量的植物果实、种子或果仁或其制品等为原料,添加或不添加其他食品原辅料和食品添加剂,经加工制成的固体饮料。

含乳蛋白固体饮料:以乳和(或)乳制品为原料,可添加糖(包括食糖和淀粉糖)和(或)甜味剂等一种或几种其他食品原辅料和食品添加剂,经加工制成的固体饮料。

植物蛋白固体饮料:以含有一定蛋白质含量的植物果实、种子或果仁或其制品为原料,可添加糖(包括食糖和淀粉糖)和(或)甜味剂等一种或几种其他食品原辅料和食品添加剂,经加工制成的固体饮料。

复合蛋白固体饮料:以乳和(或)乳制品、其他动物来源的可食用蛋白,或含有一定蛋白质含量的植物果实、种子或果仁或其制品等中的两种或两种以上为主要原料,可添加糖(包括食糖和淀粉糖)和(或)甜味剂等一种或几种其他食品原辅料和食品添加剂,经加工制成的固体饮料。

4. 茶固体饮料

以茶叶的提取液或其提取物或直接以茶粉(包括速溶茶粉、研磨茶粉)为原料,添加或不添加其他食品原辅料和食品添加剂,经加工制成的固体饮料。

速溶茶(速溶茶粉):以茶叶的提取液或其浓缩液为主要原料,或采用茶鲜叶榨汁,不添加其他食品原辅料,可添加食品添加剂,经加工制成的固体饮料。

研磨茶粉:以茶叶或茶鲜叶为原料,经过干燥、研磨或粉碎等物理方法制得的粉末状固体饮料,如抹茶、超微茶粉。

调味茶固体饮料:以茶叶的提取液或其提取物或直接以茶粉(包括速溶茶粉、研磨茶粉)为原料,添加其他食品原辅料和食品添加剂,经加工制成的固体饮料。

果汁茶固体饮料:以茶叶的提取液或其提取物或直接以茶粉、果汁(水果粉)为原料,可添加糖(包括食糖和淀粉糖)和(或)甜味剂等一种或几种其他食品原辅料和食品添加剂,经加工制成的固体饮料。

奶茶固体饮料:以茶叶的提取液或其提取物或直接以茶粉、乳或乳制品为原料,可添加糖(包括食糖和淀粉糖)和(或)甜味剂、植脂末等一种或几种其他食品原辅料和食品添加剂,经加工制成的固体饮料。

5. 咖啡固体饮料

以咖啡豆及咖啡制品(研磨咖啡粉、咖啡的提取液或其浓缩液、速溶咖啡等)为原料,添加或不添加其他食品原辅料和食品添加剂,经加工制成的固体饮料。

速溶咖啡:以咖啡豆和(或)咖啡制品(研磨咖啡粉、咖啡的提取液或其浓缩液)为原料,不添加其他食品原辅料,可添加食品添加剂,经加工制成的固体饮料。

研磨咖啡(烘焙咖啡):以咖啡豆为原料,经过干燥、烘焙和研磨制成的粉末状固体饮料。

速溶/即溶咖啡饮料:以咖啡豆及咖啡制品(研磨咖啡粉、咖啡的提取液或其浓缩液、速溶咖啡等)为原料,可添加糖(包括食糖和淀粉糖)和(或)甜味剂、乳或乳制品、植脂末等一种或几种其他食品原辅料和食品添加剂,经加工制成的固体饮料。

6. 植物固体饮料

以植物及其提取物(水果、蔬菜、茶、咖啡除外)为主要原料,添加或不添加其他食品原辅料和食品添加剂,经加工制成的固体饮料。

谷物固体饮料:以谷物为主要原料,添加或不添加其他食品原辅料和食品添加剂,经加工制成的固体饮料。

草本固体饮料:以药食同源或国家允许使用的植物(包括可食的根、茎、叶、花、果)或其制品的一种或几种为主要原料,添加或不添加其他食品原辅料和食品添加剂,经加工制成的固体饮料如凉茶固体饮料、花卉固体饮料。

可可固体饮料:以可可为主要原料,添加或不添加其他食品原辅料和食品添加剂,经加工制成的固体饮料,如可可粉、巧克力固体饮料。

7. 特殊用途固体饮料

通过调整饮料中营养成分的种类及其含量,或加入具有特定功能成分适应人体需要的固体饮料,如运动固体饮料、营养素固体饮料、能量固体饮料、电解质固体饮料等。

(二)按成品形态划分

1. 粉末型固体饮料

将各种原料混合后,用喷雾干燥法将其干燥成粉末状或将各种原料磨成细粉,再按配方混合的制品。如橘子粉、杏仁霜、速溶豆浆粉、咖啡粉、固体汽水等。

2. 颗粒型固体饮料

由混合料调制而成的不定型颗粒状的固体饮料。一般通过配料、造粒、烘干、筛分制得,也可由配料、烘干、粉碎、筛分制得。如山楂晶、酸梅晶、菊花晶、蜜乳精、杏仁麦乳精等。

3. 片剂型固体饮料

将粉碎的各种原料按配方充分混合均匀后,用压片机压成片剂状的固体饮料,如汽水片、果汁片、燕麦片等。

4. 块状型固体饮料

将粉碎的细粉原料按配方充分混合后,用压片机压成方块形状的固体饮料,如咖啡茶、柠檬茶、橘茶、桂圆茶、奶茶等。

(三)按成品特性划分

1. 营养型

常见的产品有麦乳精、蜂乳晶、蜜乳晶等。

2. 清凉型

常见的产品有酸梅粉、薄荷晶等。

3. 嗜好型

常见的产品有速溶咖啡、速溶茶粉等。

4. 功能型

常见的产品有鳖精、美容茶、减肥茶、南瓜粉等。

(四)按溶于水后是否起泡划分

1. 起泡型固体饮料

原料中加入了柠檬酸和碳酸氢钠，溶于水后产生柠檬酸钠和碳酸，碳酸进一步分解成二氧化碳和水，二氧化碳气逸出形成气泡。

2. 不起泡固体饮料

原料中没有加入柠檬酸、碳酸氢钠等起泡剂，溶于水后不会起泡。

二、GB/T 29602—2013固体饮料技术要求

(一)原辅材料要求

应符合相应的国家标准、行业标准等有关规定。

(二)感官要求

冲调或冲泡后具有该产品应有的色泽、香气和滋味，无异味，无外来杂质。

(三)水分要求

应不高于7.0%(对于含椰果、淀粉制品、糖渍豆等调味(辅料)包的组合包装产品，水分要求仅适用于可冲调成液体的固体部分)。

(四)基本技术要求

按照标签标示的冲调或冲泡方法稀释后应符合表8-1的规定。

(五)食品安全要求

应符合相关的食品安全国家标准。

表8-1 基本技术要求

分类		项目		指标或要求
果蔬固体饮料	水果粉	按原始配料计算	果汁(浆)含量(质量分数)/%	100
	蔬菜粉		蔬菜汁(浆)含量(质量分数)/%	
	果汁固体饮料		果汁(浆)含量(质量分数)/%	≥10
	蔬菜汁固体饮料		蔬菜汁(浆)含量(质量分数)/%	≥5
	复合水果粉、复合蔬菜粉、复合果蔬粉		果汁(浆)和(或)蔬菜汁(浆)的含量(质量分数)/%	100
			不同果汁(浆)和(或)蔬菜汁(浆)的比例	符合标签标示
	复合果汁固体饮料、复合蔬菜汁固体饮料、复合果蔬汁固体饮料		果汁(浆)和(或)蔬菜汁(浆)的含量(质量分数)/%	≥10
			不同果汁(浆)和(或)蔬菜汁(浆)的比例	符合标签标示
蛋白固体饮料	含乳固体饮料	乳蛋白质含量(质量分数)/%		≥1
	植物蛋白固体饮料	蛋白质含量(质量分数)/%		≥0.5
	复合蛋白固体饮料	蛋白质含量(质量分数)/%		≥0.7
		不同来源蛋白质含量的比例		符合标签标示
	其他蛋白固体饮料	蛋白质含量(质量分数)/%		≥0.7

续表 8-1

<table>
<tr><th colspan="3">分类</th><th>项目</th><th>指标或要求</th></tr>
<tr><td rowspan="6">茶固体饮料</td><td rowspan="3">速溶茶粉、研磨茶粉</td><td>绿茶</td><td rowspan="3">茶多酚含量/(mg/kg)</td><td>≥500</td></tr>
<tr><td>青茶</td><td>≥400</td></tr>
<tr><td>其他茶</td><td>≥300</td></tr>
<tr><td colspan="2" rowspan="3">调味茶固体饮料</td><td>茶多酚含量/(mg/kg)</td><td>≥200</td></tr>
<tr><td>果汁含量(质量分数)/%(仅限于果汁茶)</td><td>≥5</td></tr>
<tr><td>乳蛋白质含量(质量分数)/%(仅限于奶茶)</td><td>≥0.5</td></tr>
<tr><td rowspan="3">咖啡固体饮料[a]</td><td colspan="2">速溶咖啡</td><td rowspan="3">咖啡因含量/(mg/kg)</td><td rowspan="3">≥200[a]</td></tr>
<tr><td colspan="2">研磨咖啡</td></tr>
<tr><td colspan="2">速溶/即溶咖啡饮料</td></tr>
<tr><td colspan="3">风味固体饮料
植物固体饮料
特殊用途固体饮料
其他固体饮料</td><td colspan="2">—</td></tr>
</table>

[a]声称低咖啡因的产品，咖啡因含量应小于 50 mg/kg。

三、固体饮料加工方法及其性质

从固体饮料的含义、组织状态及其组分来看，固体饮料具有便于携带、易于保存、体积小、便于运输、饮用方便、营养丰富等特点。固体饮料种类繁多，不同种类生产工艺各不一样。前期我们可以参考液态饮料类的生产工艺，里面常有混合、过滤、加热等工序，后期则有特殊的干燥工序。固体饮料与液态饮料工艺上的一个很大的区别就是固体饮料有干燥工序。

(一)固体饮料加工方法

真空冷冻干燥、流化床造粒、喷雾干燥是目前固体饮料生产中 3 种十分重要的加工方法。真空冷冻干燥是一种先进的干燥工艺，可较好地保留物料的营养及风味成分，但投资高，应用受到限制；流化床造粒适合于低果汁或不含果汁物料的干燥；喷雾干燥技术适合于干燥高果汁含量的液态物料，由于物料受热温度低、时间短，能较好地保留物料的营养及风味成分。固体饮料的其他加工方法还有喷雾冷冻干燥、真空干燥等方式。

1. 真空冷冻干燥

(1)基本原理。水有 3 种相态，即固态、液态和气态，3 种相态之间既可以相互转换又可以共存。真空冷冻干燥是把新鲜的食品如蔬菜、肉类、水产品等预先快速冻结，并在真空状态下，将食品中的水分从固态升华成气态，再由解吸干燥除去部分结合水，从而达到低温脱水干燥的目的。冻干食品不仅保持了食品的色、香、味、形，而且最大限度地保存了食品中的维生素、蛋白质等营养成分。冻干食品具有良好的复水性，食用时只要将该食品加水即可在几分钟内就会复原。

真空冷冻干燥设备通常由干燥室、制冷系统、真空系统、加热系统和控制系统设备组成。但加工成本极高，因而用冻干法生产固体饮料还很少，只有少部分附加值较高的产品如速溶茶粉、咖啡粉中应用。

真空冷冻干燥基本流程为：

原料→前处理→速冻→真空脱水干燥→后处理

(2)技术特点。食品冷冻干燥是一种高质量的干燥保存方法，与通常的晒干、烘干及真空干燥相比，具有以下特点：

①食品干燥是在低温(－60～－40 ℃)下进行，且处于高真空状态，因此，特别适用于热敏性高和极易氧化的食品干燥，可以保留新鲜食品的色、香、味及营养成分。

②冻干食品体积、形状基本不变，保持原有的固体骨架结构，同时干制品可以加工成极细的粉状物料，用于制作调味品、保健品和速溶品等。

③冻干食品具有多孔结构，因此，具有理想的速溶性和复水性。复水时，比其他干燥方法生产的食品更接近新鲜食品。

④冻干食品在升华过程中溶于水的可溶性物质就地析出，避免了一般干燥方法中因物料内部水分向表面迁移而将无机盐和营养物携带到物料表面而造成表面硬化和营养损失的现象。

⑤冻干食品采用真空或充氮包装和避光保存，可保持 5 年不变，产品保存期长，常温下即可运输储存，可大大降低其经营费用。

2. 流化床造粒

造粒技术有湿法造粒、干法造粒、快速搅拌造粒以及流化床造粒等 4 种。流化床造粒又称沸腾造粒，是将常规湿法制粒的混合、制粒、干燥等 3 个步骤在密闭容器内一次完成的新型造粒技术，可大大减少辅料量，制出的颗粒大小均匀，效果好。1959 年，美国威斯康星州的 Wurster 博士首先提出流化床造粒技术，随后该技术迅速发展，并广泛用于制药、食品及化工业。我国于 20 世纪 80 年代相继从国外引进流化床造粒设备，近年来流化床在我国已得到普遍应用。

流化床造粒中颗粒的成长一般有 3 种机理——附聚、涂层和累积造粒。流化床造粒过程中往往是这 3 种作用共同使颗粒生长。食品工业造粒的目的，主要解决速溶性，并使外观优良，改善流动性，便于包装，从而提高商品价值。目前国内生产的速溶果蔬固体饮料，一般采用调配、造粒、干燥的方法，利用摇摆式颗粒机进行造粒，但直接利用摇摆式颗粒机加工固体饮料的主要缺点是辅料含量高。

3. 喷雾干燥

喷雾干燥是利用雾化器将料液分散为细小的雾滴，并在热干燥介质中迅速蒸发溶剂形成干粉的过程，料液的形式可以是溶液、悬浮液、乳浊液等利用泵输送的液体形式，干燥的产品可以是粉状、颗粒状或经团聚的颗粒。

喷雾干燥固体饮料的生产范围很广，除广泛用于生产的奶粉、速溶豆粉和番茄粉以外，还有荔枝粉、藕粉、香蕉粉、草莓粉等也有报道。经喷雾干燥加工的粉体营养损失小、色泽好，除可以直接冲调外，还可作为配料。但喷雾干燥后的粉体，一般粒度较小、冲调性差，需要造粒后才可以直接冲调。速溶奶粉是最典型的一种通过喷雾干燥后附聚造粒成冷热水迅速溶解的固体饮料，其研究也是最热门的。

(二)固体饮料性质

1. 速溶性

固体饮料冲调过程中要求具有良好的色泽、风味与稳定性，此外其溶解过程快慢也直接决定其品质好坏。广义的速溶性包括两种意思：第一种是能迅速完全溶解于水的固体饮料，如速溶茶、橘子晶、果珍等，能全部溶于水；另一种是指迅速分散后形成均匀分散的悬浮液，如豆奶粉、奶粉等，不单纯是溶质分子均匀分布于溶剂之中，实质是水溶性蛋白、非水溶性蛋白、糖、脂肪等在水中产生复杂的生物物理与生物化学变化，形成既有溶液又有上述物质络合物或缔合物的悬浊液、乳浊液的反应体系。

2. 稳定性

在固体饮料的评价中，稳定性是衡量产品的一个重要指标。在固体饮料中，尤其蛋白型固体饮料，在生产及储藏过程中容易发生失稳现象。固体饮料中存在同时具有悬浮液及乳浊液的情况，这是一种复杂的不稳定体系。热杀菌作用或储藏过程更易导致饮料稳定性下降，并且会出现蛋白质及固体颗粒聚沉，脂肪上浮，产品的质量下降等现象。

稳定特性是评价产品质量好坏的一个重要指标，若要提高产品稳定性需要控制的影响因素较多，如浓度、粒度、pH、电解质、微生物等。

3. 固体饮料的冲调过程

固体饮料溶解过程实质就是一个传质过程，水由水相主体传递到颗粒表面，进而扩散进入颗粒内部，从颗粒的内外表面处溶解颗粒，被溶解的颗粒进入水相并从颗粒内部扩散至颗粒外表面，再从颗粒的外表面通过扩散或对流传递到水相主体，直至颗粒完全溶解。粉体的冲调过程分为 4 个步骤：湿润、下沉、分散，最后溶解。

根据分子传质理论，影响传质速率的因素包括颗粒的内外表面积、颗粒直径、液膜厚度以及颗粒内部至颗粒表面的浓度差、颗粒表面至液膜外水相主体中含有的溶解颗粒浓度之差、扩散系数等。增大颗粒的内外比表面积，减小颗粒直径及液膜厚度，提高扩散或对流传质系数等均有利于颗粒的溶解。

速溶性好的粉体在毛细管作用力下渗入水中，几秒钟就可以完成溶解的过程，但如果物料表面有疏水基团，粉体很难湿润，一般使用黏结剂如麦芽糊精和表面活性剂如卵磷脂造粒（如奶粉）来改善速溶性。

四、固体饮料生产现状及发展方向

（一）现状

固体饮料历史不长，但由于其货架期长、便于运输、营养美味等优点，在产量、品种、包装和功能等方面发展很快。在国外，美国、西欧、日本等地，固体饮料的产量年递增率达到 10%以上，其主流品种有麦乳精类、果味粉类、咖啡类、速溶茶类等。我国固体饮料虽然起步较晚，但由于固体饮料生产投资少、周期短、利润高、劳动密集，因而深受人们喜爱和重视，近些年来发展相当迅速。目前市场固体饮料主流品种有固体饮料茶、各类果子晶、奶粉、豆奶粉、咖啡、麦片、南瓜粉等。

为丰富固体饮料品种，新工艺、新技术也相继应用到固体饮料的生产中，这不仅开发出了多口味、多品种的产品，新技术的应用也必将会提高固体饮料产品质量和生产效率。目前固体饮料的生产工艺除了有喷雾干燥法，还有冷冻干燥法、微胶囊化法等。

（二）存在问题

第一，公众对新产品的认可度差。由于我国传统的饮食习惯，大众除对茶、咖啡、奶粉等少数固体饮料认同外，对大多数形式新颖、功能特殊的固体饮料很难达成共识。

第二，低端产品较多。众多中小型企业基础条件比较薄弱，重复生产低端产品，使市场上部分产品过于繁多，竞争异常激烈。

第三,假冒伪劣产品充斥市场。相当数量的劣质产品,仅仅是拥有固体饮料的外形,而并未将有特殊功能的原料、科技含量高的技术应用到产品中。

(三)固体饮料的发展方向

目前在国内外,固体饮料正朝着组分营养化、品种多样化、功能保健化、成分绿色化、包装优雅化的方向发展。我国有着丰富的天然资源和历史悠久的饮食文化,随着改革开放的深入,借鉴和吸收国外先进技术和设备,我国的固体饮料工业必然会有更大的飞跃发展,而且将进一步增强在国际市场上的竞争力。未来,我国固体饮料的发展应该具体从以下几方面着手:

①充分利用和发展我国可利用的丰富资源优势。积极发展乳蛋白、植物蛋白、果蔬汁、速溶茶等营养性、功能性、特殊性的固体饮料。

②不断借鉴国外先进技术和设备,弥补自己的不足。并且,将先进科学技术如营养组合技术、超滤技术、高压提取芳香技术、无菌包装技术等,向整个固体饮料行业推广,促进我国固体饮料行业的健康发展。

③国家相关部门制定出一套生产管理标准,使产品原料专业化、系列化,并严格按照标准规范企业生产经营。同时,企业领导者、生产者提高自身意识,切实按照标准组织生产,以负责任的态度保证产品质量。为固体饮料的发展营造一个公平、法治的环境。

④固体饮料的发展必将围绕培养大众传统的消费习惯展开,拓宽非传统固体饮料的销售市场。

任务1 果蔬固体饮料生产技术

【任务设计】

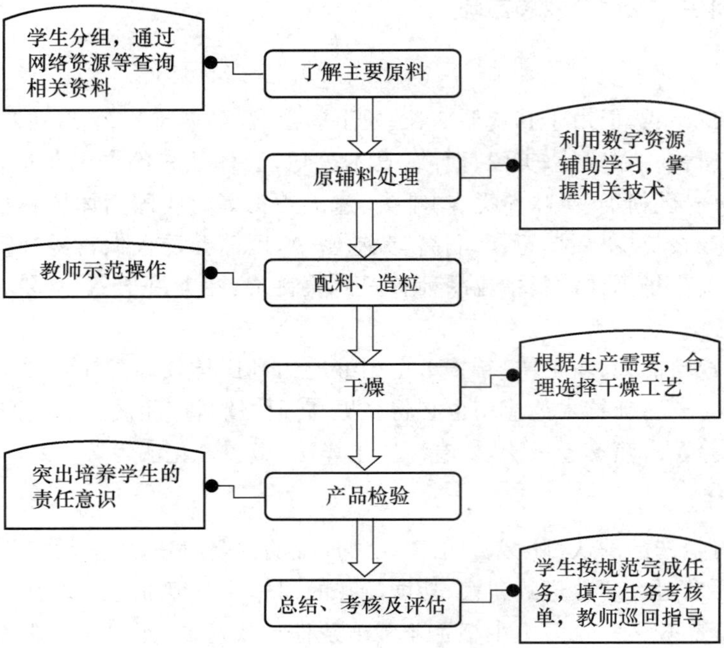

【任务实施】

以水果和(或)蔬菜(包括可食的根、茎、叶、花、果)或其制品等为主要原料,添加或不添加其他食品原辅料和食品添加剂,经加工制成的固体饮料。它是夏天防暑降温的优良饮品。将其用开水冲溶后,具有该品种应有的色、香、味。若将其用8～10倍的冷、热开水冲溶后饮用,如同饮用鲜果汁一般,酸甜可口,使人感觉到舒适和愉快。如果将其放置在冰箱中冷却后再饮用,口感会更加凉爽怡人。

一、主要材料

果蔬固体饮料的主要原料是果汁、甜味料、麦芽糊精、酸味料、香料、食用色素增稠剂、乳化剂等。

(一)果汁

果汁、鲜果浆或原果粉等,是生产果蔬固体饮料的主要原料。它们除了使产品具有相应鲜果的色、香、味外,还可为人体提供多种必需的营养素。我国资源丰富的苹果、桃子、橘子、广柑、甜橙、杨梅、猕猴桃、山楂、葡萄、南瓜、哈密瓜、山枣、山葡萄等水果经过破碎压榨过滤、浓缩,均可制成高浓度的果汁。

由于这些果汁中大都含有大量的有机酸和酚类物质,因此要注意避免与铜、铁等金属容器接触,一般应使用不锈钢设备。同时操作速度要快,浓缩温度要低,尽量不接触空气、减少果汁中的营养成分特别是维生素C的损失。

果汁的浓度应尽可能高一些,一般要求达到40°Bé左右,以便饮料中的果汁成分尽量多一些。若采用喷雾干燥法或浆料真空干燥法,果汁的浓度也可略微低一些,但一般应保持在20%左右。

(二)甜味料

甜味料以蔗糖为主,此外葡萄糖、果糖麦芽糖等均可使用。蔗糖与葡萄糖等混合有增效作用,还可使制品中的酸味和苦味成弱。

(三)麦芽糊精

麦芽糊精在固体饮料中主要用来提高饮料的黏稠性,降低其甜度,增加其体态和分量。用量为固体饮料的10%～15%。

(四)酸味剂

酸味剂可使产品具有与水果相似的酸味促进食欲。柠檬酸价格便宜,酸味比较柔和,货源较多,用量较大。苹果酸、酒石酸也可配合使用,增强酸味。柠檬酸用量一般为饮料质量的0.7%～1%。

(五)香料

香料主要是模仿改善和增加各类水果的香气、香味。各类食用香精如橘子、柠檬、猕猴桃、山楂、苹果、水蜜桃、哈密瓜等均可使用。一般使用粉末香精,在产品制成时加入,用量为产品质量的0.5%～0.8%。

(六)食用色素

食用色素可使固体饮料制品具有与鲜果相应的色泽,增强其与鲜果汁的相似感,增加食品的嗜好性，刺激人们的食欲和购买欲，提高其产品的商品价值。色素的选用应该考虑其营养与安全性问题。

(七)稳定剂

稳定剂包括增稠剂和乳化剂，可用来改善和稳定各组分的物理性质和组织状态，使混合浆体具有所要求的流变性，并使其保持稳定均匀。常用的增稠剂有羧甲基纤维素钠、明胶、卡拉胶、阿拉伯树胶、海藻酸钠等。常用的乳化剂有单硬脂酸甘油酯、蔗糖酯、各类复合乳化剂等。

二、工艺流程

果蔬固体饮料的一般工艺流程：

配料→原料预处理→称量→合料→成型→干燥→过筛→检验→包装→成品

以猕猴桃晶和胡萝卜粉生产为例，其工艺流程分别为：

(一)猕猴桃晶工艺流程

原果→挑选→乙烯催熟→洗果→打浆(去籽、去渣)→过滤→浓缩→配料(加辅料)→造粒→干燥→包装→成品

(二)胡萝卜粉工艺流程

原料→清洗→去皮→切碎→软化→打浆→均质→浓缩→配料→干燥→冷却→包装

三、操作步骤

(一)通用操作步骤

1. 配料

按配方备料。

2. 原料预处理

①砂糖需先经粉碎至能通过80～100目筛，投料时用100目筛，成为细糖粉后才能配料。若用其他厂加工的糖粉，须先通过60目筛，然后投料，以免粗糖粉和糖粉块混入合料机，保证配料均匀，不出现色点和白点。

②如需投入糊精，同样需先过筛，且在加入糖粉之后投料。

③色素及柠檬酸先分别用水溶解然后分别投料，再投入香精搅拌混合。

④投入混合机的全部用水量(包括溶解色素和柠檬酸的用水及香精等液体)，要保持在全部投料量的5%～7%。用水过多，成型机不好操作，并且颗粒坚硬影响质量；用水过少，则产品不能形成颗粒，只能成粉状，不合乎质量要求。如用果汁取代香精，果汁浓度要尽可能提高。

3. 合料

合料时需要注意的是，必须严格按照产品配方和投料的次序进行投料，而且一定要充分搅拌使其均匀。

4. 成型

成型即造粒，就是将混合均匀和干湿适当的坯料，放进颗粒成型机造型，使其成为颗粒状态。颗粒的大小与成型机筛网孔眼的大小有直接的关系，必须合理选用，一般以 6～8 目为宜。造型后的颗粒状坯料，由成型机出料口进入盛料盘。

5. 烘干

将盛装在盘子中的坯料，轻轻地摊匀铺平，然后放进干燥箱中干燥。烘干温度应保持在 80～85 ℃，通常采用热风沸腾干燥法，但颗粒大小不易控制，有时碎粒多。也可采用真空干燥法。产品水分要求不大于 2.5%。

6. 过筛

干燥后过 8～9 目筛，以除掉大颗粒或少数结块，便产品颗粒大小基本一致。

7. 包装

检验合格的产品要冷却至室温方可包装，否则高温包装易引起回潮，造成产品变质，影响货架期。包装要在低温、低湿环境下进行，避免因吸潮而结块。

(二)猕猴桃晶的操作步骤

1. 乙烯催熟

选择 8～9 成熟无霉变的新鲜猕猴桃果，在密闭室内分层平铺数层，每天喷洒少量乙烯，经 3～5 d 催熟处理，使果实柔软即可使用。

2. 洗果

熟果经流水洗净，再经无菌水冲洗备用。

3. 打浆

调好打浆机的筛网直径在 0.6 mm 左右。将催熟洗净的果实经打浆机进行打浆处理，因为猕猴桃浆液易褐变，所以在打浆时要添加适量的异抗坏血酸等。

4. 过滤

经打浆得到的果浆仍然有杂质存在，必须进行过滤处理，可用分离机过滤，去除果渣得到果汁备用。

5. 真空浓缩

将果汁打入真空浓缩锅内进行浓缩，至 3～4 倍浓度，以利于保存。真空度控制在 80～90 kPa，出锅温度保持在 50 ℃左右。

6. 配料

配料时，可以按猕猴桃原浆 20 kg、白砂糖 85 kg、麦芽糖浆 5 kg、柠檬酸 1.3 kg、苹果酸 0.6 kg、柠檬酸钠 0.3 kg、食盐 2 kg、环烷酸钠 2 kg、糖蜜素 0.2 kg 以及香精适量的配方进行配料，将物料置入搅拌机中进行搅拌，至其呈现为松软状混合物，同时要控制其水分含量在 1%左右。

7. 造粒

将上述调好的物料移入筛网直径为 10～12 目的造粒机中造粒。

8. 干燥

将造好的物料装入托盘中，置真空干燥箱内干燥。抽真空，通蒸汽。注意压力、温度和真空度之间的关系。也可在 70～80 ℃的烘房内进行干燥，这种方法要求经验丰富，操作熟练，否则易烘焦而影响产品的质量和外观。

9. 包装

干燥完毕后，待真空度回零后，开箱取出托盘，冷却的产品经检验合格并过筛后，即可进行包装。因猕猴桃晶产品易受潮，故应在干燥的空调房间内包装。

(三)胡萝卜粉的操作步骤

1. 原料处理

选用色泽鲜艳、新鲜肥大、皮薄肉厚、成熟适度的胡萝卜，剔除受病虫害、霉烂和机械损伤者，用清水洗净表皮。

2. 去皮、切碎

用氢氧化钠高温碱液浸泡胡萝卜，使其表层热化剥落。碱液的浓度为 8%～12%，温度不低于 95 ℃，时间为 1～3 min。经碱处理后的胡萝卜，应立即用流动水冲洗掉被碱液腐蚀的表皮及残留的碱液，并同时冷却物料，再用擦皮机去皮；也可用高压水冲刷去皮。

3. 软化、打浆

在打浆之前，原料须经软化处理。胡萝卜的软化方法有两种。

一种是沸水软化法，是将胡萝卜置于夹层锅中，加入其重量 0.75～1.00 倍的清水，并用柠檬酸调整 pH 为 5.5 左右，然后加热至沸腾，保温 20～30 min 即可软化。

另一种是蒸汽软化法，将胡萝卜置于夹层锅中，利用常压蒸汽或加压蒸汽的热力蒸煮作用，使胡萝卜软化。与沸水软化法相比，蒸汽软化法能减少物料中营养成分的损失。

胡萝卜软化后进行打浆，通常采用刮板式打浆机，其筛板直径为 0.4～1.5 mm，趁热打浆 2～3 次，使浆料组织细腻。

4. 配料

按配方要求，准确称取各种原辅料，然后混合均匀。配方为：胡萝卜 70 kg，白砂糖 26.8 kg，柠檬酸 0.25 kg，淀粉 2.3 kg，果胶粉 0.4 kg，香料 0.25 kg。

5. 均质

原辅料混合后用均质机均质，均质压力为 9.8～12.7 MPa。

6. 真空浓缩

使可溶性固形物达到 28%～30%。

7. 干燥

将经过均质和真空浓缩后的物料进行喷雾干燥。应控制喷雾塔出口处的热空气温度为 75～80 ℃。干燥后的产品经冷却后即可包装。

四、产品质量标准

(一)感官指标

色泽：冲溶前不应有色素颗粒，冲溶后应具有该品种应有的色泽。

外观状态：颗粒状的应为疏松、均匀小颗粒，无结块；粉末状的应为疏松的粉末，无颗粒、无结块，冲溶后呈浑浊液或澄清液。

香气和滋味：具有该品种应有的香气及滋味，不得有异味。

杂质：无肉眼可见外来杂质。

(二)理化指标

理化指标见表 8-2。

表 8-2　果蔬固体饮料理化指标

项目	指标	
	颗粒状	粉末状
水分	≤2%	≤5%
颗粒度	颗粒状≥85%	
溶解时间	≤60 s	
酸度	1.5%～2.5%	
食用香料、着色剂、甜味剂	符合 GB 2760—2014《食品安全国家标准　食品添加剂使用标准》规定	
铅(以 Pb 计)	≤1.0 mg/kg	
砷(以 As 计)	≤0.5 mg/kg	
铜(以 Cu 计)	≤10.0 mg/kg	

(三)微生物指标

细菌总数≤1 000 CFU/g;大肠菌群≤30 CFU/100 g;致病菌不得检出。

五、操作实施

①学生分成 3～5 人一组,各小组在老师指导下,通过网络教学资源等多渠道查询果蔬固体饮料生产技术的资料。

②各组根据汇总的相关资料,师生共同讨论、分析,用集体智慧完成果蔬固体饮料生产技术方案,制作汇报提纲并选一名代表进行学习汇报交流,并对该方案进行修订。

③学生按照修订后的果蔬固体饮料生产技术方案,按规范要求,独立完成果蔬固体饮料生产任务,最终填写任务考核单,教师在操作实施过程中巡回指导。

任务考核单——果蔬固体饮料的生产

班级：　　　　姓名：　　　　学号：

项目	实施内容	分值	考核记录(以"√"表示)	备注	得分
准备工作(15 分)	清洁卫生	5	能发现并解决卫生问题		
	准备并检查工器具	6	准备本次操作实施所需所有仪器和容器		
			仪器和容器的清洗和控干		
			检查设备运行是否正常		
	原料的选择	4	按照产品类型选择合适的原料		
操作实施(60 分)	原料处理	10	进行原料处理		
	配方设计	20	设计产品配方		
	具体操作	20	针对产品进行具体的操作		
	灌装	5	灌装方式选择		
		5	灌装工序		
产品评定(15 分)	感官要求	5	应具有反映该类产品特点的感官、滋味,不得有异味、异臭和外来杂物		
	理化要求	5	符合相应的理化指标		
	微生物要求	5	符合相应的微生物指标		

续表

项目	实施内容	分值	考核记录(以"√"表示)	备注	得分
文明操作与团队意识(10分)	文明操作	5	清理用物,整理实训室		
	团队意识	5	有团队意识,能相互良好合作		

④学生对完成工作任务的表现进行自评和互评,各小组进行总结、考核及评估,教师做出最后评价,填写教学反馈表。

【知识拓展】

一、果蔬固体饮料生产用设备

(一)粉碎设备

一般采用筛片式磨粉机,主要是将砂糖磨为细粉,以利于糖粉能充分地与其他各种原料混合,更有效地吸收其他成分,避免产品有色点,有硬块。

(二)合料设备

有多种多样的形式,一般多采用单桨槽型混合机。该机主要部件是盛料槽,槽内有电动搅拌桨,槽外有与齿轮联动的把手,还有料槽的支架等,使得各种原料能在料槽内充分混合,并在混合完毕后自动倒出。

(三)成型设备

一般采用摇摆式颗粒成型机,主要的部件是加料槽,正反旋转的带有刮板和筛网的圆筒、夹管、减速装置和支架等。该机主要作用是将混合好了的坯料,通过旋转滚筒,由筛网挤压而出。筛网可随时更换,一般为6目。

(四)干燥设备

通常采用蒸汽真空干燥法,主要设备是在箱体内装上蒸汽管或蒸汽薄板,供蒸汽进入加热,并供冷水进行冷却。蒸汽管或蒸汽薄板上可搁置料盘。辅助设备有蒸汽锅炉、真空系统(即真空泵)、冷却器、平衡桶等。也可采用远红外干燥法,其主要设备是在干燥箱内装上远红外电热板以取代蒸汽管。也可采用沸腾干燥法,其主要原理是吹风通过靠近干燥箱前面的蒸汽排管,然后将热风吹入长方形的干燥箱。热风从箱内筛板底部经筛孔向上吹出使筛板上坯料成沸腾状态进行干燥。箱内筛板有一定斜度,使干料从高到低,逐步地让干料从低处的出料口流出。热风大小可用开关调节,沸腾状况可通过孔眼观察。沸腾干燥法,能源消耗较少,便于较大规模生产,但颗粒大小较难控制,例如产品有时过于细碎。

(五)封口设备

果汁型固体饮料,一般多采用复合薄膜袋装和马口铁听装。前者用电热宽边合缝机密封袋口,后者则用罐头封罐机封口。

(六)其他设备

规模较小的工厂,多从原料产地购进浓缩果汁以生产果汁固体饮料,因此也就无须设置果汁加工设备。至于规模较大的工厂自行加工果汁时,就必须设置加工果汁的设备,例如漂洗、破碎、压榨、过滤、浓缩等单机。

二、果蔬固体饮料常见质量问题及解决办法

(一)冲调后香气不足

1. 原因

原料水果香气、滋味不足;添加的果汁量不足;加热浓缩过程中香气损失。

2. 解决办法

选择优质新鲜原料进行加工,利用香精补足香气。

(二)喷雾干燥时,在干燥机内出现黏附现象

1. 原因

果汁原料问题,可溶性固形物黏结温度较低,即使水分被蒸发,也会黏结。

2. 解决办法

加入适量干燥助剂,使其在水分蒸发后饱和果汁的固形物,因此容易粉末化。

(三)储藏过程中发生变质现象(变色,发霉)

1. 原因

脂肪、类胡萝卜素、花色素氧化;微生物活动。

2. 解决办法

添加抗氧化剂;降低产品的水分含量

三、几种果蔬固体饮料配方

列举常见的几种果蔬固体饮料配方,如下:

(一)橘子晶

52 °Bx 橘子浓缩液 12.8%、柠檬酸 1.5%、糖粉 87.5%、明胶适量、色素适量、香精适量。

(二)山楂晶

浓缩山楂汁 13.8%、山楂粉 5.5%、糖粉 72.3%、糊精粉 7%、柠檬酸 0.6%、CMC-Na 0.8%、色素 0.005%。

(三)橘子山楂晶

52 °Bx 橘子浓缩液 6.4%、30 °Bx 山楂浓缩液 6.4%、糖粉 85.7%、柠檬酸 1.5%、色素适量、香精适量。

(四)番茄饮料片

脱水番茄粉 90 kg、洋葱香粉 2.2 kg、胡椒 0.45 kg、番茄香料 2.7 kg、硫酸镁 0.36 kg、食盐 5 kg、色素适量。

(五)猕猴桃饮料粉

猕猴桃汁 122 kg、白砂糖 48 kg、蜂蜜 4.5 kg、麦芽糊精 7.3 kg、柠檬酸 0.16 kg、猕猴桃香精 0.35 kg、食用色素适量。

(六)哈密瓜晶

哈密瓜原浆 94 kg、白砂糖 51 kg、葡萄糖 8.9 kg、柠檬酸 60 g、变性淀粉 11.7 kg、香精

60 g。

(七)菠萝晶

菠萝原浆 20 kg、白砂糖 80 kg、柠檬酸 0.6 kg、菠萝香精 0.2 kg、糊精 0.5 kg、食用色素适量。

(八)菠萝粉

菠萝果汁粉 20 kg、结晶葡萄糖 1 000 kg、无水柠檬酸 15 kg、柠檬酸钠 0.4 kg、环烷酸钠 20 kg、橙花醇 10 kg、糖精钠 0.4 kg、4 号黄色素 0.015 kg、5 号黄色素 0.3 kg、苹果酸 9 kg。

(九)酸枣粉

酸枣粉 100 kg、维生素 C 0.2 kg、维生素 E 40 g、磷酸钙 20 g、可可粉 0.3 kg、谷胱甘肽 20 g、皂苷 2 g、砂糖 238 kg、凝固剂 0.2 kg。

(十)猕猴桃胡萝卜复合粉

猕猴桃果(取汁)15 kg、蜂蜜 35 kg、胡萝卜(取汁)50 kg、蔗糖 5 kg、维生素 C 1.2 kg、硫酸亚铁 90 g、柠檬酸适量、甘氨酸 38 g。制法:将猕猴桃与胡萝卜分别制汁,混合后加上其他辅料,浓缩至固形物达 82%～85%,加入适量糊精,再加半胱氨酸防止铁对维生素 C 的破坏,然后造粒、热风干燥。

(十一)酸梅粉

白砂糖 100 kg、乌梅粉 6 kg、麦芽糊精 11 kg、CMC-Na 0.9 kg、柠檬酸 1.8 kg、柠檬酸钠 0.3 kg、乌梅香精 0.8 kg、焦糖色素 0.5 kg。

(十二)芒果晶

白砂糖 70 kg、浓缩芒果汁(40 °Bx)25 kg、果葡糖浆(75 °Bx)15 kg、柠檬酸 0.5 kg、明胶 0.5 kg、芒果香精 0.4 kg、色素适量。

四、几种果味固体饮料配方

果味固体饮料属于风味固体饮料的一种,其色香味全部来自人工调配,基本不含果汁成分,但其加工工艺流程与果蔬固体饮料基本类似。下面列举几种果味固体饮料的具体配方。

(一)鲜橙风味固体饮料

白糖粉 100 kg、糖浆 12 kg、淀粉糖浆 2.5 kg、50%柠檬酸液 1.6 kg、橘子油 0.5 kg、橙油 0.35 kg、糖精液 0.74 kg。

(二)甜橙晶风味固体饮料

白砂糖 50 kg、柠檬酸 62 kg、柠檬酸钠 5.6 kg、乳浊剂 9.8 kg、维生素 C 0.3 kg、纤维素树胶 7.3 kg、甜橙油 0.1 kg、液体葡萄糖 7.5 kg、麦芽糊精 75 kg、食用色素适量。

(三)水蜜桃晶风味固体饮料

白砂糖 50 kg、液体葡萄糖 7.5 kg、明胶 50 g、柠檬酸 0.6 kg、水蜜桃香精 0.5 kg、食用色素适量。

(四)荔枝风味饮料粉

白砂糖 124 kg、柠檬酸 6 kg、酒石酸 2.1 kg、维生素 C 0.4 kg、色素 80 g、氨基酸 6.6 kg、

乳化剂 3.1 kg、增稠剂 1.4 kg、荔枝香精 1.4 kg。

(五)苹果风味饮料粉

蔗糖粉 950 kg、苹果酸 34.5 kg、纤维素树胶 8 kg、柠檬酸钠 3 kg、维生素 C 0.4 kg、食用色素适量。

(六)柠檬香草味饮料粉

粉末焦糖 2.5 kg、速溶糖 8 g、柠檬酸 1 kg、碳酸钠 0.5 kg、桂皮油 0.05 mL、柠檬油 20 mL、香草醛 2 mL。

(七)速溶柠檬风味固体饮料

柠檬酸(粗粒)8.3 kg、柠檬酸钾(粗粒)3.98 kg、天然粉末柠檬香精 19.02 kg、天然粉末酸橙香精 3.18 kg、磷酸三钙 8.36 kg、玉米糊精 8.88 kg、阿斯巴甜 11.98 kg、食用色素 23 g。

任务 2　蛋白固体饮料生产技术

【任务设计】

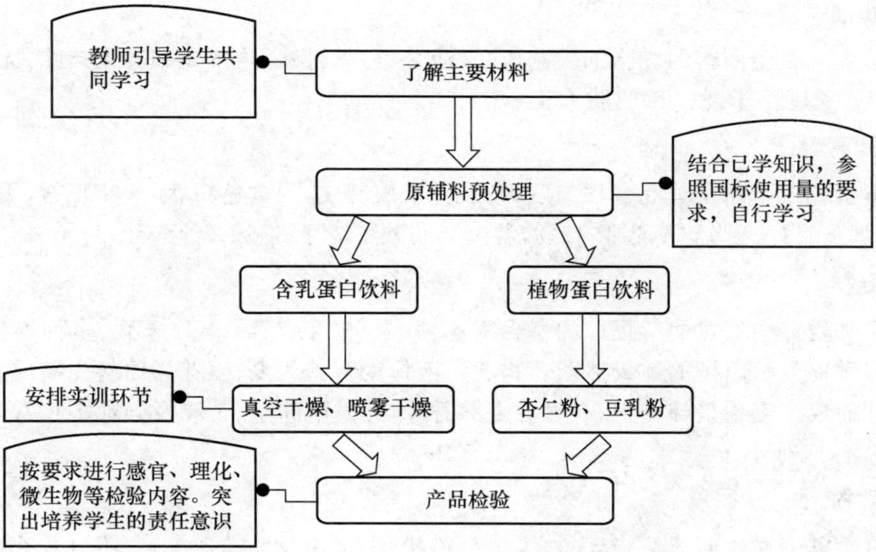

【任务实施】

蛋白型固体饮料是以糖、乳及乳制品、蛋及蛋制品或植物蛋白以及营养强化剂为主要原料制成的，是固体状的蛋白质食品或饮料。例如乳粉、豆乳粉、蛋乳粉以及豆乳精、维他奶、花生精、麦乳精等。

蛋白固体饮料生产的基本流程是原辅料调配、混合、干燥、成型包装、检验。生产过程中的关键控制环节为原辅材料及包装材料的质量控制、生产车间尤其是冷却和包装车间的卫生控制、设备的清洗消毒、配料计量、脱水和包装工序的控制、操作人员的卫生管理等。在以上环节失控容易出现质量安全问题，如设备、环境、冷却包装、人员等环节管理不到位易使微生物超标;原辅材料配料计量控制不到位易造成食品添加剂超范围和超量使用;包装材料、脱水干燥等环节的质量及工艺控制不到位,易使产品的水分超标。

一、主要材料

(一)白砂糖

白砂糖是各种蛋白型固体饮料的主要原料。从甘蔗或甜菜取汁,经净化、浓缩、结晶、分蜜、干燥而制成的洁净、干燥的结晶蔗糖。纯度达到99.6%以上,水分在0.5%以内,呈中性。

(二)甜炼乳

甜炼乳以新鲜全脂牛乳加糖经真空浓缩制成。呈淡黄色,无杂质沉渣,无异味及酸败现象,不得有霉斑及病原菌。一般要求水分少于26.5%,脂肪不低于8.5%,蛋白质不低于7%,点糖含量40%~44%,酸度低于48 °T。

(三)可可粉

新鲜可可发酵干燥后,经烘炒、去壳、榨油、干燥等工序加工制成,呈深棕色,有天然可可香,无受潮、发霉、虫蛀、变色、哈喇等不正常气味。水分少于3%,脂肪16%~18%,细度以能通过100~120目为准。

(四)奶油

由新鲜牛乳脱脂所得的乳脂加工制成,呈淡黄色,无霉味、哈喇味和其他异味,无霉斑。水分小于16%,酸度小于20 °T,脂肪大于80%。

(五)蛋黄粉

以新鲜蛋黄或与冰蛋黄混合均匀后,经喷雾干燥制成,为黄色粉状,气味正常,无苦味及其他异味,溶解度良好。脂肪不低于42%,游离脂肪酸不少于5.6%(油酸计)。

(六)麦精

从大麦和麦芽中通过酶解提取的富含麦芽糖、果糖、氨基酸、小分子肽、多种维生素、微量元素以及多种促生长因子的纯天然营养物质。液体麦精是大麦、麦芽为原料先制成麦汁,然后经真空浓缩而成。麦精呈棕黄色,有显著麦芽香味,无发酵味、焦苦味及其他不正常气味,酸度不超过0.8%,水分小于22%,浓度大于41.5°Bé。

(七)乳粉

鲜乳以喷雾干燥法制成全脂乳粉,淡黄色粉状,无结块及发霉现象,有明显乳香味,无不正常气味。脂肪含量高于26%,水分不超过4%,酸度小于19 °T。

(八)柠檬酸

有助于形成乳油香味,并有利于乳的热稳定性,白色晶体,容易受潮和风化,应储存于阴凉干燥处。一般用量为0.002%。

(九)小苏打(碳酸氢钠)

中和原料带来的酸度,以避免蛋白质受酸的作用而产生沉淀和上浮现象。

(十)维生素

作为强化剂,用以生产强化型固体饮料。常用的是维生素A、维生素D和维生素B_1。

(十一)麦芽糊精

用于生产特殊风味的奶晶，以降低其甜度并增加其黏稠性，如人参奶晶。

(十二)其他添加物

主要是指用以生产有特殊风味的奶晶、饮料需要的添加物，如人参浸膏、银耳浓浆等。

二、工艺流程

(一)含乳蛋白固体饮料生产工艺

基本上可分为真空干燥法和喷雾干燥法。

1. 真空干燥法工艺流程

配料→混合→乳化（←化糖）→储存→脱气→储存→装盘→干燥→轧碎→储存→包装→检验→成品

2. 喷雾干燥法工艺流程

以冰激凌粉的生产为例，喷雾干燥法的工艺流程为：

配料→杀菌→过滤→均质→老化→浓缩→喷雾干燥→冷却→包装

(二)植物蛋白固体饮料生产工艺

以豆乳粉和杏仁粉的生产为例进行介绍。

1. 豆乳粉

大豆营养十分丰富，用它可生产多种食品。但是大豆有一种豆腥味，要使该产品被人们所喜爱，就应除去其豆腥味。豆乳粉生产过程中产生豆腥味的主要原因是大豆中的脂肪氧化酶在大豆脂肪加水分解过程中生成的正己醇引起的。为了除去豆腥味，就应钝化大豆中的脂肪氧化酶活性，并在制成豆乳粉前，除去这些带有豆腥味的物质。

豆乳粉的生产工艺流程为：

原料→筛选→去皮→蒸煮→冲洗→蒸煮→冲洗→冷却→粉碎→配料→均质→杀菌→浓缩→干燥

2. 杏仁粉

杏仁中蛋白质含量约25%，主要是杏仁球蛋白和酪蛋白。杏仁中含有苦杏仁苷和苦杏仁酶，苦杏仁苷含量为0.15%～3.5%，苦杏仁苷在酸或酶及加热作用下能水解，最后生成葡萄糖、苯甲醛及氢氰酸，氢氰酸为剧毒物质。因此，杏仁的加工必要首先要脱毒，脱毒的方式主要有浸泡、酸煮、烘干等。

杏仁粉的生产工艺流程为：

原料→挑选→热烫去皮→浸泡脱苦→预煮→磨浆、过滤→冷却→调配→均质→冷却→浓缩→喷雾→干燥→成品(杏仁粉)

三、操作步骤

(一)含乳蛋白固体饮料操作步骤

1. 真空干燥法操作步骤

(1)化糖。先在化糖锅中加入一定量水,然后按照配方加进砂糖、葡萄糖、麦精及其他添加物如人参浸膏、银耳浓浆等,在90~95 ℃条件下搅拌溶解。待溶解完全,用40~60目的筛网过滤后泵入混合锅,当温度降至70~80 ℃时,边搅拌加入适量碳酸氢钠,以中和各种原料可能带来的酸度,从而避免后期加入乳后出现凝结现象。碳酸氢钠的加入量,应随各种原料酸度高低而定,很为原料总量的0.2%左右。

(2)配料。配料时先在配浆锅中加入适量的水,然后按照配方加入炼乳、蛋粉、乳粉、可可粉、奶油,使温度升高至70 ℃,搅拌混合。蛋粉、乳粉、可可松等需先经40~60目的筛子,避免硬块进入锅中而影响产品质量。奶油应先经融化,然后投料。浆料混合均匀后,经40~60目的筛网进入混合锅。

(3)混合。在混合锅中,使糖液与乳浆充分混合,并加入适量的柠檬酸以突出奶香并提高奶的热稳定性。柠檬酸用量一般为全部投料的0.002%。

(4)乳化。可用均质机、胶体磨、超声波乳化机等进行两道以上的乳化。这一过程的主要作用是使浆料中的大脂肪球被打碎,均匀致地分散在浆液中,乳能防表面积增大,不易上浮和分层,从而大大提高和改善产品的乳化性能。

(5)脱气。浆料在乳化过程中混进大量空气,如不加以排除,则浆料在干燥时就会发生气泡翻滚现象,使浆料从烘盘中逸出,造成损失。因此必须将乳化后的浆料在浓缩锅中脱气,以防止上述不良现象的产生。浓缩脱气所需的真空度为96 kPa(720 mmHg),蒸汽压力控制在9.8 kPa(1 kg/cm^2)以内。当从视镜中看到浓缩锅内的浆料不再有气泡翻滚时,则说明脱气已完成。脱气后浆料水分控制在28%左右,以待分盘干燥。

(6)分盘。分盘就是将脱气完毕并且水分含量合适的浆料分装于烘盘中。每盘数量须根据烘箱具体性能及其他实际操作条件而定,每盘浆料厚度为0.7~1 cm。

(7)干燥。装料后烘盘放置在干燥箱内的蒸汽排管上或蒸汽薄板上,加热干燥。干燥初期,真空度保持在90~93 kPa(680~700 mmHg),随后提高到96~98 kPa(720~740 mmHg),蒸汽压力控制在14.7~19.6 kPa(1.5~2 kg/cm^2)。通气干燥时间为90~100 min。

干燥完毕后,不能立即消除真空,必须先停蒸汽,然后再用冷却水冷却30 min。待料温下降以后,才能消除真空,再出料,全过程为120~130 min。

(8)轧碎。将干燥完成的蜂窝状的整块产品,送进轧碎机中轧碎,使产品基本上保持均匀一致的鳞片状。在此过程中,要特别重视卫生要求,所有接触产品的机件、容器及工具等均须保持洁净,工作场所要有空调设备,以保持温度在20 ℃左右,相对湿度在40%~50%,从而避免产品吸潮而影响产品质量,并有利于正常进行包装操作。

(9)检验。产品轧碎后,在包装之前必须按照质量要求抽样检验。包装后,着重检验成品包装质量。

(10)包装。检验合格的产品,可在空调情况下进行包装,包装间一般保持温度在20 ℃左右,相对湿度40%~45%。

2. 喷雾干燥法操作步骤

以冰激凌粉的生产为例，喷雾干燥法的操作步骤如下：

(1)配料。将各种原料按配方称量后，按工艺要求加入夹层锅中搅拌混合，注意控制好温度和时间。

(2)杀菌。混合料配制好后即可进行杀菌处理，条件为75～78 ℃，保温20 min，或88～90 ℃，保温5 min。

(3)均质。杀菌后的混合料应进行一次过滤，过滤后的混合料即可进行均质，均质可使混合料进一步细微化，均质压力为15～20 MPa。

(4)老化。均质后的混合料迅速冷却至4 ℃以下，并在0～4 ℃的温度下保持4～8 h，使混合料的黏度增加，有利于膨胀率的提高，并使其有良好的组织结构和稠度。

(5)浓缩。上述混合料中所含固形物仅为22%左右，不能直接进行喷雾干燥，需先经浓缩，浓缩一般用真空浓缩，真空度为87～93 kPa，沸腾温度55～60 ℃，将固形物含量升高为42%左右。

(6)喷雾干燥。使浓缩混合料借机械力(高压或离心力)的作用，通过喷雾器使其在干燥室中分散成雾状微细的微粒，在与热空气接触时发生强烈的热交换，使其绝大部分水分被除去而干燥成粉末制品。通过使用离心喷雾机或高压喷雾机，进风温度为130～150 ℃，干燥室内温度为55～75 ℃。

(7)冷却、包装。喷雾后的制品温度较高，需冷却到25～30 ℃才能进行包装。

冰激凌粉的生产中应注意：配料时，砂糖不可一次加入，先加入20%～25%，这是为了避免在喷雾时因砂糖受热产生焦糖味，其余砂糖粉碎成糖粉，在喷雾完毕后加入并搅拌。香料也要在喷雾结束后加入混合料中，以免喷雾时香味的散失。

(二)植物蛋白固体饮料操作步骤

以豆乳粉和杏仁粉的生产为例进行介绍。

1. 豆乳粉生产步骤

(1)原料处理。应采用新鲜大豆，通过筛选，选取籽粒饱满、粒大圆正者，剔除有霉变、虫害的次品，用剥皮机把大豆的表皮剥去。

(2)蒸煮。在每100 kg大豆原料中加入200 kg水，0.2 kg柠檬酸及0.3 kg磷酸，使用蒸汽加压蒸煮，温度保持115 ℃，时间为15 min左右。此工艺在大豆剥皮后，不用水浸渍，可以防止水溶性蛋白质的流失，也可以防止在浸泡过程中，脂肪氧化酶所引起的大豆脂肪分解。添加柠檬酸可以防止蒸煮大豆时蛋白质发生不溶化的现象，磷酸可以防止可溶性蛋白质的流失。

(3)冲洗。放出蒸煮水后，即用70 ℃的热水进行冲洗，可以去除腥味物质。在加压蒸煮时，通常要进行两次蒸煮和冲洗操作，即第一次冲洗完毕后，立刻加入少量70 ℃的热水继续加压蒸煮，15 min后停止加热，再用70 ℃的热水进行冲洗。

(4)冷却和粉碎。经两次蒸煮，冲洗后的大豆基本上消除了豆腥味，为了进一步去掉大豆中残存的豆腥味，可以把冲洗后的大豆冷却至40 ℃左右，加入0.5 kg乳酸菌和0.1 kg蛋白质分解酶与蛋白质合成酶制剂。乳酸菌使产品带有乳香，蛋白质分解酶能使大豆蛋白分解生成的氨基酸带有香味，同时能清除产品中的苦味。经上述处理后的大豆用粉碎机粉碎成浆状，豆水比为1：5，豆浆浓度应在10%以上，pH以7.2为宜，并在40 ℃下保持2 h。

(5)配料。把2 kg山梨糖酯、0.7 kg蔗糖酯、0.1 kg偏磷酸钠溶解于130 kg、70 ℃的热水中搅拌均匀，然后将其与粉碎后的豆浆混合。

(6)均质。混合料搅拌均匀后即可用均质机进行均质。均质压力为35～40 MPa，由于混合料中添加了山梨糖酯、蔗糖酯等乳化剂，使豆乳在均质后得以充分乳化，而偏磷酸钠的加入可进一步提高豆乳粉的溶解分散性。

(7)杀菌。均质后的浆料经蒸汽加热至84～88 ℃，保温30 s进行杀菌。

(8)浓缩。一般采用双效真空浓缩设备，一效蒸发温度68～75 ℃，二效蒸发温度45～55 ℃，使用加热蒸汽压力0.4～0.5 MPa。最终浆料浓度为35%～40%，其温度为45～55 ℃。

(9)干燥。经浓缩后的豆乳浆用喷雾干燥法制成粉末状成品。用这种方法制成的豆乳粉无豆腥味，可溶性蛋白质无损失，加水溶解后，分散性良好，富有乳香味。

2. 杏仁粉生产步骤

(1)原料选择。原料经分拣后，剔除霉变、虫蛀及其他异物。

(2)热烫去皮、脱苦。将挑选好的苦杏仁放入沸水中煮1～2 min，用冷水冷却后去皮，然后用温水浸泡的方法脱苦去毒，水温控制在50～60 ℃，用量为原料量的3倍左右，每天换水1～2次，杏仁浸泡7天左右，浸泡后的水要统一收集处理。

(3)预煮。在70～80 ℃的热水中预煮10～15 min，使组织软化，以便于磨浆，提高蛋白质的回收率。

(4)磨浆、过滤。预煮后添加3～5倍的水送入砂轮磨中进行粗磨，再送胶体磨中精磨，精磨时添加0.1%的焦磷酸盐和亚硫酸的混合液，以防变色。磨浆时间为5～10 min，待磨至均匀乳状液时送入离心机中，离心过滤。

(5)调配。在过滤后的乳状液中加入适量的白砂糖、柠檬酸等进行调配，并搅拌均匀。

(6)均质。用高压均质机进行均质处理，均质压力为18～20 MPa。

(7)成品制备。将均质好的杏仁浆液送入真空浓缩锅中，在82.7～93.3 MPa下浓缩，然后喷雾干燥，即得成品杏仁粉。

四、产品质量标准

(一)感官指标

(1)色泽。基本均匀一致，带有光泽。可可型呈棕红色到棕褐色；强化型呈乳白色到乳黄色。

(2)组织状态。颗粒疏松，多孔状，无结块。

(3)冲调性。溶解较快，呈均匀乳浊液，无上浮物。可可型可允许有少量可可粉沉淀。

(4)滋味气味。可可型具有牛乳、麦精、可可等复合的滋味气味；强化型应具有牛乳、麦精和维生素添加物的滋味。甜度适中，无其他异味。

(二)理化指标

蛋白固体饮料的理化指标见表8-3。

表8-3 蛋白固体饮料理化指标

项目		指标	项目	指标
水分		≤2.5%	脂肪	≥9%
溶解度	可可型	≥90%	总糖	65%～70%
	强化型	≥95%	灰分	≤2.5%

续表 8-3

项目		指标	项目		指标
比体积	真空法	≥195 cm^3/100 g	强化剂	维生素 A	>1 500 IU/100 g
	喷雾法	≥160 cm^3/100 g		维生素 B_1	>1.5 mg/100 g
蛋白质	可可型	≥8%		维生素 D	>500 IU/100 g
	强化型	≥7%			

(三)微生物指标

细菌总数<20 000 个/g,大肠菌群<40 个/100 g,致病菌不得检出。

五、操作实施

①学生分成 3~5 人一组,各小组在老师指导下,通过网络教学资源等多渠道查询蛋白固体饮料生产技术的资料。

②各组根据汇总的相关资料,师生共同讨论、分析,用集体智慧完成蛋白固体饮料生产技术方案,制作汇报提纲并选一名代表进行学习汇报交流,并对该方案进行修订。

③学生按照修订后的蛋白固体饮料生产技术方案,按规范要求,独立完成蛋白固体饮料生产任务,最终填写任务考核单,教师在操作实施过程中巡回指导。

任务考核单——蛋白固体饮料的生产

班级：　　　　姓名：　　　　学号：

项目	实施内容	分值	考核记录(以"√"表示)	备注	得分
准备工作(15 分)	清洁卫生	5	能发现并解决卫生问题		
	准备并检查工器具	6	准备本次操作实施所需所有仪器和容器		
			仪器和容器的清洗和控干		
			检查设备运行是否正常		
	原料的选择	4	按照产品类型选择合适的原料		
操作实施(60 分)	原料处理	10	进行原料处理		
	配方设计	20	设计产品配方		
	具体操作	20	针对产品进行具体的操作		
	灌装	5	灌装方式选择		
		5	灌装工序		
产品评定(15 分)	感官要求	5	应具有反映该类产品特点的感官、滋味,不得有异味、异臭和外来杂物		
	理化要求	5	符合相应的理化指标		
	微生物要求	5	符合相应的微生物指标		
文明操作与团队意识(10 分)	文明操作	5	清理用物,整理实训室		
	团队意识	5	有团队意识,能相互良好合作		

④学生对完成工作任务的表现进行自评和互评,各小组进行总结、考核及评估,教师做出最后评价,填写教学反馈表。

【知识拓展】

一、蛋白固体饮料生产用设备

蛋白固体饮料的生产，多采用浆料真空干燥工艺。主要设备如下：

1. 化糖锅

用以熔化各种糖料，如砂糖、葡萄糖、麦精等。化糖锅有夹层，夹层通入蒸汽后可加热。内壁为不锈钢，有搅拌桨叶，便于搅匀各种糖料，加速熔化。该锅夹层接通蒸汽进出管，锅底有出料管通往混合锅。

2. 配浆锅

用以调配炼乳、乳粉、蛋粉、可可粉、奶油等乳浆，配浆锅与化糖锅的结构与材质基本相同。

3. 混合锅

用以混合糖液和乳浆，其结构与材质与化糖锅相同。最后由出料管通往乳化机。

4. 乳化设备

可以采用超声波乳化机，但一般多采用均质机和胶体磨。最后由管道通往浓缩锅。

5. 浓缩锅

浓缩锅用以消除浆料在乳化过程中带进的空气，并调整浆料烘烤前的水分。除浓缩锅体外还须配置平衡桶、高位冷却塔和真空泵等，以达到真空排气的目的。

6. 干燥箱

干燥箱用以烘干浆料，使产品水分控制在标准以内。干燥箱为密封体，有活动密封门，箱内有排管或空心薄板，供通入蒸汽以加热浆料，也可以通入冷水进行干料冷却。

7. 轧碎机

在干燥过程中，干燥箱内可能会产生若干整块多孔干料，故应用轧碎机将之轧碎。该机为一不锈钢圆形筒，内置筛网套筒和可以转动的轧片，将干燥块料轧碎后从筛孔挤压而出。

8. 包装机

固体饮料包装应根据不同包装材料如塑料袋、玻璃瓶、铁听等而采用不同的封装设备。一般是采用电热压封机以封闭预先制好的袋子。现在还采用自动称量、自动制袋和自动封口的塑料封袋机。

二、蛋白固体饮料常见质量问题及解决办法

1. 常见问题

冲调时粘棒，出现褐色、白色颗粒，分层，蜂窝变差。

2. 原因

麦芽糖过多，焦煳，料浆搅拌、均质不够，投料顺序不合理等。

3. 解决办法

配方，温度，搅拌均质，投料顺序。

三、几种常见的蛋白固体饮料配方

1. 可可麦乳精

全脂奶粉 4.8%，甜炼乳 42.9%，奶油 2.1%，蛋黄粉 0.7%，可可粉 7.5%，麦精 18.9%，

蔗糖 20.1%,葡萄糖 2.7%,碳酸氢钠 0.2%。

2. 强化麦乳精

脱脂奶粉 12.5%,蔗糖 29%,甜炼乳 21.5%,葡萄糖 3%,麦精 25.5%,可可粉 7.64%,全蛋粉 0.66%,柠檬酸 0.006%,碳酸氢钠 0.2%,维生素 A 2 500 IU,维生素 D 220 IU。

任务 3　速溶茶生产技术

【任务设计】

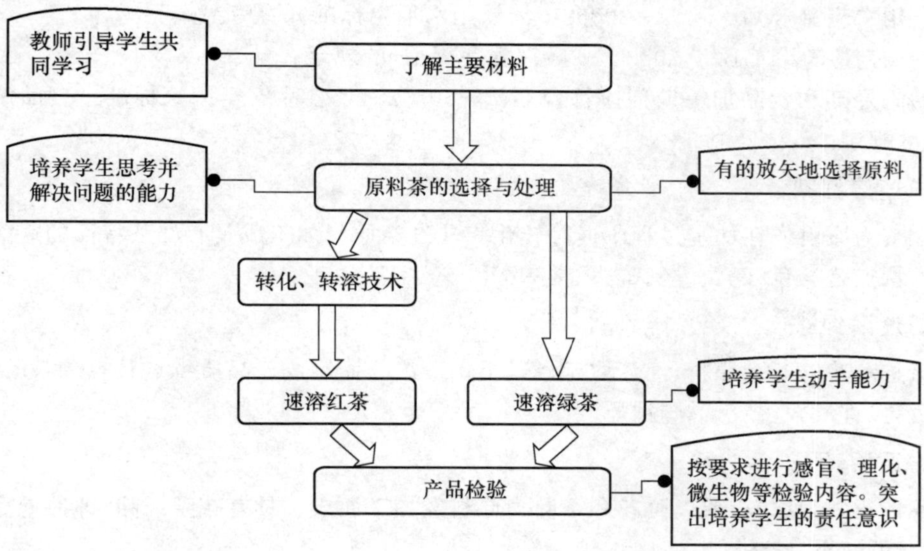

【任务实施】

速溶茶是以成品茶、半成品茶、茶叶副产品或鲜叶为原料,通过提取、过滤、浓缩、干燥等工艺过程,加工成的一种易溶于水而无茶渣的颗粒状或粉末状的新型饮料,具有冲饮携带方便、不含农药残留等优点。当前速溶茶的种类主要有速溶红茶、速溶绿茶、速溶花茶等,以速溶红茶居多。各种速溶茶就其溶解性而言,有冷溶茶和热溶茶两种类型。国际市场上速溶茶的价格约为干茶的 10 倍。并且越是发达国家,消费量越大,如美国速溶茶消费量约占茶叶消费量的 1/3,每年大约 3 万 t。我国速溶茶的研制工作是从 20 世纪 70 年代开始在上海、长沙、杭州等地进行,至今已初具规模。

速溶茶之所以能够很快发展,这与它本身固有的特点是分不开的。速溶茶是茶叶深加工产物,原料来源广泛,不受产地限制,既可直接取材于中低档成品红、绿茶,又可用鲜叶或半成品为原料,有利于产茶国或非产茶国生产;速溶茶成品既可直接饮用,又可与水果汁、糖等辅料调配饮用,从而能满足不同消费者的需要;速溶茶是一种比较纯净的饮品,速溶茶生产容易实现机械化、自动化和连续化;速溶茶体积较小,包装牢固,分量轻,运费少,饮用方便,既可冷饮又可热饮,又无去渣烦恼,符合现代生活快节奏的需要。

本任务依据 GB/T 31740.1—2015《茶制品　第 1 部分:固态速溶茶》进行生产。

一、主要材料

速溶茶大部分是用成品茶和茶叶副产品为原料,也有用鲜叶、半制品和经处理后的干制品做原料,但无论哪种原料,在加工前都必须进行原料的预处理。目前,速溶茶的产品种类主要有:速溶红茶、速溶绿茶、速溶花茶和调味速溶茶等。

不论是哪种速溶茶,均应符合以下要求:

茶叶原料(含茶鲜叶)应品质正常,无异味,无霉变,不着色,不含非茶类物质,卫生指标应符合 GB 2762—2017《食品安全国家标准　食品中污染物限量》、GB 2763—2019《食品安全国家标准　食品中农药最大残留限量》的规定。

生产用水应符合 GB 5749—2006《生活饮用水卫生标准》的规定。

麦芽糊精应符合 GB/T 20884—2007《麦芽糊精》的规定。

食品添加剂和食品加工助剂应符合 GB 2760—2014《食品安全国家标准　食品添加剂使用标准》的规定。

(一)速溶红茶

以红茶为原料或在加工过程中通过转化将非红茶原料加工成具有红茶特征的速溶茶。速溶红茶的特点是汤色红亮、香气鲜爽、滋味醇厚。

(二)速溶绿茶

以绿茶和茶鲜叶为原料,经萃取、浓缩、干燥等工艺而制成。品质特点具有绿茶风味,即汤色黄而明亮、香气较鲜爽、滋味浓厚。

(三)速溶花茶

以各种花茶为原料,或以鲜花和茶叶为原料经加工而成。具有花茶风味,即冲泡后汤色明亮,有明显的花香,味浓。

(四)调味速溶茶

调味速溶茶又称“冰茶”,它是在速溶茶基础上发展起来的配制茶。起初多用来做夏季清凉饮料,加冰冲饮,故称冰茶。冰茶除速溶茶部分外,还要加糖、香料或果汁等,其风味可根据需要调制。

二、工艺流程

原料选择→预处理→抽提→净化→浓缩→干燥→包装

三、操作步骤

(一)原料选择与预处理

1. 原料茶的选择

速溶茶的原料可用鲜叶、半成品茶或成品茶。在非产茶国,如美国、英国等只能是进口散装成品茶,以此为原料进行生产。在茶叶生产国也可用鲜叶或半成品茶做原料来生产速溶茶。这样比非产茶国用成品茶加工速溶茶的加工过程更为合理。因为干燥费用减少,运费亦可以减少。

在速溶茶生产中原料的选择是至关重要的，这不仅对品质有重要的影响，而且亦与其经济效益密切相关。将不同特点的地区茶、季节茶或不同级别的茶进行适当混配，可较好地解决品质与效益之间的关系。如制造速溶红茶，配搭10%～15%的绿茶，可以明显改进汤色，并提高产品的鲜爽度；如选取用茶叶的副产品或中、低档茶叶做原料，常用原料中有效成分较低和各成分协调性差，使其品质粗涩、香气差；为使品质提高，并有可观的经济效益，可在茶叶副产品或低档茶中加入20%～30%的中、上档茶；又如在绿茶中加入30%左右红茶，成品则有乌龙茶风味；如选用鲜叶或绿茶加工成红茶速溶茶则需转化。

2. 原料茶预处理

为了保持茶叶原有的香气，可在提取之前将茶叶先用液态二氧化碳进行气提，使茶叶香气物质溶入液态二氧化碳中，防止茶叶香气物质氧化，然后将含有香精油的二氧化碳通入浓缩液中进行喷雾干燥，以提高速溶茶的香气。

成品茶和干制品要轧碎，通过40～60目筛，鲜叶要经过萎凋和杀青后再用切碎机切碎，如果是萎凋叶，切碎后还必须进行一定程度的发酵，促进多酚类物质地氧化。

用鲜叶和鲜叶干制品提取的提取液，必须通过酶的转化和化学转化，才能形成红茶。引起转化的酶主要有多酚氧化酶、过氧化氢酶、过氧化物酶，这些酶与未发酵茶的混合液，在30 ℃条件下保温1.5～2.0 h，就能完成转化作用。而化学转化是用氧化剂(高锰酸钾、过氧化氢、氧气等)加入提取液中促使其转化，但化学转化后的提取液酸度下降，必须用碱液调整到原液的酸度。

(二)提取

速溶茶加工中提取工序至关重要。速溶茶风味好坏与所提取的成分关系密切。有些成分易于提取，如香气成分和鲜味成分，另一些成分则较难提取。通常茶叶可溶物总量控制在30%左右，过量提取会使一些不可口地植物性提取物溶解出来，形成速溶茶的粗青味和涩味。所以提取操作应用得当，不仅可获得较高的提取率，还可得到良好的品质。影响提取工艺的主要因素有提取方法、茶水比、提取次数和时间等。

1. 提取方法

有沸水冲泡提取和连续抽提两种。沸水冲泡提取的茶水比为1∶(12～20)，连续抽提的茶水比为1∶9。沸水冲泡提取的浓度为1%～5%，连续抽提的提取液浓度可达到15%～20%。

2. 提取时茶水比

实践证明，提取时茶水比越大，提取率越高。但浸提用水太多，会导致提取液浓度的降低，给浓缩工序带来负担，能耗亦大。与此同时，在长时间的浓缩过程中，茶叶中的有关成分在水热条件下会发生变化，大量的芳香物质将随水分的蒸发被带走，造成浓缩液失去茶香，相伴产生不新鲜的熟汤味，降低了成品品质。为此，提取时的茶水比在1∶(6～12)较好。

3. 提取次数

如果用1∶8的茶水比，分2次提取，第1次提取15 min，第2次为10 min，则基本提取完全。原料老嫩不同，提取率不同，导致所需提取次数也不同。其规律是随原料嫩度下降，提取量相应提高。一般低档茶提取1次即可。

4. 提取时间

一般提取时间与浸出量关系不明显。用碎茶叶为原料。茶水比为1∶12、浸提10 min的浸出量为 68.17%，浸提 40 min 的浸出量为 69.94%。由此可见，提取时间在达到一定的要求之后，影响就不大了。相反，茶叶长时间处在水热焖蒸状态下会造成提取液色泽泛黄、香味焖熟，成品品质不好。所以，提取时间以 10～15 min 为宜。

(三)净化与浓缩

所谓净化就是除杂、除尘过程。在抽提液中常有少量茶叶碎片悬浮物，抽提液经冷却后又常有少量冷不溶性物质，为了保证在用冷水或硬水冲泡时也有明亮的汤色和鲜爽度，必须在浓缩前将提取液进行净化，去掉杂质。

净化方法主要有两种：一种是采用物理方法，如离心、过滤等；另一种是化学方法，这主要是针对冷不溶性物质的沉淀部分经适当的化学处理，促使这部分物质转溶。

经过净化后的提取液一般浓度较低，必须加以浓缩以提高固形物浓度，使其增加到 20%～48%，既可提高干燥效率，也可获得低密度的颗粒速溶茶。浓缩的方法有真空浓缩、冷冻浓缩和膜浓缩 3 种。由于茶叶中的可溶物质在高温下长期受热时，易受到破坏、变性、氧化等，所以茶可溶物在浓缩时，要充分考虑温时效应，从茶叶的安全性看，要求“低温短时”。目前，在速溶茶生产上使用最多的是真空浓缩和膜浓缩方法，膜浓缩特点是不加热，不存在相变过程，是一种对茶叶品质有利的浓缩方法。

(四)香气回收与调香

茶叶香气的形成主要有两大方面：一是茶树体在一定的环境条件下自身的合成；二是茶叶在加工过程中，受湿热作用转化而成。由于茶树品种不同、区域环境不同、加工工艺不同，每类茶均有自己的特色，其香气成分组成及含量各不相同。

在速溶茶的加工过程中，如用成品茶为原料，在多次受热作用后，一部分香气挥发损失，一部分香气物质转化改性。如用鲜叶或半成品茶为原料加工成速溶茶，亦由于加工方式的不同造成香气成分与传统加工的成品茶大不相同。所以，速溶茶的加工，除在加工工艺技术上避免香气损失外，往往还需香气回收和调香。

1. 香气回收

香气回收的方法较多，如采用汽提、液态 CO_2 抽提等。

2. 调香

①以茶香来调香。如在原料选配时，额外加入一些高香茶，在加工工艺中增加香气回收工序，用回收的茶香来调节。

②以花果香来调香。一般用有机溶剂先将花果中香气成分抽提出来，然后将有机试剂除去得芳香油，将此芳香油喷到粉状茶抽提物即可；也可将花果连同茶叶原料一道加工。

(五)干燥

干燥工序不仅对制品的内质有影响，而且对制品的外形及速溶性等也有重要影响。目前常用的干燥方法有喷雾干燥和冷冻干燥，两种干燥方法各有其特点。

1. 喷雾干燥

喷雾干燥操作简单，效率高，制品的体积质量小，外形呈颗粒状，流动性能好，溶解性好，且成本较低，是速溶茶干燥的常用方法。但其产品是在高温条件下雾化干燥，故芳香物质损失大。

2. 冷冻干燥

冷冻干燥的产品，由于干燥过程是在低温状态下进行，茶叶的香气损失少，很好地保持了原茶的香味，但干燥时间长，能耗大，成本高，且速溶性也不好。两种干燥方法的成本相差很大，冷冻干燥是喷雾干燥的6～7倍，因此，喷雾干燥至今仍然是国内外速溶茶加工的主要方法。

总之，无论采用哪种方法干燥，速溶茶成品都应尽可能不破坏茶叶的固有品质，具有较低的松密度，都应该使100 mL的速溶茶的质量控制在15 g左右，粒径控制在0.2～0.5 μm，以满足商业上的一般要求。

（六）包装

速溶茶是种疏松的小颗粒，因此它对异味尤为敏感，更易吸潮，即使轻度吸湿也会结块变质，损失香气，汤色变深，严重吸潮时会变成似沥青状，不能饮用。因此，包装速溶茶的环境必须注意控制温度、湿度，一般温度应小于20 ℃，相对湿度低于60%。包装方式宜用轻便包装材料，常用的为轻量瓶、铝箔塑料袋等。

四、产品质量标准

可分为感官指标、理化指标和微生物指标。其中涉及的热溶型和冷溶型种类指的是：

热溶型固态速溶茶：在(85±5) ℃纯净水中能溶解，经搅拌无肉眼可见悬浮物、沉淀物的固态速溶茶。

冷溶型固态速溶茶：在(25±1) ℃纯净水中能溶解，经搅拌无肉眼可见悬浮物，沉淀物的固态速溶茶。

（一）感官指标

1. 外形

杂质：无杂物；

形态：粉末或颗粒；

色泽：褐红色。

2. 内质

热溶型：汤色褐红明亮，香气高甜，滋味浓爽。

冷溶型：汤色棕红明亮，香气醇和，滋味鲜爽。

（二）理化指标

速溶茶理化指标见表8-4。

（三）微生物指标菌落

总数≤10 000 CFU/g，大肠菌群≤3 MPN/g，酵母菌及霉菌≤100 CFU/g，致病菌不得检出。

表 8-4 速溶茶理化指标

项目		指标	
		固态速溶绿茶	固态速溶红茶
茶多酚(质量分数)/%		≥20	≥15
儿茶素类(质量分数)/%		≥10	—
茶黄素(质量分数)/%	热溶型	—	≥0.3
	冷溶型	—	—
咖啡碱(质量分数)/%		≤15	
水分(质量分数)/%		≤6.0	
总灰分(质量分数)/%	热溶型	≤15	≤20
	冷溶型	≤20	≤35

五、操作实施

①学生分成3～5人一组,各小组在老师指导下,通过网络教学资源等多渠道查询速溶茶生产技术的资料。

②各组根据汇总的相关资料,师生共同讨论、分析,用集体智慧完成速溶茶生产技术方案,制作汇报提纲并选一名代表进行学习汇报交流,并对该方案进行修订。

③学生按照修订后的速溶茶生产技术方案,按规范要求,独立完成速溶茶生产任务,最终填写任务考核单,教师在操作实施过程中巡回指导。

④学生对完成工作任务的表现进行自评和互评,各小组进行总结、考核及评估,教师做出最后评价,填写教学反馈表。

任务考核单——速溶茶的生产

班级: 姓名: 学号:

项目	实施内容	分值	考核记录(以"√"表示)	备注	得分
准备工作(15分)	清洁卫生	5	能发现并解决卫生问题		
	准备并检查工器具	6	准备本次操作实施所需所有仪器和容器		
			仪器和容器的清洗和控干		
			检查设备运行是否正常		
	原料的选择	4	按照产品类型选择合适的原料		
操作实施(60分)	原料处理	10	进行原料处理		
	配方设计	20	设计产品配方		
	具体操作	20	针对产品进行具体的操作		
	灌装	5	灌装方式选择		
		5	灌装工序		
产品评定(15分)	感官要求	5	应具有反映该类产品特点的感官、滋味,不得有异味、异臭和外来杂物		
	理化要求	5	符合相应的理化指标		
	微生物要求	5	符合相应的微生物指标		

续表

项目	实施内容	分值	考核记录(以"√"表示)	备注	得分
文明操作与团队意识(10分)	文明操作	5	清理用物,整理实训室		
	团队意识	5	有团队意识,能相互良好合作		

【知识拓展】

一、调味速溶茶

调味速溶茶又称混合速溶茶或冰茶。它是以速溶茶为原料,加入适当其他可溶性成分加工而成的。最初,人们在夏季饮用速溶茶时加冰作为清凉饮料,由此取名冰茶。以后,随着人们的爱好的不同,添加物也各不相同,果汁、香料、糖、奶等多数不加冰,因此称作调味速溶茶更为贴切。

调味速溶茶的加工可归纳为简易法、直接法和拼配法3种。

(一)简易法

简易法是按制定的配方比例,取用浓缩后的抽提液,与糖、食用酸、香精及其他添加剂经拌匀压成颗粒烘干即可。按此类方法生产调味速溶茶可无须喷雾干燥等设备,操作简单。

(二)直接法

直接法完全按照生产速溶茶的方法来制造调味速溶茶称为直接法,只需在速溶茶生产过程中,浓缩后喷雾干燥前,按比例加入其他配料,然后喷雾干燥而成即可。如果添加的不是可溶性物质,而是某种中草药或其他待提取的原料,也可与茶叶按一定比例拼配直接在提取时加入,按速溶茶工艺加工即可。

(三)拼配法

拼配法是直接取速溶茶粉与其他配料按比例混合包装而成。这是当前许多国家生产调味速溶茶的主要方法。拼配法生产工艺简单,投资费用少,成品风味改型快,因此是许多小型厂家首选的方法。

二、红茶转化技术

用鲜叶、半成品或成品绿茶为原料加工成速溶红茶需要在抽提液中完成发酵过程。在传统茶加工时,发酵过程靠茶树鲜叶中自身的氧化酶来催化各类物质变化,而在速溶茶生产时,既可利用茶树鲜叶中酶,也可利用其他植物来源、微生物来源的酶,甚至可以用通氧、加热、加压等方法来完成发酵过程。由于与传统发酵的不同,这里称转化。

不论是传统红茶的发酵,还是速溶茶制造过程的转化,其成分的变化是十分复杂的。其基本原理是:多酚类物质被氧化成醌类物质,醌类物质一方面聚合形成茶黄素、茶红素和茶褐素,另一方面亦带动其他成分变化,从而形成了具有红茶风味的物质。这里介绍由绿茶抽提液转化成具有红茶特征的速溶茶的若干方法。

(一)利用茶鲜叶的酶来转化

1. 鲜叶酶液体的制备

鲜叶酶液体制备时,一要注意选择那些多酚氧化酶活性较强的茶树品种和部位;二要注意在低温下制备。在磨碎鲜叶时加入敲碎或磨碎的干冰是制备鲜叶酶液体的一种较好办法。

2. 酶转化技术要点

加酶量与反应温度对转化作用的速度有明显的影响。反应温度控制在26~37 ℃,鲜叶酶液体的加入量为待转化抽提液总量的7%左右。这样制得的速溶红茶就具有用商品红茶为原料所制得的速溶茶相似品质。

举例如下:采摘第一轮新梢,用6.9~18.7 kPa蒸汽杀青处理5 min,揉捻并干燥制成绿茶(即春茶)。然后用沸水浸提的办法制成可溶性浓度为2.6%的绿茶抽提液。也可直接用成品绿茶制成同浓度的抽提液。将这种抽提液冷却至37.8 ℃,按每100 mL加入7.0 g左右的第二轮茶鲜叶酶制备液,然后保温,并通气4 h后加热混合至75 ℃左右,以杀死酶活性。用此方法转化后所制成的速溶红茶,与用相近标准红茶制成的速溶茶有相似的品质,在香气和滋味方面还较好于后者。

(二)利用微生物或其他植物的酶转化

在非产茶国要想用绿茶加工成速溶红茶,可利用微生物或其他植物的酶转化。例如:在速溶红茶抽提生产时,添加3%纤维素酶、0.1%果胶酶、0.5%蛋白酶,不仅其提取率大大增加,而且改善了提取液的香气、汤色与清澈度。

(三)利用物理或化学的方法转化

速溶红茶制造过程中,除用酶催化茶内可溶物的转化外,加热、加压、通氧、改变pH等物理及化学的方法也能达到同样目的。例如:绿茶的水抽提物在有足够氧气的条件下加热到50 ℃,然后施加689.41 kPa以上的压力,绿茶的抽提液就会转化成红茶抽提液。

三、红茶转溶技术

(一)转溶概念

红茶的提取液温度接近100 ℃时,咖啡碱与茶黄素、茶红素和茶褐素均呈游离状态,但随着温度的下降,它们之间就通过氢键的络合作用而形成络合物。随着络合度的不断加大,络合物的粒径也增大,当粒径加大到10^{-7}~10^{-5}cm时,茶汤由清转浑,表现出胶体特性;如粒径继续增大便出现絮凝。一般把这种乳状物称为茶乳酪,茶汤冷后由清变浑的现象称为“冷后浑”现象。

“冷后浑”现象对热溶型速溶红茶来说一般不会出现,但对于冷溶型速溶红茶来讲,如不转溶处理就会很快出现,从而影响产品外观。

(二)转溶方法

1. 浓度抑制法

浓度抑制法是除去部分茶乳酪或咖啡碱或茶多酚及氧化物,从而减少“冷后浑”的出现。

(1)加酶转溶。可采取添加单宁酶或木瓜蛋白酶的方式进行转溶。单宁酶能切断儿茶素上没食子酸的酯键,释放出没食子酸。游离的没食子酸又能同茶黄素、茶红素等物质竞争咖啡碱，形成相对分子质量较小的水溶物；木瓜蛋白酶能与茶多酚形成沉淀而除去部分茶多酚，在工业化生产中，一般先用蛋白质或明胶除去后，再加少量木瓜蛋白酶转溶。

(2)除多酚防沉。利用茶多酚能与聚酰胺、聚乙烯吡咯烷酮形成沉淀而除去部分茶多酚，可起到抑制茶乳酪的形成。这些物质可在浸提茶叶时加入，也可在茶叶抽提后或浓缩后加入。加入方法既可直接加入搅拌静止后过滤，也可将过滤液过它们的填充柱。

(3)除咖啡碱防沉。咖啡碱是形成茶乳酪的主要成分，速溶茶中咖啡碱含量在8%左右，如果除去一部分咖啡碱可明显改善速溶茶冷溶特性。据相关资料表明，除去约1/3的咖啡碱，速溶茶既能有较好冷溶特性，又不会影响其品质风味。

(4)降温除沉。茶乳酪在低温下易形成，那么在加工成成品前，先行用低温处理除去部分茶乳酪，再加工成产品，就具有冷溶性能了。一般在低于20 ℃条件下冷却，离心除去约20%茶乳酪，就可达到较好的冷溶性能，但滋味要变淡些。

2. 碱转溶法

由于苛性碱解离的羟基带有明显的极性，能打断分子间的氢键联系，切断茶乳酪大分子，并且与茶多酚及其氧化物竞争咖啡碱，从而减少了茶乳酪的絮凝。另外，碱还使本来以弱酸性存在的茶红素等物质改变成弱酸盐存在，提高了它们的溶解度，从而达到了转溶的目的。

由于碱转溶会使茶汤颜色变深，茶味变涩。因此，伴随着碱转溶要通入适量的氧气，并加入酸(如醋酸、磷酸)作为中和剂。生产上为减少碱转溶的副作用，同时为提高产品得率，常首先将提取液冷却、离心除去部分茶乳酪后再进行碱转溶。

举例如下：将100份红茶用700份90 ℃水抽提，过滤，然后浓缩至9.6°Bé，加入β-环糊精形成混合物，边喷雾干燥边加入2.0% NH_4HCO_3。这样制得的速溶茶不仅颗粒大，溶解性也高。

任务4　速溶咖啡生产技术

【任务设计】

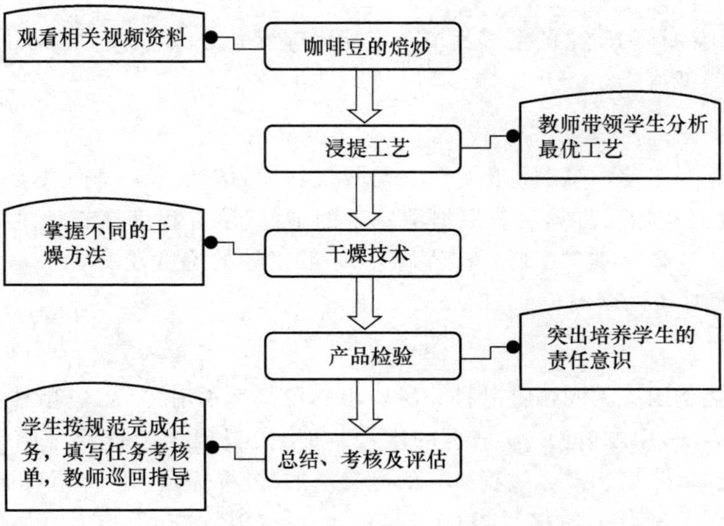

【任务实施】

以咖啡豆为主要原料，经焙烤、粉碎后用水萃取可溶物，再经蒸发和干燥而得到的纯咖啡固体饮料为速溶咖啡。1909 年，速溶咖啡首先在美国商品化，它具有携带方便的优势，因而有很大的市场。同时，造粒技术的进步促进了速溶咖啡的快速发展，20 世纪 50 年代，用喷雾干燥法生产的空心颗粒状速溶咖啡取代了真空滚筒干燥法生产的粉末状咖啡。随后又开发了冷冻干燥法速溶咖啡。冻干产品热变性小，感官质量高，并有焙炒磨浆咖啡的大颗粒状，但成本较高。目前，速溶咖啡的生产工艺主要有喷雾干燥、凝聚和冷冻干燥 3 种。

本任务主要依据 SN/T 1391—2016《进出口速溶咖啡检验规程》和 DBS 53/021—2014《食品安全地方标准　速溶咖啡》实施。

一、主要材料

生咖啡豆、生产加工用水及其他原辅料。

二、工艺流程

速溶咖啡的生产工艺主要有喷雾干燥、凝聚和冷冻干燥 3 种。采用瞬时高温雾化干燥法干燥而制取的粉末状速溶咖啡为喷雾干燥速溶咖啡；用喷雾干燥速溶咖啡再通过凝聚造粒工艺而制取的颗粒状速溶咖啡为凝聚速溶咖啡；在低温下冻结咖啡萃取物，再经低温升华干燥而制取的块（粒）状速溶咖啡为冷冻干燥速溶咖啡。

速溶咖啡的生产从咖啡豆的选择到原料配合比例、干燥温度和芳香保持，各国均有独自制造技术，由咖啡豆生产速溶咖啡的生产工艺流程如下：

咖啡豆→配料→焙炒→磨碎→浸提→分类→干燥→检验→包装

三、操作步骤

（一）配料

配料是将不同品种和质量的咖啡豆按一定配比进行混合，以在焙炒时获得较佳香味，同时稳定产品质量和降低成本。

（二）焙炒

焙炒的目的是为了使咖啡散发出香气。焙炒应适度，焙炒不够，香气不足，并且带生臭，不易磨碎，焙炒过度因炭化而有异臭。根据消费者的嗜好，焙炒程度在较适度的程度下也分轻炒、中炒、深炒。而优质咖啡焦度低，香气浓郁。一般焙炒的温度在 200～250 ℃，焙炒时间为 15 min 左右，重度时间可以再长 1～2 min。

（三）浸提

咖啡与水的比例因为不同咖啡品种和所要求的浸提率而有差异，但咖啡浸提时的加水量不要太多。实践表明，用咖啡豆 10 倍量的水浸提时，浸提出的固形物可比 1 倍量的水增加 10%，而且加水量多，浓缩和干燥过程所需的能量增加，成本提高，是不经济的。因此浸提时料水比一般为 1∶(3.5～5.0)，浸提时间 60～90 min，浸提温度 90 ℃以上。生产速溶咖啡时的咖啡浸提需要在压力和高温下进行，咖啡浸提液浓度一般 30%～32%（普通浸提时浓度仅有

10%～12%)。当咖啡浸提液的浓度达到30%时可直接进行干燥,否则需要预先浓缩,达到规定浓度后再进行干燥。

(四)干燥

干燥前先进行离心分离,去除固体颗粒。咖啡浸提液的干燥方法有热风干燥法、喷雾干燥法和真空冷冻干燥法。热风干燥温度150～180 ℃,咖啡温度60～70 ℃,最后可达150 ℃左右。在这种高温下,香气和色泽都会受到损失,喷雾干燥时的热风温度160～200 ℃。为了获得需要的视密度,可在送往离心喷雾盘以前在咖啡浸提液中溶解适量的CO_2加以调节。

为了减少咖啡香气的损失,有时也采用真空冷冻干燥,香气变化很小。将咖啡浸提液的浓缩物冻结,并在接近真空的状态下进行干燥,冰不经过水而直接升华为蒸汽,最后成为多孔质的干燥咖啡。

速溶咖啡的易溶性与其粒度关系极大。粒度过细会浮于表面,或变成疙瘩,不易溶解。粒度过大时,溶解慢,又容易变为沉渣。其良好的颗粒度为200～500 μm。冻结干燥的产品易溶,与其粒度无关。

四、产品质量标准

(一)感官要求

感官要求应符合表8-5的规定。

表8-5　速溶咖啡感官要求

项目	要求			检验方法
	喷雾干燥速溶咖啡	凝聚速溶咖啡	冷冻干燥速溶咖啡	
色泽	褐色至棕褐色,色泽均匀一致	褐色至深棕色,色泽均匀一致	黄色至棕黄色,色泽均匀一致	把样品置于洁净的白瓷盘中,置于自然光线下,目视、鼻嗅,溶解后口尝
外观形态	细小颗粒状,无杂质,无黏结现象	呈聚集状颗粒,无杂质,无黏结现象	细小不规则块状,无杂质,无黏结现象	
气味和滋味	溶解后具有纯正咖啡的芳香及苦味,无异味			

(二)理化指标

理化指标应符合表8-6的规定。

表8-6　速溶咖啡理化指标

项目	指标	检验方法
水分/(g/100 g)	≤4.5	GB 5009.3—2016《食品安全国家标准　食品中水分》的测定
灰分/(g/100 g)	≤9.0	GB 5009.4—2016《食品安全国家标准　食品中灰分》的测定
蛋白质/(g/100 g)	≥12.0	GB 5009.5—2016《食品安全国家标准　食品中蛋白质》的测定
咖啡因/(g/100 g)	≥1	GB 5009.139—2014《食品安全国家标准　饮料中咖啡因》的测定
溶解度/(g/100 g)	≥95	GB 5413.29—2010《食品安全国家标准　婴幼儿食品和乳品中溶解性》的测定

(三)污染物限量

应符合GB 2762—2017《食品安全国家标准　食品中污染物限量》中固体饮料的规定。

(四)真菌毒素限量

应符合 GB 2761—2017《食品安全国家标准　食品中真菌毒素限量》的规定。

(五)微生物限量

致病菌限量应符合 GB 29921—2013《食品安全国家标准　食品中致病菌限量》中饮料的规定。指示菌限量应符合表 8-7 的规定。

表 8-7　速溶咖啡指示菌限量

项目	采样方案[a]及限量（若非指定,均以 CFU/g 表示）				检验方法
	n	c	m	M	
菌落总数	5	2	1 000	10 000	GB 4789.2—2016《食品安全国家标准　食品微生物学检验　菌落总数测定》
大肠菌群	5	2	10	100	GB 4789.3—2016《食品安全国家标准　食品微生物学检验　大肠菌群计数》第二法
霉菌	≤20				GB 4789.15—2016《食品安全国家标准　食品微生物学检验　霉菌和酵母计数》
酵母	≤20				GB 4789.15—2016《食品安全国家标准　食品微生物学检验　霉菌和酵母计数》

注：[a]样品的分析及处理按 GB 4789.1—2016《食品安全国家标准　食品微生物学检验》总则执行。

(六)食品添加剂

食品添加剂质量应符合相应的食品安全标准和有关规定。食品添加剂的使用应符合 GB 2760—2014《食品安全国家标准　食品添加剂使用标准》的规定。

五、操作实施

①学生分成 3～5 人一组,各小组在老师指导下,通过网络教学资源等多渠道查询速溶咖啡生产技术的资料。

②各组根据汇总的相关资料,师生共同讨论、分析,用集体智慧完成速溶咖啡生产技术方案,制作汇报提纲并选一名代表进行学习汇报交流,并对该方案进行修订。

③学生按照修订后的速溶咖啡生产技术方案,按规范要求,独立完成速溶咖啡生产任务,最终填写任务考核单,教师在操作实施过程中巡回指导。

任务考核单——速溶咖啡的生产

班级：　　　　姓名：　　　　学号：

项目	实施内容	分值	考核记录(以"√"表示)	备注	得分
准备工作（15 分）	清洁卫生	5	能发现并解决卫生问题		
	准备并检查工器具	6	准备本次操作实施所需所有仪器和容器		
			仪器和容器的清洗和控干		
			检查设备运行是否正常		
	原料的选择	4	按照产品类型选择合适的原料		

续表

项目	实施内容	分值	考核记录（以“√”表示）	备注	得分
操作实施（60分）	原料处理	10	进行原料处理		
	配方设计	20	设计产品配方		
	具体操作	20	针对产品进行具体的操作		
	灌装	5	灌装方式选择		
		5	灌装工序		
产品评定（15分）	感官要求	5	应具有反映该类产品特点的感官、滋味，不得有异味、异臭和外来杂物		
	理化要求	5	符合相应的理化指标		
	微生物要求	5	符合相应的微生物指标		
文明操作与团队意识（10分）	文明操作	5	清理用物，整理实训室		
	团队意识	5	有团队意识，能相互良好合作		

④学生对完成工作任务的表现进行自评和互评，各小组进行总结、考核及评估，教师做出最后评价，填写教学反馈表。

【知识拓展】

一、速溶咖啡生产常见问题

（一）变味、变色

速溶咖啡产品出现变味主要是氧化导致的。例如，产品中的脂肪氧化使产品有一种脂肪氧化味。防止措施如下：①严格控制各项工艺参数，尤其是杀菌温度和保温时间，使得解脂酶和过氧化物酶的活性丧失；②严格控制产品的水分含量；③保证产品包装的密封性；④产品储存在阴凉、干燥的环境中。

（二）杂质度过高

产品出现杂质度过高的现象，原因可能如下：①原料净化不彻底；②生产过程中受到二次污染；③干燥室热风温度过高，导致风筒周围产生焦粉；④风箱热风调节不当，产生涡流，使乳粉局部受热过度而产生焦粉。

（三）速溶性差

产品出现速溶性差，可以采取以下措施：①将产品颗粒喷涂卵磷脂；②适当增加颗粒直径，尽量使产品颗粒直径一致。

（四）结块

包装在开封以后，很容易结块。这是由于其含水都比较低，在外界环境湿度稍高时，就会吸收水分。在某一温度下，各种食品物料与外界环境的相对湿度都有一个平衡时的水分含量。当低于该水分含量时，即发生吸湿导致结块。所以速溶咖啡饮料在从生产、包装、运输、储存时，都要注意防止其吸湿。一般包装间的相对湿度应控制在45%以下；应选用阻气性好的材料或复合材料来制作包装物；在配料中使用酸时，应选用无水柠檬酸或酒石酸。

二、速溶咖啡品牌介绍

(一)雀巢

雀巢公司于1938年发明了世界上第一杯速溶咖啡,即雀巢咖啡,并很快就在全球盛行起来。如今,在全球平均每秒就有4 000杯雀巢咖啡被享用,雀巢咖啡已成为世界领先的咖啡品牌。雀巢公司自20世纪80年代开始在中国销售雀巢咖啡产品,进入中国市场后不久,就在纯咖啡(也就是我们最早见到的那种一大瓶的)的基础上又生产了速溶咖啡,适合紧张忙碌的上班族。

(二)麦斯威尔

麦斯威尔咖啡凭优良品质和卓著品牌而畅销国内外,深受消费者欢迎。其中经典的麦斯威尔3合1原味速溶咖啡就是经过悉心调配研制,将麦斯威尔咖啡、奶末(植脂末)及糖进行搭配,麦斯威尔是韩国最受欢迎的咖啡,也是享誉世界的美味咖啡,它精选世界各地的咖啡豆,以特殊的制造工艺,烘制出咖啡的最佳风味。

(三)克莱士

克莱士咖啡于1963年诞生于德国,是世界上最早的真空包制法被开发成即溶咖啡,在欧洲等地广受好评。克莱士速溶咖啡的特征是:有着微清新的甜味、酸味及浓醇的风味。

(四)UCC

UCC咖啡是以定点精心培养、种植的咖啡豆为原料,由日本UCC上岛咖啡株式会社生产、销售的世界著名品牌咖啡。UCC咖啡口味正宗浓厚,拥有非常高的水准,在美国、夏威夷、牙买加和印度都拥有自己的咖啡豆农场,供应顶级优质的咖啡豆,所有进口的咖啡豆都经过专业鉴定才进入生产,满足了追求咖啡品质和热爱咖啡人士的需求。

(五)哥伦比亚

哥伦比亚咖啡是少数冠以国名在世界上出售的原味咖啡,在质量方面,它获得了其他咖啡无法企及的赞誉。哥伦比亚咖啡经常被描述为具有丝一般柔滑的口感,在所有的咖啡中,它的均衡度最好,口味绵软、柔滑,可以随时饮用,有时具有坚果风味而闻名的。令人称道的是高山咖啡,加入了银杏叶、人参、植物奶精等,适合全家饮用,更有增加记忆力和保持充沛精力的功效呢,值得品尝。

(六)格兰特

格兰特也是世界著名的咖啡品牌,和克莱士一样来自德国,是速溶咖啡中很不错的品牌,深受欢迎。其推出一系列的卡布其诺咖啡,味香芳醇,市面上常见其随身包包装;在喝时,只需要注入开水,就好像在意大利喝卡布奇诺一样。多采用意大利烘焙的咖啡豆,香味芳醇,由于仔细烘焙过,所以特点是对味觉的刺激极少,令人回味无穷。

(七)铭咖啡

铭咖啡系列速溶咖啡由新加坡味弛食品集团(原新加坡金味集团)监制出品,以巴西、哥伦比亚、夏威夷等各国风味的咖啡豆为原料,经特殊工艺精加工调配成速溶粉,分有糖型和无糖型两种口味,口感非常不错。其中无糖型的有巴西山多士风味、哥伦比亚美得林风味等;有糖型的主要有夏威夷可那风味等,均选用上乘的咖啡豆加工而成,口味香醇,品质不凡。

(八)捷荣

1932年,捷荣咖啡创始人黄乔先生,从当时咖啡行业中两大著名商号(捷臣、荣阳)的名字中各取一字,创立"捷荣",如今它已成为我国(中国)香港特别行政区政府最大的咖啡及茶类产品生产商,并于2005年荣获我国(中国)香港特别行政区政府颁发"捷荣咖啡品牌最具潜质奖"。捷荣速溶咖啡品种和口味非常多,主要有纯速溶咖啡和三合一速溶咖啡两种;其中,前者又分为哥伦比亚速溶咖啡、巴西速溶咖啡、印度尼西亚速溶咖啡等;后者又分为哥伦比亚三合一咖啡、炭烧三合一咖啡、漠加三合一咖啡。此外,浓香咖啡、薄荷可可咖啡、香橙可可咖啡等口味也深受好评。

任务5 其他固体饮料生产技术

【任务设计】

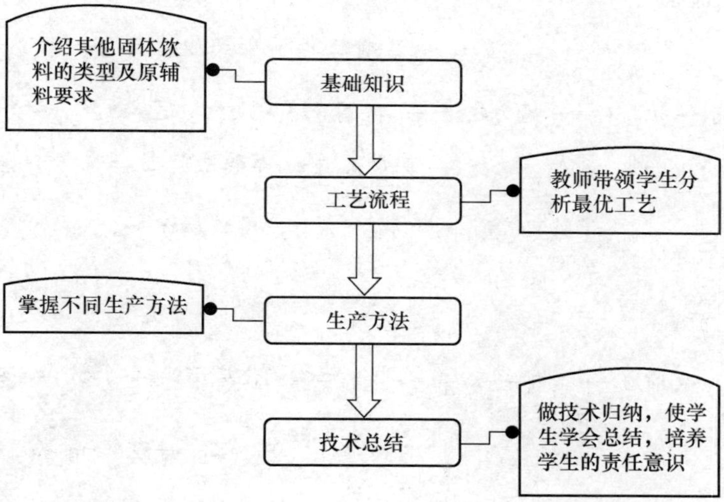

【任务实施】

除了以上介绍的固体饮料以外,其他固体饮料还有很多种。其中包括具有一定疗效的固体饮料如菊花晶、首乌晶等;具有补血效果的固体饮料如血补乐、宝宝福、果王补血晶等;在冲溶后再经冷却而成为胶凝状的固体饮料如咖喱粉、冰淇淋粉等;在冲溶后能产生气体的固体饮料如固体汽水。

一、植物固体饮料生产技术

市面上出售的首乌晶、金银花晶、花粉晶、麦冬酸梅晶等共同特点是用既可以食用,又以有一定疗效的植物性的花、果、根等作为原料,用水或其他无毒的溶液浸出其有用的成分,除去残渣,将浸液中的溶剂蒸馏回收,然后将除掉溶剂的浸液浓缩至一定浓度,最后将此浸液浓汁作为原料与糖粉混合,再经成型、烘干、包装等工序,即成为成品。

(一)生产技术要点

在研制和生产这类产品时,要注意下列几个问题:

①要选择既可以食用，又有一定特点，并且当地有丰富资源的材料作为原料。例如菊花是一种传统饮料，有独特、浓郁、稳定的芳香，有疏风、清热、明目、解毒的功能，有较多的货源。

②要选用合适的溶剂以浸提植物中的有用成分，一是要无毒无害；二是不影响产品的味道；三是要有较好的浸提效果；四是要有原料资源且价格便宜；五是容易回收。在浸提菊花时，一般都采用35%的酒精溶液，这是因为这种浓度的酒精溶液全部合乎上述条件。更理想的办法是采取 CO_2 超临界萃取法提取浸出液。

③要选择有效的浸提工艺。应从原料的粉碎度、溶媒的 pH、浸提温度、浸提时间、浸提方法等方面加以考虑。

(二)菊花晶的生产方法

1. 菊花晶配方

白砂糖 50 kg，转化糖浆 5 kg，明胶 0.15 kg，菊花浸提液 15 kg，柠檬黄适量。

2. 工艺流程

(1)萃取工艺流程

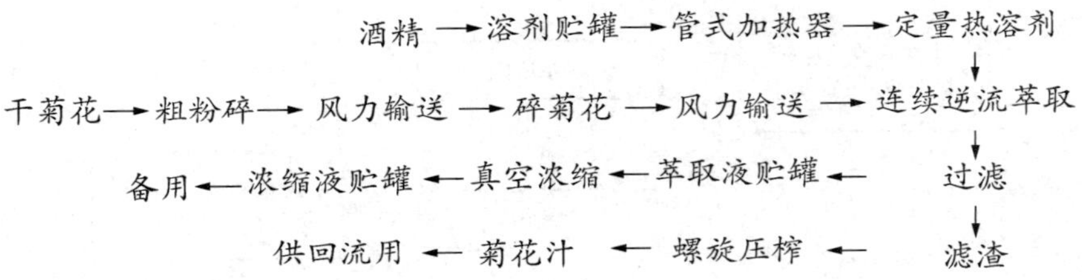

(2)造粒工艺流程

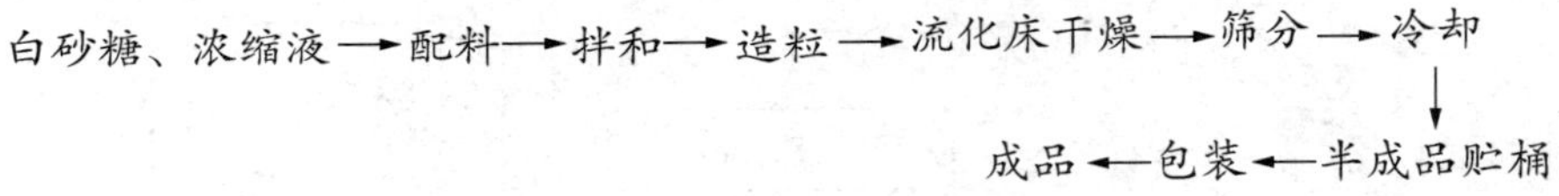

(3)工艺说明

①萃取工艺说明：先将结块菊花撕开并粗粉碎，但不可粉碎过细而影响萃取率。然后送入菊花贮仓。再经定量风力输送到连续逆流萃取机，用溶剂萃取。一般多用酒精作溶剂，也可用水作溶剂。萃取得到固形物为4%的汁液，经过滤放入贮罐，再经过真空浓缩得到固形物为40%的浓缩汁，蒸发回收的酒精返回到溶剂配料罐。滤渣经压榨后，其汁液回流到新鲜溶剂入口处。

②造粒工艺的说明：按蔗糖与浓缩萃取液为 10∶1 的比例搅拌均匀，同时加入糊精、瓜尔豆胶等辅料，控制物料的含水量为8%～12%，送入造粒机，筛网为 10 目左右。然后再经流化床沸腾干燥，筛分冷却，选出合格产品后包装。

二、特殊用途固体饮料生产技术

缺铁性贫血是世界各地常见的营养缺乏病之一，以幼儿和青少年发病率较高，防治缺铁性贫血的补血饮料的最大特点是在饮料中添加 Fe^{2+}。此外就饮料本身因素而言，适当添加维生素 C,可调节 pH,促进 Fe^{2+} 的吸收。

(一)工艺流程

猕猴桃→洗净→压榨取汁→澄清→加糖浓缩←加配料

↓

胡萝卜→洗净→压榨取汁→澄清→混合→搅拌→真空浓缩→造粒

↓

成品←包装←干燥

(二)制作方法

1. 原料选择

选择充分成熟的猕猴桃、胡萝卜,要求新鲜、无霉变,洗净后待用。

2. 猕猴桃的处理

将 100 kg 充分催熟的猕猴桃(可用少量酒精闷制便能催熟)加少量水进行打浆,迅速加热至 77～80 ℃,保持 5 min,压榨,粗纱布过滤。在果渣中加 100 kg 水,浸泡 0.5 h,不断搅拌,压榨,粗纱布过滤。离心分离或静置 5～6 h,取上层清液,加入 30 kg 蜂蜜、5 kg 蔗糖、3 g 甘氨酸(2 g 半胱氨酸),在真空度为 86.7～93.3 kPa 条件下浓缩至固形物含量达 60%,密封待用。

3. 胡萝卜的处理

将 50 kg 胡萝卜加水 50 kg,加热至 85 ℃,保持 15～20 min,压榨,粗纱布过滤。再加水 50 kg 于渣中浸泡 30 min,不断搅拌,压榨,粗纱布过滤。静置 5～6 h 或离心分离,取上层清液备用。

4. 加配料

将两种浸提液混合,加入 35 g 甘氨酸(或 15 g 半胱氨酸)、1.2 kg 抗坏血酸、90 g 硫酸亚铁、适量柠檬酸(以溶液 pH 达到 2～3 为度),搅拌均匀。

5. 真空浓缩

在真空度 86.7～93.3 kPa、蒸汽压力 0.05～0.1 MPa 的条件下,将混合液浓缩至固形物达到 82%～85%为宜。

6. 造粒

浓缩汁加适量糊精,使固形物含量达到 88%～90%,移入造粒机中造粒,使湿粒通过 10 目筛网,接于浅盘中。

7. 干燥

造粒后,置于 70 ℃左右热风干燥器中干燥,使制品的含水量控制在 3%～4%,即可包装入库。

三、固体汽水生产技术

固体汽水是一种用水冲溶时能产生 1～2 倍气体的固体饮料。该产品冲溶时所产生的气体就是二氧化碳,含气量已接近瓶装或听装果汁汽水的含气量(果汁汽水含气量为 2.5 倍),故有固体汽水之称。发达国家早已有很多固体汽水的专利,其共同点如下:①采用高精度的粉碎机,将各种原料磨得很细,细度都要求在几分之一微米以内;②采用高精度的专利混合机,使各种原料得到充分、彻底的混合;③以甜味剂、酸味剂、香精香料、食用色素和产气物料作为基本原料;④工艺简单,首先是将各种原料精细粉碎,其次是将各种粉料精细混合,再严密包装;⑤产品经过较长时间保存后,仍能在冲饮时产生较多气体,并且饮料清晰,味道纯正。这些专利也各有其特点,有的是采用独特方法以制备能够产气的原料如碳酸钙、碳酸氢钠等;有的是在基本配方中加进某些原料如纤维素、磷酸钙、甘露醇等;有的是在产品中另加分子筛以吸附二氧化碳。

(一)强化汽水晶

配料:蔗糖 9 kg,柠檬酸 2.7 kg,小苏打 2.8 kg,葡萄糖 0.5 kg,95%乙醇 0.05 L,甜菊糖 90 g,维生素 C 10 g,柠檬黄 1.25 g,香精 0.1 mL,*L*-赖氨酸盐酸粉 0.5 kg。

柠檬酸在 105 ℃下烘干 3～5 h,脱去结晶水,冷却后过 12～16 目筛;蔗糖、葡萄糖、甜菊糖在 60 ℃下烘干 12～16 h,粉碎后过 60 目筛。将上述原料在混合机中混合均匀,再加入辅料混合,造粒,于 60 ℃下烘干 1.5～2 h,冷却后包装。

(二)黄原胶作包埋剂的固体饮料

日本为了使固体饮料产生大量的泡沫,在饮料中添加 2%～4%的麦朊粉;美国研制的发泡饮料粉中有含酸及碳酸盐两种多孔散粒,用水稀释时两者反应放出 CO_2。但为了防止酸、碱提前反应,可采取分隔包装,但使用时不方便。为了克服上述缺点,采用黄原胶作为碱的包埋剂,可使酸、碱在混合包装中不提前反应,而且冲饮时能产生更多的泡沫。

1. 材料

主料:食用小苏打、柠檬酸、酒石酸、蔗糖、果汁晶(粉)。

辅料:黄原胶(20%)。

2. 工艺流程

配制胶液→包埋碱液和糖粉→烘干→磨粉→加混合酸和果汁晶
↓
成品←混合包装←定量

3. 生产方法

先配制浓度为 20%的黄原胶液,然后取 5 g 胶液,与 50 g 小苏打和 200 糖粉调制成粒,烘干磨粉、过筛。取 20 g 包埋的含糖碱粉与 6 g 混合酸(酒石酸∶柠檬酸=2∶1)混合包装。使用时加 20 mL 冷开水,再加适量果汁晶或果汁粉,即可饮用。

4. 结果

用黄原胶作为固体饮料中碱的包埋剂效果较好,延缓了碱与酸的化学反应,不仅有利于混合包装,简便了包装工艺和冲饮方便,而且在冲饮时由于被包埋的碱的缓慢释放,延缓了发泡持续时间。

五、操作实施

①学生分成 3～5 人一组,各小组在老师指导下,通过网络教学资源等多渠道查询其他固体饮料生产技术的资料。

②各组根据汇总的相关资料,师生共同讨论、分析,用集体智慧完成其他固体饮料生产技术方案,制作汇报提纲并选一名代表进行学习汇报交流,并对该方案进行修订。

③学生按照修订后的其他固体饮料生产技术方案，按规范要求，独立完成其他固体饮料生产任务，最终填写任务考核单，教师在操作实施过程中巡回指导。

任务考核单——其他固体饮料的生产

班级：　　　　姓名：　　　　学号：

项目	实施内容	分值	考核记录(以"√"表示)	备注	得分
准备工作 (15分)	清洁卫生	5	能发现并解决卫生问题		
	准备并检查工器具	6	准备本次操作实施所需所有仪器和容器		
			仪器和容器的清洗和控干		
			检查设备运行是否正常		
	原料的选择	4	按照产品类型选择合适的原料		
操作实施 (60分)	原料处理	10	进行原料处理		
	配方设计	20	设计产品配方		
	具体操作	20	针对产品进行具体的操作		
	灌装	5	灌装方式选择		
		5	灌装工序		
产品评定 (15分)	感官要求	5	应具有反映该类产品特点的感官、滋味，不得有异味、异臭和外来杂物		
	理化要求	5	符合相应的理化指标		
	微生物要求	5	符合相应的微生物指标		
文明操作与团队意识 (10分)	文明操作	5	清理用物，整理实训室		
	团队意识	5	有团队意识，能相互良好合作		

④学生对完成工作任务的表现进行自评和互评，各小组进行总结、考核及评估，教师做出最后评价，填写教学反馈表。

【项目小结】

固体饮料的定义为：用食品原辅料、食品添加剂等加工制成的粉末状、颗粒状或块状等，供冲调或冲泡饮用的固态制品，如风味固体饮料、果蔬固体饮料、蛋白固体饮料、茶固体饮料、咖啡固体饮料、植物固体饮料、特殊用途固体饮料、其他固体饮料等。固体饮料的产品技术要求应符合 GB/T 29602—2013 的规定。

果蔬固体饮料的主要原料是果汁、甜味料、麦芽糊精、酸味料、香料、食用色素增稠剂、乳化剂等，其一般工艺流程为：配料→原料预处理→称量→合料→成型→干燥→过筛→检验→包装→成品。

蛋白型固体饮料是以糖、乳及乳制品、蛋及蛋制品或植物蛋白以及营养强化剂为主要原料制成的，是固体状的蛋白质食品或饮料。例如乳粉、豆乳粉、蛋乳粉以及豆乳精、维他奶、花生精、麦乳精等，加工方法基本上可分为真空干燥法和喷雾干燥法。豆乳粉和杏仁粉的加工要分别进行脱腥和脱苦操作。

速溶茶是以成品茶、半成品茶、茶叶副产品或鲜叶为原料，通过提取、过滤、浓缩、干燥等工艺过程加工成的一种易溶于水而无茶渣的颗粒状或粉末状的新型饮料，种类主要有速溶红茶、速溶绿茶、速溶花茶等，其一般工艺流程为：原料选择→预处理→抽提→净化→浓缩→干燥→包装。速溶红茶的加工还涉及转化、转溶技术。

速溶咖啡的生产工艺主要有喷雾干燥、凝聚和冷冻干燥 3 种。由咖啡豆生产速溶咖啡的生产工艺流程为：咖啡豆→配料→焙炒→磨碎→浸提→分类→干燥→检验→包装。

除了以上介绍的饮料外，固体饮料还有很多种。其中包括具有一定疗效的固体饮料如菊花晶、首乌晶等；具有补血效果的固体饮料如血补乐、宝宝福、果王补血晶等；在冲溶后再经冷却而成为胶凝状的固体饮料如咖喱粉、冰淇淋粉等；在冲溶后能产生气体的固体饮料如固体汽水。

【项目测试】

1. 什么是固体饮料？它有什么特点？
2. 固体饮料有哪些种类？
3. 果蔬固体饮料是怎样生产出来的？
4. 简述蛋白型固体饮料的生产工艺及操作要点。
5. 简述速溶茶和速溶咖啡的生产工艺及操作要点。

项目九
高新技术在饮料加工中的应用

【教学目标】

1. 知识目标

①了解高新技术的种类及特点；

②熟悉不同高新技术在饮料加工中的应用；

③熟悉高新技术的原理及基本操作及在典型产品加工中的应用。

2. 能力目标

①能熟练应用饮料加工中的高新技术；

②能对应用高新技术的产品进行评价；

③能分析解决高新技术在生产中常出现的质量问题。

3. 素质目标

①能够将爱国、敬业、诚信、友善融入学习全过程；

②能恪守职业道德，具有较强的质量安全、规范操作竞争意识；

③培养团队合作、竞争意识及创新思维、信息获取、策划与沟通展示能力。

【项目描述】

本项目主要介绍膜分离技术、超微粉碎技术、超临界流体萃取技术、微胶囊造粒技术及真空冷冻干燥技术在饮料加工中的应用。阐述几种技术概念、特点、种类及在典型饮料加工中的应用等内容。引入产品质量标准，通过具体工作任务的实施，指导生产人员利用高新技术用于饮料生产加工过程。

【思维导图】

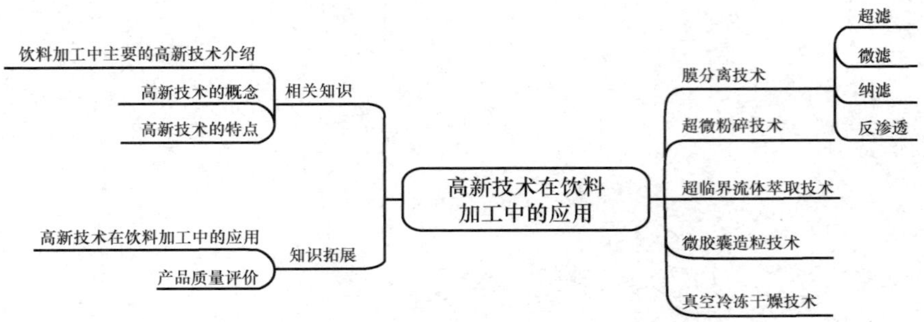

【相关知识】

目前应用于饮料加工中的高新技术主要有膜分离技术、超微粉碎技术、超临界流体萃取技术、微胶囊造粒技术及真空冷冻干燥技术等。

一、膜分离技术

(一)概念

膜分离技术指以压力为驱动力,依据高分子半透膜的物理或化学性能,在液体与液体间、气体与气体间、液体与固体间、气体与固体间的体系中,进行不同组分的分离纯化。它主要包括超滤、微滤、纳滤、反渗透等方法。

(二)膜分离技术的特点

①膜分离过程是在常温下进行,因而特别适用于对热敏感的物质,如果汁、酶、药品等的分离、分级、浓缩与富集。

②膜分离过程不发生相变化,能耗低,因此膜分离技术又称省能技术。

③膜分离过程可用于冷法杀菌,代替沿袭的巴氏杀菌工艺等,保持了产品的色、香、味及营养成分。

④膜分离过程不仅适用于无机物、有机物、病毒、细菌直至微粒的广泛分离,而且还适用于许多特殊溶液体系的分离,如溶液中大分子与无机盐的分离。一些共沸物或近沸点物系的分离等。

⑤由于仅用压力作为膜分离的推动力,因此分离装置简便,操作容易、易自控、维修,且在闭合回路中运转,减少了空气中氧的影响。

⑥膜分离过程易保持食品某些功效特性,如蛋白的泡沫稳定性等。

⑦膜分离工艺适应性强,处理规模可大可小,操作维护方便,易于实现自动化控制。

二、超微粉碎技术的概念及特点

超微粉碎一般是指将 3 mm 以上的物料颗粒,粉碎至 10～25 μm 及以下的过程。

超微粉碎的特点:由于颗粒的微细化导致表面积和孔隙率的增加,超微粉体具有独特的物理化学性能,微细化的食品具有很强的表面吸附力和亲和力。因此,具有很好的固香性、分散性和溶解性,特别容易消化吸收(表 9-1)。

表 9-1 几种膜分离技术的区别联系

膜处理名称	微滤	超滤	纳滤	反渗透
膜处理简称	MF	UF	NF	RO
膜过滤孔径	0.1～10 μm	1～100 nm	0.1～1 nm	0.1 nm
膜的材质	聚丙烯	中空纤维、聚砜、陶瓷膜等	聚酰胺	聚丙烯酰胺
膜类型	对称膜	非对称膜	非对称膜	非对称膜
操作压力	0.1～0.3 MPa	0.1～0.5 MPa	0.3～0.7 MPa	10.5 MPa
区别联系	微滤也是利用微滤膜的筛分机理，在压力驱动下，截留直径在0.1～1 μm 的颗粒，如悬浮物、细菌、部分病毒及大尺寸胶体，多用于给水预处理系统	超滤膜是一种加压膜分离技术，即在一定的压力下，使小分子溶质和溶剂穿过一定孔径的特制的薄膜，而使大分子溶质不能透过，留在膜的一边，从而使大分子物质得到了部分的纯化	纳滤，介于超滤与反渗透之间。现在主要用作水厂或工业脱盐。脱盐率达 90%以上。反渗透脱盐率达 99%以上，若对水质要求不是特别高，利用纳滤可以节约很大的成本	反渗透，是利用压力表差为动力的膜分离技术，源于美国 20 世纪 60 年代宇航科技的研究，后逐渐转化为民用，目前已广泛运用于科研、医药、食品、饮料、海水淡化等领域

三、超临界流体萃取技术

(一)概念

超临界流体萃取是一种新型的萃取分离技术。任何物质都具有气、液、固三态。对一般物质而言，当液相和气相在常压下成平衡状态时，两相的物理性质，如黏度、密度等相差很显著，而在较高的压力下，这种差别逐渐缩小，当达到某一温度与压力时，两相差别消失合并成一相，此状态点称为临界点。此时的温度与压力分别称为临界温度与临界压力，当温度和压力略超过临界点时，其流体的性质介于液体和气体之间，称为超临界流体。

(二)超临界流体萃取技术的特点

①由于在临界点附近，流体温度或压力的微小变化会引起溶解能力的极大变化，使萃取后溶剂与溶质容易分离。

②由于超临界流体具有与液体接近的溶解能力，同时它又保持了气体所具有的传递性，有利于高效分离的实现。

③利用超临界流体可在较低温度下溶解或选择性地提取出相应难挥发的物质，更好地保护热敏性物质。

④萃取效率高，萃取时间短。可以省去清除溶剂的程序，彻底解决了工艺繁杂、纯度不够、且易残留有害物质等问题。

⑤萃取剂只需再经压缩便可循环使用，可大大降低成本。

⑥超临界流体萃取能耗低，集萃取、蒸馏、分离于一体，工艺简单，操作方便。

⑦超临界流体萃取能与多种分析技术，包括气相色谱(CC)、高效液相色谱(HPIC)、质谱(MS)等联用，省去了传统方法中蒸馏、浓缩溶剂的步骤，避免样品的损失、降解或污染，因而可以实现自动化。

四、微胶囊造粒技术

(一)概念

微胶囊造粒技术就是将固体液体或气体物质包埋封存在一种微胶囊内,成为一种固体微粒产品的技术,这样能够保护被包裹的物料,使之与外界隔绝,达到最大限度地保持其原有的色香味、性能和生物活性,防止营养物质的破坏与损失。

(二)微胶囊造粒技术的特点

微胶囊化的核心物质,其特点与微胶囊前有所不同,可归纳为如下:

①将液体或半固体的物料转化为固体粉末可以使核心物质稳定化,储存期延长。

②经胶囊化的核心物质将以一定速率逐渐释放,在食品中加入胶囊化的风味剂,回味延长。

③隔离物料,起保护作用,防止光、水、温度、气体可能引起的物料变质。

④掩盖不良风味,如异味、苦味、辛辣味等。

⑤胶囊化对食品的质构有改善作用,且由于胶囊化可降低风味物质的损失,提高利用率。

五、真空冷冻干燥技术

(一)概念

真空冷冻干燥是把新鲜的食品如蔬菜、肉类、水产品等预先快速冻结,并在真空状态下,将食品中的水分从固态升华成气态,再由解吸干燥除去部分结合水,从而达到低温脱水干燥的目的。冻干食品不仅保持了食品的色、香、味、形,而且最大限度地保存了食品中的维生素、蛋白质等营养成分。冻干食品具有良好的复水性,食用时只要将该食品加水即可在几分钟内复原。

(二)真空冷冻干燥技术的特点

食品冷冻干燥是一种高质量的干燥保存方法,与通常的晒干、烘干及真空干燥相比,具有以下特点:

①食品干燥是在低温(−60～−40 ℃)下进行,且处于高真空状态,因此,特别适用于热敏性高和极易氧化的食品干燥,可以保留新鲜食品的色、香、味及营养成分。

②冻干食品体积形状基本不变,保持原有的固体骨架结构,同时干制品可以加工成极细的粉状物料,用于制作调味品、保健品和速溶品等。

③冻干食品具有多孔结构,因此,具有理想的速溶性和复水性。复水时,比其他干燥方法生产的食品更接近新鲜食品。

④冻干食品在升华过程中溶于水的可溶性物质就地析出,避免了一般干燥方法中因物料内部水分向表面迁移而将无机盐和营养物携带到物料表面,造成表面硬化和营养损失的现象。

⑤冻干食品采用真空或充氮包装和避光保存,可保持 5 年不变,产品保存期长,常温下既可运输储存,又可大大降低其经营费用。

任务1　膜分离技术在茶汁加工中的应用

【任务设计】

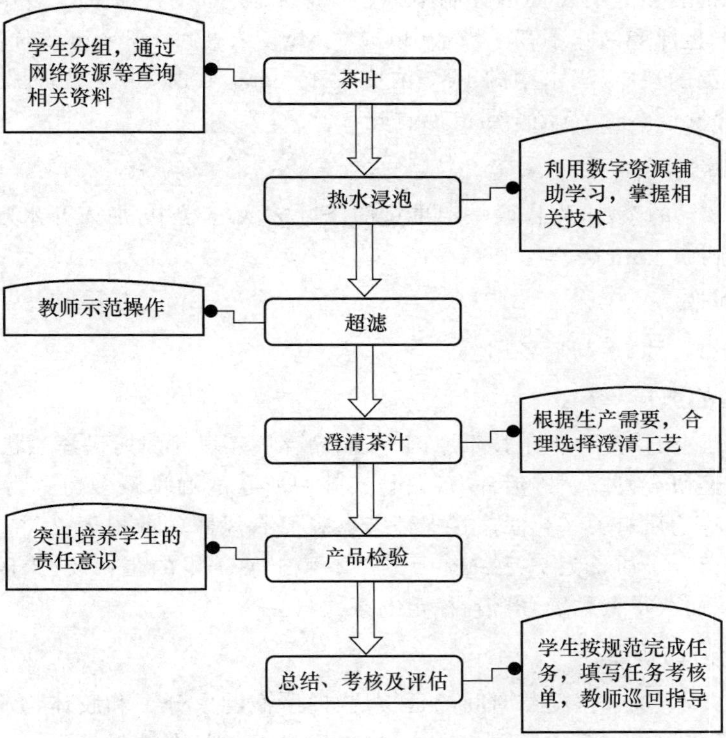

【任务实施】

以茶汁加工为例，进一步了解膜分离技术在饮料加工中的应用。通过超滤技术处理茶汁，使得学生掌握膜分离技术尤其是超滤技术的知识。

一、主要材料

实验材料：市售茶叶、200目滤布等。

实验设备：国产超滤设备、台秤、天平、容器、烧杯等。

二、工艺流程

茶叶⟶热水浸泡⟶过滤⟶冷却⟶超滤⟶澄清茶汁

三、操作步骤

（一）茶叶原料选择

用于生产茶饮料的原料茶主要是红茶、绿茶和乌龙茶，其中以红茶居多。用于生产茶饮料的茶叶应符合以下要求：当年加工的新茶，以三四级茶为主，品质无劣变、无异味、无杂质、无污染、无农药残留，干茶色泽正常，冲泡后茶汁应符合该级标准。

(二)茶饮料用水

茶饮料是一种特殊的嗜好性饮料产品，对水质的要求较高，特别是纯茶饮料用水要求一般要高于其他饮料用水标准，不仅应符合无色、无味、低硬度和低微生物含量等基本要求，对水中钙、铁、铁等离子的含量也有更高的控制指标。一般来说，水中含有 Ca^{2+}、Mg^{2+}、Fe^{3+}、Cl^- 等离子时，对茶汤的色泽和滋味不利。当水中 Ca^{2+}、Mg^{2+} 浓度大于 3 mg/L 时，茶饮料会发生十分明显的浑浊沉淀的现象：当水中的 Fe^{3+} 浓度大于 5 mg/L 时，茶汤呈现黑色并带有苦涩味道；而水中 Cl^- 含量过高时，茶汤会带有腐臭味。

(三)热水浸泡

配置浓度为 2%的茶汁，先称取一定重量的茶叶放入容器中，加入开水浸泡，保持温度在 85～95 ℃，时间约 30 min。

(四)过滤、冷却

用 200 目滤布过滤，冷却后备用。

(五)超滤膜的选择

在茶饮料的生产过程中，由于技术原因，茶制品存放一段时间后呈浑浊状态，出现絮状物，俗称“冷后浑”。经研究发现，“冷后浑”现象与茶叶中所含的咖啡碱多酚类物质及高分子量蛋白质、多糖、果胶等物质有关。超滤法在保证茶饮料原有风味的前提下，保持茶饮料良好澄清状态。可选用截留分子质量为 7 万～10 万的超滤膜。使茶中的蛋白质、果胶、淀粉等大分子物质得以分离，从而获得低黏度、澄清、稳定的茶饮料。

(六)操作压力的确定

在采用超滤技术过滤时，随着时间的延长，膜内所截的大分子和胶体物质增多，阻碍了膜的通量。此时，不能用提高操作压力的措施，加快通量，否则，在较强的压力差的作用下，超滤膜会破裂，虽茶汁通量增加，但滤液质量会受很大影响。一般采用 0.3～0.35 MPa 操作压力效果较好。

(七)超滤速度的影响因素

影响超滤速度的因素很多，如膜的分子量截留值、料液的浓度、操作温度、操作压力等。

四、产品质量标准

(一)感官要求

具有原有的茶色、茶香和滋味；茶香较浓；清澈透明；无沉淀。

(二)理化要求

理化要求具体见表 9-2。

(三)微生物指标

微生物及重金属指标具体见表 9-3。

表 9-2　产品理化要求

项目		茶汤饮料	
		浓茶型	淡茶型
茶多酚含量/(mg/L)	红茶	≥400	≥250
	乌龙茶	≥500	≥300
	绿茶	≥600	≥400
咖啡因含量/(mg/L)	红茶	≥70	≥40
	乌龙茶	≥80	≥50
	绿茶	≥90	≥60
pH		5.0～7.0	

表 9-3　产品微生物及重金属指标

项目	指标	项目	指标
砷含量/(mg/L)	≤0.2	大肠菌群数/(MPN/L)	≤3
铅含量/(mg/L)	≤0.3	致病菌(是指肠道致病菌和致病性球菌)	不得检出
铜含量/(mg/L)	≤5.0	霉菌、酵母菌/(个/L)	≤20
菌落总数(个/L)	≤20		

五、操作实施

①学生分成3～5人一组，各小组在老师指导下，通过网络教学资源等多渠道查询膜分离技术在茶汁加工中的应用资料。

②各组根据汇总的相关资料，师生共同讨论、分析，用集体智慧完成膜分离技术在茶汁加工中的应用方案，制作汇报提纲并选一名代表进行学习汇报交流，并对该方案进行修订。

③学生按照修订后的膜分离技术在茶汁加工中的应用方案，按规范要求，独立完成膜分离技术在茶汁加工中的应用任务，最终填写任务考核单，教师在操作实施过程中巡回指导。

任务考核单——膜分离技术在茶汁加工中的应用

班级：　　　　姓名：　　　　学号：

项目	实施内容	分值	考核记录(以"√"表示)	备注	得分
准备工作(15分)	清洁卫生	5	能发现并解决卫生问题		
	准备并检查工器具	6	准备本次操作实施所需所有仪器和容器		
			仪器和容器的清洗和控干		
			检查设备运行是否正常		
	原料的选择	4	按照产品类型选择合适的原料		
操作实施(60分)	原料处理	10	进行原料处理		
	配方设计	20	设计产品配方		
	具体操作	20	针对产品进行具体的操作		
	灌装	5	灌装方式选择		
		5	灌装工序		

续表

项目	实施内容	分值	考核记录(以"√"表示)	备注	得分
产品评定(15分)	感官要求	5	应具有反映该类产品特点的感官、滋味,不得有异味、异臭和外来杂物		
	理化要求	5	符合相应的理化指标		
	微生物要求	5	符合相应的微生物指标		
文明操作与团队意识(10分)	文明操作	5	清理用物,整理实训室		
	团队意识	5	有团队意识,能相互良好合作		

④学生对完成工作任务的表现进行自评和互评,各小组进行总结、考核及评估,教师做出最后评价,填写教学反馈表。

【知识拓展】

膜分离技术的种类及在饮料加工中的应用

一、超滤(UF)

超滤是膜分离技术类型之一,是指应用孔径1.0～20.0 nm(或更大)的超滤膜来过滤含有大分子或微粒粒子的溶液,使大分子或微粒粒子从溶液中分离的过程。它是一种以膜两侧的压力差为推动力,利用膜孔在常温下对溶液进行分离的膜技术,所用静压差一般为0.1～0.5 MPa,料液的渗透压一般很小可忽略不计。

超滤能截留0.002～0.1 μm之间的颗粒和杂质,超滤膜允许大分子物质和溶解性固体(无机盐)等通过,但将有效阻挡住悬浮物、胶体、蛋白质、细菌和大分子有机物,用于表征超滤膜的切割分子量一般介于1 000～50 000之间,超滤膜两侧的运行压差一般为0.3～5 bar(1 bar=0.1 MPa)。

在饮料行业一般应用在:

①果汁加工。经过超滤澄清的果汁可有效地防止后浑浊,保持果汁的芳香成分;茶饮料的澄清。

②乳品及豆制品加工。在乳品工业中采用超滤设备浓缩鲜奶,以降低运输成本;乳清蛋白的回收。

③酒类加工。主要用于低度酒的除浊澄清,能明显提高酒的澄清度,保持酒的色、香、味,而且可以无热除菌,提高酒的保存期。

④糖类加工。美国和日本的一些制糖厂,先用超滤处理甘蔗原汁,可降低20%黏度,使以后的加工设备更容易处理糖浆。

⑤除菌。用一定截留分子量的超滤膜处理果汁以后,可将各种造成食品的腐败菌和病菌除去,同时可保持果汁的原有风味。现在美国有许多啤酒厂用陶瓷微滤膜将生啤酒过滤除菌,既保持了啤酒的风味,又延长了货架寿命。

⑥酶加工。采用超滤膜浓缩和提取酶制剂,不仅节能,而且可降低酶的失活程度,提高了酶的回收率。

二、微滤(MF)

分为表面型和深层型两类。主要应用于制药工业的除菌过滤澄清，电子工业集成电路生产用水等，另外在城市污水处理、废水处理前的预处理也已得到广泛应用。微滤技术广泛应用于食品行业，主要用于日本酒、啤酒除菌；矿泉水、制造水除菌；牛奶除菌；简化酱油制造工艺；食品制造污水处理等。

三、纳滤(NF)

纳滤因能截留物质的大小约为1 nm而得名，纳滤膜的操作区间介于超滤和反渗透之间，其截留有机物质的分子量为200～800，截留溶解性盐类的能力为20%～98%，对可溶性单价粒子的去除率高于高价离子，一般用于除去地表水的有机物和色素脱除井水的硬度及放射性，部分去除溶解性盐，浓缩食品以及分离药品中的有用物质等。

四、反渗透(RO)

在浓溶液液上外加压力，且该压力大于渗透压时，则浓溶液中的水就会克服渗透压而通过半透膜流向稀溶液，使得浓溶液的浓度更大，此过程为反渗透。反渗透是最精密的膜法液体分离技术，它能阻挡所有溶解性盐及分子量大于100的有机物，但允许水分子透过，醋酸纤维素反渗透膜脱盐率一般可大于95%，反渗透复合膜脱盐率一般大于98%。它们广泛用于海水及苦咸水淡化，锅炉给水、工业纯水及电子级超纯水制备，饮用纯净水生产，废水处理及特种分离等过程，在离子交换前使用反渗透可大幅度地降低操作费用和废水排放量。

任务2　超微粉碎技术在茶粉加工中的应用

【任务设计】

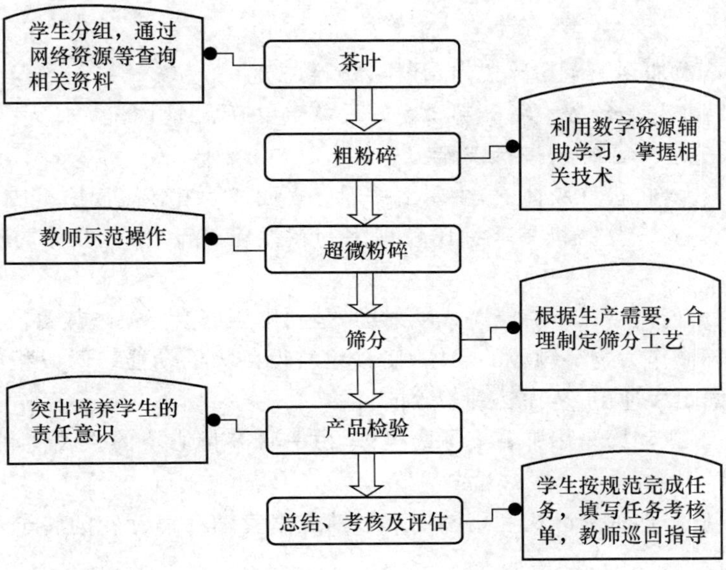

【任务实施】

通过超微粉碎机处理茶叶，进一步了解超微粉碎的形式，超微粉碎产品的特点，掌握超微粉碎设备的操作。

一、材料与设备

材料：市售茶叶、分析筛（40～400 目）等。

设备：干燥箱、粉碎机、超微粉碎机等。

二、工艺流程

茶叶⟶干燥⟶粗粉碎⟶过筛⟶超微粉碎⟶筛分⟶茶粉

三、操作要点

（一）原材料的选择

用于生产茶饮料的原料茶主要是红茶、绿茶和乌龙茶，其中以红茶居多。用于生产茶饮料的茶叶应符合以下要求：当年加工的新茶，以三四级茶为主，品质无劣变、无异味、无杂质、无污染、无农药残留，干茶色泽正常，冲泡后茶汁应符合该级标准。

（二）茶叶的干燥

称取一定量的茶叶，放入干燥箱内干燥，温度在 50 ℃左右，干燥一定时间，使茶叶有脆性，便于粉碎。

（三）粗粉碎

将干燥完毕的茶叶进行粗粉碎，以获得微粒，从而有利于超微粉碎。

（四）过筛

用 40 目标准筛过筛，收集。

（五）超微粉碎

将过筛后的茶粒加到超微粉碎机内，开机、粉碎。

超微粉碎依赖于超微粉碎设备。超微粉碎设备主要有下面几种：

(1)球磨机。它主要靠冲击进行破碎。

(2)胶磨机。胶磨机也称胶体磨，主要由一固定表面和一旋转表面所组成。胶体磨能使成品粒度达到 2～50 μm。胶磨机是一种比较理想的超微粉碎设备，但胶体磨对料水比有一定要求。

(3)气流磨机。气流磨又称流能磨或喷射磨，是利用压缩空气或过热蒸汽通过一定压力的喷嘴产生超音速气流作为物料颗粒的载体，使颗粒获得巨大的动能。两股相向运动的颗粒发生相互碰撞或与固定板冲击，从而达到粉碎的目的。

(4)振动磨机。振动磨是用弹簧支撑磨机体，由一带有偏心块的主轴使其振动，磨机通常是圆柱形或槽形。

(5)冲击粉碎机。这种粉碎机利用围绕水平轴或垂直轴高速旋转的转子对物料进行强烈冲击、碰撞和剪切。

(6)超声波粉碎机。超声波发生器和换能器产生高频超声波。超声粉碎后颗粒粒度在 4 μm 以下,而且粒度分布均匀。

(7)均质乳化机。如果需要对液状物料进行细化、均质,可以通过均质和乳化机来实现。其作用原理是通过机械作业或流体力学效应造成高压、挤压冲击和失压等使料液在高压下挤研,在强冲击下发生剪切,在失压下膨胀,而达到细化和均质的目的。

(六)筛分

超微粉碎完毕后,过 400 目达到一定标准,用标准筛进行筛分,以获得不同目数的产品。

四、产品质量标准

(一)感官指标

感官要求见表 9-4。

表 9-4　超微粉碎茶粉感官要求

项目	要求
组织形态	粉状、均匀,无结块,具有产品固有的干茶粉颜色
汤色	具有与原茶类产品相应的汤色,有颗粒悬浮或沉淀
香气、滋味	具有与原茶类产品相应的香气和滋味,无异味
杂质	无

(二)理化指标

符合 NY 2672—2015 中的规定,具体见表 9-5。

表 9-5　超微粉碎茶粉理化指标

项目	指标				
颗粒/μm	绿茶粉	乌龙茶粉	黄茶粉	白茶粉	红茶粉
水分(质量分数)/%	90%及以上的颗粒≤75 μm				
灰分(质量分数)/%	≤7.0				
茶多酚(质量分数)/%	≥10.0				—

(三)食品安全指标

污染物限量应符合 GB 2762—2017《食品安全国家标准　食品中污染物限量》的规定;

农药残留量应符合 GB 2763—2019《食品安全国家标准　食品中农药最大残留限量》的规定。

五、操作实施

①学生分成 3～5 人一组,各小组在老师指导下,通过网络教学资源等多渠道查询超微粉碎技术在茶粉加工中的应用资料。

②各组根据汇总的相关资料,师生共同讨论、分析,用集体智慧完成超微粉碎技术在茶粉加工中的应用方案,制作汇报提纲并选一名代表进行学习汇报交流,并对该方案进行修订。

③学生按照修订后的超微粉碎技术在茶粉加工中的应用方案,按规范要求,独立完成超微粉碎技术在茶粉加工中的应用任务,最终填写任务考核单,教师在操作实施过程中巡回指导。

任务考核单——超微粉碎技术在茶粉加工中的应用

班级： 姓名： 学号：

项目	实施内容	分值	考核记录(以"√"表示)	备注	得分
准备工作（15分）	清洁卫生	5	能发现并解决卫生问题		
	准备并检查工器具	6	准备本次操作实施所需所有仪器和容器		
			仪器和容器的清洗和控干		
			检查设备运行是否正常		
	原料的选择	4	按照产品类型选择合适的原料		
操作实施（60分）	原料处理	10	进行原料处理		
	配方设计	20	设计产品配方		
	具体操作	20	针对产品进行具体的操作		
	灌装	5	灌装方式选择		
		5	灌装工序		
产品评定（15分）	感官要求	5	应具有反映该类产品特点的感官、滋味，不得有异味、异臭和外来杂物		
	理化要求	5	符合相应的理化指标		
	微生物要求	5	符合相应的微生物指标		
文明操作与团队意识（10分）	文明操作	5	清理用物，整理实训室		
	团队意识	5	有团队意识，能相互良好合作		

④学生对完成工作任务的表现进行自评和互评，各小组进行总结、考核及评估，教师做出最后评价，填写教学反馈表。

【知识拓展】

超微粉碎在食品加工中的应用

一、液体饮料和固体饮料加工

利用超微粉碎技术已开发出各种液体饮料和固体饮料，如蛋白饮料、粉茶、豆类固体饮料、超细骨粉富钙饮料、速溶绿豆精等。中国有着悠久的饮茶文化，传统的饮茶方法是用开水冲泡茶叶。但是人体并没有完全吸收茶叶的全部营养成分，一些不溶性或难溶的成分，如维生素A、维生素K、维生素E及绝大部分蛋白质、碳水化合物、胡萝卜素以及部分矿物质等都大量留存于茶渣中，大大地影响了茶叶的营养及保健功能。如果将茶叶在常温、干燥状态下制成粉茶，使粉体的粒径小于5 μm，则茶叶的全部营养成分易被人体肠胃直接吸收，可以即冲即饮。

二、果皮、果核经超微粉碎可转变为食品

蔬菜在低温下磨成微膏粉，既保存全部的营养素，纤维质也因微细化而增加了水溶性，口感更佳。

三、粮油加工

经超微粉加工的面粉、豆粉、米粉的口感以及人体吸收利用率得到显著提高。将麦麸粉、

大豆微粉等加到面粉中，可制成高纤维或高蛋白面粉。

四、水产品加工

螺旋藻、海带珍珠、龟鳖、鲨鱼软骨等通过超微粉加工制成的超微粉具有一些独特优点。

五、功能性食品加工

超微粉碎技术在功能性食品基料的制备上起重要作用。例如，以蔗渣为原料加工膳食纤维；各种畜、禽鲜骨经过超微粉碎成骨泥或骨粉，既能保持95%以上的营养素，而且营养成分又易被人体吸收，骨髓粉（泥）可以作为添加剂，制成高钙高铁的骨粉（泥）系列食品，具有独到的营养保健功能。

六、调味品加工

微粉食品的巨大孔隙率会造成集合孔腔，因而可吸收并容纳香气从而经久不散，这是重要的固香方法之一，因此，作为调味品使用的超微粉，其香味和滋味更浓郁突出。

任务3　超临界流体萃取技术在姜油提取中的应用

【任务设计】

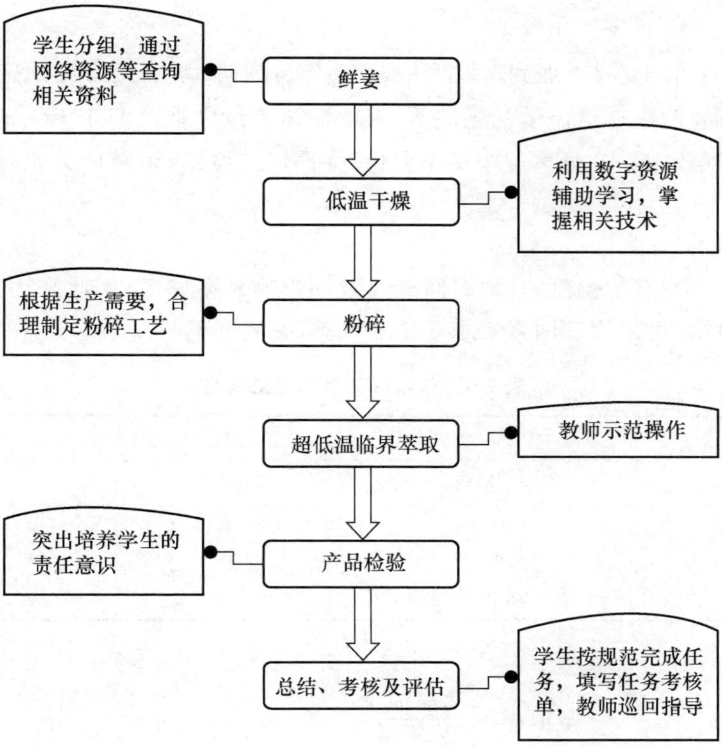

【任务实施】

通过超临界流体萃取技术提取干姜中的姜油，进一步加深超临界萃取技术的认识，掌握相关操作技术。

一、材料与设备

原材料：市售鲜姜、钢瓶装 CO_2 气体（食品级、纯度 99.5%以上）。

设备：干燥箱、粉碎机、天平、分析筛、超临界萃取设备。

二、工艺流程

鲜姜清洗 → 切片 → 低温干燥 → 粉碎 → 过筛
↓
CO_2钢瓶 → 冷凝器 → 高压器 → 加热器 → 萃取罐 → 过滤 → 减压
↓
姜油 ← 分离罐（CO_2循环）

三、操作要点

1. 鲜姜预处理

鲜姜清洗后，去皮、切成薄片 2～3 mm，在干燥箱内 45～50 ℃低温烘干，粉碎至 20 目左右备用。

2. 萃取分离

称取 0.5 kg 重的干姜粉，加到萃取罐中，通过 CO_2 提高萃取压力到预定试验值，加热升温并保持在设定温度，用一定流量的超临界 CO_2 流体连续萃取。溶于 CO_2 流体的油脂流入分离罐，经降温降压，CO_2 在分离釜中重新汽化，并循环压缩、冷却为 CO_2 流体使用，姜油从分离罐底部取出。

3. 实验设计

由于萃取的压力、萃取温度、萃取时间等因素都影响到萃取率，因此采用正交实验的方法确定最佳工艺条件。可采用三因素三水平正交试验，见表 9-6。

表 9-6　三因素三水平正交试验

因子水平	A	B	C
	压力/MPa	温度/℃	时间/h
1	20	30	2.0
2	25	40	3.0
3	30	50	4.0

4. 萃取率的计算

$$萃取率=\frac{萃取油量}{装样量}\times 100\%$$

$$有效萃取率=\frac{萃取油量}{装样量-总含油量}\times 100\%$$

四、产品质量标准

超临界 CO_2 萃取的姜油，外观为棕黄色、油状液体，具有姜的天然香气和辛辣味；折射率(20 ℃)为1.495～1.499；密度(25 ℃)为0.86～0.91 g/cm³；微生物及重金属检查应符合国家标准GB 2716—2018《食品安全国家标准　植物油》、GB 2762—2017《食品安全国家标准　食品中污染物限量》中的规定。具体见表9-7。

表9-7　生姜油质量标准

项目	质量等级指标	
	一级	二级
色泽	正常	
气味、滋味	具有生姜油固有的气味、滋味、无异味	
透明度(20 ℃)	澄清、透明，允许微浊或有少量碎末沉淀，无外来杂质	
食味品评评分值/分	≥70	≥60
水分及挥发物含量	≤0.10	≤0.30
不溶性杂质含量/%	≤0.05	≤0.20
酸价(以KOH计)/(mg/g)	≤0.5	≤2.0
过氧化值/(g/100 g)	≤0.1	≤0.15

五、操作实施

①学生分成3～5人一组，各小组在老师指导下，通过网络教学资源等多渠道查询超临界流体萃取技术在姜油提取中的应用资料。

②各组根据汇总的相关资料，师生共同讨论、分析，用集体智慧完成超临界流体萃取技术在姜油提取中的应用方案，制作汇报提纲并选一名代表进行学习汇报交流，并对该方案进行修订。

③学生按照修订后的超临界流体萃取技术在姜油提取中的应用方案，按规范要求，独立完成超临界流体萃取技术在姜油提取中的应用任务，最终填写任务考核单，教师在操作实施过程中巡回指导。

④学生对完成工作任务的表现进行自评和互评，各小组进行总结、考核及评估，教师做出最后评价，填写教学反馈表。

任务考核单——超临界流体萃取技术在姜油提取中的应用

班级：　　　　姓名：　　　　学号：

项目	实施内容	分值	考核记录(以"√"表示)	备注	得分
准备工作(15分)	清洁卫生	5	能发现并解决卫生问题		
	准备并检查工器具	6	准备本次操作实施所需所有仪器和容器		
			仪器和容器的清洗和控干		
			检查设备运行是否正常		
	原料的选择	4	按照产品类型选择合适的原料		

续表

项目	实施内容	分值	考核记录(以"√"表示)	备注	得分
操作实施(60分)	原料处理	10	进行原料处理		
	配方设计	20	设计产品配方		
	具体操作	20	针对产品进行具体的操作		
	灌装	5	灌装方式选择		
		5	灌装工序		
产品评定(15分)	感官要求	5	应具有反映该类产品特点的感官、滋味，不得有异味、异臭和外来杂物		
	理化要求	5	符合相应的理化指标		
	微生物要求	5	符合相应的微生物指标		
文明操作与团队意识(10分)	文明操作	5	清理用物，整理实训室		
	团队意识	5	有团队意识，能相互良好合作		

【知识拓展】

超临界流体萃取技术的研究

超临界流体萃取技术是利用流体(CO_2 溶剂)在临界点附近某一区域(超临界区)内，与待分离混合物中的溶质，具有异常相平衡行为和传递性能，它具有对溶质溶解能力随压力和温度改变而在相当宽的范围内变动这一特性，从而达到溶质的分离。它可从多种液态或固态混合物中萃取出待分离的组分。

超临界流体的密度与压力和温度有关。因此，在进行超临界萃取操作时，通过改变体系的温度和压力，改变流体密度，进而改变萃取物在流体中的溶解度，以达到萃取和分离的目的。在各种可作为超临界流体物质中，CO_2 的临界温度为 31.1 ℃；接近室温，临界压力为 7.24 MPa；溶解力强；挥发性；无毒，无残留；安全，不会造成环境污染；价格便宜，纯度高；性质稳定，避免产物氧化，节能。因此对保护热敏性和活性物质十分有利，更适于作为天然物质的萃取剂。

通常，超临界流体萃取系统主要由 4 部分组成：①溶剂压缩机(即高压泵)。②萃取器。③温度压力控制系统。④分离器和吸收器。

迄今为止，超临界二氧化碳萃取技术在农产品加工中的应用及研究主要集中在以下 5 大方面：①农产品风味成分的萃取，如香辛料、果皮、鲜花中的精油、呈味物质的提取。②动植物油的萃取分离，如花生油、菜籽油、棕榈油等的提取。③农产品中某些特定成分的萃取，如沙棘中沙棘油、月见草中 γ-亚麻酸、牛奶中胆固醇、咖啡豆中咖啡碱的提取。④农产品脱色脱臭脱苦，如辣椒红色素的提取、羊肉膻味物质的提取、柑橘汁的脱苦等。⑤农产品灭菌防腐方面的研究。

任务 4　微胶囊造粒技术在粉末油脂加工中的应用

【任务设计】

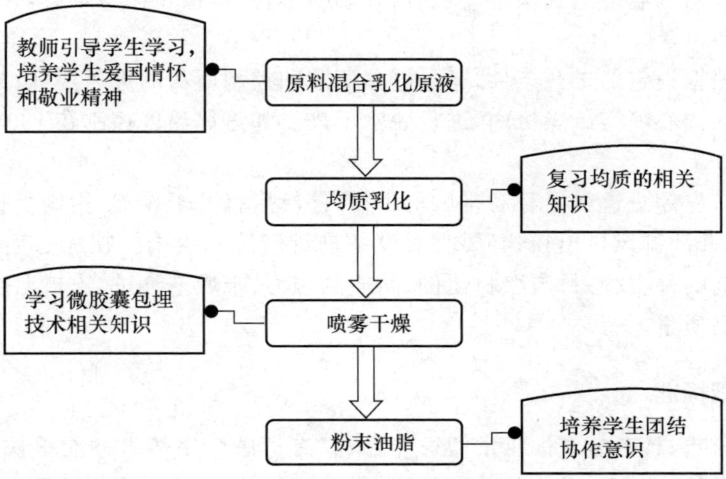

【任务实施】

通过离心喷雾(微胶囊包埋)技术制作粉末油脂，熟悉离心喷雾干燥的操作原理，了解微胶囊技术的基本知识，使学生掌握一种常用的包埋方法。

一、原材料与设备

材料：芝麻油、乳化剂(HLB 4.0～6.0)、包埋剂(麦芽糊精、变性淀粉、羧甲基纤维素钠等)。

设备：均质机、离心喷雾干燥设备、电热恒温水浴箱、搅拌器、台秤、天平、扫描电子显微镜等。

二、工艺流程

原料→混合→乳化→原液→均质乳化(两次)→喷雾干燥→包装

三、操作要点

(一)乳化原液的制备

先将包埋剂加水，搅拌、水浴加热溶解，芝麻油与乳化剂混合，稍加热搅拌溶解后倒入包埋剂溶液中，搅拌制成乳化原液，温度控制为 45～55 ℃。

乳化原液的配比为：

芝麻油：乳化剂：包埋剂：水＝1：0.03：(1～2)：(4～6)。

(二)均质

将乳化原液倒入均质机中，进行两次均质。第 1 次压力控制在 15～25 MPa，第 2 次压力控制在 30～40 MPa。经均质后，得到均匀稳定的 O/W 型乳化液。

(三)喷雾干燥(微胶囊包埋)

开始操作时，先开启电加热器，并检查是否正常，如正常即可运转。

预热干燥器：预热期间关闭干燥器顶部用于喷雾转盘的孔口及出料口，以防冷空气漏进，影响预热；当干燥器内温度达到预定要求时，开动喷雾转盘，待转速稳定后，开始进料进行喷雾干燥。

喷雾干燥：根据设定的工艺条件，通过电源调节和控制所需的进风温度、出风温度、进料速度，将乳化液送入离心喷雾干燥机内，进行脱水干燥。如进风温度控制在 130～140 ℃，出风温度控制在 60～75 ℃。

喷雾完毕后，先停止进料再开动排风机出粉，停机后打开干燥器，用刷子扫室壁上的粉末，关闭干燥器再次开动排风机出粉；必要时对设备进行清洗和烘干。在离心喷雾干燥微胶囊过程中，由于包埋剂的种类、心材与壁材比例、均质的压力、干燥空气进、出口温度、进料速度等因素，都会影响产品质量。

四、产品质量标准

淡黄色、无异味，具有芝麻油正常的香味，入口有滑感。用热水冲能很快溶解。无油滴上浮，无分层结膜现象，冲调后成均匀的乳状液，乳状液稳定性好。不易吸潮。卫生指标应符合国家标准。

五、操作实施

①学生分成 3～5 人一组，各小组在老师指导下，通过网络教学资源等多渠道查询微胶囊造粒技术在粉末油脂加工中的应用资料。

②各组根据汇总的相关资料，师生共同讨论、分析，用集体智慧完成微胶囊造粒技术在粉末油脂加工中的应用方案，制作汇报提纲并选一名代表进行学习汇报交流，并对该方案进行修订。

③学生按照修订后的微胶囊造粒技术在粉末油脂加工中的应用方案，按规范要求，独立完成微胶囊造粒技术在粉末油脂加工中的应用任务，最终填写任务考核单，教师在操作实施过程中巡回指导。

④学生对完成工作任务的表现进行自评和互评，各小组进行总结、考核及评估，教师做出最后评价，填写教学反馈表。

任务考核单——微胶囊造粒技术在粉末油脂加工中的应用

班级： 姓名： 学号：

项目	实施内容	分值	考核记录(以“√”表示)	备注	得分
准备工作(15 分)	清洁卫生	5	能发现并解决卫生问题		
	准备并检查工器具	6	准备本次操作实施所需所有仪器和容器		
			仪器和容器的清洗和控干		
			检查设备运行是否正常		
	原料的选择	4	按照产品类型选择合适的原料		

续表

项目	实施内容	分值	考核记录(以"√"表示)	备注	得分
操作实施（60分）	原料处理	10	进行原料处理		
	配方设计	20	设计产品配方		
	具体操作	20	针对产品进行具体的操作		
	灌装	5	灌装方式选择		
		5	灌装工序		
产品评定（15分）	感官要求	5	应具有反映该类产品特点的感官、滋味，不得有异味、异臭和外来杂物		
	理化要求	5	符合相应的理化指标		
	微生物要求	5	符合相应的微生物指标		
文明操作与团队意识（10分）	文明操作	5	清理用物，整理实训室		
	团队意识	5	有团队意识，能相互良好合作		

【知识拓展】

微胶囊技术在饮料加工中的应用

一、包埋酸味剂

由于酸味剂和食品中的许多成分相互作用，往往产生不良作用，影响到产品的质量，而微胶囊化的酸味剂可解决这些问题。

二、胶囊化天然色素

许多天然色素应用时存在溶解度问题，微胶囊化后可明显改善它们的溶解度，增加色素的稳定性，消除分层现象，同时可延长保存期。

三、微胶囊化的风味剂和香料

可改善风味剂和香料对光、氧化、挥发的稳定性，延长保存期等特点。

四、微胶囊化的甜味剂

温度和湿度对甜味剂的品质有重要影响，微胶囊化的甜味剂吸湿性明显下降，改善了它们的流变特性，使甜味感更持久。

五、微胶囊化的维生素和矿物质

微胶囊化的脂溶性、水溶性维生素和矿物元素，其应用效果更好，能减少对产品品质的不良影响，提高了维生素的稳定性。

六、微胶囊化酶制剂或微生物

微胶囊化的酶制剂或微生物，对热、pH 稳定性得到明显改善，拓宽了应用范围。

七、微胶囊化防腐剂等添加剂

微胶囊技术包埋防腐剂，可利用其缓释特点，延长其防腐时间并减少其毒性。此外，用微胶囊技术可包埋生物活性物质等添加剂。

任务5　真空冷冻干燥技术在香蕉片加工中的应用

【任务设计】

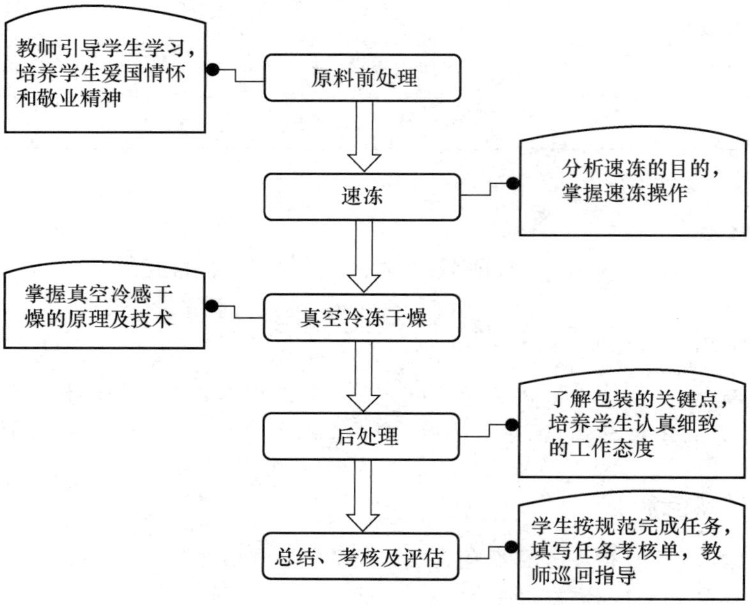

【任务实施】

以香蕉片冻干为例，了解真空冷冻干燥的基本知识及设备的操作过程。

一、材料与设备

材料：市售成熟的香蕉、包装袋等。

设备：速冻设备（－38 ℃以下）、真空冷冻干燥机、真空包装机、台秤与天平等。

二、工艺流程

原料前处理→速冻→真空脱水干燥→后处理

三、操作要点

（一）前处理

将新鲜成熟的香蕉切成4～5 mm厚片，称重后放在托盘中（单层铺放）。

冻干食品的原料若按其组织形态来分，可分为固态食品和液体食品。对固态食品原料的预处理过程，包括选料、清洗、切分、烫漂和装盘等。其目的是清除杂物，易升华干燥。避免加热过度，无论蒸煮还是浸渍，都要按工艺要求加工，只有把好前处理关，才有可能生产出高品质的冻干食品。液态食品原料的成分和浓度各不相同，若将它们直接干燥成粉末则耗能太大，一般采取真空低温浓缩或冷冻浓缩的方法进行预处理。

(二)速冻

将装好的香蕉片速冻，温度在－35 ℃左右，时间约 2.0 h。冻结终了温度约在－30 ℃，使物料的中心温度在共晶点以下。

速冻的目的是将食品内的水分固化，并使冻干后产品与冻干前具有相同的形态，以防止在升华过程由于抽真空而使其发生浓缩、起泡收缩等不良现象的发生。一般来说，冻结得越快，物品中结晶越小，对细胞的机械损坏作用也越小。冻结时间短，蛋白质在凝聚和浓缩作用下，不会发生变质。

(三)真空脱水干燥

包括升华干燥和解析干燥两个阶段。

升华干燥：冻结后的食品必须迅速进行真空升华干燥。食品在真空条件下吸热，冰晶就会升华成水蒸气而从食品表面逸出。升华过程是从食品表面开始逐渐向内推移，在升华过程中，由于热量不断被升华热带走，要及时供给升华热能，来维持升华温度不变。当食品内部的冰晶全部升华完毕，升华过程便完成。首先，将冷阱预冷至－35 ℃，打开干燥仓门，装入预冻好的香蕉片并关上仓门，启动真空机组进行抽真空，当真空度达到 30～60 Pa 时，进行加热，这时冻结好的物料开始升华干燥。但加热不能太快或过量，否则香蕉片温度过高，超过共熔点，冰晶熔化，会影响质量。所以，料温应控制为－20～25 ℃，时间为 3～5 h。

解析干燥：升华干燥后，香蕉片中仍含有少部分的结合水，较牢固。所以必须提高温度，才能达到产品所要求的水分含量。料温由－20 ℃升到 45 ℃左右，当料温与板层温度趋于一致时，干燥过程即可结束。干燥时间为 8～9 h。此时水分含量减至 3%左右，停止加热，破坏抽真空，出仓。

如此干燥的香蕉片能在 80～90 s 内用水或牛奶等复原，复原后仍具有类似于新鲜香蕉的质地、口味等。

(四)后处理

当仓内真空度恢复接近大气压时打开仓门，开始出仓，将已干燥的香蕉片立即进行检查、称重、包装等。

为防止其吸收大气水分和氧气可采用真空包装或充氮包装。为保持干制食品含水在 5%以下，包装内应放入干燥剂以吸附微量水分，包装材料应选择密闭性好，强度高，颜色深的为好。

四、产品质量标准

(一)感官指标

外观形状饱满(不塌陷)；断面呈多孔海绵样疏松状；保持了原有的色泽；具有浓郁的芳香气味，复水较快，复水后芳香气味更浓。

(二)卫生指标

卫生指标应符合相关国家标准。

五、操作实施

①学生分成3～5人一组，各小组在老师指导下，通过网络教学资源等多渠道查询真空冷冻干燥技术在香蕉片加工中的应用资料。

②各组根据汇总的相关资料，师生共同讨论、分析，用集体智慧完成真空冷冻干燥技术在香蕉片加工中的应用方案，制作汇报提纲并选一名代表进行学习汇报交流，并对该方案进行修订。

③学生按照修订后的真空冷冻干燥技术在香蕉片加工中的应用方案，按规范要求，独立完成真空冷冻干燥技术在香蕉片加工中的应用任务，最终填写任务考核单，教师在操作实施过程中巡回指导。

任务考核单——真空冷冻干燥技术在香蕉片加工中的应用

班级：　　　　姓名：　　　　学号：

项目	实施内容	分值	考核记录(以"√"表示)	备注	得分
准备工作(15分)	清洁卫生	5	能发现并解决卫生问题		
	准备并检查工器具	6	准备本次操作实施所需所有仪器和容器		
			仪器和容器的清洗和控干		
			检查设备运行是否正常		
	原料的选择	4	按照产品类型选择合适的原料		
操作实施(60分)	原料处理	10	进行原料处理		
	配方设计	20	设计产品配方		
	具体操作	20	针对产品进行具体的操作		
	包装	5	包装方式选择		
		5	包装工序		
产品评定(15分)	感官要求	5	应具有反映该类产品特点的感官、滋味，不得有异味、异臭和外来杂物		
	理化要求	5	符合相应的理化指标		
	微生物要求	5	符合相应的微生物指标		
文明操作与团队意识(10分)	文明操作	5	清理用物，整理实训室		
	团队意识	5	有团队意识，能相互良好合作		

④学生对完成工作任务的表现进行自评和互评，各小组进行总结、考核及评估，教师做出最后评价，填写教学反馈表。

【知识拓展】

真空冻干饮料

水有3种相态，即固态、液态和气态，3种相态之间既可以相互转换又可以共存。真空冷冻干燥设备通常由干燥室、制冷系统、真空系统、加热系统和控制系统设备组成。

几乎所有的食品原料，果蔬、肉禽、蛋、水产品等都可进行真空冷冻干燥加工，但真空冷冻干燥设备比较昂贵，加工中耗能也大，一般生产成本较高，但从产品流通的总成本、销售价格高以及冷冻干燥法所独有的优点来看，冻干食品在实际生产中具有很高的应用价值。

真空冻干饮料类食品的种类：

①饮料类。咖啡、茶叶等固体饮料。

②水果类。香蕉、苹果、草莓哈密瓜、菠萝等。

③蔬菜类。蒜、葱、蘑菇、香菜、芦笋、胡萝卜、黄花菜、豌豆、洋葱等。

④保健食品。人参、鹿茸、蜂王浆蜂蜜、花粉、鳖粉等。

⑤食品添加剂。动物胶质蛋白、天然色素等。

【项目小结】

本项目通过典型产品加工中利用膜分离技术、超微粉碎技术、超临界流体萃取技术、微胶囊造粒技术及真空冷冻干燥技术等，介绍了高新技术的概念、特点、原理、技术操作等。随着高新技术的迅猛发展，其在饮料工业中的应用一定会在不久的未来普及和深化，饮料工业也将因此而全面进步和创新。

【项目测试】

1. 什么是膜分离技术？
2. 简述超微粉碎的特点。
3. 简述超滤的特点。
4. 简述速干食品的特点
5. 简述茶饮料出现沉淀的原因。
6. 试述真空脱水干燥的过程。
7. 真空冷冻干燥设备由哪几部分组成？
8. 超滤速度的影响因素主要有哪些？
9. 试述超临界流体萃取技术的特点。

参考文献

[1]蒲彪，胡小松．饮料工艺学．北京：中国农业大学出版社，2016.
[2]郭芬．咖啡深加工．昆明：云南大学出版社，2014.
[3]高愿军，杨红霞，张世涛．北京：中国科学技术出版社，2012.
[4]阮美娟，徐怀德．饮料工艺学．北京：中国轻工业出版社，2013.
[5]田海娟．软饮料加工技术．北京：化学工业出版社，2018.
[6]崔波．饮料工艺学．北京：科学出版社，2014.
[7]杨桂馥．软饮料工业手册．北京：中国轻工业出版社，2002.
[8]李勇．现代软饮料生产技术．北京：化学工业出版社，2006.
[9]陈中，芮汉明．软饮料生产工艺学．广州：华南理工大学出版社，1998.
[10]王玉琨，陈长武．HACCP 在碳酸饮料生产中的应用[J]. 吉林工程技术师范学院学报，2018，34(1)：81-82.
[11]崔砾砾，傅强，黄斌，等．柠檬果汁碳酸饮料体系稳定性研究[J]. 饮料工业，2018，21(1)：26-31.
[12]施加林．三种碳酸饮料混比机的工作原理及部分故障特例与检修[J]. 江苏科技信息，2013(6)：73-76.
[13]朱丹倩，翁飞飞．碳酸饮料包装材料概述[J]. 现代食品，2016，10：56-57.
[14]代卫东．碳酸饮料的生产设备研究[J]. 技术与市场，2015，22(8)：206.
[15]《饮料通则》(GB/T 10789—2015)标准解读[J]. 饮料工业，2016，19(2)：10-12.
[16]李慧．高职院校食品添加剂综合性实验教学设计——以橘子风味饮料制作为例[J]. 现代农业科技，2020(14)：250-252.
[17]唐小俊，池建伟，张名位，等．荔枝干风味饮料的研制[J]. 食品工业科技，2005，26(9)：137-139.
[18]吴贾锋，杨婷婷，韩露，等．生姜风味饮料配方的优化．徐州工程学院学报(自然科学版)，2008，23(3)：23-26.
[19]黄艾祥，卢昭芬．酸性风味乳饮料的加工[J]. 中国奶牛，2000(4)：47-48.
[20]程春生，覃宇悦．普洱茶饮料的研制[J]. 食品工业科技，2006(9)：140-141.
[21]王淑兰．矿物质、果味水主剂[J]. 中国食品质量报，2003，7.
[22]李菲．果蔬汁加工中常见的质量问题及预防措施[J]. 农产品加工，2013(6)：26-27.
[23]田呈瑞，徐建国．软饮料工艺学．北京：中国计量出版社，2005.
[24]孙志高，黄学根，焦必宁．柑橘果实主要苦味成分的分布及橙汁脱苦技术研究[J]. 食品科学，2005，26(6)：146-148.
[25]左安连，毛海舫，李琼．柑橘类果汁脱苦方法研究综述[J]. 香料香精化妆品，2008，6(3)33-39.
[26]崔波．饮料工艺学．北京：科学出版社，2014.

[27]尤玉如．乳品与饮料工艺学．北京:中国轻工业出版社,2014.
[28]杨红霞．饮料加工技术．重庆:重庆大学出版社,2015.
[29]高愿军,杨红霞,张世涛．饮料加工技术．北京:中国科学技术出版社,2012.
[30]王国军,孙洁心．软饮料加工技术．武汉:武汉理工大学出版社,2011.
[31]朱蓓薇．饮料生产工艺与设备选用手册．北京:化学工业出版社,2003.
[32]叶敏．饮料加工技术．北京:化学工业出版社,2008.
[33]张瑞菊,王林山．软饮料加工技术．北京:中国轻工业出版社,2007.
[34]祝战斌,蔡健．软饮料加工技术．北京:中国农业出版社,2008.
[35]高愿军．软饮料工艺学．北京:中国轻工业出版社,2006.
[36]侯建平．饮料生产技术．北京:科学出版社,2004.
[37]李勇．现代软饮料生产技术．北京:化学工业出版社,2006.
[38]刘玉清．饮料加工技术．郑州:郑州大学出版社,2019.
[39]高愿军,杨红霞,等．饮料加工技术．北京:中国科学技术出版社,2012.
[40]朱珠．软饮料加工技术．北京:化学工业出版社,2006.
[41]蒋和体,吴永娴．软饮料工艺学．北京:中国农业科学技术出版社,2006.